新编21世纪心理学系列教材

心理与教育科学研究方法

Research Method in Psychology and Education

主　编　杨丽珠　孙　岩
副主编　蒋重清

中国人民大学出版社
·北京·

作者简介

杨丽珠，女，辽宁师范大学教授、博士生导师、博士后合作导师，辽宁师范大学个性社会性发展研究所主任，兼任全国发展心理学首席科学传播专家、辽宁省教育科学规划“儿童青少年心理健康教育”重点研究基地主任、辽宁省心理学会理事长等职。主要从事儿童青少年人格发展与教育研究，曾主讲教育科学研究方法、心理科学研究方法等课程。主持国家社会科学基金重点、一般项目和国家自然科学基金一般项目等国家与省部级课题44项，已出版专著、教材21部和3套系列书系，发表学术论文240余篇。研究曾获教育部人文社会科学、教育部教育科学研究、辽宁省政府哲学社会科学优秀成果奖；课程曾获评国家级精品课程、国家级精品资源共享课；个人曾获国家级教学名师、辽宁省优秀专家和攀登学者、国务院授予的“全国先进工作者”等称号。

孙岩，女，博士，辽宁师范大学心理学院副教授、硕士生导师、副院长，中国网络心理学专业委员会委员，日本会津大学和美国新墨西哥大学访问学者。主要从事人格及神经机制的相关研究，主讲心理科学研究方法和心理统计学等课程。五年多来，主持国家社会科学基金重点项目子课题、教育部人文社会科学规划项目等课题6项，以第一作者或通讯作者在《专家系统及其应用》（*Expert Systems with Applications*）和《心理科学》等国内外核心期刊发表论文近20篇，作为第一作者出版《3～6岁幼儿健全人格培养研究》（2017）和《贝叶斯网络在心理学中应用的研究》（2014）专著2部。作为第二参与人参加国家级、省级精品资源共享课程各1项，被评为辽宁师范大学第十三批（2014—2016）三级特聘教授和第十七批（2018—2021）三级特聘教授。

蒋重清，男，2002年湖南师范大学毕业，获发展与教育心理学专业硕士学位，2005年辽宁师范大学毕业，获发展与教育心理学专业博士学位，2007年12月一2008年8月在美国俄勒冈大学从事博士后研究，2014年1月—2015年1月在德国洪堡大学做访问学者。现为辽宁师范大学心理学院教授、博士生导师。主要研究人类情绪情感的发生发展及其对人的心理生理影响的规律、机制及应用。主讲心理与教育研究方法，以及情绪心理学理论与方法实践等课程。其中心理与教育研究方法课程获评辽宁省研究生精品课程。主持与情绪相关的国家自然科学基金、教育部人文社会科学基金项目等国家与省部级课题12项，在中外学术刊物上发表情绪系列研究论文60篇，其中3篇论文曾获辽宁省自然科学成果奖。

内容简介

《心理与教育科学研究方法》以解决问题为指导思想，以学生学习方便为考量。首先介绍研究方法能为我们做些什么，研究方法从何处来、向何处去以及研究方法应遵循哪些原则。然后阐述如何提出研究课题，如何设计研究方案，如何进行开题报告。进而介绍各种研究方法的优缺点及使用方法，以及如何处理数据、呈现结果、撰写研究报告。最后介绍现代化手段的应用。

本书试图逐步深入地引出关键问题，唤起学生做科研的兴趣；注重实用性和操作性，列举大量的生活、科研实例，便于理解，易于操作；注重写作的新颖性和可读性，从趣味横生的故事中体会研究方法的价值；注重挖掘总结科研实践中的经验教训，兼蓄国内外很有影响的创新性、前沿性的研究成果；注重引导学生在实践中、在日常生活中、在以往文献中发现问题，搜集资料，经过编码、分析、综合，形成理论建构，设计研究方案，启发学生勤于思考、善于创新、勇于实践，培养学生的创新思维能力、逻辑思维能力和科学实践能力。

本书对心理学、教育学理论工作者、应用工作者、广大的教师及学习研究方法的读者，均有重要的参考价值。

前　言

《心理与教育科学研究方法》是我们承担教育部和财政部2009年度国家精品课程建设项目“发展心理学国家精品课程建设项目”（教高函〔2009〕21号）、教育部国家级精品资源共享课项目“发展心理学国家级精品资源共享课项目”（教高司函〔2013〕129号）和国家社会科学基金重点项目（11AZD089）的研究成果之一。

习近平总书记在中国共产党第十九次全国代表大会上明确提出“优先发展教育事业。建设教育强国是中华民族伟大复兴的基础工程，必须把教育事业放在优先位置，深化教育改革，加快教育现代化，办好人民满意的教育”。为此，提高教师素质，增强教师科研能力，端正教师科研态度，帮助其积极主动地发现问题，寻找教改课题，深化教育改革，提高教育质量是我们工作的重要目标。特别是，相当一部分师范院校的毕业生将从事教育或科研工作，故提高在校本科生，特别是师范生的科研能力也是我们义不容辞的责任。

“工欲善其事，必先利其器。”科学的发展离不开科学方法的进步，科学方法的进步是促进科学发展的巨大动力。任何一个科学研究者在科研上的成就，在很大程度上都取决于对科学研究方法精准的理解和把握；而且，科学研究方法的知识和技能最具有一般迁移的属性，即使学生将来并不从事科学研究，这方面的学习和训练对于他们工作和生活质量的提升也是大有裨益的。

我们自1984年就进行了儿童心理学课程改革，总结出五年课改经验，提出了儿童心理学的“四结合”教学改革设想，即在教学中，坚持教书与育人结合、传授知识与培养能力结合、教学与科研结合、理论与实践结合。由此，我们从1989年起先后为辽宁师范大学教育系学前教育专业、教育学专业、心理学专业、特殊教育专业学生开设教育科学研究方法和心理科学研究方法课程。

当时正值“儿童心理学课程建设改革实验研究”实施阶段，该项研究被列为辽宁师范大学三个课程建设项目之一。在研究中，经过反复实验筛选，确定“四结合”教学改革的原则和33项具体措施是切实可行的，基本形成了儿童心理学“四三三”教学新模式，使儿童心理学课程的现代化迈上了新台阶，并出版了专著《儿童心理学纲要》（1996，社会科学文献出版社）。但我们认为一门课程需要多层次系列教材，于是我们以《儿童心理学纲要》一书为母系教材，整合了之前撰写的反映我们科研方向的《幼儿个性发展与教育》（1993，世界图书出版公司）及反映科学研究方法的《教育科学研究方法》（1995，辽宁师范大学出版社；印刷13次，近10万册），并另撰写了《儿童个性发展与培养的实验研究》（2001，吉林人民出版社；2006年获辽宁省政府授予的哲学社会科学成果一等奖）和《学前教育科学研究与论文写作》（2002，辽宁师范大学出版社；全国高等教育学前专业自学考试统编教材）等子系教材，这四本书都是对《儿童心理学纲要》的扩充与加深。在这一过程中，我们还创立了“儿童心理学课堂教学和社会实践活动双元互动型教学模式”，并获得辽宁省教学成果特等奖和国家级教学成果二等奖（1997）。

在此基础上，我们扩大实验学校，在全国5所高校进行两轮教育现场实验，并将研究对象由0～18岁扩大到青年中后期、中年期乃至老年期，深入进行毕生发展心理学教学内容、体系和方法改革，撰写出《毕生发展心理学》（2006，高等教育出版社）作为本科核心教材。我们还出版了反映我们人格研究特色内容的《幼儿社会性发展与教育》[2000，辽宁师范大学出版社；该书被南京师范大学等16所大学使用，并获得“全国普通高等学校优秀教材二等奖”（2002）]和《儿童人格发展与教育的研究》[2006，吉林人民出版社；该书被辽宁省政府授予“哲学社会科学优秀成果一等奖”（2008）]，并主编了《心理与教育科学研究方法》（2008）。这三本书是对核心教材的延伸和深化，从而创立并完善了主体性教学、课堂讲授与社会实践双元互动型教学主张，以促进学生创造性、实践能力的发展。之后，我们的“发展心理学”获评国家级精品课程（2009），“心理与教育科学研究方法”获评辽宁省研究生精品课程（2012）。我们继续完善、提升、应用发展心理学课程建设成果，承担国家级精品资源共享课项目，出版了反映我们人格研究特色的著作《儿童青少年人格发展与教育》（2014，中国人民大学出版社），撰写了反映我们科学研究方法的《心理与教育科学研究方法》讲义（2017），“发展心理学”也入选我国首批国家级精品资源共享课（2016）。

30多年的课程改革使我们深深认识到，要完成高校首要任务——培养人才，就必须要深化教育改革，加快教育现代化，只有这样才能办好人民满意的教育，才能建设好教育强国，才能实现中华民族伟大复兴。而搞好教育改革不仅仅要做好一门课程教育理念、教育内容、教育体系及方法的改革，还要有反映这门课的特色成果和研究方法的提升。如果我们把发展心理学课改比喻成一棵大树，那么我们的“儿童青少年人格发展与教育研究”和“心理与教育科学研究方法”就是这棵大树的两大分支，它们相辅相成，茁壮成长。儿童青少年人格发展与教育研究方面已形成一门为本科生开设的研究型课程：“儿童青少年人格发展与促进”。自1989年为本科生开设研究方法课以来，我们不断完善该课程的课堂讲授与社会实践双元互动型教学模式，构建了多层次、多环节，理论与实践相联系的教学模式。首先是教师讲授与总结；然后，学生查资料，并到实践基地观察；最后，学生分组讨论，并选择研究课题。学生在学习过程中还要接受查阅文献资料、撰写文献综述、设计研究方案的训练，其间都包含了师生互动。此外，我们还组织学生到实验基地进行个案追踪，做儿童个性评定，参与教师科研，并在节假日为家长儿童进行心理与教育咨询。这些过程提高了学生的社会责任感，增强了他们做研究需要的严谨态度和科研情趣，提升了他们的创造力和实践能力，学生成为我们进行教育改革的生力军。

我们在编写《心理与教育科学研究方法》这本书时，以解决问题为指导思想，以学生学习方便为考量。该书共有12章：第一章概述研究的意义、特点与功能，研究方法的历史回顾与未来发展趋势，研究方法应遵循的原则；第二章、第三章阐述如何提出研究课题，如何设计研究方案，如何掌握技术路线，如何撰写研究方案，如何进行开题报告；第四章至第十章介绍各种研究方法如何使用及其优缺点；第十一章阐述研究结果的分析与呈现以及研究报告的撰写；第十二章介绍了现代化手段在心理与教育科学研究中的应用。

本书总体上具有如下特点：

1. 以要解决的问题为导向，逐步深入地引出关键问题，唤起学生做科研的兴趣。例如，本科生还不知科研是怎么一回事，那么我们首先提出研究方法能为我们做些什么，研究方法从何处来、向何处去；当学生有了兴趣，不知做科研从何处下手，又引导学生学习如何选择研究课题、怎样提出研究假设、如何进行文献综述、如何设计研究方案等。

2. 注重研究方法介绍的实用性和操作性。在心理与教育教学中，研究方法是较为抽象、不太容易理解的。我们就列举大量的生活实例和科研实例来阐述问题，方便学生理解。另外，统计分析法和测验法部分不是从基础角度切入（这是统计课和测验课的任务），而是从学生做科研需要的角度切入，有利于学生学会使用与操作，提高学生的科研水平。

3. 注重写作的新颖性和可读性。我们尽量采用新颖、生动、活泼、可接受、吸引人的语言表达方式。例如在观察法类型部分用“从事实到真相——描述记叙法”“从现象到本质——取样观察法”“从数字到概念——等级评定法”“从问题到结论——间接观察法”等标题，使学生读后感到很有趣，进而从趣味横生的故事中体会到观察法这一质性研究方法的价值。

4. 注重挖掘总结我们科研实践中的经验教训，兼蓄他人前沿性的研究成果。习近平总书记在十九大报告中明确指出：不忘本来，吸收外来，面向未来。本书大量采用了我们团队的研究成果，这些成果多半是全国取样，有一定代表性，展示了我们自己关于儿童青少年人格研究的成果。同时我们也十分关注并介绍了在国内外很有影响的创新性、前沿性研究成果。例如，在介绍选题的策略如何具体化时，列举了杨丽珠主持的国家社会科学基金“十二五”重点课题“我国儿童、青少年健全人格发展及其培养研究”，如何被分解为呈网状系统的、可操作的、有科学和创新价值的具体课题，便于具体研究。在论述选题的创造性原则时，列举莫雷等（2012）撰写的《学习过程与机制研究：我国学习双机制理论与实验》这部专著，该研究进行了近百个实验，形成了关于学习过程与机制的原创性理论“学习双机制理论”。在讲述前沿性原则时，列举了谭力海研究团队多年来从脑结构发育等多方面揭示的中文的神经表达不同于西方拼音文字的神经表达这一被国内外广泛认同的原创性成果，它被命名为大脑语言功能区文化特异性理论。在阐述观察法类型的描述记叙法时，列举了珍·古道尔（Jane Goodall）在东非坦葛尼喀湖附近通过长达30年的自然观察来考察大猩猩的行为模式的研究。珍·古道尔认为，只有在自然观察的情境下，才能发现动物最本质的行为模式。

5. 注重培养和训练学生的科学思维能力。学习就是对信息的认知、存储、提取与应用，在这期间需要分析信息，得出结论，进行创造，这就需要科学思维能力。科学思维能力的高低直接影响着科学研究的全过程，影响着大学生对现代社会创新型人才的胜任能力。科学思维能力主要体现在创新思维能力和逻辑思维能力方面，包括发现问题，提出研究问题，提出研究假设，设计研究方案，再通过观察和实验验证方案，最后得出结论。我们在书中注重引导学生在实践中、在日常生活中、在以往文献中发现问题，搜集资料，经过编码、分析、综合，形成理论建构，提出研究假设，培养学生的逻辑推理能力。另外，书中提供的学术动态、思考题和推荐读物可以启发学生勤于思考，善于创新。例如，访谈法这章最后有一道思考题，让学生查阅1～2项访谈研究，分析并评价访谈研究的设计；

实验法这章最后有一道思考题，让学生为某学校的教改提出实验设计。

6. 注重培养和训练学生的科学实践能力。创新能力是在不断解决实际问题中发展的，实践是认识的基础，实践出人才。我们必须在教学中训练学生的实践操作能力。例如，问卷法这章有一道思考题，让学生根据问卷设计的程序，编制一份心理与教育科学研究问卷；观察法这章有一道思考题，让学生用时间取样观察法设计一项儿童个性发展的研究方案。

本书是集体智慧的结晶，是我的研究团队共同努力的结果。第一、十、十二章由孙岩副教授完成，第二、三章由杨丽珠教授完成，第四章由刘文教授完成，第五章由刘岩副教授完成，第六章由沈悦副教授完成，第七、八、十一章由蒋重清教授完成，第九章由胡金生教授完成。他们分别承担了本科生、研究生（学硕和专硕）的研究方法课和与研究方法有关的课程的教学。在书稿编撰过程中，董光恒与蒋重清协助我于 2008 年写出初稿，为该书的出版奠定了基础。在书稿整理过程中范明明、张雯、余永金做了大量的文字校对工作，在此一并表示感谢。

全书由杨丽珠策划，杨丽珠、孙岩、蒋重清统稿，杨丽珠、孙岩定稿。

感谢恩师林崇德先生，指导我们如何收集资料，如何做课题，还亲自为我们博士生考试出研究方法试题。感谢莫雷教授、白学军教授、侯杰泰教授、周晓林教授、苏彦捷教授、胡竹菁教授、温忠麟教授、刘红云教授等来我校为我们讲心理学的现代化手段及先进的研究方法专题。

感谢辽宁师范大学领导，特别是教务处领导给予的大力支持和帮助。

感谢中国人民大学出版社鼎力相助，特别感谢张宏学编辑给予的具体指导。

本书在撰写的过程中，参考、吸纳了诸多的国内外研究成果，在此不一一列举，一并对有关作者表示谢意。

千锤百炼方成钢，虽然历经了 30 多年的改革，但心理与教育科学研究方法课程仍有不尽如人意之处，仍需几代人的努力，使这门课不断趋于完善，从而更好地为教学服务。由于我们的水平有限，该书不免有不当之处，敬请同行和广大读者斧正，深表感谢。

杨丽珠

于大连

2017.12.6

目　录

第一章
绪　论

本章要点

- 基本概念
- 心理与教育科学研究的意义
- 心理与教育科学研究的特点
- 心理与教育科学研究的功能
- 心理与教育科学研究方法发展的趋势
- 心理与教育科学研究的原则

心理学是研究心理现象的科学，其目的在于理解人们的所思所行，至于如何来理解人们的所思所行，则要运用科学的心理学研究方法。

要了解心理学研究方法，首先要了解心理学研究方法是什么，而想要解答“是什么”这一问题则需要了解心理与教育科学研究的意义、特点和功能；其次，要透彻地认识心理学研究方法，了解科学的心理学研究方法的历史及其发展趋势则是不可或缺的。除此之外，作为一门科学的研究方法，还必须遵循科学研究的基本原则，采取科学的态度和方法，以科学的方法论作为指导，才能保证研究的科学性，才能正确地揭示心理现象和教育现象的本质以及规律。因此，掌握心理与教育科学研究的原则亦是至关重要的。

本章主要介绍心理与教育科学研究方法的基本概念，研究的意义、特点及其功能，心理与教育科学研究方法发展的历史和趋势，以及心理与教育科学研究应遵循的原则。

第一节　研究方法能为我们做些什么

一、心理与教育科学研究的意义

（一）为公共和教育政策的决策提供参考和依据

心理与教育科学的研究结果与人的全面发展、生产的提高和社会的进步有着密切的关系，各级政府常常根据科学研究结果来提出公共和教育改革政策。例如，为贯彻落实党的十七届五中全会、全国教育工作会议精神和《国家中长期教育改革和发展规划纲要（2010—2020年）》，积极发展学前教育，促进学前教育事业科学发展，2010年11月21日，我国下发《国务院关于当前发展学前教育的若干意见》（国发〔2010〕41号）。文件指出：防止和纠正幼儿园教育"小学化"倾向。2014年我国教育部、国家发展改革委和财政部联合印发《关于实施第二期学前教育三年行动计划的意见》（教基二〔2014〕9号）。其中也指出：坚持小学一年级"零起点"教学，严禁幼儿园提前教授小学教育内容。这些文件意在让幼儿教育遵循幼儿身心发展规律。教育部正式印发的《3～6岁儿童学习与发展指南》（以下简称《指南》），为提高广大幼儿园教师的专业素质和家长的科学育儿能力，防止和克服学前教育"小学化"倾向提供了具体方法和建议。《指南》从五个领域描述幼儿学习与发展，分别是：健康、语言、社会、科学、艺术。每个领域按照幼儿学习与发展最基本、最重要的内容划分为若干方面。《指南》分别对3～4岁、4～5岁、5～6岁三个年龄段末期幼儿应该知道什么、能做什么，大致可以达到什么发展水平提出了合理期望。此外，《指南》还根据幼儿的学习与发展目标，针对当前学前教育普遍存在的困惑和误区，列举了一些能够有效帮助和促进幼儿学习与发展的教育途径和方法，同时也指出了错误做法对幼儿毕生发展的危害，为广大家长和幼儿园教师提供了具体、可操作的指导。以上是防止和克服学前教育"小学化"的重要举措和详细指导方案。要界定某个领域各年龄阶段的幼儿应该达到什么样的水平，必须依据国内外在该领域的发展性研究。比如在语言的阅读与书写方面，《指南》中的目标2为"具有初步的阅读理解能力"，4～5岁幼儿应该达到的水平中有一条即为"能根据连续画面提供的信息，大致说出故事的情节"。这一条的提出一定要依赖于大量关于儿童在阅读理解能力方面如何发展的研究结果，像周晖和张豹（2008）的"幼儿早期阅读水平的发展：横断和追踪研究"所得出的"在学前阶段，儿童已经掌握了一定阅读知识，具备了一定识字水平和故事理解水平"等结论可能就会为此提供依据。

（二）为心理与教育的具体实践提供理论指导

心理与教育科学研究是揭示心理与教育科学客观规律的有效途径。例如：要研究文化对儿童心理发展的影响，就要进行跨文化的研究；要探索新的教学模式，就要进行教学实验；等等。总之，人们对于任何心理与教育规律和特点的认识，都离不开心理与教育科学研究。通过心理与教育科学研究，人们将感性认识上升为理性认识，然后再指导实践。例如，20世纪初期，研究者以"缺陷"的观点来研究儿童青少年的发展，将研究重心放在对心理行为问题成因的探讨以及如何解决和预防上面，这种观点也普遍被许多心理学专家、心理咨询师等社会人士所认可。然而，随着社会的发展、实践经验的增加，这种消极的观点渐渐地遭到质疑：（1）青少年的心理行为问题并不具有普遍性；（2）从长期的效果来看，预防不良行为的发生并不是最有效的解决方法；（3）虽然大量研究致力于行为问题的干预，但每年仍然有一定比例的问题发生（如酗酒、抑郁、同伴欺辱等）。随着发展系统理论的发展，研究者们开始注重个体发展潜在的可塑性。积极心理学应运而生，强调用积极的态度来看待儿童青少年的发展，研究人性积极的一面，并把积极的情感体验、积极人格和积极的社会组织系统作为其主要的研究内容。积极心理学家非常看重各种积极人格特质的作用及形成过程（任俊，李倩，2014）。可以说，积极人格特质的存在是积极心理学得以建立的基础。受其理论的启发，杨丽珠团队根据其三十多年来的有关研究成果，进行幼儿、小学生、初中生健全人格培养实验，旨在探索适合每个阶段儿童青少年发展的健全人格培养模式（孙岩，金芳，杨丽珠，2017；杨丽珠，马振，胡金生，2017；孙远刚，刘嵩晗，杨丽珠，2017），并将其最终应用到教学实践中去。这即为用理论和基础研究指导教育实践的典型案例。

（三）为人类不同领域的实践服务，提高活动效率

在心理健康领域，心理健康专业人员必须做出治疗方法的决策，要将接受不同治疗的人分配到不同种类的设施条件、药物疗法和测试程序中，这样的决策是基于研究做出的。在服务行业，从提高服务质量角度而言，工作人员需要充分了解服务对象的心理需要；从服务行业人员自身心理素质提升与心理保健等角度，人们需要了解自身心理规律与行业要求，做出适应性和建设性的调整。在各类生产领域中，其最终目的也是要改善人们生活，促进人们可持续健康发展。例如，李理、刘畅、康俊峰和肖亚平（2015）的研究就是基于格式塔心理学提出了渐消面是用户所认可的一种特征面造型方法，总结了工业产品渐消面特征设计方法，得出了渐消面造型设计的思路，为工业产品的造型设计提供了参考。

二、心理与教育科学研究的特点

科学的研究方法不仅仅是研究者的专利，它也实实在在地影响着我们的生活，离我们的现实生活并不遥远。例如，每个人都会经历称体重这件事，特别是喜欢减肥的女性每天都会关注自己的体重，那么怎么测量是最合理的？当然是每天用同一个体重秤，并在早餐前同一时间身着同样的衣服测量，然后进行纵向比较最为合理，这样就控制了很多会影响体重值的无关变量。

我们每天在社会中的见闻也越来越需要运用研究方法的知识去判断。电视、网络等各种媒体时常报道各类研究结果，如“已发现母乳喂养的儿童更聪明”“微信用户在大学的成绩越来越差”，最近还有关于“名字对容貌影响”的研究报道。涉及各种主体的有关我们信念结论的调查结果也频频地得到报道，关键的问题是你怎样评价这些报道。因为结果被假设为科学的，所以你只能接受它们吗？研究方法的背景将帮助你带着批判的眼光阅读这些报道，评价其所采用的方法，并做出这些结论是否合理的决策。

你每天都深处研究方法的背景中，那么你知道什么是科学，科学研究的特点是什么，心理与教育研究方法又有什么独特之处呢？

（一）什么是科学

科学是通过逻辑性、实证性所反映的客观事物的关系和规律的真理性的系统化知识体系。技术不等于科学，它是科学研究的结果，不是科学本身。有系统有组织的正确知识也不一定就是科学，如电话号码、火车时刻表就不是科学。科学必须具有实证性和逻辑性两种成分，必须是能准确地反映某一领域的客观规律的真理性认识，并且具有可验证性。例如，“人格既受基因的制约，又受后天环境所影响”这一普遍结论，就是经过严密的逻辑推理的假设和实证研究所得出的，并准确地反映了人格形成和发展的客观规律，并且这一规律是不受文化、时间、地点限制，可以被重复验证的。对此，我们才能称为“科学”。

（二）什么是科学研究

1. 科学研究的定义

科学研究是一种认识过程，是人们有目的、有计划、有系统地采用科学的方法去认识自然和社会现象，探索客观真理，并能动地改造客观世界的过程。它是探求知识，解决问题的创造性活动。科学研究的目的不在于一成不变地记录或收集事实资料，而是要经由概化、演绎到实证的方法，建构出一套科学的理论，用一组精要的理论性架构，来描述、解释及预测复杂的事实。因此，真正的科学知识并不是记录准确的零星事实，而是研究者所建构的科学理论。所以，科学研究要重视设计程序的可验证性和逻辑性。科学研究就是在收集事实的基础上，提出假设，编制研究方案，按照研究方案收集资料，然后分析资料，整理结果，进行定性和定量分析，探求规律，进而将规律系统化，形成科学理论的过程。

2. 科学研究的特点

（1）系统性。

科学是某领域反映客观事物规律的系统化知识体系，科学研究就要将研究的各个具体特点、规律综合为一定的知识体系，科学研究具有系统性。系统性表现在研究的内容是系统的，研究的方法是系统的，研究的程序是系统的，对于研究的结果需要做出系统性解释。

（2）客观性。

科学研究是探求真理的过程，它必须要客观地反映事物的本质，不能带有任何主观臆想。客观性主要表现在三个方面：一是资料来源客观。我们研究问题不是闭门造车，也不是主观构建一个理论假设，编制设计方案，而是要到生活中、实验中收集资料。二是研究过程客观。在研究过程中，一定要严格按照研究方案实施，客观进行，减少和消灭人为的、主观的干扰。例如，记录要如实、全面并独立于记录人的主观偏好。三是研究结果客观。分析资料、整理结果要客观，不能轻易丢掉自认为不理想的结果。往往从来没有发现的结果可能正是你的发现，科学研究一定要尊重事实。

（3）创新性。

科学研究是探究未知的过程，其重要特点是创新。研究结果如果没有新的发现，将价值甚微。创新的内容涵盖多个方面，既可以是理论创新，也可以是方法创新；既可以是得到新发现，也可以是提出新问题。总之，科学研究要能促成人类知识的新增长。

（4）继承性。

科学研究探求新的问题必须要在他人研究的基础上进行。即使是那些填补空白的项目，也要借鉴他人的理论、方法和资料，在此基础上进行综合加工、扬弃与深入。没有他人的科研成果，新的科学研究不可能产生。例如，韩进之等于 20 世纪 80 年代开始研究儿童青少年自我意识的发展，他们从自我评价、自我体验和自我控制三方面展开研究，这在当时的我国尚属首创（韩进之，魏华忠，1985；韩进之，杨丽珠，魏华忠，1987）。那么，如何设计研究方案呢？首先查阅有关自我意识的研究资料，通过以往的资料分析出自我意识的理论建构，在编制具体问题时，又借鉴了苏联的一些研究资料，并将某方面的资料，如自我评价资料和自我控制资料综合起来。没有前人的成果，就不可能有今天的研究。

（5）可重复性。

科学研究不但是一项创造性的活动，而且这个活动的过程和结果都是可以重复的，即不同研究者运用类似程序和方法都可以得出同样的结论。

（6）控制性。

科学研究必须有严格的设计方案，涉及明确研究变量的操作定义，排除无关因素的影响，严格地实施程序，科学地定性和定量分析，以使研究结果可信、有效。如果不对研究的各个环节进行严格的控制，就无法判断研究结果的真伪。

专栏 1-1

像研究者一样思考

心理学专业的学生必须学会像研究者一样思考问题。像研究者一样思考，就是要以怀疑态度看待那些关于行为和心理过程的研究结论，即使这些结论是根据已发表的科学发现做出的。对一个结论最有利的证据是多项研究得出一致性的结果，尽管科学家认为研究结论正确与否是有概率性的。

更重要的是，科学家首先必须是怀疑者，对行为和心理过程的因果关系持怀疑态度是科学心理学的一个重要特点。科学家对研究结论的态度是：不仅希望"眼见为实"，还希望一遍又一遍地证实。研究者最好从实验证据而非主观臆断中得出结论。对同一个问题使用不同研究方法并得出相似结果是该结论最有力的证据。行为科学家之所以喜欢持一种怀疑态度，是因为他们知道行为是很复杂的，一种心理现象经常由多种因素交互作用产生，而找出所有的影响因素通常是一个艰巨的任务。有时做出的结论是不全面的，因为可能没有考虑到影响某一现象的所有因素，甚至有些影响因素根本没有被注意到。行为科学家还认识到科学是一种人类行为，而人会犯错误，人类的推理并不总是可信的。因此，科学家们对"新的发现"和不寻常的论断持怀疑态度，甚至对那些"已经发表"的研究也持怀疑态度。

怀疑精神使科学家比那些没有经过科学训练的人更谨慎。显然，普通人更容易接受那些从不充分和不可信的证据中得出的解释。对神秘学的广泛信仰已经证实了这一点。对于超自然的神秘现象，很多人倾向于毫无批判地接受，而非谨慎地思考。对公众看法的调查显示，美国绝大多数的人相信存在超感知觉（extrasensory perception，ESP），还有些人相信外星人到访过地球。有 2/5 的美国人相信占卜术，1 200 万成年人在阅读了有关占星术的文章后改变了他们的行为。尽管占星术正确性很低并且反面证据经常被发现，但是这些信仰依然存在。

当然，科学家并没有想当然地认为神秘现象的非传统解释一定是错的。他们坚持只接受可以被检验的观点，拒绝那些一经提出就无法检验的主张。科学的怀疑精神能帮助公众避免遭到江湖医生、兜售"灵丹妙药"和偏方的人的欺骗，科学的怀疑精神还可以帮助公众鉴别"不劳而获"的思想以及对自然现象做出超自然解释的迷信。但在科学生涯中，信任与怀疑同样重要。科学家需要信任设备、被试、同行的研究报告和他们在实施研究时的专业判断。

要像研究者一样思考，你需要对证据和论断持怀疑的态度。如果你读过描述犯罪和侦探的书籍，或是看过一些法律类的流行电影和电视剧，那么你就应该对证据和推理有一定了解。侦探、律师和其他法律行业从业人员从大量的原始材料中搜集证据，并试图汇集证据以对人们的行为做出判断。少量证据也许足够怀疑某些人有罪，但是要想宣判其有罪，就需要从大量资料中搜集确凿证据。

心理学家的工作也差不多——他们通过搜集证据来解释行为和心理过程。分析以下的这些论断并思考每条论断中的隐含证据。

1. 在对美国成年人的一项调查中，90%的已婚人士报告说他们在过去的一年中忠于自己的配偶。

2. 研究显示，青少年开始吸烟主要和同伴是否吸烟有关，而与父母是否吸烟关系不大。

3. 实验研究证明，从大学开始记录情感体验（与只记录鸡毛蒜皮事情相比）能使大学生拥有更好的健康状况和学业成绩。

4. 研究者发现，多次重复同一错误记忆实验，大约在3/4的实验时间里，被试在错误地报告实验中从未出现过的单词。

你可能已经注意到，这些论断包含了一定范围的心理学研究课题，从对婚姻的忠实度到错误记忆的形成。研究者用来搜集证据的测量方法（例如调查和实验）随他们所要研究的领域（吸烟、健康和学业成绩、错误记忆）不同而变化。通过对以上四种论断的思考，你可能已经注意到它们在证据的范围和质量上有所不同。和法律专业需要不同种类的证据才能怀疑和定罪一样，研究者也需要各种证据来对行为及其产生的原因做出解释。

如果你继续学习研究方法，你将发现一些重要的科学原则可以用来报告调查统计或行为观察的结果，用来确定因素（或变量）之间的关系，或者推断变量间的因果联系。最有力的科学证据类似在审判中多方面搜集到可以定罪的证据。举例来说，几个不同的实验，采用相同的程序、不同的被试，但得出了相似的结果，那么人们对“错误记忆”这一结论的信心就会增加。尽管研究者通过重复实验获得了极其有力的证据支持他们的结论，但这种情况就如同陪审团根据相似的情景给某人定罪，研究者和陪审团都要寻找真相，但如果证据单一，则他们的结论最终只能是或然性的，他们常常很难做出确定无疑的结论。

资料来源：肖内西，泽克迈斯特，泽克迈斯特，2005/2010，12－13页。

（三）心理与教育科学研究的特点

首先，心理与教育科学研究具有自然科学与社会科学的双重性质，一方面可以汲取这两类学科的先进理论、理念和方法技术，另一方面也表现为受到两类学科共同的牵制。比如，相对于一般的自然科学研究，心理与教育科学研究更易受到社会政治背景的影响；而相对于一般的人文社会科学研究，心理与教育科学研究又更多追寻自然科学的研究思路与原则。

其次，心理与教育科学研究的主要对象是人，这就要求在研究中对人类伦理有更多的考虑，不能对研究对象造成身心伤害。在心理学实验史上，曾经出现一些疏忽伦理考虑的实验，比如“模拟监狱实验”“小阿尔伯特条件情绪反应实验”。这种缺乏足够伦理关怀的实验尽管可能揭示一些有价值的心理规律，但是其实质会使得心理学科背上恶名，不利于其可持续健康发展，因此不亚于饮鸩止渴。心理与教育研究中的伦理原则需要贯彻在研究目的、实施以及结果分析的各个环节中。

最后，尽管心理与教育科学研究的范围很广，包括研究人的行为以及人的生理因素，而且还有不少是动物研究，但其归根到底是为了研究人的心理，是为了揭示人的心理现象发生发展的规律。人类心理在以下几个方面的特殊性给心理与教育科学研究带来了特殊要求。

1. 多因素

心理与教育现象通常受制于多种因素及交互效应的影响。比如在人格发展模型中，人-情境交换理论、生物生态学模型、整体交互作用论和多路径人格假设模型虽然对人格发展的论述角度有所不同，但我们可以得出一个结论：个体是一个整体的、动态的和复杂的功能系统。人格发展模型必须包括和整合个体心理和生物因素以及环境-情境因素。基于这些人格发展模型和以往研究结果，孙岩、金芳和杨丽珠（2017）构建了影响幼儿人格发展的综合模型，其中的影响因素包括气质、家庭因素（包括父母教养方式、父母共同养育和父母教育价值观）和学校因素（包括教师期望和同伴接纳），旨在探讨在多因素背景下，各因素对幼儿人格发展的影响，以及各影响因素之间的相互关系。研究得出人格同时受到多种因素影响，多种因素之间也存在相互依赖关系的结论，通过实证研究证明了人格的整体发展模式。因此，进行心理与教育科学研究应当考虑多因素的设计和对结果的多因素分析，多因素设计与分析也是心理与教育科学研究的主流研究模式。

2. 个体差异性

人类心理有很多共通的东西，即具有共性，尤其是那些基本的心理现象及其产生过程。如感知觉的规律、基本情绪的内在体验性质和外在表现等，在人与人之间都具有很大的相似性。但是人类的心理也几乎无处不在地存在个体差异性，就拿最基础的心理现象感觉、知觉来说，人与人之间都存在感知风格、能力等方面的差异。我们也很难给出人类心理中共性与个性各占多少比例，或者说在决定某个具体行为时人的心理中共性与个性各占多少成分。人类心理的这种特性严重限制了对其研究的外部效度（或者说外推效度），即限制了我们将从特定人群或个体身上获得的心理与教育研究成果推广并应用到其他人群和个体身上。所以，在心理与教育研究中，关于人类心理与教育的基本规律以及个性心理和个体教育的研究一直需要并驾齐驱。

3. 发展性

人类心理固然具有一定的稳定性，但是其随时间、空间等因素变化而产生变化的可能性是很大的。当然，这种心理的发展变化规律本身就是心理与教育研究力图揭示的。所以，在心理与教育研究中许多课题很难在短时间内见成效，需要较长的研究周期。如莫菲特等（Moffitt et al.，2011）为了探讨自我控制是否对健康、财富、居民公共安全起至关重要的作用，他们从个体出生到成年追踪了长达 32 年之久，最终发现自我控制可以预测成年后的身体健康、经济问题、单亲抚养子女情况和犯罪情况。

4. 难以控制性

人的心理具有主观能动性，并不是像其他物体那样一成不变地等待被研究。作为研究对象的个体，会因为被研究而产生心理变化，这种变化既有迎合研究者期望的，也有故意反其道而行的。所以，有时心理与教育科学研究者难以对研究对象进行精确控制和操作，难以对无关变量进行严密控制，因此往往容易出现社会误差、被试误差和主试误差。例如：研究不同的家庭教养方式对儿童的影响，就不能专门设计一组家长进行放任型教育；研究母爱剥夺时，就不能专门对一些婴儿进行隔离，那是惨无人道的。这就给教育科学研究带来了一定的局限性，就需要开辟新的研究方法和途径。另外，教育科学研究大都是现场实验，无法设计真实验，只能在准实验的范围内进行，很多无关变量难以严格控制，如实验班与对比班的被试的同质性问题、实验班教师与对比班教师的教学能力是否一致、教师与学生相互作用的影响等等，这就要求进行教育科学研究时尽可能采用标准化的研究程序，对结果的分析要谨慎。

三、心理与教育科学研究的功能

（一）描述

描述心理与教育事实，是对心理与教育现象进行科学研究的第一步。它的主要任务是对各种心理与教育现象进行科学界定，以建立和发展心理学与教育学完整的、科学的概念体系。这涉及大至对整个心理与教育现象、小至对某一具体心理与教育现象的概念内涵和外延的确定。比如，就像本节以上提到的内容，我们会对心理与教育科学研究的特点进行描述，阐述它在具有科学研究的特征下自身的特殊性。目前，心理与教育科学中的许多概念还存在争议，其概念体系的完整性和科学性也尚处于探索建设进程中。

另外，研究者常常感兴趣的是描述事件和变量之间的关系。例如，父亲在家庭中的角色与孩子性格之间的关系等等。

（二）预测

当发现事件和变量之间存在某种相关关系时，我们就有预测的可能。预测是通过科学的理论或研究结果推论出有待观察的事物现象及关系、研究对象以后的发展变化等。例如我们之前提到过的莫菲特等的研究，研究产生的结论可能会给我们带来这样一个预测：自我控制差的人群中存在更高的犯罪率。那么我们如果在童年时期或成年期通过干预来提高他们的自我控制，犯罪率可能就会降低。事实上，在心理与教育领域就有很多研究基于此类研究结果，探索在儿童时期或成人期能有效提高人们自我控制水平的方法（Diamond & Lee，2011）。

（三）解释

科学不能止步于描述和预测水平，而应从对现象的描述和预测过渡到对现象的解释，试图理解该现象和事件产生的原因，或揭示这些现象所遵循的规律，这是科学研究更深入的一步，也是最主要的一步。对一个现象的解释我们通常采用的是实验研究。它与描述和预测不同的是需要对某一条件进行操纵，操纵自变量测定因变量以确定因果关系。关于实验法，本书的第八章将进行详细介绍。比如说，研究得出，游戏能够提高幼儿的自我控制能力，那么就能够说明探究幼儿是否进行有关自我控制的游戏活动或进行的多少即是幼儿自我控制能力获得与否的一个重要原因。在这里，有必要提及目前公认的可以进行因果推论的三种条件。第一个条件即为事件之间的协变化，即：原因事件发生了，结果事件也发生了；原因事件不发生，结果事件也不会发生。第二个条件为时间次序，即原因事件在前，结果事件在后。第三个条件为排除备择解释，即排除其他可能的解释。假如你的好朋友今天表现出沮丧的情绪，你推论她有此种情绪可能是因为今天早上公布了她本次出国访学的面试没有通过。为什么你会有如此的推论？首先，出国访学面试没有通过和心情变化这两个事件均发生了；其次，出国访学面试没有通过在产生沮丧心情之前发生，如果在之后发生就不能推论该情绪产生的原因是出国访学面试失败；最后，你要排除最近有可能引起她心情沮丧的事件，而最近除了这件事情并没有发生其他比较重大的事件。只有满足这三种条件的推论，才能确定事件间的因果关系。

（四）应用

虽然心理与教育研究可以对行为、心理过程和教育现象进行描述、预测和解释，但更重要的是要将这些知识应用到现实生活中，帮助人们摆脱心理障碍、不良行为的困扰以及暴力、压力等对生活的影响，使人们得以更好地发展心理功能，获得更高的幸福感。用“积极心理学”的观点来说就是开发我们更大的潜能，发挥更多积极的心理作用。而在心理与教育领域，应用研究、开发研究、行动研究等正是探索应用之路的途径。

（五）综合

心理与教育科学研究不仅仅在于发现某个问题的特点与规律，还在于应用这些规律过程中发现之前研究的不足，再经过循环往复的论证，最终建立理论化的知识体系。心理与教育科学研究在某方面的成果累积到相当程度后，就能致力于理论的建立，以图有效地统合已有的研究发现，形成系统化的知识体系，发展心理与教育理论。例如，在汉语语言和阅读的脑机制研究中发现左脑额中回对于中文阅读有着特别重要的作用，这个区域负责中文字形、字音、字义之间的转化，而在西方语言加工过程中却很少用到这个区域（Tan，Spinks，Eden，Perfetti，& Siok，2005），这一理论也被称作大脑语言中枢的文化特异性理论（Tan，Laird，Li，& Fox，2005）。这一理论是基于大量关于中英文语言脑科学的研究最终建立起来的，并且得到了相关研究的验证，其中包括基础研究、训练研究和临床研究等。比如有人训练了一组母语为英语的被试，让他们通过写汉字或者写拼音来学习中文。研究发现，通过这种方法学习之后，被试左脑额中回的激活明显增强了（Cao，Tao，Liu，Perfetti，& Booth，2013）。除此之外，有许多研究致力于左脑额中回对中文阅读的功能的解释。由于研究众多，在这里不一一列举了。

上述五项功能是相互联系、环环相扣的。对心理与教育现象的准确描述，有利于深入揭示心理与教育规律；深入揭示心理与教育规律又为有效指导实践应用创造了必要的条件；而在指导实践应用的过程中发现的问题，又会促进人们对心理与教育事实、规律的描述和揭示做进一步的探索，从而使心理与教育研究与应用得以步步推进；在心理与教育规律不断深入揭示和实践应用之中循环，最终综合这些研究成果形成知识体系，发展心理与教育理论。总之，心理与教育科学研究对发展个人心理健康、获得积极生活体验，甚至对人类认识世界、改造世界，推动人类社会的进步和发展都具有重要作用。

第二节 研究方法从何处来，向何处去

一、心理与教育科学研究方法发展的历史

从历史的角度来看，西方心理学的发展围绕着两条主线：一条线索是心理学究竟研究什么，也就是心理学研究对象的问题；另外一条线索是应该怎样进行研究，也就是研究方法的选择问题。在心理学发展史上，人们围绕着这两个问题，进行着由浅入深、由低级到高级的曲折的前进过程。

（一）科学心理学诞生前夜

现代心理学是19世纪解剖生理学、心理物理学和进化论发展的结果之一。19世纪30年代，生理学已经成为一门独立的科学，它在感官生理和神经生理等方面取得的成果为心理学的独立准备了必要的条件。其主要成果有：神经生理学上卡加尔（S. R. Cajal）神经元学说的提出、巴甫洛夫（I. P. Pavlov）等对动物和人的反射活动的研究、神经冲动的电性质和传输速率学说及神经特殊能量说的提出等。同时，在感觉生理学方面，视觉、听觉的理论取得进展。这些学说为科学心理学的产生提供了必备的知识基础。

19世纪60年代出现的心理物理学主要借助物理学的方法研究基本的感觉问题。其主要成果有：韦伯（E. H. Weber）的两点阈限以及差别阈限（difference threshold）研究、费希纳（G. T. Fechner）的对数定律（law of logarithmic function）和心理物理法（psychophysical method）等。这些成果提供了感觉测量和心理实验的理论与方法，为冯特创立科学心理学奠定了基础。

（二）构造主义

构造主义（structuralism）是19世纪末冯特（W. Wundt）在德国奠基，铁钦纳（E. B. Titchener）在美国发展的一种严密的心理学体系。

科学心理学的创始人冯特主张用内省法（introspection）研究心理学。所谓内省法就是通过个体对自己内心活动进行观察、体验和陈述来研究其心理活动。另外一种就是民族心理学方法（method of folk psychology），它是通过对人类历史文化资料进行分析来研究社会心理学的一种特殊方法。

冯特认为心理学是一门研究直接经验的科学，他主张将所有的心理功能划分为特定的元素，心理元素是最终不可再分的心理结构的单位。他认为对心理元素的分析是心理学首先需要回答的课题，心理学的任务就是研究复合体的元素和结构及其形成的规律。冯特的这一分析主义思想一直影响着心理学的发展，甚至后来兴起的认知心理学也采取这一思路将认知过程看作由几个阶段组成的信息加工的过程（董奇，2004）。

（三）机能主义

机能主义（functional psychology）心理学的发展受 19 世纪进化论思想的影响，它确立了结构和功能之间的重要联系。机能主义把机体适应环境的心理功能规定为心理学的研究对象，它主张意识是一个联系的整体，反对对意识进行元素性分析；重视心理学的实际应用，强调心理的适应技能，并且主张把心理学的研究对象扩大到动物心理、儿童心理、教育心理、变态心理和差异心理等领域。

在研究方法上，机能主义并未提出一个独特的范式。它基本是受进化论的影响，强调适者生存，坚持实用主义的哲学基础，因此在方法上采用传记法和心理测验等。在思想倾向上，存在把心理学归结为生物科学的倾向；同时很多理论来源于思辨，存在哲学思辨和神秘主义的倾向。机能主义的思想后来成为人本主义心理学的理论基础之一。

（四）格式塔心理学

格式塔心理学（gestalt psychology）主张研究心理现象的整体（whole）、形式（form）或形状（shape）。宣称心理现象最基本的特征是在意识经验中所呈现的结构性或整体性，反对构造主义的元素化和行为主义的刺激-反应（S－R）公式，认为整体并不等于部分之和，意识经验不等于感觉和感情等元素的总和，思维也不是观念的简单总和。

格式塔心理学认为，有机体不是通过孤立的要素来理解事物的，而是以整体的方式来理解的。因此，在研究方法上，格式塔心理学采用现象学的方法，要求按照经验现象完整的本来面目来观察和描述纯粹意识结构，坚持现象即本质；强调运用自然观察和“意向分析”的方法与理论，去研究和把握纯粹的意识及其结构。

（五）精神分析

精神分析（psychoanalysis）产生于 19 世纪末，它来源于精神疾病治疗的临床实践，因此它既是治疗神经症的方法，又是一种无意识心理学的体系。精神分析不研究正常的人，而是研究失常的人的特征，比如情绪障碍、变态行为人格异常等。研究内容上主要探讨无意识、情欲、动机、人格等更深层次的心理内容。

弗洛伊德创立的经典精神分析采用临床观察法、自由联想法等方法对心理异常和无意识进行了研究。尽管其研究不能用实证的方法加以验证，但它与通过实证方法建立起来的古典物理学体系仍然存在着联系。而新精神分析已经出现与实验心理学互相接近和吸纳的趋势。

（六）行为主义

行为主义（behaviorism）是在构造主义、条件反射理论等影响下产生的。早期的行为主义代表人物华生（J. B. Watson）主张研究人的行为，把灵魂和意识等传统的心理学研究内容排除在心理学研究内容之外。他认为有机体是对外界刺激进行反应的复杂的机器，根据一个已知刺激可以预期其行为反应，反之，根据已知反应也可以确定其刺激。这就是经典的刺激-反应（S－R）公式。尽管新行为主义已经关注意识经验的作用，提出了中介变量的概念，但其基本的主张并没有变化。

行为主义力图使心理学成为一门纯粹的自然科学，因此在研究方法上摒弃主观内省法，强调应用客观的方法，比如观察法、条件反射法、口头报告法、测验法等方法；认为心理学的基本任务就是确切地预测行为和凭借各种规则控制行为；认为除了最简单的反射外，一切行为都是后天习得的。尽管行为主义存在严重的客观主义、机械主义和还原主义的弊病，但是其严密的实验方法使得心理学在方法上日趋精细，至今仍深刻影响着心理学的研究方法。

（七）人本主义

20 世纪 50 年代兴起的人本主义心理学（humanistic psychology）反对行为主义环境决定论和精神分析生物还原论的思想，主张研究人的本性（nature）、潜能（potentiality）、经验（experience）、价值（value）、创造力（creativity）、自我实现（self-actualization）等，形成了心理学上的第三势力。人本主义不研究动物、患者或者一般人，而是研究精英、名人和心理健康者；人本主义不探讨低级心理现象和认知历程，而是研究人的高级的整合的心理；此外，人本主义重视结合广泛的社会问题开展应用心理学的研究。

人本主义反对行为主义将人的心理简单化为行为的研究方法，它不热衷于自然科学的实验方法，而是应用整体分析（method of holistic-analysis），强调把人或者人格作为一个整体或一个系统来研究。同时，现象学的方法也是人本主义常用的研究方法。因此，从严格的科学标准来衡量，人本主义心理学研究不能称为对人的心理活动的客观研究。

（八）认知心理学

认知心理学（cognitive psychology）是西方现代心理学的一种新的思潮、范式和研究趋向，是目前心理学中的主流思潮。它关注人类处理外界信息及以此决定所采取的适当行动这样一些内部过程。在学科发展过程中，绝大多数认知心理学家已经接受了信息加工范式。这一范式的主要假设如下：（1）环境所提供的信息被一系列加工系统（如注意、知觉、短时记忆）所加工；（2）这些加工系统以各种系统性的方式转换或改变信息；（3）研究的主要目的是确定作为认知操作基础的过程和结构；（4）人的信息加工与计算机信息处理类似（艾森克，基恩，2005/2009）。认知心理学用信息加工的观点和术语说明人的认知历程，把人的认知过程类比为计算机的信息加工过程。认知心理学研究人或动物的认知或认知过程，它主要探讨三个方面的问题：认知究竟包括哪些心理现象？人在生活环境中如何获得和应用认知？如何研究其内在的认知的历程（knowing process）？

认知心理学采用实验法、观察法、计算机模拟、口语报告等方法进行研究。它不致力于了解人的认知活动中每一个神经细胞的活动情况，而是像研究计算机程序那样在较抽象的水平上探讨人的信息加工各个阶段的特点。在现代语言学、系统科学和计算机科学的影响下产生和发展起来的认知心理学，在探讨人类内部心理活动过程方面取得了很大进展。

（九）认知神经科学

20 世纪 90 年代以来，随着 ERP（事件相关电位）、fMRI（功能性磁共振成像）、PET（正电子发射断层扫描）等先进脑功能成像技术的出现和不断发展成熟，心理学研究上出现了将认知科学和神经科学不断融合的趋向，于是产生了一门新兴的交叉边缘学科——认知神经科学（cognitive neuroscience）。认知神经科学关注认知过程的神经反应，探讨某一认知功能的神经过程，并对脑和行为的关系进行推断。

认知神经科学将先进的研究工具和严格的认知心理学实验设计相结合，能够更客观地探究人的认知活动的过程和本质。可以说，心理科学和脑科学相结合而产生的认知神经科学，正日益取代认知心理学成为心理学发展的新主流。由于技术的进步，原则上我们可以确定某一特定认知过程在大脑的激活部位以及激活的时间进程。这些信息能使我们了解某人在完成一个任务时大脑不同部位的激活顺序。这些信息也可使我们确定两个任务是否以相同的方式激活相同脑区或者两个任务之间是否具有重要的差异（艾森克，基恩，2005/2009）。

以上我们回顾了科学心理学诞生以来心理学研究内容和研究方法的演化过程。从中可以看出，心理学中一个学派理论的产生和发展总是与其所研究的问题、所应用的研究方法密不可分的。因此，回顾心理学发展的历史可以让我们更恰当地理解心理学研究方法的演进路线，也可以更好地探寻心理学研究方法的未来发展趋向。

在心理学研究方法的发展上，除了以上我们提到的研究内容和研究手段的线索，还有一种线索，就是主观方法和客观方法不断反复的现象。冯特强调实验内省法，这可以被认为是一种主观的方法；行为主义否定内省法，推崇对行为的客观观察，这可以被认为是典型的客观方法；再后来人本主义再次推崇现象学的方法，这又回到主观的方法；认知心理学除了开展客观研究外，也肯定了主观方法（比如口语报告法）的重要性。心理学研究方法的这种反复并不意味着不断回到原点，而是呈螺旋式上升的态势，每一次的反复都是一次对前面研究方法的融会和提升，每一次的反复都使其获得了更多的内容和证据。这也是心理学前进的方式。

在心理学研究方法的发展上还有一条发展线索，这便是自然科学的发展，自然科学每一次大的革新几乎都带来心理学研究方法的飞跃。研究方法的演化受自然科学发展的影响，自然科学发展给心理学研究提供了新的工具和手段。

教育科学的发展也表现出研究方法和研究范式的革新。通常意义上可以将教育研究范式的更迭划分为三个阶段：第一个阶段是自然科学的研究范式未出现之前的定性研究阶段，其特征是以哲学思辨为主；第二个阶段是定量研究的兴起，由于自然科学的飞速发展，胡塞尔现象学影响下的定量研究方式被广泛接受；第三个阶段是定量研究和定性研究相结合，研究者对定性研究和定量研究范式的优缺点互相借鉴，取长补短。

二、心理与教育科学研究方法发展的趋势

近几十年来，随着心理与教育科学各领域研究的不断深入，随着现代社会科学研究技术、手段、方法以及统计技术的迅速发展，心理与教育科学研究方法也获得了不断的充实和提升，表现出许多新特点和发展趋势，概括来说主要有以下几个方面。

（一）心理与教育科学研究的生态化

自 20 世纪 70 年代末以来，随着心理与教育科学研究的不断深入和研究技术、手段、方法、统计技术的不断发展，心理与教育研究出现了被称为生态化的倾向（董奇，2004）。

生态化运动（ecological movement）就是指心理与教育研究应该在真实自然的环境下和具体的社会文化背景下探讨心理与教育规律，提高心理与教育研究结论的外部效度、生态效度，增强心理与教育科学研究结论在现实生活和教育实践中的实际应用性和普遍适用性。

1. 生态化出现的原因——实验室研究的局限

心理与教育研究中生态化的趋向，直接导源于实验室实验所具有的局限性。实验室实验是能够严格按照设计的实验程序，操纵自变量，控制无关变量，观测因变量，探究自变量和因变量之间的因果关系，揭示心理和教育的规律与特点的研究方式。实验室实验大大推动了心理与教育研究的科学化和客观化。但是，人毕竟不是物，人的本质属性在于其社会性，是各种社会关系的总和。因此，随着心理与教育研究的逐渐深入，实验室实验所具有的人为性的弊端日益暴露出来。

首先，由于实验室研究情境是人为创设的，且变量控制严格，因而实验情境的真实性受到破坏，使被试的心理及行为表现与自然情境条件下的心理与行为表现相去甚远。这样，就削弱了研究的外部效度。实验室条件下获得的结论是否能够应用于具体的现实情境，实验室结论能否在现实情境中重复，这成为一个值得商榷的问题。

其次，实验室实验需要将情境简单化，排斥和控制事物之间的相互作用。然而现实情境并非如此，现实情境中人的心理活动和教育活动受到多种因素的影响和作用，并且因素之间也是互相影响、互相制约的，是一个复杂而完整的系统。心理活动和教育活动本身是多个因素相互作用的综合结果。实验室实验操纵有限的变量，控制和限制了一些对结果有意义的变量，把各种复杂的情境因素孤立开来，单独考虑某个或某几个变量的影响，缺乏现实性。

因此，越来越多的心理与教育研究者注意到，心理与教育研究应该突破实验室的局限，到现实生活环境中去，在真实的社会环境中探讨人类的心理活动规律和教育活动规律，进而保证研究结论的生态效度和应用价值。这样，便形成了一种强调在真实生活、学习、工作情境中研究心理、教育规律的生态化思想倾向，而近年来心理与教育研究方法、研究技术和研究手段的发展与提高，则使这一思想倾向变成现实（董奇，2004）。

2. 生态化的内容与误区

心理和教育科学借鉴了生态学的有关思想，提出了心理与教育研究生态化的主要观点。

在研究内容上，首先，心理和教育活动处于一个复杂的关系之中，并且与其他方面有机联系在一起。其次，心理与教育活动是内部因素和外部因素相互作用的产物。再次，心理与教育科学研究应该努力在家庭、学校、社会等社会生态环境中进行，以揭示事物的本质，发现复杂条件下心理与教育活动的规律。另外，心理与教育研究应该重视研究个体与其所处的复杂环境之间的相互作用的方式和途径。最后，心理与教育研究应该注重探究个体在与环境交互作用中的主动性。

在研究方法上，一方面，心理与教育研究者依据生态思想的指导，主张心理与教育研究应该走出实验室，走到具体现实生活中去，把实验室具有的严格性与真实、自然的环境密切结合，努力揭示心理与教育现象的基本规律。因此，生态化的研究方法不同于实验室实验，它开始走向自然、真实情境。另一方面，生态化的研究方法也不同于传统的观察法，它在争取真实性的同时又努力坚守研究的严密性。为了达到这一目的，研究者普遍采用现场实验和现场观察的方式。运用精细的实验设计，应用新现代化观测仪器，完善观察的技术，制订详尽的编码系统，应用高级统计方法等策略对实验材料和研究结果进行分析，其得出的因果结论仍具有较高的可信性。

强调心理与教育研究的生态化，并不意味着完全排斥实验室实验或否定实验室实验的重要价值。心理与教育研究生态化的目的是保持实验室研究的客观性、操纵性的同时克服其将影响因素僵硬化、简单化的缺点。因为对特定的心理与教育内容，实验室研究的优点和效果是生态化研究无法企及的，或者说是离开了实验室实验就无法进行的。并且，有些来自实验室的研究结论本身就具有非常高的外部效度和生态效度。因此，生态化研究并不否定实验室研究，而是从一个侧面丰富和弥补了实验室实验的不足。

3. 对生态化研究的评价

生态化研究趋势促使心理与教育研究者走出实验室单调、僵化的环境，从自然、真实的角度重新考虑心理与教育研究的内容与方法。这一趋势拓宽了人们对心理与教育科学研究范畴的理解，引起了人们对自身发展影响因素复杂性的重视，增强了研究结论的实际应用价值，提出了解决心理与教育研究效度的有效途径，有助于心理与教育研究的发展。

生态化研究的巨大意义已经被近年来心理与教育研究领域所取得的巨大研究成果所证实。特别是在发展心理学和教育心理学领域，研究者将严密的实验设计与具体的生态情境相结合，同时充分发挥现代科学技术工具的作用，在多个领域都取得了重要的进展，丰富了我们对心理与教育研究规律的认识。

4. 生态化研究的未来趋向

20 世纪 80 年代以后，西方发展心理学界大量涌现出以生态化思想为指导的有关认知和社会性发展的实证研究。20 世纪 90 年代后，赛西（Stephen J. Ceci）和布朗芬布伦纳（Urie Bronfenbrenner）提出生物生态化研究范式，强调将生态化研究与行为遗传学、认知神经科学相结合。首先是如何结合遗传能力与最近过程（proximal process）的评估问题，其次是如何针对更多的因素更清晰地进行分辨，最后是如何把握好实验室研究的客观性和自然环境的生态化的问题（朱丽，2005）。或许不久的将来会涌现出一批相应的实证研究结论。

（二）心理与教育科学研究的跨文化

从近代科学心理学诞生之日起，不同社会文化背景对人的心理过程的影响，不同社会文化背景中个体的心理与行为上的相似性和差异性问题，一直是心理学家的兴趣所在。近年来美国权威心理学刊物《美国心理学家》和其他一些刊物上连续刊发了一些文章，对传统心理科学模式的缺陷和弊端进行了反思，表现出对于文化影响的日益关注。与此同时，心理学的各分支学科也日渐关注文化因素的影响（黄希庭，张志杰 主编，2010）。因此，心理与教育科学中的跨文化研究日益兴起。

1. 跨文化研究出现的原因

心理与教育科学中跨文化研究的出现，首要原因在于当前世界各国文化的多元性和差异性。由于历史和地域的原因，不同的国家和民族在历史发展过程中形成了不同的语言、艺术、神话、宗教、社会习俗等，这些特征深刻影响着各自的思维方式和行为特征。因此，必须从不同文化的角度思考人心理演变的过程。在跨文化研究的早期，研究者主要侧重关注不同文化环境、不同民族之间的心理差异；现在，随着研究的深入和各民族、各文化间交流的日益频繁，心理学家们开始重视探讨不同文化背景之间的共同要素。

跨文化研究方法的改进也是跨文化研究兴起的重要原因。在跨文化研究的早期，研究者对文化差异内容的研究较多，相对忽略了对跨文化研究方法的探讨，因此限制了跨文化研究的科学性。20 世纪 60 年代后，学者们对跨文化研究的方法进行了大量探讨，使跨文化研究的方法日益完善，研究的科学性水平和操作水平显著提高。方法的进步刺激了跨文化研究的飞速发展，近年来跨文化研究队伍不断扩大，研究者之间的交流日益增强，研究专著日益丰富，跨文化学术组织也相继成立，跨文化研究日益繁荣。值得我们骄傲的是，2004 年第十七届国际跨文化心理学大会在西安召开，这是国际跨文化心理学会议第一次在中国召开，彰显了我们的文化对世界的影响在日益扩大和加深。

跨文化心理学研究的成就不仅在于它对世界范围内具有异质文化的地区和民族进行了系统研究，扩大了心理学的研究范围，更重要的是它的许多研究成果使得心理学家不得不重新审视那些被冠以人类行为普遍法则的心理学理论，从而为人们提供了一种新的方法论。正因为如此，跨文化心理学才能够在很短的时间内迅速发展成为一个为心理学家普遍热衷的新的研究领域。

2. 跨文化研究的内容和方法

跨文化研究是运用比较的方法，从文化的普遍性和特殊性的角度来分别考察各种心理产物、理论和行为模式的普遍性和特殊性。因此，跨文化研究从一个新的角度提供了对行为的解释，使心理学可以从文化的角度来看待行为，有助于对行为本质的理解。此外，通过对两种或两种以上文化的分析比较，可以对心理学的概念和理论进行比较性的检验，从而可以验证这些研究结论的效度，改善研究结果的质量（黄希庭，张志杰 主编，2010）。

心理与教育科学中的跨文化研究关注文化因素对心理和行为发展的影响，通过探寻不同文化背景中心理现象的差异性和共同性，最终探明文化如何作用于人的心理的基本规律。因此，跨文化研究的基本思路是研究者首先对某一心理或教育现象提出假设，然后分别在不同的文化背景中进行检验。用实验设计的语言表述就是，跨文化研究以文化因素为自变量，以心理或行为表现为因变量，探究文化因素与心理或行为表现之间的因果关系。目前，跨文化心理学研究的对象领域已相当广泛且多种多样，涉及认知、思维、语言、学习、发展、问题解决、情感、自我的发展、动机、心理适应、精神卫生和精神病理、价值观、生活方式、育儿行为、社会化、人际关系等各个方面。

心理与教育科学中的跨文化研究的方法主要有心理人类学方法和实验法。

心理与教育的跨文化研究从人类学的跨文化研究方法中发展出“心理人类学方法”，它要求研究者选取不同文化或心理行为特征作为研究变量，然后依据一定标准从“人类关系区域档案”中选取适当的文化或民族样本，再加以统计分析，检验理论假设。这种方法适合于对群体的研究，具有一定的客观性，但是在个体身上难以应用。

实验法在跨文化研究中的应用可以分为两种。首先是自然实验法，即在自然社会条件下创设一定的情境，引发或改变被试的心理活动和行为表现，考察不同文化背景中的被试在心理和行为表现上的共同性和差异性。另外一种是实验室实验，即在实验室中创设相应情境，控制无关变量，观测不同文化背景群体的行为表现。相对于实验室实验，自然实验更能揭示真实的文化背景中人的心理和行为特征。但是，跨文化研究中的实验法不能解释心理或行为表现的原因，只能对特征进行描述，并且实验法中被试抽样的代表性问题较难控制。

当然，心理与教育研究中的各种方法都可以应用于跨文化研究，比如观察、问卷、访谈、测验等，这些研究方法可以在一定程度上克服被试数量的限制，较为容易地获取大量样本，提高研究的有效性。同时，社会学的参与式观察与体验的方法和人类学的人种志的研究方法都可以应用于跨文化研究之中。

在过去的几十年中，跨文化研究在数量和质量上都有很大的进步，跨文化研究的意识愈发强烈，很多研究者在不同文化中检验和拓展他们所提出的概念和理论，并且提出了一系列更为精密的研究方法和数据处理方法。在中国，随着跨文化交流的日益增加和研究者对文化现象的愈加关注，跨文化研究将会成为研究主流之一（梁觉，周帆，2010）。

3. 跨文化研究中的问题

文化对等是进行跨文化研究的前提。所谓文化对等是指从不同文化中收集到的数据资料及其处理方法应具有文化的等值性。有三种文化等值性，即概念等值、测量等值和机能等值（高兵，2010）。概念等值性指概念是否在对比的文化之间具有相同的含义（梁觉，周帆，2010）。在概念等值方面，我们经常遇到的一个问题是同一概念在不同文化中可能具有不同的意义，例如抑郁对中国人和美国人而言可能有不同的意义（高兵，2010）。测量的等值性首先是样本的等值性，不同文化中的被试应当具有近似的背景。否则，两类群体中的差异就很难归因于文化的差异还是抽样的问题。机能等值性是指不同文化背景的人在测验、问卷、任务中反映出的行为表现出基本相同的心理机能的程度。相似的行为可能表现出不同的心理机能或不相似的行为可能表现出相同的心理机能。

进行跨文化研究还有几个难题，第一个难题是无法进行随机化。在典型的心理学实验中，我们把被试随机分配到不同的实验条件中，如实验组和控制组。但是，文化是跨文化研究的一个自变量，我们无法把被试随机分配到不同的文化中。因此我们只能从不同的文化中选择被试，假定这些被试代表了他们所在的文化。这样做的问题是，不能自由控制自变量，例如，不能改变一组被试的文化以考察新的文化对他们的影响。第二个难题是很难对文化差异进行解释。即使我们通过文化比较发现了不同文化中人们行为或心理的差异，但难以理解这些文化差异的原因。例如，如果根据智力测验发现美国人比中国人的智商高，我们可以有无数种解释。可能是因为美国人所受的教育更多，或者美国人更熟悉智力测验，或者是其他价值观、态度、行为模式等方面的文化差异等。第三个难题是“文化”的概念过于空泛，很难定义。例如，如果我们发现中国人在追求成绩时比美国人更加强调个人努力，我们就可以将此理解为文化差异的影响。但是，文化这个概念包含太多的因素，用“文化”来解释这种差异几乎毫无意义，何况这种差异也可能受别的因素，尤其是社会化、父母教养方式、教育体制等的影响。因此需要将文化这一概念分解成一组因素，并确定哪个因素与我们所了解的文化差异有关（高兵，2010）。

4. 跨文化研究未来发展趋势

首先，心理与教育的跨文化研究逐渐从宏观研究转移到微观研究。研究者从宏观的文化价值转移到对基本的心理过程如知觉、记忆、思维以及语言、学习等的研究。发展中国家的心理学家也从初期模仿西方心理学家的研究转向越来越重视对本土文化的研究。西方心理学家开始把兴趣转移到对自己生活的社会中的亚文化的研究上，重视某一特定文化中主流文化与亚文化的比较研究。

其次，研究开始由单一、孤立走向综合。研究强调同一理论结构的多种方法和多种文化测量，未来的研究将表现为交叉观察、心理实验、测验、追踪研究、文献分析等“经典”心理学方法和田野调查等文化人类学方法的相互融合，互为补充，逐渐形成综合性的研究途径。

（三）心理与教育科学研究的综合化

心理与教育科学研究的综合化趋势主要是强调采用多种方法和从多学科角度去探讨心理与教育的现象及其规律。

1. 研究方法的综合化

心理与教育研究的方法很多，在具体应用时各有利弊。单纯使用某一种方法，容易失去重要的有价值的信息，对其结果的解释也难以全面可信。因此，心理与教育研究方法的综合化是其必然趋势。例如，为了探究幼儿自我控制能力结构的理论模型，杨丽珠和董光恒（2005）进行了幼儿园观察并进行编码、与幼儿教师访谈、查阅文献资料、进行探索性因素分析等过程，应用多种研究方法，最终得出幼儿自我控制的理论模型。这一过程应用了观察法、访谈法、文献法、问卷法等几种方法，通过这一过程建立的理论模型才会更科学。

当前，心理与教育研究方法上的综合化趋势主要表现在以下几个方面。

首先，研究方法多样化。

在心理与教育研究中综合应用研究方法，取长补短，将不同方法所得的结果进行相互比较和验证，能提高结果的可信度。例如，在对幼儿自我控制能力发展特点的研究中，我们可以应用问卷法得出幼儿自我控制的发展特点，同时又可以应用现场实验的方法探索其发展特点，然后对二者的研究结果进行相互验证。又比如，在当前对脑机制的研究中，ERP 具有较高的时间分辨率、fMRI 具有较高的空间分辨率，在研究中将二者结合，取长补短，便可以对大脑的活动规律进行更全面的探讨。

其次，研究方法中质化研究和量化研究相结合。

近年来，心理与教育科学研究者在继续重视和发展量化研究方法的同时，开始接受并注重引入各种质化研究方法对心理活动规律进行更充分的了解。应用参与式观察、口头报告、访谈等方法充分了解心理与教育活动的特点与内容，并对其性质和意义做出定性的分析。在此基础上按照一定的维度进行编码，进而最终做出量化分析。心理与教育研究中的质化分析并不排斥量化分析的意义，其最终目的也是为量化分析做准备。因此，质化研究和量化研究相结合，必然能加深对人的心理和行为活动规律的认识，获得较为全面的主客观数据，挖掘出更深层的意义。

最后，重视多变量设计。

在以往的研究中，研究者更多采用单变量设计，探讨单个变量的作用，因而对复杂的心理与教育活动规律难以全面揭示。随着统计手段的发展，多变量设计日益受到研究者重视。多因素设计不但可以探讨单个变量的作用，而且还可以探讨在这一过程中不同变量之间的相互作用，揭示心理和教育活动中各个方面的相互影响。

2. 研究角度的多学科化

心理与教育科学研究中研究对象的特殊性决定了研究问题的复杂性。人具有社会属性、自然属性、物理属性等，单单一门学科往往难以全面解决所有问题。因此，从多学科的角度探讨心理与教育活动的规律已成为一种新的趋势。

首先，心理或教育学科内部的合作。随着心理与教育研究的深入，研究者逐渐认识到，单单从某一分支学科的角度探讨问题是不可能完全准确地揭示和预测个体心理活动规律的，必须同时运用多个分支、多种理论进行研究。

其次，与其他相关学科的合作。很多心理与教育研究的内容，超出了本学科研究的范畴，这时候就需要多个学科的相互合作。例如对早期弱智儿童的研究，就需要特殊教育学、学前教育学、发展心理学和儿科医学等各个领域专家的共同合作。

（四）心理与教育科学研究手段的现代化

随着近一二十年来科学技术的飞速发展，不断有新的技术被应用到心理学研究中，心理与教育科学的研究手段和研究工具也日益现代化。

首先，研究仪器的现代化。随着新兴科学技术和手段的出现，不断有新的研究仪器被应用到心理与教育研究中来。例如，随着神经科学的发展，一些对人的脑功能进行探究的实验仪器，比如 ERP，PET，fMRI 设备等已经逐渐被心理学所接受。这些研究仪器打破了传统心理学不能深入探究人脑内部状况的局限，拓展了心理学研究内容的广度和深度。在情绪研究领域，源自生物学和医学的生理多导仪被应用于心理学研究，通过它可以记录人的心率、血压、皮肤电等生理数据，这些指标可以更精确地反映情绪过程中的生理变化过程，研究者可以由此推测相应的心理变化过程。

其次，实验室建设的现代化。大量的现代化仪器被应用到实验室的建设中来。例如，单向玻璃在儿童心理学实验室中已经得到广泛应用，隐形摄像机也被应用于实验室的观察记录过程，同时一些自动化编码软件也可以大大节省研究者的工作量，并且提高研究过程的准确性和客观性。

另外，计算机的广泛应用。在当前心理与教育研究中，计算机已经成为不可缺少的一部分。刺激变量的呈现、实验过程中数据的收集和实验后数据的处理都离不开计算机的工作。同时，计算机网络的普及也使计算机的重要性日益凸现，在远程监控、数据检索、论文查阅甚至论文发表等领域都给研究带来巨大的方便。

第三节 研究方法遵循哪些原则

一、客观性原则

客观性原则指实事求是地根据客观事实的本来面目加以考察，不歪曲事实，不主观臆断，客观地描述和解释心理与教育现象。客观性原则应该贯穿于研究选题、研究设计、研究实施、数据收集和结论解释的研究全过程。

在心理与教育研究中，研究者都是人，研究过程往往受研究者本身价值和个人好恶的影响，研究者往往带着一定的前提和假设观察研究对象的行为表现，分析事实材料和数据，解释结论。因此，研究者在研究过程中要尽量排除主观因素的影响，尊重客观事实，从客观事实中寻找和发现规律。

要达到研究的客观性原则，首先，研究过程必须从客观事实出发，详尽地利用资料，通过对事实的充分分析、概括，去发现事物的客观规律，不可以有丝毫的主观臆造成分。其次，必须坚持客观的态度，避免研究过程中可能出现的偏见或成见，不可以断章取义。同时，从多个角度搜集资料。单个方面的资料可能会引起研究者的误解，从多个方面搜集的丰富数据都能证明同样的问题，就可以促使研究者反思自己的成见。

二、发展性原则

人的心理是一个不断发展的动态结构，因此研究者必须以发展的眼光看待心理与教育研究中出现的问题，用发展的观点解释相关研究结论。人的心理发展和相关人格特点的形成都是一个量不断积累进而达到质变的过程。人的发展是一个渐进的过程，同时伴随着质的飞跃。因此，心理与教育研究不但要描述心理与教育现象中量的变化，而且要解释其质变的过程。

在心理与教育科学研究中必须遵循发展性原则，在发展中研究人的心理现象。这一原则要求在研究中不仅阐明一个人已形成的心理品质，而且要考虑一个人的历史状况，特别是揭示那些刚刚产生的新的心理特点，这对于预测一个人的发展趋势和发展前景具有特别的重要意义。因此，在实验中必须坚持事物发展变化的观点，把静态的分析研究和动态的分析研究结合起来，并注意量变和质变的关系。

三、教育性原则

心理与教育研究的过程可能会对研究对象的发展造成一定的影响，因此研究过程中必须遵循教育性原则。教育性原则要求研究者在进行心理与教育研究时要尊重被试的身心发展规律，做到有利于被试心理的健康发展，并且具有教育意义。切忌违反这一原则，在研究过程中对被试造成心理伤害或不良的教育效果。

在心理与教育研究中，有时候需要控制或者创设一定的实验情境，这时候就应该注意所创设的情境是否会对被试的心理造成伤害。比如华生对儿童“恐惧”的研究，就违背了教育性原则，给研究对象造成了一定的心理伤害。因此，这种现象是当前研究中必须予以规避的。

四、系统性原则

心理与教育现象是由多系统、多层次、多序列组成的整体结构，具有明显的系统性。

所谓系统性原则，就是用系统论的方法来考察心理现象，把人的心理作为一个整体的、动态的系统加以考察，研究中把心理与教育各个方面的情况联系起来，作为一个整体进行研究，从全局出发，正确处理各个方面的相互关系，从而掌握实验中的规律。

系统性原则主要体现在整体性、层次结构性、动态性、环境适应性和自组织性上。贯彻系统性原则，在研究中要做到：第一，研究设计要考虑心理的发展、变化，要考虑被研究的心理现象与其他心理现象之间的关系；第二，在研究过程中，要善于发现处于萌芽状态的心理特点，切忌用固定的眼光看待研究对象。

五、理论与实际相结合的原则

所谓理论联系实际的原则，就是心理与教育的研究从选题到具体研究过程，都应该以心理与教育的理论为指导，并从实际的需要出发，不断汲取新理论、新方法和新思想。通过实践应用理论，验证理论；在实践中发现和总结经验，并加以概括提炼，最终解决心理发展和教育教学实际中的问题。

心理与教育研究中要贯彻理论联系实际的原则，就要在研究中做到：第一，在研究课题的选择上，要考虑现实的教育意义，使研究结果有助于人心理的完善和教育实施，有利于教学质量的提高；第二，在研究方案的设计和实际进行的过程中，均应考虑对人的心理和学生发展是否有良好的影响，是否有实际的应用价值。

专栏 1－2

心理与教育科学研究的伦理性原则

在进行心理与教育研究，特别是社会心理学和教育实验研究时，经常要采用一些控制情境或被试的研究手段或方法，这时就应该特别注意在创设情境时切忌采取违背伦理性原则的方法，如欺骗、隐瞒数据和研究目的、威胁恫吓以及可能造成研究对象身心受到伤害的方法。教育科学研究也不能用创造情境诱使学生产生不良行为的方法来获取研究资料。在科学性与伦理性相矛盾时，应首先保证伦理性，放弃研究或采用其他不违背伦理的方法。

心理学的主要研究对象是人，在研究中必须确保来参加研究的人即被试的权益不受侵犯，这就涉及许多伦理问题，其中最常见也是最主要的伦理规范包括知情同意、保护被试以及保障退出自由与保密。

虽然使用动物被试的研究伦理问题不会像使用人类被试那样敏感和复杂，但是动物的权益还是应该受到保护。研究者对动物的使用和操纵也应该是必要、恰当和道德的，不能虐待动物，同时要适当地饲养和照顾动物。

资料来源：董奇，2004，13－14 页；黄希庭，张志杰 主编，2010，13－16 页。

小　　结

1. 心理与教育科学研究的意义主要体现在：为公共和教育政策的决策提供参考和依

据；为心理与教育的具体实践提供理论指导；为人类不同领域的实践服务，提高活动效率。

2. 心理与教育科学研究的功能主要是描述、预测、解释、应用和综合。

3. 心理与教育科学研究方法发展的趋势主要为心理与教育科学研究的生态化、跨文化、综合化和研究手段的现代化。

4. 心理与教育科学研究的原则主要为客观性原则、发展性原则、教育性原则、系统性原则和理论与实际相结合的原则。

思考题

1. 举例说明心理与教育科学研究的意义。
2. 心理与教育科学研究的特殊性体现在哪？
3. 举例说明心理与教育科学研究中的应用功能。
4. 依据研究内容和研究方法两条线索对心理学研究方法的历史发展进行简单的回顾。
5. 心理与教育研究发展的趋势有哪些？为什么会出现这种趋势？
6. 简述心理与教育研究生态化趋势的内容和误区。
7. 简述跨文化研究的内容和方法。
8. 思考跨文化研究中的难题。
9. 思考心理与教育研究中综合化的内容和表现。
10. 思考研究手段的现代化对心理学的影响。
11. 评述心理与教育研究新趋势对其未来发展的作用。
12. 简要说明心理与教育科学研究的基本原则。

推荐读物

1. 肖内西，泽克迈斯特，泽克迈斯特．心理学研究方法．7 版．张明，等译．北京：人民邮电出版社，2010.

2. 科兹比，贝茨．心理与行为科学研究方法．11 版．张彤，译．北京：机械工业出社，2014.

3. 教育部关于印发《3～6 岁儿童学习与发展指南》的通知．(2012－10－09)．http：//old. moe. gov. cn//publicfiles/business/htmlfiles/moe/s3327/201210/xxgk_143254. html.

4. 孙岩，金芳，杨丽珠．3～6 岁幼儿健全人格培养研究．大连：大连海事大学出版社，2017.

5. 杨丽珠，马振，胡金生．6～12 岁幼儿健全人格培养研究．大连：大连海事大学出版社，2017.

6. 孙远刚，刘嵩晗，杨丽珠．12～15 岁初中生健全人格培养研究．大连：大连海事大学出版社，2017.

7. 黄希庭，张志杰．心理学研究方法．2 版．北京：高等教育出版社，2010.
8. 董奇．心理与教育研究方法．修订版．北京：北京师范大学出版社，2004.
9. 霍瑟萨尔．心理学史．4 版．郭本禹，等译．北京：人民邮电出版社，2011.
10. 高兵．跨文化心理学研究．北京：中央民族大学出版社，2010.
11. 崔丽霞，郑日昌．20 年来我国心理学研究方法的回顾与反思．心理学报，2003，33（6）：564－570.

第二章
提出研究课题

本章要点

- 如何选择研究课题
- 如何提出研究假设
- 如何查阅文献资料

通过观察发现问题，这是心理与教育科学研究的逻辑起点。也就是说，心理与教育科学研究首先要解决什么。研究包括方向问题和具体课题，方向规定着研究的内容，制约着研究的具体课题。研究课题有长远的，有短期的，有全面的，有局部的。有的人做一辈子，有的人做一段时间。有经验的研究者，研究课题一个接一个，形成一个系统，步步深入；缺乏经验的研究者东一个题目，西一个题目，无计划性，没有科学研究的整体构想。优秀的心理与教育科学研究者应有开创性精神，既注重心理与教育科学发展的趋势，又注重当前心理与教育实践的需要，既有长远规划，又有短期的安排，千里之行，始于足下，从发现问题中找出研究课题。

科学研究就是发现问题、提出假设、验证假设的过程。在心理与教育科学研究过程中，提出课题之后，人们就要依据已知的事实和心理与教育科学理论与知识，对所要研究的心理与教育现象提出研究假设。研究假设是设计研究方案的关键，是探索新事物、形成新理论的桥梁。

查阅文献资料是心理与教育科学研究的重要环节，它伴随着心理与教育科学研究的全过程。只有通过查阅国内外文献，方能了解这一领域的研究状况，通过对历史文献与现状进行研究分析，才能遴选出尚无研究或研究有缺陷的有重要理论价值或现实意义的、有创新性的研究课题。

本章主要介绍：如何选择研究的课题，诸如科研选题的含义，以及选题的原则、策略和评价；课题选择之后，如何提出研究假设；如何查阅文献资料，如何撰写文献综述，如何从文献综述中找出研究的切入点等。

第一节 如何选择研究课题

一、科研选题的含义

（一）确定感兴趣的研究想法

任何研究都是从确定选题开始的，而研究选题又往往来源于自己感兴趣的想法和领域。那么，对于一位心理与教育科学初入门的学生来说，从哪里寻找自己感兴趣的研究选题呢？

1. 个人的生活经历

个人生活经历是人们长期生活在特定的社会环境中，不断对其认知、体验、积累的社会经验。由于生活在不同的环境中，人们认识、体验、积累的社会经历就必然会有不同的视野，就会诱发出自己感兴趣的灵感和研究想法。例如，笔者（杨丽珠，下同）的一个学生说，他的小外甥特别好动，弄得全家不得安宁，他的姨姐也焦躁不安。那么怎么样才能让他的小外甥安静下来呢？于是产生了对幼儿自我控制研究的热情。再如，一个学生说，她哥哥的孩子常常欺负同学，看谁不顺眼就打。她侄子为什么会有攻击性，怎样才能制止他的攻击行为？于是产生了研究儿童亲社会行为的兴趣。

2. 个人的研究经验

刚入学的大学生都可能跟老师做科研，在研究过程中，对研究问题产生浓厚的兴趣，觉得很有意思，产生对该领域研究的想法。例如，有的学生跟老师一起运用临床法探究幼儿自我控制发展的特点，于是产生研究儿童自我控制的想法。

3. 深入实际，寻找第一手研究资料

社会实际是我们选择研究问题的重要来源。笔者在主持发展心理学国家精品课程建设时，坚持主体性教学，实施课堂教学与社会实践活动双元互动型教学，促进学生创造性和实践能力等综合素质的发展。由此发挥课堂教学的优势，用课堂教学引导学生的实践活动；充分利用社会教育资源，有计划地、系统地进行社会实践活动。例如，引导学生到幼儿园、小学和初中做儿童人格评定（9 次 9 个方面），带领学生到中小学和幼儿园见习，组织学生到社会中去进行儿童心理与教育咨询，丰富多彩的社会生活撞击出学生灵感的火花，生动形象的典型事例激发出学生无尽的遐想。比如说，有的学生在评价幼儿人格特征时发现，有的孩子能主动与其交往、自来熟，而有的孩子却不敢对视，低头、手捻着衣服边，说“电报句”。这是为什么？有的学生在小学见习时发现，有的孩子上课睡觉，学习成绩不好，还偷家里的钱。这是为什么？有的学生在初中见习时发现，有的同学组织团伙打架，把对方同学打伤。这又是为什么？在儿童心理与教育咨询活动中，孩子及其家长询问很多问题，他们那期待的目光深深吸引着学生，同学们深感学习的社会责任感，从而产生对研究的极大兴趣。那么，学生如何从纷繁复杂的社会生活中发现感兴趣的问题呢？

（1）善于观察。皮亚杰曾说过，观察是发现问题的逻辑起点。生理学家、心理学家巴甫洛夫的实验大楼镶刻着“观察、观察，再观察”；马克思就是目睹资本主义社会人们司空见惯的商品，发现资本主义社会中商品交换的问题后，提出研究设想的。只要培养自身的敏锐观察力，留心身边所发生的事情，我们就一定会获取到感兴趣的想法。

（2）勇于思考。善于观察和发现问题只能促使产生研究的想法，如何将这些想法变成研究的课题，还需要针对问题大胆思考，提出为什么。例如，在幼儿园发现一个十分顽皮的小朋友，可是她在用彩色条编制一个小布挂时，竟然如此安静、认真。这是为什么？于是产生了对研究幼儿自我控制的兴趣。经过提出研究假设，查阅文献资料，初步了解培养幼儿自我控制的条件，提出用彩色条编制物品培养幼儿自我控制的实验研究。养成碰到问题就提几个为什么的习惯，是做科学研究必备的品质。

4. 查阅文献资料

入学后，老师都会给学生提供参考文献，学生可以通过查阅参考文献获得研究的灵感。例如，我们在讲授发展心理学研究方法时，就采用了以下模式。见图 2－1。

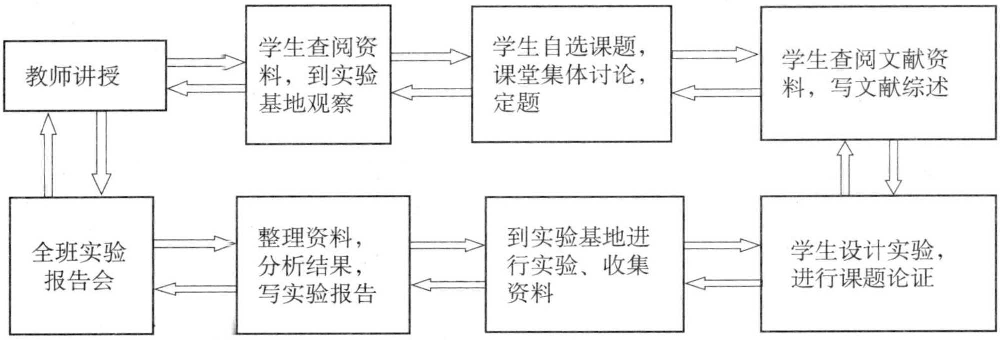

图 2－1 发展心理学研究方法的教学模式

教师讲授并给学生提供相关资料进行查阅；学生在查资料的过程中受到启发，撞击出研究的火花；再到实验基地去观察，形成研究的想法。例如，我们在讲研究设计时，给学生讲横向研究，举例幼儿自我意识研究，并让学生查阅有关资料。有位同学通过查材料对小学生自我评价产生兴趣，并组织研究小组到小学去观察，写文献综述，进行研究论证。再到小学去收集资料，整理分析资料，写出研究报告，在全班实验报告会上报告。此时正值全国发展心理学大会在辽宁师大召开，这位同学代表他们研究小组上台做“小学生自我评价发展特点研究”的报告，得到与会专家李伯黍等教授的好评。那么，如何通过查阅文献就能够得出研究的灵感呢？

文献资料确实能够帮助学生了解该领域的全貌、增长知识、扩大视野。查阅文献资料时要多动脑筋，多思考，多问几个为什么，以批判的眼光审视资料，就能够得到研究的灵感。（1）根据已有的研究理论去思考。比如通过皮亚杰讲成人与儿童认知结构不同，进而研究儿童的认知结构。（2）根据已有的研究成果去思考。比如通过游戏培养幼儿自我控制的条件，即趣味性、规则性，然后扩大研究途径，将原来的游戏活动作为载体，进而采用形体训练、聆听音乐的方式进行幼儿自我控制的培养。（3）批判已有的研究成果，去思考和校正心理与教育研究的不足或错误。比如，皮亚杰在研究中发现，测验法只能了解儿童思维反应的正误，也就是思维的结果，但无法了解儿童是如何思维的，即思维的过程，而且，测验的致命缺点是破坏被试的自然倾向性。为了探索儿童思维发展的内在规律性，他一方面吸取了测验法的优点，在研究中控制变量，探求变量间的因果关系，同时又在自然的情境中和儿童谈话，观察其行为，全面收集儿童资料，创设了临床法，以此分析思维发展的过程，探索思维发展的机制和儿童思维发展的本质规律，创立了发生认识论，对人类做出了巨大的贡献。（4）根据研究结果的矛盾性去思考。比如，将赫尔巴特单纯强调以教师为中心和杜威单纯强调以儿童为中心的理论整合为儿童心理学双元互动型教学模式。我们认为，21 世纪世界教育改革发展的总趋势是，在总体优化条件下，充分发挥课堂教学和社会实践活动各自的优势，相互作用，使学生的综合素质得以发展。（5）根据现代科学技术发展资料去思考。比如，可以通过培养幼儿健全人格效果的评价指标，将问卷和情境实验相结合，进而用脑电指标衡量，使研究更客观。

（二）确定研究课题

通过个人生活经历、研究经验、深入实际观察以及查阅有关资料等途径获得感兴趣的研究想法或某一领域研究灵感，然后提出研究假设，讨论，设计方案，确定研究课题，这就是科研选题的过程。

1. 科研选题的含义

科研选题是指选择那些具有科学意义、能够反映变量之间关系、能够为实际服务且能够解决问题的课题。科研选题虽来自日常生活，但与日常碰到的问题却不完全一样。例如中学生厌学现象、小学生尿床现象、孩子不愿上幼儿园等现象，这些问题都比较空泛，不具体。只有将这些想法付诸实际观察，提出研究假设，查阅文献资料，才能找到研究切入点，形成研究课题。有的学生深入学校观察，向教师询问，发现一部分学生学习缺乏计划性，回家先玩再做作业，长此以往，学习成绩不好，对学习产生厌烦心理。那么，怎样解决这个问题？通过查阅文献资料，初中生人格中的认真自控维度包括坚持性、责任心、条理性和计划性。从中提出研究假设，即培养初中生的计划性有利于其自我控制的发展，于是形成研究课题，如“计划性对初中生自我控制的影响”“自我控制对初中生学业成绩的影响”。这些研究课题有理论依据，具体、可操作，有解决实际问题的价值。

2. 科研选题的内容

科研选题一般包括选择研究方向和具体研究课题。

选择研究方向表现为研究者在较长时间里甚至一生从事某领域的研究，不断加深、扩延、积累，形成有价值的研究成果。例如，皮亚杰在青年时代，慕名到巴黎比内实验室，进行测验的标准化工作。在测试儿童的过程中，他发现同样年龄的儿童往往会犯相同的错误，不同年龄的儿童则会犯不同类型的错误，被试的错误似乎符合一个连贯的模式，这一模式暗示他们的思想可能具有自己的特点，可能有某种内在的规律。由此皮亚杰对儿童认知发展产生兴趣，这就奠定了他一生的研究方向。再例如，笔者承袭韩进之先生，率领团队历经 35 年，探究儿童青少年人格发展与培养研究，从幼儿研究扩延到小学生、初中生和高中生研究，从探讨儿童青少年人格结构及其评定工具、常模和人格发展特点（包括人格特征横向、纵向的发展特点，人格类型的发展特点，跨年龄段人格的发展特点）到探讨影响儿童青少年人格发展的因素、培养儿童青少年健全人格的中国方案等，探索出儿童青少年人格培养模式，获得了开创性研究成果。

对初学者来说，更需要确定具体研究课题。例如，研究幼儿人格发展，可以提出许多具体课题，诸如3～9岁儿童自尊发展特点、3～9岁儿童同情心发展特点、3～9岁儿童好奇心发展特点、幼儿自我控制发展特点等等。只有通过研究具体课题，不断积累才会形成自己的研究方向。

专栏 2-1

从研究的兴趣到研究的问题，再到研究的假设

下表列举了一些研究兴趣和研究问题以及能够反映它们的研究假设。

研究兴趣	研究问题	研究假设
开放式教育和学业成就	开放式教育和传统教育环境对阅读水平的影响如何?	开放式教育环境中儿童的阅读水平高于传统教育环境中儿童的阅读水平
应试技能和成绩	懂得如何应试的学生成绩更好吗?	参加过“今日毕，明日始”（Here Today，Gone Tomorrow）培训的学生在学习能力测验（SAT）上的成绩优于没有参加过培训的学生
电视和消费行为	看电视商业广告对青少年的购买行为有什么作用?	电视上的商业广告对青少年男性购买水平的影响强于青少年女性
药物滥用和儿童虐待	药物滥用和儿童虐待之间有关系吗?	成人药物滥用和童年期遭受虐待呈正相关
成人护理	有多少成人已经适应了承担照顾自己年老父母的责任?	在自己家里照顾父母的子女人数最近十年里有所增长

资料来源：萨尔金德，2009/2011，40页。

二、科研选题的原则

（一）进取性原则

开始做科研时，我们常会出现不知如何找课题或找到课题不知如何下手的问题。科研具有探索性，也有不确定性，有成功或失败两种可能。所以要有勇气，考虑问题时要从事业出发。

例如，1983年笔者在北师大心理系进修，正值我国著名心理学家、教育家朱智贤教授承担“六五”国家重点科研项目——“中国儿童青少年心理发展特点与教育”，这是一项十分有意义的工作。朱智贤教授邀集全国这方面知名的心理学家和心理学工作者，其中包括韩进之教授，并责成笔者写信给韩进之教授征询课题。韩教授复信说选择儿童自我意识发展。笔者当时虽然服从，但思想上不太愿意做个性（人格）研究，认为个性研究难度大。回校后，韩进之教授讲了做个性研究的重要性，自我意识发展研究在

我国还是空白。笔者被这位年近古稀的老先生对事业孜孜以求的精神所感动，遂立志投身于个性的研究，为发展和促进人类的精神文明而努力。在韩老的热心具体指导下，在大家的共同努力下，“中国儿童青少年自我意识发展与教育”获全国高等学校首届人文社会科学研究优秀成果二等奖。它告诉笔者，科学研究要有正确的出发点，要有勇气，要勇于进取。

（二）需要性原则

要根据社会的需要、教育实践的需要、理论发展的需要以及现代技术发展的需要来选题。心理与教育科学只有为社会实践和教育实践服务才具有生命力，也只有从为社会、教育实践服务的角度选题，才具有重要的现实意义和应用价值。例如，沈德立主持的教育部重大课题“青少年心理健康素质调查研究”就是我国建设和谐社会所必需的，这对于青少年心理健康教育极具指导意义。笔者主持的国家自然科学基金课题“儿童自我延迟满足的发展及其影响因素的研究”也正是为解决幼儿园和小学儿童自我控制问题，为培养幼儿和小学生良好的自我控制这一重要问题而提出来的。该课题的主要成果是《儿童自我控制的发展与促进》（杨丽珠，沈悦，2013，2017），这本专著对于培养幼儿和小学生自我控制全面发展有重要的指导意义。在优先选择社会和教育实践迫切需要解决的问题的同时，也要注意从理论的发展和现代科学技术的新进展来选题。例如，从奥林匹克数学竞赛表现中看，中国人数学能力比美国人数学能力要好。为什么？唐一源等（Tang et al.，2006）从脑机制的角度，运用现代化脑功能成像仪器研究发现，在数学运算过程中，中国人脑内以运动前区（PMA）为核心，通过顶枕叶皮质连接区域的背侧优势视神经信息通路直接完成；而美国人脑内需要较多语言区参与，表现在额部布洛卡区和颞顶威尔尼克区活跃，通过颞叶的腹侧优势视神经信息通路调节。这从理论的高度说明生理对认知发展的作用。

再如，现代电子计算机的使用，改变了原来单因素研究的缺点，使多因素分析成为主流。其特点是数据多，因素多，研究结果客观、全面、有效。例如，杨丽珠、徐敏和马世超（2012）运用多层线性模型（HLM）考察个体和班级两个水平上的同伴接纳、友谊质量对人格的影响，并在两个水平上检验友谊质量在同伴接纳对人格的影响上的多层中介效应，从多因素角度探索影响小学生人格发展的因素。

（三）意义性原则

选择的课题要具有理论意义或实践意义。研究课题必须要有价值，通过查阅国内外文献，进行历史分析，了解国内外研究的状况，把那些没有解决或解决不完善的问题作为研究的课题。例如，2003 年 12 月，由林崇德领衔主持的课题“创新人才与教育创新的研究”，被批准为教育部哲学社会科学研究重大课题攻关项目。整个课题由八个子课题构成：（1）创新人才及其培养的理论思考；（2）创新人才效标群体特征的研究；（3）创造性人才测量量表的制定；（4）中外青少年创造性跨文化对比研究；（5）学校教育中的创造力培养实践；（6）中小学课堂教学创新研究；（7）教育信息化促进教育创新；（8）创造力与心理健康教育。这八个方面分别从心理和教育领域、理论和实践层面，采用多种研究方法，开创性地、系统地探索了创新人才的核心能力、创新人才培养等一系列我国学术领域尚未解决的重大问题，对培养创新人才，实施创新教育有重大的理论价值和实践价值。

（四）创新性原则

选择的课题要具创新性，即新颖性、独特性和先进性。单纯重复别人的研究就失去了科学研究的真正含义。创新性主要表现为内容新，思路新。所谓内容新就是要选择那些别人没有研究过的，或者是心理与教育实践中出现的新问题。例如，莫雷等（2012）撰写的《学习过程与机制研究：我国学习双机制理论与实验》这部专著，是教育部哲学社会科学研究重大课题攻关项目“儿童青少年学习的认知过程与学习能力培养研究”的成果。该项目进行了近百个实验研究，形成了关于学习过程与机制研究的原创性理论，即“学习双机制理论”。该理论包括关于个体心理机制形成的理论、关于个体经验学习的信息加工过程的理论、关于个体能力培养的理论。在此基础上，他们提出了“本源性教学理论”。这解决了学术界三大领域的重大问题，取得了开创性成果，具有重要的学术价值。再如，楼必生和屠美如（1997）所著《学前儿童艺术综合教育研究》一书就是创新性的产物。鲁洁先生在该书序言中指出：“当代，随着工业文明的高度发展，出现了物欲、功能的膨胀，人文精神的失落。正是在这样一种时代背景下，该书从对物欲和功能之超越的意义上对幼儿艺术教育做出了新的定位。”另外，该书将幼儿园音乐、艺术形式按同形同构和异质同构的原理加以组合，以期达成相互协调的整体性美感，并得到幼儿园现场实验的验证，开拓了幼儿园音乐、美术、文学教育新的教学理念和途径。思路新就是从全新的角度出发，另辟新路，研究他人的研究以赋新意。例如李伯黍验证皮亚杰道德判断的实验，就是从跨文化比较的角度，探讨不同文化背景下儿童道德判断的共性与差异性。但是我们不能一味追求新而赶时髦，投机取巧，要坚持实事求是的原则。

（五）前沿性原则

选择国内外前沿、热点课题，但决不能赶时髦，昙花一现。选定的课题要具有科学性、先进性，要有理论依据和事实依据。例如，谭力海研究团队多年来从脑结构发育等多方面揭示了中文的神经表达不同于西方语言的神经表达。这一被国内外广泛认同的原创性成果被命名为大脑语言功能区文化特异性理论。在此基础上，谭力海等深入研究，发表了《神经激活的不同分布模式与双语大脑两种语言的相互关联》的前沿性论文。该研究发现了一个广泛的网络区域，在这一区域两种语言确实引起了不同的活动模式，在特定区域中的体素模式（patterns of voxels）只有部分重叠。这些区域，包括中枕皮质、梭形回旋、颞叶和前额叶皮质，都与语言处理的多个方面有关。研究结果表明，神经加工的功能独立性是双语中不同语言表征的基础（Xu，Baldauf，Chang，Desimore，& Tan，2017）。这对传统假设形成挑战，推翻了传统的双语假设，发现双语者大脑中处理中英文的脑区在近于介观水平的人脑亚结构上存在巨大差异。也就是说，同时掌握两种语言的人，他的脑激活模式是不一样的。该研究在医学、人工智能（AI）和教育等方面有很大的应用潜力，可以预测人脑的语言能力。两种语言涉及的神经活动模式完全不同，根据这个模式就可以去判断孩子以后对两种语言的学习有什么特点等。再如，2017 年国家社会科学基金项目中，李晓东的“认知抑制与数学问题解决的实验研究”、张敏的“基于心理弹性的特殊教育教师心理健康促进模式研究”、耿耀国的“黑暗三联征对青少年品行问题的影响及机制研究”、赵冬梅的“儿童心理创伤对认知功能的影响性研究”、卢勤的“多文化视角下男性性别角色冲突研究及教育模式探索”等课题，都是心理与教育科学研究中的热点课题，其成果对促进我国社会的心理和谐有重要的指导性意义。

（六）可行性原则

课题选择要具备主客观条件，以保证课题顺利进行，从而高质量地完成任务。那些难度大且很有意义的课题，如果主客观条件不具备，也不宜选择。即使选择了，也会因力不从心而不能胜任。1983 年，笔者设计了一项在当时看来是很新的课题——大脑单侧优势，但因没有测定反应时的现代仪器（原有一台坏了）而搁浅。主观条件是指研究者具有的科学知识、专业水平、兴趣爱好、科研能力、实际经验和进行科研的时间。只有掌握科学理论，在理论和实际经验指导下，方具有高水平完成课题的可能性。所以，从事理论工作的，要在不断深化自己的专业科学知识水平，提高科研能力的前提下，注重深入实际，丰富教育工作的经验；从事实际教育工作的，要在做好实际工作的基础上，注重努力学习科学知识，增强科研能力。客观条件是指完成课题所具备的实验场地、被试、资料、设备、仪器、资金等。这是完成课题的必要条件。我们应当从实际出发，扬长避短，选择那些社会和教育实践需要，有意义、有价值、有创新又能胜任的课题进行研究。

三、科研选题的策略

选题的策略是指研究者根据发现的问题及自身的条件，在确定研究课题的过程中所采取的程序与方法。

（一）选题的程序

1. 初选

初选课题，这是选择课题的第一步。初选的途径不一，有的学生可能从自己的生活经历或跟老师做研究的经验中获得的一手资料中产生感兴趣的想法；有的研究者可能从查阅文献资料、他人的理论中推出新的理论假设；有的可能是上级机关下达的科研任务；有的教师可能是在自己教学过程中发现新问题的，例如有的教师在语文教学中发现板画教学可以提高语文学习成绩，提高学生言语直观能力，进而研究板画教学对小学儿童想象力发展的影响。

2. 初探

初选课题之后就要对课题进行初步探索，通过查阅文献，了解此领域以往研究的历史和现状，写出此领域研究的综述报告；分析课题的科学性、价值性、创新性、伦理性，以及研究课题的主客观条件是否具备；了解问题的内涵、理论建构，找出研究的切入点，以便将课题具体化。例如，初选了“板画教学对小学儿童想象力发展的影响”之后，首先写出此领域研究的综述报告；在实际教学中分析板画教学对儿童想象力发展的作用，从理论上推论为什么板画教学能促进儿童想象力的发展，论证此课题研究的必要性；再审视研究者是否具有承担研究课题的水平，客观条件是否具备，以论证课题研究的可能性；进而进行研究问题的理论建构，分析想象力包括哪些成分，以便具体着手研究。

3. 具体化

具体化就是将研究课题分解为有待研究的较小的具体问题。例如，在对“板画教学对小学儿童想象力发展的影响”课题的初步探讨之后，我们就可以将想象力分解成具体问题，在此课题中我们主要研究的是有意想象。想象主要包括再造想象和创造想象。再造想象具有直接再生性，根据他人对事物的描述在头脑中形成新事物的形象。创造想象具有首创性、独立性和新颖性的特点。创造想象与创造思维都是人的一种创造活动，创造思维的主要成分是发散思维，发散思维可以用流畅性、变通性和独创性来测量。流畅性是指单位时间内发散项目的数量，项目越多，反应越迅速，说明流畅性越大；变通性是指发散项目的范围，范围越局限，变通性就越小；独创性是指发散的项目不为一般人所具有，它表现出某些独特的见解。总括起来，我们可以把想象分解成直接再生性、首创性、新颖性、流畅性、变通性五个方面来研究。再设计具体问题，在板画教学中进行观察分析，以保证此课题的有效性和可靠性。有些课题很大，我们应宏观把握，以系统观、普遍联系的观点，将大的课题分解为具体研究的小课题，再将研究结果整合为一个整体，探索其研究规律。例如，笔者主持的国家社会科学基金“十二五”重点课题“我国儿童、青少年健全人格发展及其培养研究”，就是对儿童人格发展与培养的全方位系统研究，试图构建出儿童人格发展与教育模式。研究儿童人格发展的终极目标是培养儿童具有健全人格。如何培养呢？我们可以以往对儿童人格诸多特质（自我控制、自尊、自信、同情、好奇心等）培养所形成的人格培养理论为依据：依据儿童人格结构确定培养目标；依据儿童人格发展的特点和关键期，结合幼儿园、小学教师实际经验，确定培养因子，设计培养活动方案；依据儿童人格发展的影响因素选择最佳有效载体；依据最佳教育理念和最佳教育形式，对儿童人格进行教育现场实验，以探索促进儿童人格发展有效的教育途径和方法。为此，首先将总课题分解为儿童人格结构、评定工具、发展特点、影响因素四个子课题，在此基础上，进行人格培养的应用研究，于是形成五个子课题，然后再分别将这五个方面的子课题细分为若干个具体问题。由此，一个大的研究课题就被分解为呈网状系统的、可操作的、有科学和创新价值的具体问题，以便具体研究，见图 2-2。

4. 撰写选题报告

将研究课题分解为具体的小问题，并进行初步研究，认为此课题有效、可靠、可行之后，就要开始撰写选题报告。选题报告一般包括以下几个方面：首先提出课题并阐明立题依据、理论根据、理论假设以及国内外研究概况、水平和发展趋势及掌握的资料；接着论述本课题的性质、意义、新颖性、科学性、先进性及应用前景；然后提出本课题要解决的几个问题；在此基础上提出研究的方案、总体时间安排与进度、可能遇到的问题与解决的方法（具体见第三节内容）。

5. 修改确定

选题报告撰写之后，或以开题报告的形式，或以书面修改的形式，广泛征求专家、同行的意见，反复修改研究方案以使其完善，最后确定出一项新的、正式的心理与教育科学研究课题。

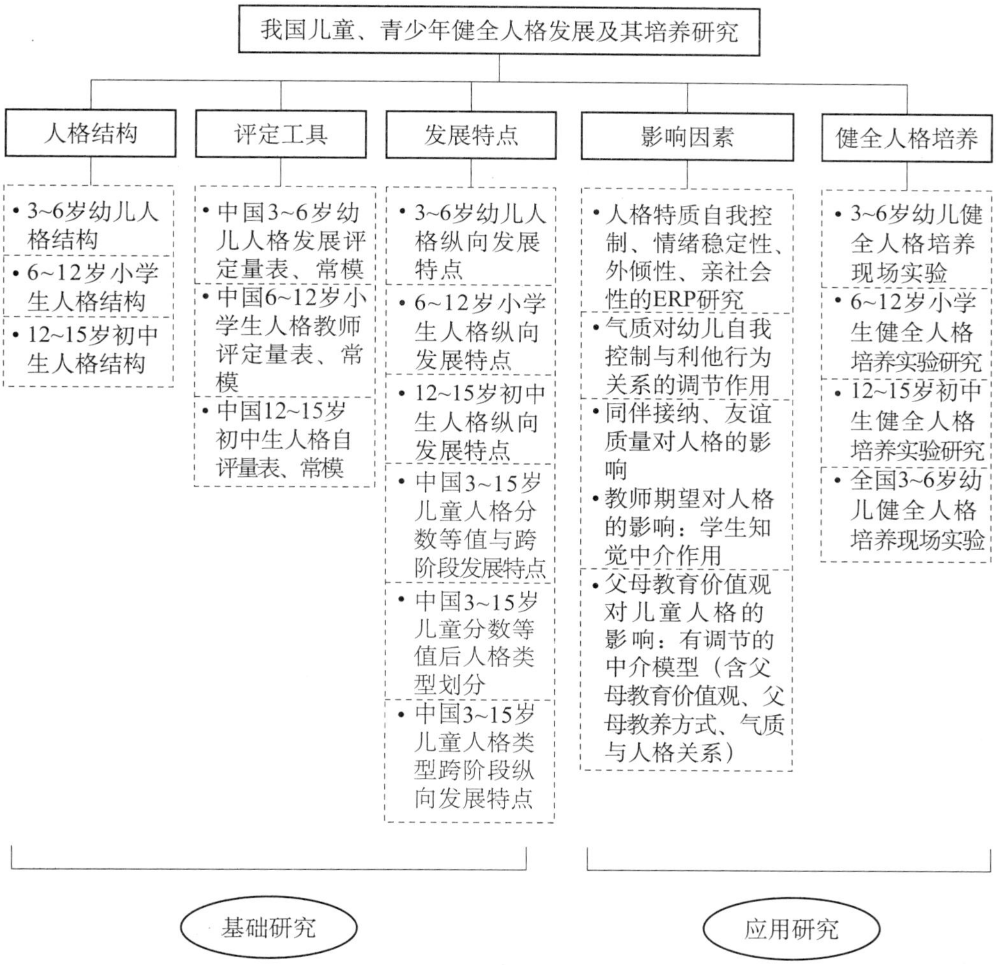

图 2-2 我国儿童青少年健全人格发展及其培养研究课题分布

（二）选题的方法

1. 经验法

经验法是指研究者依据自身或有关专家在心理与教育科学领域的研究经验和对该领域研究现状及发展趋势的综合了解而确定研究课题的一种有效方法。

例如，20 世纪 90 年代末，澳大利亚昆士兰大学莫妮卡·库斯凯利（Monika Cuskelly）博士的学生代表老师到中国寻找合作伙伴，试图进行自我延迟满足的跨文化研究。基于十多年对儿童自我控制的研究经验和对幼儿园孩子的观察了解经验，笔者认为，研究儿童自我延迟满足具有重要的现实意义；同时，基于中美、中日跨文化研究经验，笔者认为主流社会文化基本的价值观念不同，必然影响家长的教育观念和教育方式。因此，进行中澳儿童自我延迟满足的跨文化研究必然具有重要的理论意义。笔者同时也请教了同行专家，确定了此项课题，与澳大利亚合作伙伴共同申请，获得澳大利亚研究中心课题（1999）。在此基础上结合中国幼儿特点，扩展研究内容，获得了国家自然科学基金资助

(2002)。研究结果表明，在确定研究课题时，研究者自身的研究经验和资深专家的意见十分宝贵。

2. 系统分析法

系统分析法将研究视为一个“投入产出”的系统，通过分解课题目标、列出研究手段、预计资源要求及分析投入与产出的关系等步骤，对课题进行选择，见图 2－3。

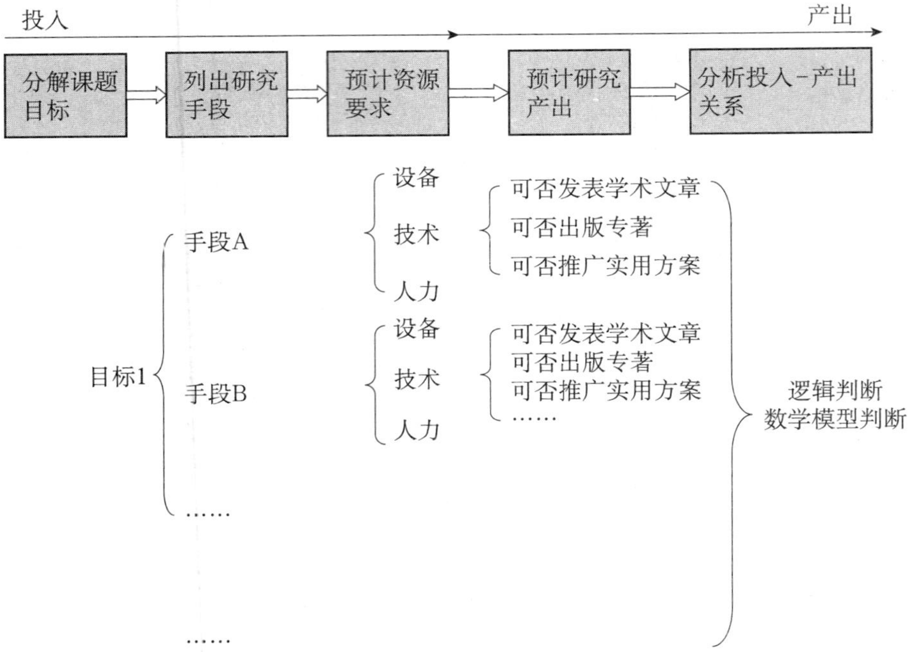

图 2－3　系统分析法的实施程序

资料来源：董奇，申继亮，2005，80 页。

3. 申请课题指南法

申请课题指南法是指根据申请课题指南，选择实际需要问题的方法。虽然申请指南中一般题目比较大，但可以将大的课题分解，根据研究者对课题的熟悉度和实际情况，研究某一方面问题。既要抓住问题的重点，符合课题管理机构的需要，又要符合研究者的研究能力。熟悉课题能使研究者有前期准备，更易于做好课题。

4. 讨论法

这是指在选题的过程中要组成研究小组，发扬团队精神，对所选课题进行课题论证，不断修正不恰当的地方，将疑惑的问题请教老师和专家。只有这样，选题才有理论依据，才符合选题的原则。

（三）选题应注意的问题

首先，对于初入学的大学生来说，选题切忌题目过大、无从下手，或是题目太大不具代表性。例如，有的学生对运用现代化仪器进行研究感兴趣，就选择中学生人格生理机制研究，由于题目太大，无从下手。通过查阅文献资料，逐渐对这一类课题有所了解，最后选择初中生自我控制脑电生理特征研究，运用 Go/NoGo 范式，测量脑电成分（N200，P300）的发展。再如，有的学生选的被试是太原市的被试，而题目却是我国中学生道德判断发展研究，所得结果不能推广到全国。其次，所选课题要具备所需条件，课题难易程度适宜。一定不要选太难或条件不足的课题。例如，有一位研究生愿望很好，认为儿童人格发展的影响因素是同时起作用的，试图将气质、同伴交往、教师期望、学生知觉的教师期望以及父母教育观念、教养方式等因素一起研究，看这些因素是如何影响儿童人格发展的。这个课题是比较难的，他没有掌握解决问题的方法，最后只有改题（这个课题被一位老师用贝叶斯网络方法进行了研究）。

四、研究课题的评价

一项研究课题的好坏，应该从下面几个角度评价。

（一）注重研究价值

研究课题应该做到理论联系实际，既有一定的学术价值，又有一定的实用价值。所谓实用价值，就是指我们选的题目应是与社会生活密切相关、为大众所关心的问题，尤其是社会主义现代化建设事业中亟待解决的问题。这类问题反映着一定历史时期和阶段社会生活的重点和热点，是与广大人民群众的利益息息相关的。我们运用自己所学的理论知识对其进行研究，提出自己的见解，探讨解决问题的方法，这是很有意义的。这不仅能使自己所学的书本知识得到一次实际的运用，而且能提高自己分析问题和解决问题的能力。

有现实意义的题目大致来源有三：一是社会发展中急需回答的重大理论和实践问题，如和谐社会建设、精神文明建设等等；二是工作实践中遇到的理论和现实问题，如当前大学生自杀现象增多、心理问题增多等现象；三是本人在工作实践中提出来的理论和现实问题，如如何加强大学生思想道德教育、如何解决差生进步等问题。也就是说，我们选择的研究课题对于完善理论和解决社会实际问题极具重要性。

（二）注重研究课题的新颖性

研究课题质量高低、价值大小，在很大程度上取决于是否有新意。所谓新意，即新看法、新见解、新观点。有了较新颖的观点，课题就有了灵魂，有了存在的价值。

对课题的新意，可以从以下几个方面着眼：第一，从观点、题目到材料直至论证方法全是新的。选择这一类题目，作者须对某些问题有相当深入的研究，且有扎实的理论功底和写作经验。第二，以新的材料论证旧的课题，从而提出新的或部分新的观点和看法，此类课题往往能使人产生耳目一新之感。第三，以新的角度或新的研究方法重做已有的课题，从而得出全部或部分新观点。应用更先进或者恰当的研究工具探讨老问题，得出对问题更深的认识，这样的课题同样具有新意。也就是说，我们选的课题要具有创新性。

（三）注重研究课题的可操作性

这是指对课题的研究有可以实现的研究工具可用，有一定的研究路径可循。例如，我们假设四种游戏能够促进自我控制能力的发展，那么我们就要将这四种游戏类型赋予操作性定义，例如，操作性游戏：利用游戏材料（如串珠、穿板、弹子等），训练幼儿小肌肉，以控制小肌肉活动为主要活动形式的游戏。娱乐性游戏：突出情绪体验，有情节、角色、音乐伴奏等，使幼儿在遵守规则过程中学会控制自身情绪情感的游戏。运动性游戏：以大肌肉活动为主，使幼儿在走、跑、跳等基本动作中，按照一定的情节及竞赛要求来进行，培养幼儿运动控制灵活性等的游戏。智力性游戏：以自编棋类、智力竞赛形式进行，以训练幼儿对规则的遵守及抵抗诱惑、抗干扰等能力的游戏。这样我们才有章可循，才能编制出相应的游戏活动材料。也就是说，所选课题要具备主客观条件，只有这样研究课题才具有可行性。

（四）研究课题要量力而行

所谓量力而行是指要对自己的知识积累、分析问题和解决问题的能力及写作经验等有一个深入的了解。尽量不要选择远远超过自己研究能力的研究课题。切忌盲目跟风，选择大而难的研究题目。应该依据自身水平选择适合自己研究能力和自己相对感兴趣或擅长的领域进行研究。

为此，题目的难易要适中。选题时既要有“知难而进”的勇气和信心，又要做到“量力而行”。如果难度过大，超过了自己所能承担的范围，一旦开始，很可能陷入进行不下去的境地，最后不得不更换题目，浪费人力物力。另外，题目的大小要适度。一般来说宜小不宜大，宜窄不宜宽。题目太大把握不住，考虑难以深入细致，容易泛泛而论。选择小的题目，“小题大做”，是比较好的选题路径。

专栏 2－2

问题的种类

1. 特征描述型问题。这类问题指向于探讨某变量的特点或现有状况。特征描述型问题可以引导研究者认识现状，是进一步研究的基础。

2. 相关关系型问题。这类问题旨在揭示某两个或几个变量之间是否存在相关。

3. 因果关系型问题。与相关关系型问题不同的是，因果关系型问题不仅关心变量间是否存在共变关系，而且要进一步确定一个变量可否决定另一变量，即变量间的因果关系。

4. 差异比较型问题。该类问题关注同一变量在不同人群、不同条件下是否有不同的表现。

某些差异比较型问题也可转化为相关关系型问题。例如，“学习成绩较好学生的自我概念是否优于学习成绩差学生?”这一差异比较型问题可转化为“学习成绩与学生自我概念水平是否存在相关?”。不过，在转化后，问题所指示的变量关系的明确程度也常发生变化。

5. 未来状况预测型问题。这类问题并不指向于当前现实，而是基于对现状的分析来预测某现象的未来状况。在与规划、展望有关的研究中，常出现这类问题。

资料来源：董奇，申继亮，2005，66－67 页。

第二节　如何提出研究假设

一、研究假设的含义

在心理与教育科学研究过程中，提出课题之后，人们依据已知的事实和心理与教育科学理论与知识，对所要研究的心理与教育现象和规律提出初步的假定，这些初步的假定就是心理与教育科学研究假设。例如，研究者为了探讨儿童完成视觉空间作业的成绩与实验刺激物大小的关系，根据日常观察的事实，提出“儿童在实验中对呈现给他的较大的刺激物比较小的刺激物成绩更好”的假设。再如，学前教育理论告诉我们，游戏是幼儿的主导活动，幼儿阶段的活动具有情绪性，趣味游戏就是儿童所特别喜爱的活动；游戏本身又具有一定的规则性，这样儿童就会逐渐养成遵守一定规则的行为习惯；4～5 岁又是幼儿自控能力发展的关键期，进而就可以提出“趣味游戏能够促进 4～5 岁幼儿自控能力发展”的假设。由此可见，科学假设是对研究结果的预测，是对假定的解释。

二、研究假设的特点

（一）推测性

任何研究假设都不完全是可靠观察实验的直接结果，也不是确切可靠的认知。实际上，研究假设是思维中的想象，有待于进一步科学实验检验其正确与否。假设就是有一定根据的推测，一般用陈述句表示，以表达变量之间的关系。所以，心理与教育科学研究假设具有推测性。例如，“幼儿女孩自我控制水平高于男孩”“初中生人格特征影响其学业水平”“小学生同伴接纳对其人格发展有影响，友谊质量起中介效应”等等。

（二）根据性

心理与教育科学研究假设虽然具有推测性，但它绝不是毫无边际的瞎猜，而必须要依据科学的理论、知识或已知的事实、研究者的经验等。因此，心理与教育科学研究假设必须要有一定的根据。例如，在培养小学生健全人格的研究中，我们可以提出“编制的 60 个互动体验式心理健康活动方案能够促进小学生健全人格发展”的假设。这是依据群体社会化理论、活动理论、积极心理学理论、发展的关键期理论提出来的。互动体验式心理健康活动方案，作为小学生健全人格培养实验的自变量，能充分吸引儿童的兴趣和注意力，能使儿童逐渐将活动中体验到的积极人格品质内化。同时，研究又区分出了小学生健全人格总目标和阶段目标。所以，最终编制出的 60 个互动体验式心理健康人格培养活动方案，能够促进小学生健全人格的发展（杨丽珠，马振，胡金生，2017）。

（三）非矛盾性

心理与教育科学研究假设是在事实和理论的基础上进行预测的，不是主观臆造的，最终假设应与事实和经实践验证的理论相一致。

（四）解释性

心理与教育科学研究假设是对某种心理与教育现象可能获得的效果的估计，而这种估计是否能够被验证还是个未知数，但至少应能解释所要解释的现象和事实。提出的假设必须能够被解释。例如，我们提出游戏能够促进幼儿自我控制的发展。为什么？我们就要用解释来论证。游戏具有情绪特点和控制性。小朋友喜欢游戏，再难的事在游戏中也愿意做；另外游戏又有控制性，小朋友在不断游戏中将游戏的规则逐渐内化为主体的需要。所以，游戏能促进幼儿自我控制的发展。

（五）接轨性

心理与教育科学研究假设是人们接近客观真理的方式。虽然科学假设是假想的推测，但这种推测是有根据的。当然，假设也可能会有局限。在心理与教育科学研究过程中，假设会得到不断修正、补充和更新，从而更多更准确地反映客观现实的某些方面，使人们的认识越来越接近客观真理。例如，杨丽珠等在编制幼儿自我控制的问卷时发现，前两次问卷中有的特质相关超过 0.70。第三次研究，研究者深入幼儿园观察儿童，向老师解释自我控制各特质的内涵。研究者编制出初始问卷，让幼儿园老师、心理学和学前教育学的专家进行审读；然后对第二版问卷进行项目分析，筛选题目；再经探索性因素分析和验证性因素分析、信效度检验、情境实验，经多质多法编制出正式问卷。最后，问卷的特质相关都在 0.70 以下（引自申继亮，陈英和 主编，2014）。心理与教育科学研究就是不断地提出假设，验证假设，再提出假设，再验证假设，逐渐揭示客观真理的过程。

三、研究假设的作用

（一）提出新实验、形成新理论的桥梁

绝大多数实验研究和观察活动的目的都是检验一个假设是否正确，即通过实验来检验和修正假设，进而形成新的理论。例如，研究儿童自我控制能力的培养，可以从多方面提出假设，如“趣味游戏可以促进儿童自控能力”。接着就可以设计一个实验，验证假设是否正确。研究结果发现，趣味游戏对儿童自控能力的形成确实有作用，同时发现不同年龄儿童自控能力的形成与趣味游戏类型有关，不同趣味游戏类型与自控能力不同特质的形成有关。于是我们又可以提出“培养儿童自控能力的游戏类型具有年龄特征”等假设进行研究，还可以提出“形体训练能够促进幼儿自我控制”的假设。教育现场实验表明，形体训练确实能够促进幼儿自我控制的发展，最后形成培养儿童自控能力发展的理论。所以，心理与教育科学研究假设的价值在于探索新事物，形成新理论。

（二）确定具体研究目标、形成具体设计方案的关键

课题确定以后，提出假设是设计研究方案的关键。假设越具体，研究目标就越清楚，研究范围就越限定，我们就可以根据假设内容的性质设计具体的研究程序。例如，游戏是激发儿童兴趣的有效载体，已有研究表明游戏可以提高幼儿自我控制的外显行为表现，但这只是运用问卷和行为实验得到的结果。那么，游戏训练是否能够引起幼儿自我控制相关的电生理变化？如果能，那将是很好的客观指标。在自我控制的认知研究中，最常用的是 Go/NoGo 范式（Smith & Douglas，2011；Smith，Jamadar，Provost，& Michie，2013）。以往研究采用 Go/NoGo 任务，证明有效的训练手段可以引起 N2 波幅改变（Johnstone，Roodenrys，Phillips，Watt，& Mantz，2010）。以往研究认为，ERPs 反映出个体在执行反应和抑制过程中的脑活动变化，从而检验了训练效果。孙岩等试图采用 Go/NoGo 任务诱发儿童脑电成分，将被试分为实验组和对照组，考察实验组和对照组游戏训练前后的神经电生理变化。于是，研究者假设：实验组在游戏训练后的 NoGo-N2 和 NoGo-N3 波幅显著小于训练前，而对照组的前后测差异不显著；后测中实验组的 NoGo-N2 和 NoGo-N3 波幅显著小于对照组。由于假设很具体，研究目标就很清楚，研究者就运用 Go/NoGo 范式，考察 N2 和 P3 的变化，设计具体的研究方案（孙岩，金芳，何明影，沈悦，杨丽珠，2015）。

四、提出研究假设的方法

当我们从个人生活经历、研究经验或实践中获得了感兴趣的想法，并进一步从理论与实践中找到研究问题后，接下来就要提出研究假设。一般来说，提出研究假设的方法有归纳法和演绎法（董奇，1990；佟德，2006）。

（一）归纳法

归纳法是指从个别到一般，即从许多个别事实中概括出有关事物、现象的一般性认识或结论，从观察特定的对象到概括出一般的假设的方法。例如，杨丽珠等在研究小学生人格结构时，请 63 名小学老师运用自由描述法评定小学生人格，每位老师评定 4 名小学生，共评定 252 名小学生。首先阅读收集到的这些特定对象的材料，从中挑选出描述小学生人格的形容词。一共有 1 628 个人格特征形容词，无重复的词 563 个。然后通过语义分析和归类，设置了 38 个码号。码号是资料分析中对资料进行编码的最小意义单位，是资料分析中最基础的部分。再对收集到的人格形容词和短语进行语义分析，在此基础上进行归类。例如，“每次送大小册子和拿送器材都能做到准确无误”被归为认真性。认真性就是一个码号，共设置 38 个码号。最后一步是分析归类码号，建立 15 个亚类属。类属是在多个码号组合之上的意义集合，是码号的上位概念，代表资料所呈现的一个观点或主题。在初步设置了码号之后，对每个码号下的人格特质形容词和具体行为表现的内涵进行比较，考虑码号与码号之间的联系，进一步归类，建立类属。如果类属间仍然有进一步归类的必要，那么再建立上位类属，直到每个类属独特且意义鲜明为止。

对这 38 个码号进一步分析、归类，建立了 15 个亚类属，而这 15 个亚类属又可包含

在5个类属当中，见表2-1。

表2-1　　教师自由描述的小学生描述性人格结构

类属	亚类属（码号）	正面描述	反面描述	总数	百分比
认真自控	1. 认真尽责（认真性、责任心） 2. 攻击反抗（攻击性、易管教性） 3. 坚持自制（自制力、坚持性、稳重、果断） 4. 计划有序（计划性、秩序性）	258	236	494	30.34
智能特征	1. 聪慧性（反应灵敏、学习能力、语言表达能力、组织协调能力、领导能力） 2. 探索创新（探索性、创造性） 3. 自主进取（好胜心、自主性、自尊心）	333	101	434	26.66
外倾性	1. 善交际（交际能力、健谈） 2. 精力充沛（活跃性、敢为性、活动强度、活动速度） 3. 乐观开朗（开朗、自信心、自我表现）	210	125	335	20.58
亲社会性	1. 同情利他（利他性、同情心、宽容） 2. 合群守礼（合群性、懂礼貌） 3. 诚实知耻（诚实、羞耻感）	165	81	246	15.11
情绪稳定性	1. 暴躁易怒 2. 敏感焦虑	45	47	92	5.65
无法归类		21	6	27	1.66

注：类属按照出现频次高低排列。

资料来源：杨丽珠 主编，2014，44页。

研究者就是从阅读这些积累的资料，到观察这些特定的对象，然后进行分析、编码、归纳，最终概括出一般的假设的，即：小学生人格结构包括5个维度、15个特质。这一假设是通过量化获得小学生人格结构的关键。

（二）演绎法

演绎法是指从一般到个别，运用一般性理论或规则推测出个别现象或对象的状况，从一般理论推演出个别问题的假设的方法。例如，杨丽珠和王江洋（2007）研究自我延迟满足的预期能力时，其假设就是从查阅文献寻找一般理论入手的。

自我延迟满足是指一种甘愿为更有价值的长远结果而放弃即时满足的抉择取向，它是在等待期中所展示的自我控制能力。它的发展是个体完成各种任务、协调人际关系、成功适应社会的必要条件。科普（Kopp）曾认为，在缺少他人监督和外在控制的情况下的延迟满足和行为的适当性是一种重要的社会性技能和自我调节能力。因缺乏这种能力而表现出的行为通常被标明是问题行为。

众多关于学前儿童自我延迟满足的研究都表明，学前儿童的延迟满足行为可能与社会适应能力的诸多方面有关。有研究发现，自我调节的延迟满足明显的个体差异在儿童4岁时出现，并可预知他们童年期、青春期和大学时期的认知和社交能力。4～5岁儿童的延迟满足表现与儿童的同伴交往和人际交往的社会适应问题有关，延迟满足表现越好，同伴交往的负提名越少，人际交往的社会适应越好。

研究已经表明，儿童早期的自我延迟满足能力高低大多对他们进入青春期乃至成年期社会适应表现或某些问题行为的发展具有预测作用。但儿童早期的自我延迟满足能力发展水平是否也可以预测儿童在小学阶段的学校适应表现还不明确。当儿童进入小学阶段，其社会适应的主要表现是对学校生活的适应。对儿童学校适应的评定可以从对儿童能否很好地遵守学校规定的各种行为规则、执行各种学习与活动任务，能否与教师和同伴之间有正常的人际交往，是否具备健康的社交情感等社会交往能力进行评定。许多研究发现，儿童成功的学校适应往往与社会交往能力相联系。于是，研究者也纷纷将在学校背景下的社会交往能力作为衡量儿童学校适应的重要指标。此后，研究者又将注意力进一步转向可能影响儿童学校适应发展的各种因素。人格特征的差异很可能是影响儿童学校适应的直接因素。约从小学中年级（9 岁时）开始，儿童基本适应了小学生活。但是，人格差异对儿童学校适应发展的作用则凸显出来。从 4 岁开始，儿童自我延迟满足能力已经表现出明显的个体差异，此后从 4 岁到 9 岁的 5 年成长期内，如果儿童个体之间的自我控制能力发展的差异相对稳定，则从理论上说明儿童 4 岁时以自我延迟满足能力为核心的自我控制能力可以持续对儿童的发展起作用。因此，有必要进一步明确自我延迟满足能力与儿童学校适应发展之间的关系。

有研究发现，幼儿自我延迟满足能力发展特点以及儿童学校适应中的社会交往能力的发展都是具有显著的跨文化差异的心理现象，而上述众多有关自我延迟满足能力预测作用的研究报告多是来自西方社会文化背景。因此，无论是考察儿童早期自我延迟满足能力的预测作用，还是探究儿童学校社会交往能力的发展，都应进一步在东方社会文化背景下来重新加以审视。而在我国社会文化价值观背景下儿童早期自我延迟满足能力对于学校社会交往能力的预测作用如何尚缺乏研究。因此，以个体差异明显的儿童 4 岁时自我延迟满足能力为自变量，以小学中年级（9 岁时）学校社会交往能力为预测变量，从实证研究的角度探讨我国儿童早期自我延迟满足能力发展与小学中年级学校适应之间的纵向预测关系，这在理论上有助于进一步明确儿童早期人格发展与儿童学校适应之间的关系，在实践上有助于我国教育者从塑造儿童健全人格角度设计与实施教育方案来提高儿童社会交往能力，有助于营造人际交往心理和谐的社会风尚。

故此，研究假设为“儿童 4 岁时的自我延迟满足能力水平可以预测其 9 岁时的学校社会交往能力水平”。接着，研究者设计了具体研究方案，选定自我延迟满足能力具有明显个体差异的 4 岁儿童作为追踪研究的对象，以单纯的选择等待实验情境为范本，通过实验室实验和情境观察相结合的方法考察儿童 4 岁时的自我延迟满足能力，5 年后结合教师访谈与评定、同伴提名、儿童自评等方法综合评定儿童 9 岁时的学校社会交往能力，探讨儿童 4 岁时自我延迟满足能力对其 9 岁时学校社会交往能力的预测作用。研究得到了预期结果。

这个研究假设是经过查阅文献资料，寻找理论依据，受到一些理论启发而提出的，包括：确定自我延迟满足的概念与作用；确定学前儿童自我延迟满足与社会适应能力有关；确定学前儿童自我延迟满足与青春期乃至成人期社会适应有关；确定探讨学前儿童自我延迟满足对小学生学校适应的预测作用；确定在学校背景下社会交往能力是衡量学校适应的重要指标；确定小学三年级基本适应了学校生活，人格差异对儿童学校适应的作用开始表现出来。故此，提出“儿童4岁时的自我延迟满足能力水平可以预测其9岁时的学校社会交往能力水平”，这就是从一般理论推演出具体问题的假设，即提出研究假设的演绎法。

专栏2-3

优秀研究假设的标准

1. 以陈述句的形式表述。
2. 假定变量之间的关系。
3. 反映假设所依据的理论和文献。
4. 简明扼要。
5. 可检验。

如果研究假设满足这五个标准，就是一个好的研究假设，并且可以继续进行研究，用来准确地检验作为假设来源的一般问题。

资料来源：萨尔金德，2009/2011，28页。

第三节 如何进行文献综述

一、什么是文献综述

（一）文献综述的含义

文献是人们运用文字、图像、符号、声频、视频等手段记录、保存、交流、传播人类知识的物质载体。

文献综述是文献的综合评述的简称。它是在全面搜集国内外有关资料的基础上，通过归纳整理、分析鉴别，对一定时期内某一学科或专题的研究成果、进展进行比较系统、全面的综合叙述和评论。

文献综述是对现实研究有关的观点、使用的方法、研究结论等的全面综述。选读文献要求在研究内容、研究方法、研究侧重点、研究具体应用等方面了解整个研究的脉络，研究有关的最新成就、最新成果。综述要严格按照原作者原意写，要客观；同时，又要以自己的看法统领资料，这就要对资料进行评价。进而寻找可操作点，找出要解决的问题。文献综述篇幅的长短取决于课题需要。

（二）文献综述的功能

1. 了解所研究领域的全貌，找到研究的切入点，确定研究的课题

任何一项研究都不是平地而起的，而是在前人研究基础上的再创造。查阅与所研究领域有关的国内外文献，通过对历史文献与现状研究进行分析，了解该领域的研究状况，该

领域研究了哪些问题，还有什么问题没有研究，什么问题研究得不够，研究程度如何，运用了哪些方法，结论如何，如何深入，意义何在，才能遴选出那些没有研究或研究有缺陷的课题，或从现有研究有矛盾的地方找出研究的切入点，确定研究课题。

例如，杨丽珠等对心理时间旅行的自我动力机制的研究（杨丽珠，刘岩，周天游，李涵妮，2013）。这个课题是如何找到的？研究者全面梳理此领域的文献，确定心理时间旅行的含义。心理时间旅行可以使个体主观地将自我定位到曾经经历过的事件来重新体验自己的过去（情景记忆），或者将自我定位到未来预先体验某个事件（预见）。相关的研究起始于上个世纪末，于本世纪初受到了研究者的重视，主要从比较心理学的角度探讨心理时间旅行的种系发生图谱，从发展心理学的角度考察心理时间旅行的发生发展状况，从认知神经科学的角度揭示心理时间旅行的认知机制和神经基础。为了揭示其中的认知机制，建构-情景-模拟假说提出，个体过去的经历是其预见未来的基本信息来源和重要基础，同时个体对未来事件的模拟具有重构性，是对记忆信息进行重新组合的过程。其中，情景记忆对预见加工的作用已经得到行为和神经成像研究的不断证实，对重构过程的探讨也取得了一些成果，但是从自我角度探讨重构过程动力机制的研究还相对较少。于是就把视野聚焦在自我动力机制上。

有研究表明，自我可能是预见加工的驱动力之一，不同类型的自我描述与心理时间旅行具有一定的关系模式：偏向个人型的被试（更多关注自己的、与他人无关的品质、态度、信念和行为）在想象未来时更多集中于自己，而偏向社会型的被试（更多强调其社会角色、组群成员或重要他人和关系等）想象未来时更多集中于与他人的交往过程。该研究提示，不同的自我描述类型可能会导致心理时间旅行，尤其是预见过程建构上的差异。但是该研究仍有可继续延伸的空间。它对自我的考察采用的是以“我”开头的陈述句，将其分成个人型和社会型，然后与心理时间旅行中自我定向的程度进行相关分析。但是均采用自我报告的方式评估自我和获得心理时间旅行的指标，而且编码方式具有一定的相似性，很可能会人为地增加自我与心理时间旅行的相关性，而且相关研究也很难推断因果关系，无法确定自我对心理时间旅行的影响。梳理该领域文献，了解自我在心理时间旅行中存在哪些研究成果，有哪些不足的地方。由此，找到研究的切入点。

因此，该研究从两个角度得到了进一步的延伸。研究 1 继续采用相关研究，但不再对自我概念做定向的编码，而是通过问卷考察核心自我评价的不同维度与心理时间旅行的关系，关注的是作为认知活动背景的特质性自我概念，目的是对两者关系有一个系统全面的理解；研究 2 进一步采用因果设计，通过故事启动的方式区分自我概念的不同类型，关注的是工作自我（为当前的工作记忆所激活的部分自我图式），也就是状态性自我概念对心理时间旅行，尤其是预见加工的引导作用。

2. 明确研究课题的依据，提出研究的假设

通过文献综述可以弄清研究课题的依据是什么，课题是否得当，理论依据是否正确，进而为研究方案设计打下基础。例如，孙岩、刘沙和杨丽珠（2016）对父母教养方式、同伴接纳和教师期望对小学生人格影响的研究。研究者首先查阅文献资料，看这个课题选择是否得当。人格是指个体在生物基础上受社会生活条件制约而形成的独特而稳定的、具有调控能力的、具有倾向性和动力性的各种心理特征的综合系统。相关研究表明，人格对个

体的学业成就感、主观幸福感、孤独感以及攻击行为等多方面均会产生影响。而小学阶段又是儿童人格发展的重要时期。因此，研究小学儿童人格发展的影响机制，不仅能为儿童人格研究提供更具针对性的理论知识，也能为小学儿童人格健康发展提供更加确切的干预指标。从文献资料可见，人格对儿童的发展极其重要，小学阶段又是人格形成的重要时期。那么，是什么因素影响小学生人格的发展？此课题从亲子关系、同伴关系、师生关系三个最重要的社会关系去着手研究。故此该课题选择必要又合适。

当确定研究课题得当之后，再查阅文献，提出研究假设，看其理论依据是什么、理论依据是否正确。

假设 1：父母教养方式是小学儿童人格发展的影响因素之一。父母教养方式是父母教养观念、教养行为及其对儿童情感表现的一种组合方式，大量研究从不同角度表明父母教养方式对小学儿童人格的发展具有极为重要的影响。

假设 2：同伴接纳在父母教养方式与小学儿童人格发展之间起中介作用。同伴接纳作为同伴关系的维度之一，是指儿童在同伴群体中被喜欢或接受的程度。儿童进入小学后，同伴交往频繁成为同伴关系的一个最重要特点，能否被同伴群体接纳会直接影响小学儿童人格的健康发展。社会支持的压力缓冲理论认为，当个体获得社会给予的支持时，个体就会产生压力缓解体验，从而形成健全人格。高水平的同伴接纳，可以帮助小学儿童在面对压力时，得到同伴的安慰与支持，缓解其压力体验，这样容易使儿童变得开朗外向、积极乐观。相关研究也发现，持积极教养方式的父母倾向于教导儿童在与同伴交往时与人和睦相处、富有同情心，从而使儿童在同伴交往中受到更多的欢迎与接纳；而消极父母教养方式则会使儿童在同伴交往中产生较强的攻击性、较高的冷漠感，以致儿童被拒绝水平较高。可见，父母教养方式也会对小学儿童的同伴接纳水平产生重要影响，进而影响小学儿童人格发展。

假设 3：学生知觉教师期望调节了同伴接纳中介作用的前半路径。学生知觉教师期望，即学生对教师给予的态度、行为的感知，强调学生与教师的双向关系。在小学阶段，教师成为孩子心中的权威。学生知觉教师期望的高低，会直接影响小学儿童的同伴接纳水平。

家庭与学校作为影响小学儿童发展的两大环境因素，彼此间会产生相互作用，影响小学儿童。学生知觉到较高的教师期望时，会产生良好的情绪体验，会告知家长或被家长感知并关心询问。而家长得知孩子在校表现良好时，更倾向采用积极的教养方式，从而使孩子自信心得到增强。这些都是孩子在同伴群体中备受欢迎的重要因素。而那些知觉到较低教师期望的孩子往往会产生消极的情感体验，其家长的作用也正好相反。综合三个假设，该研究提出一个有调节的中介模型，见图 2-4。

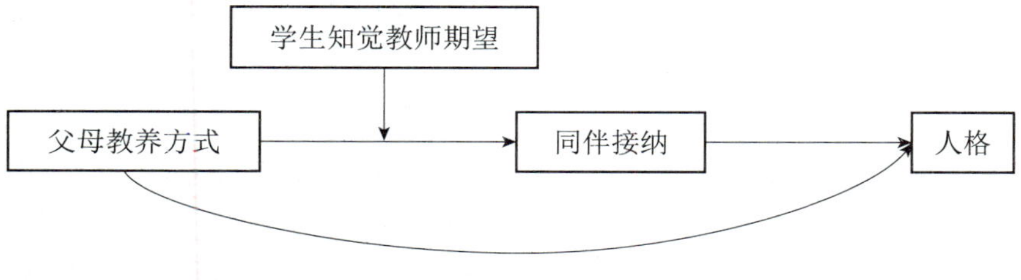

图 2-4　父母教养方式、同伴接纳、学生知觉教师期望与小学生人格关系的模型假设

资料来源：孙岩，刘沙，杨丽珠，2016，344 页。

查阅文献，明确研究假设是有依据的，于是就可以设计研究方案了。

3. 明确研究课题的核心概念

明确研究课题的核心概念，即了解研究课题的内涵与外延。例如，对于潜隐式教学实验研究这个课题，就要明确什么是潜隐式教学，以此来设计教学的程序。研究者通过查阅文献和在教育实践中进行调查研究，在总结我国幼教传统显性教育时发现，教师教得多、管得多，幼儿做得少、主动学习少。在借鉴中外关于隐性教育的理论与实践的基础上，依据幼儿心理的特点，明确潜隐式教学的概念，构建幼儿园潜隐式教学的思想，在此基础上进行潜隐式教学实验研究。在常识、美术、语言、音乐课的教学中，充分利用情景、音乐、游戏、情感、教学方式等无意识手段进行教学活动，效果显著。

4. 明确研究课题的理论建构

明确研究课题的理论建构，即了解研究课题所包含的成分及这些成分间的关系。例如，在进行中小学自我意识发展研究时，在明确自我意识是人对自己以及自己与客观世界关系的一种意识之后，就要明确自我意识的理论建构，包括自我意识是由哪些成分组成的，这些成分的关系如何。通过查阅文献，了解到自我意识是由自我认识、自我情感体验和自我调控组成。自我认识包括自我感觉、自我形象、自我观念、自我分析、自我评价等。自我情感体验包括自我感觉、自尊感、自卑感、自信感、羞耻感、自爱感等。自我调控包括自我监督、自我掌握、自我控制、自我改造、自我教育、自我完善。三种成分相互依赖，自我认识是基础，有了正确的自我认识和自我情感体验，才会有正确的自我调控。我们就可以将三种成分各用一个指标代替，即自我意识可以从自我评价、自我情感体验和自我控制来研究。

总之，没有文献综述就不能做研究。这是因为，只有了解了整个研究的脉络，才能得知课题理论的由来，适宜地对相关研究进行全面概述、全面分析、全面评论。这样既能找到研究的切入点，又能为研究假设提供依据，在此基础上才能进行研究方案的设计。

二、怎样查阅文献

（一）文献的来源

文献资料可以分为三种，生活文献资料、成文文献资料和电子文献资料。

1. 生活文献资料

生活文献资料主要从日常生活和教育实践中搜集。卡特尔认为生活（life）资料是量最大、最基本、最可靠的资料。例如，杨丽珠和袁茵（1992）在进行幼儿需要倾向性研究时，选用临床谈话法和开放式问卷，逐个与幼儿谈话，问需要什么、喜欢什么、怕什么等。然后根据马斯洛的需要论和洛莫夫的结构论、系统论，将收集到的幼儿日常生活中的需要进行归类，初步归为 7 个等级，每个等级有 2 个层次，共 14 种需要。然后将这 14 种需要创设为 14 种具体情境下的需要，并附上图片，让被试根据这些图片回答，最后形成幼儿需要结构模式，见表 2－2。

表 2-2 幼儿需要结构模式

等级需要	生理与物质生活	社会与保障	交往与友爱	游玩活动	求知活动	尊重与自尊	利他行为
第1层次需要	同化	人身安全	母爱	游戏	听讲故事	信任自尊	劳动
第2层次需要	智力玩具	躲避羞辱	友情	文娱活动	学习文化知识	求成	助人

资料来源：杨丽珠，袁茵，1992，31页。

在此基础上，又进一步研究幼儿的优势需要、幼儿需要发展的特点和关键期。而这最初资料就是来源于幼儿日常生活。大量研究最初收集的资料都是来源于人们日常生活和教育实践。

2. 成文文献资料

成文文献资料主要从出版的或未出版的图书、期刊、资料档案与数据库中收集。

图书包括教材、专著、丛书、论文集、工具书（诸如手册、年鉴、辞典等）。

期刊指的是由多位作者撰写的不同题材的作品构成的定期出版物。心理学、教育学期刊的类型包括全文型期刊、摘要型期刊和索引型期刊。

全文型期刊：《心理学报》《心理科学》《心理科学进展》《心理发展与教育》《中国临床心理学杂志》《心理与行为研究》等；《教育研究》《中国教育学刊》《学前教育研究》等；*Personality and Individual Differences*（英国）、*Journal of Personality and Social Psychology*（美国）等。

摘要型期刊：《中国学术期刊文摘》、*Psychological Abstract*（美国）等。

索引型期刊：《全国报刊索引》等。

资料档案主要指的是保存的尚未发表的学术会议论文、学位论文、综述等。例如，中国国家图书馆保存的硕士学位论文和博士学位论文。

数据库是近年来出现的组织、储存和管理文献的新形式，它可以为研究者提供不同领域系统的文献资料，如表 2-3 所示。

表 2-3 当前著名的心理学、教育学数据库举例

名称	网址
中国期刊全文数据库（CJFD）	http://www.cjfd.cnki.com.cn/CJFD/CJFD_index.htm
西文期刊目次数据库（CCC）	http://ccc.calis.edu.cn/
学位论文全文数据库（CDMD）	http://www.cdmd.cnki.com.cn/
中文社会科学引文索引数据库（CSSCI）	http://cssci.nju.edu.cn/
台湾电子期刊全文数据库（TEPS）	http://www.teps.com.cn/
教育资源信息中心（ERIC）	http://eric.ed.gov/

其他心理学、教育学数据库介绍请参见表 2-4。

3. 电子文献资料

电子文献资料指的是计算机存储的电子版图书、期刊、资料档案与数据库。电子文献资料的存在使我们便于从浩如烟海的心理与教育科学信息中迅速检索出所需文献。

（二）查阅文献的方法

查阅文献大致可以分为检索工具查找法、参考文献查找法（也称追溯查找法）和综合查找法。

检索工具查找法又分为人工检索和计算机检索。

1. 人工检索

人工检索指个人通过阅读图书、期刊目录、档案管理目录等形式，对拥有的资料进行检索，包括对图书馆藏书的查询、对大学和相关机构资料室的检索、通过学术会议检索文献等等。

人工检索要遵循六字方针，即侦察、浏览、细读。所谓侦察就是从众多的资料中查出与你研究课题有关的资料；接着将寻找出来的资料，从头开始泛读，这就是浏览的过程；最后细细地精读在泛读中发现的与本课题密切相关的资料，这就是细读的过程。查资料的同时要勤于记录，最好做卡片，做卡片的形式可根据需要而定，可记录文章的题目、文摘等。

2. 计算机检索

随着计算机技术的进步、计算机的普及以及国内外许多大型计算机文献检索系统的组建，通过计算机对文献进行检索成为一种快速有效的方式。尽管此类检索的文摘和目录是免费的，但全文下载时却往往要收费。个人往往需要支付一定的费用才能够获取全文。当前大学通常都以集体购买的形式获取一定文献检索系统的使用权。应用广泛的心理学、教育学计算机文献检索系统见表 2-4。

表 2-4　应用广泛的心理学、教育学计算机文献检索系统介绍

名称	网址
美国心理学会网站（American Psychological Association，APA）	www. apa. org
EBSCO	www. ebsco. com
ProQuest	www. proquest. com
SAGE Journals	online. sagepub. com/
SpringerLink	www. springerlink. com
Elsevier	www. elsevier. com/
Web of Science	isiknowledge. com/wos
ScienceDirect	www. sciencedirect. com/
Wiley Online Library	onlinelibrary. wiley. com/
Taylor & Francis Online	www. tandfonline. com/
中国知网	www. cnki. com. cn
万方数据	www. wanfangdata. com. cn
超星数字图书馆	www. sslibrary. com
维普网	http：//www. cqvip. com/

另外，可以利用国内外一些大型的互联网搜索引擎进行搜索，比如 Google、百度等。Google 和百度还特别推出了互联网学术搜索，是提供海量中英文文献检索的学术资源搜索平台，非常方便实用。

关于文献的来源以及查阅文献的方法，诸如参考文献查找法、综合查找法等请见第七章。

三、文献综述撰写技巧与注意事项

顾名思义，文献综述可以分为“综”和“述”两个部分。“综”要求对文献资料进行综合分析、归纳整理，使材料更精练明确、更有逻辑层次；“述”要求对综合整理后的文献进行专门的、全面的、深入的、系统的论述。

（一）文献综述撰写技巧

撰写文献综述一般经过以下几个阶段：选题、搜集与选择、归纳分析和整理成文。

1. 选题

撰写文献综述通常是出于某种需要，如了解某问题研究现状、为某方面积累文献资料等。因此，文献综述选题可大可小，大到一个领域、一个学科，小到一个问题、一个方法、一个理论，可根据自己的需要和实际情况而定。比如，研究性文献综述，特别是想发表的选题，应该尽量小而深，做到“小题大做”。这样查阅文献的范围相对较集中，撰写时易于归纳整理，论文能对某问题进行深入分析。作为博士学位论文或者硕士学位论文准备的文献综述，应该围绕问题对相关的内容进行较全面的论述，让别人对此领域有全方位的了解。

2. 搜集与选择

选定题目后，要围绕题目搜集与题目有关的文献。搜集文献要求越全越好。当前最常用的方法是计算机检索法。到学术期刊网站进行搜索能够迅速查找到大量相关文献。

接着，对文献的科学性和可靠性进行评定。从某种意义上讲，所选择的文献质量高低会直接影响文献综述的水平。高水平的杂志审稿严格、要求规范，稿件具有更高的可靠性；同时，论文的撰写者是否为本领域的著名学者也是重要的参考。尽管我们不可以迷信专家，但专家在某种程度上代表着严谨的治学风范和严密的研究过程，具有一定的可靠性。再次，查看研究过程的规范性。在研究中作者应用的方法是否科学、变量控制是否规范等都是不可或缺的重要条件。研究过程是论文的生命，其规范与否直接影响着研究结论的可靠性。

3. 归纳分析

对所收集的文献进行归纳分析是文献综述最重要的环节。文献归纳分析的方法主要有发展过程法、正反论点法和由浅入深法等。

发展过程法就是依据研究问题的历史发展过程对其进行叙述。通过论述研究问题的兴起、发展、高潮、争论等对这个问题的发展按照时间顺序进行梳理和论述，使研究者对这一领域的整体情况有一个脉络性理解。

正反论点法主要应用于当前有争论的研究领域，论述正反双方在同一个问题上的不同研究结论以及得出不同结论的研究过程等问题，使研究者明白不同观点研究者的立足点、研究过程、被试选择等内容，进而分析引起这些争论的可能原因。

由浅入深法特别适用于那些非常细致而不断发展的研究领域。通过整理叙述研究者在此领域的研究过程、研究方法、研究工具等发展变化及由此带来的研究结论的不断深入，研究者能够明确研究的逐步深入过程，体现出研究的特征。

文献的归纳分析方法有多种，主要是能按照一定的逻辑顺序对文献进行梳理。同时，文献归纳分析应考虑所综述内容的性质和文献综述的目的而选择相关方法。

4. 整理成文

文献综述的格式与一般研究性论文的格式有所不同。这是因为研究性的论文注重研究的方法和结果，而文献综述要求向读者介绍与主题有关的详细资料、动态、进展、展望以及对以上方面的评述。因此，文献综述的格式相对多样。但总的来说，一般都包含以下四部分：前言、主题、总结和参考文献。

前言部分主要是说明写作的目的，介绍有关的概念以及综述的范围，扼要说明有关主题的现状或争论焦点，使读者对全文要叙述的问题有一个初步的轮廓。

主题部分是综述的主体，其写法多样，没有固定的格式。可按年代顺序综述，也可按不同的问题进行综述，还可按不同的观点进行比较综述。不管用哪一种格式综述，都要将所搜集到的文献资料归纳、整理及分析比较，阐明有关主题的历史背景、现状和发展方向，以及对这些问题的评述。主题部分应特别注意代表性强、具有科学性和创造性的文献引用和评述。

总结部分与研究性论文的小结有些类似，即对全文进行扼要总结，对所综述的主题，最好能提出自己的见解。

参考文献虽然放在文末，却是文献综述的重要组成部分。因为它不仅表示对被引用文献作者的尊重及引用文献的依据，而且为读者深入探讨有关问题提供了文献查找线索。

（二）撰写文献综述的注意事项

在撰写文献综述时应注意以下几个问题。

1. 防止堆砌文献

这是初写综述者常犯的错误。认为文献综述的目的是显示对其他相关研究的了解程度，结果导致很多文献综述不是以所研究的问题为中心来展开，而是罗列研究的结论。

2. 文献应尽量全面

文献综述的重要特征之一在于文献的全面性。大量而全面的文献资料是写好综述的前提，也是文献综述的价值所在。因此，应避免随便搜集一点资料就动手撰写综述的现象。文献综述虽然需要全面掌握该领域研究问题的资料，但不等于事事都要罗列，与研究问题不太相关的资料无须列出。例如，对于 3～9 岁儿童自尊发展课题，就没有必要梳理成人自尊的研究资料。

3. 忠实于引用文献

由于文献综述有作者自己的评论分析，因此在撰写时应分清作者的观点和文献的内容，不能篡改文献的内容。

4. 全面展示不同观点

当对某问题出现不一样的观点时，不能依据自己的好恶对文献进行区分，进而更多呈现对自己观点有利的文献，回绝观点不一的文献。

5. 具有个人见解

文献综述并不仅仅停留在对内容的介绍上，作者还要对现有内容进行适当的评价和总结。缺乏个人见解的综述、缺乏深度的综述对别人是不会有多大启示作用的。

总之，一篇好的文献综述，应有较完整的文献资料，有评论分析，并能准确地反映主题内容。

学术动态

表一　　国家自然科学基金一般项目 2016 年心理学立项名单

项目负责人	项目名称
姚　翔	新员工组织适应干预方法的效用、机制和整合性的研究
漆昌柱	运动专长与情绪状态对深度运动知觉的影响及其脑机制
葛列众	基于视线定位的实时动态信息显示技术的研究
张大均	安全依恋状态影响成人对婴儿面孔偏好的机制研究
袁加锦	自动化认知调节策略及其训练对成年早期抑郁的干预：行为与脑的可塑性研究
尹华站	时距自动化与控制性加工的 ERP 及时频分析研究
Todd Jackson	疼痛心理韧性的认知神经机制研究
杨奇伟	偶然情绪影响风险决策机制研究
杨　娟	适应性记忆的认知与神经机制：生存加工和死亡提醒的双视角
罗　良	字体大小影响学习判断的认知与脑机制：流畅性与信念的作用
李至浩	青少年大脑发育中的三重资源分配模型及其应用
侯玉波	批判性思维对中国人创新观念与行为的影响
许　燕	善良人格的结构、机制及其促进研究
罗　劲	创造性思维中有效性特征和新颖性特征的脑与认知加工过程的实验分离
李　峙	空间感知偏差反映的视觉感知与运动控制间相互作用机制的研究
周　可	视觉选择性注意的皮层下通路加工机制
方　方	视觉拥挤效应的神经机制
舒　华	汉语发展性阅读障碍的病因学基础及早期预测研究
王振宏	儿童内外化问题形成与发展的生物-社会交互作用机制
李雪冰	移动互联网基础的认知偏向矫正训练作用于焦虑的效果及机制
毕鸿燕	汉语发展性阅读障碍儿童的视听跨通道整合能力研究
饶俪琳	节律与遗传因素对个体风险倾向的影响：来自社交媒体文本和双生子的证据
杜　忆	言语识别中感觉运动整合的脑机制以及听觉老年化和音乐训练的影响作用
李　娟	认知年老化中的补偿性重组机制：认知神经基础与干预研究
张文新	多基因与环境对青少年早期抑郁的动态影响及中介机制
钟毅平	道德决策的机制与干预研究：自我相关性与风险水平的作用
毕彦超	概念学习的普遍性与特异性认知神经机制
卜　瑾	显性运动动作学习对自闭症儿童运动、社交和认知能力的影响
范　炤	数量枚举中注意调控机制的实验研究
谭淑平	脑可塑性对精神分裂症工作记忆训练效应的影响

续前表

项目负责人	项目名称
李　鹏	社会影响下捐赠行为的认知神经机制及基因关联
吴　萍	限制摄食对恐惧记忆消退和维持的影响及其神经机制研究
何先友	具身的美与赋予的美：来自汉字字形审美的行为与 fMRI 实验证据
周新林	近似数量系统在数学加工中作用的认知与脑机制研究
王　湘	前额叶-纹状体环路介导奖赏动机及决策障碍的跨诊断多模态影像学研究
李　红	不同人群对婴幼儿信息加工的机制研究
朱露莎	从强化学习到社会学习：社会学习决策的认知和神经计算机制
耿海燕	内隐视觉观点采择的认知及神经机制研究
杨剑峰	汉字阅读的语义神经回路及其与语音回路的协作机制
郭春彦	联结再认的心理与神经机制：熟悉性与回想的作用
米　佳	采用量化蛋白质组学对脑创伤导致认知障碍的分子机制研究
宋晓蕾	人机系统设计中情绪对空间相容性的影响机制与功效启示
张　卫	感觉寻求与青少年问题行为：行为遗传学和认知神经科学的研究
魏高峡	有氧运动改善负性情绪的脑成像追踪研究
王　宁	疼痛对时间知觉的调制作用及其神经机制研究
石金富	手语学习对大脑功能和结构的影响
聂衍刚	青少年自我控制影响亲社会行为的心理与神经机制
张警吁	预测空中交通管制员心理负荷的新途径：关联复杂性网络模型
陈　琦	心理数量表征和处理的认知与神经机制
胡　理	疼痛慢性化的心理生理学机制及其临床监测
范　方	倒班相关睡眠障碍与倒班耐受性及其环境与遗传交互作用机制的前瞻性研究
周　斌	嗅视整合的时空特征及其神经通路
王　莉	社会性注意的特异性认知神经机制
周晓林	社会（道德）情感的产生及其效用：预期误差作为一种计算神经机制

资料来源："科学基金网络查询系统，http：//isisn. nsfc. gov. cn/egrantweb/.

表二　　2017 年教育部教育心理学重点项目立项名单

项目负责人	项目名称
周海波	情绪对工作记忆的阶段化影响
赵永萍	运用类属性思维 EPA 模型识别和干预中小学校园欺凌行为
方小平	父母元情绪理念对学前幼儿心理健康的影响及作用机制
陈水平	冲突情景下 3～6 岁幼儿因果推理的发展特点及其机制研究
齐景嘉	新媒体环境对大学生学业情绪的影响及教学策略研究
邹　蕾	基于生涯发展的高校教师心理契约管理机制研究
郭庆童	"微时代"大学生同辈交往问题及引导策略研究
王　英	基于人格特征的大学生创业决策模型研究
孙秀丽	普通高中学生批判性思维发展状况的实证研究
王　璐	视觉引导式教学促进高中生思维发展的实践研究
张　健	"小先生制"下伙伴学习的实证研究
荀步章	基于儿童认知风格的数学问题解决教学改革
郁亚妹	重建教育场景：幼儿园个性化教育的实践研究
刘加霞	小学生数学关键能力的表现性评价研究

资料来源："全国教育科学规划领导小组办公室"网站，http：//onsgep. moe. edu. cn/edoas2/website7/index. jsp.

表三　　2017 年国家社会科学基金（教育类）重大、重点项目立项名单

项目负责人	项目名称
杨小微	我国教育 2030 年发展目标及推进战略研究
冯　刚	高校思想政治教育工作质量评价体系研究
胡建华	“双一流”建设背景下高校学科调整与建设研究
胡　卫	民办教育分类管理制度建设与推进策略研究
王保华	互联网背景下教育舆情研究
姜　钢	新高考制度实施与动态调整研究
黄兆信	创新创业教育的评价体系和监测研究
王光明	教师核心素养和能力建设研究
丁　钢	中国教育研究的国际影响力研究
左明章	以教育信息化推进教育精准扶贫研究
耿　申	预防中小学校园欺凌和校园暴力研究
王　炜	少数民族学生学习掌握国家通用语言文字的规律和策略研究

资料来源：“全国哲学社会科学规划办公室”网站，http：//www. npopss-cn. gov. cn/n1/2017/0714/c219469-29406079. htm.

小　结

发现问题，选择研究课题，这是心理与教育科学研究的逻辑起点。课题确定之后就要提出研究假设，这是探索心理与教育科学新规律、形成新理论的桥梁。而准确地把握这一切必须要查阅文献资料，这是设计研究方案、制定技术路线的根基。

任何研究都是从确定研究课题开始的，而研究课题又往往来源于自己感兴趣的想法或领域。通过个人生活经历、研究经验，深入实际观察以及查阅有关资料等途径获得了感兴趣的研究想法和灵感后，再提出研究假设、进行讨论、查阅文献，选择那些具有科学意义、能够反映变量之间关系、能够为实际服务、能够解决问题的课题；科研选题后就要遵循进取性、需要性、意义性、创新性和前沿性原则；采取一系列的程序，运用经验法、系统分析法、申请课题指南法和讨论法策略来选题。选题的质量主要从研究价值、研究课题的新颖性、研究课题的可操作性和适应性（量力而行）来评价。

在心理与教育科学研究过程中，提出课题之后，再依据已知的事实和心理与教育科学理论与知识，对所要研究的心理与教育现象和规律提出初步的假定，这些初步的假定就是心理与教育科学研究假设。研究假设是对研究结果的预测，是对假定的解释。

研究假设具有推测性、根据性、非矛盾性、解释性和接轨性的特点；提出研究假设的方法主要有归纳法和演绎法；研究假设能够起到提出新实验、形成新理论的桥梁和确定具体研究目标、形成具体设计方案的关键作用。

文献综述是文献的综合评述，其功能是了解所研究领域的全貌，找到研究的切入点，确定研究的课题；明确研究课题的依据，提出研究的假设；明确研究课题的核心概念和理论建构。

一般采用检索工具查找法（人工检索和计算机检索）、参考文献查找法和综合查找法，

从生活文献资料、成文文献资料和电子文献资料中查阅文献。文献查找后就要撰写文献综述。撰写文献综述要历经选题、搜集与选择、归纳分析和整理成文阶段。文献综述一般包括前言、主题、总结和参考文献四个部分。撰写文献要注意避免文献堆砌；引用文献要全面、客观、不偏激并持有个人主见。

思考题

1. 试着从生活经历、研究经验和文献中找出你感兴趣的研究想法。
2. 如何将感兴趣的研究想法变为研究的课题？
3. 课题选择的原则是什么？
4. 举例说明如何选择研究的课题。
5. 举例说明如何评价研究课题的质量。
6. 举例说明如何理解研究假设的含义。
7. 举例说明如何运用归纳法或演绎法提出研究假设。
8. 简要说明文献综述的功能。
9. 略谈查阅文献的方法。
10. 举例说明如何撰写文献综述。

推荐读物

1. 迪米特洛夫．心理与教育中高级研究方法与数据分析：从研究设计到 SPSS. 王爱民，韩瀚，张若舟，等译．北京：中国轻工业出版社，2015.

2. 风笑天．社会研究方法．4 版．北京：中国人民大学出版社，2013.

3. 格莱斯．质性研究方法导论．4 版．王中会，李芳英，译．北京：中国人民大学出版社，2013.

4. 萨尔金德．心理学研究方法精要．7 版．童辉杰，等译．北京：中国人民大学出版社，2011.

5. 肖内西，泽克迈斯特，泽克迈斯特．心理学研究方法．7 版．张明，等译．北京：人民邮电出版社，2010.

6. 董奇，申继亮．心理与教育研究法．杭州：浙江教育出版社，2005.

7. 黄希庭，张志杰．心理学研究方法．2 版．北京：高等教育出版社，2010.

8. 米勒．发展的研究方法．2 版．郭力平，邓锡平，等译．上海：华东师范大学出版社，2004.

9. 杨丽珠．学前教育科学研究与论文写作．大连：辽宁师范大学出版社，2002.

10. 杨丽珠．教育科学研究方法．大连：辽宁师范大学出版社，1995.

11. 楼必生，屠美如．学前儿童艺术综合教育研究．北京：北京师范大学出版社，1997.

12. 杨丽珠．儿童青少年人格发展与教育．北京：中国人民大学出版社，2014.

13. 苏忱．选准课题是开展科研的关键．上海教育，2017（16）：58－59.

14. 杨丽珠，刘岩，周天游，等．心理时间旅行的动力机制：自我的作用．心理科学，2013，36（4）：971－977.

15. 仲晓波，黄希尧，万荣根．心理学中对假设检验一些批评的分析．心理科学，2008，31（4）：1010－1013.

16. 彭波，佟德．提出研究假设的程序．教育科学研究，2007（1）：55－57.

17. Tang Y，Zhang W，Chen K，et al. Arithmetic processing in the brain shaped by cultures. Proceedings of the National Academy of Sciences of the United States of America，2006，103（28）：10775－10780.

18. 佟德．提出研究假设的方法．教育科学研究，2006（8）：59－60.

19. 杨丽珠，王江洋，刘文，等．3～5岁幼儿自我延迟满足的发展特点及其中澳跨文化比较．心理学报，2005，37（2）：224－232.

20. 朱大明．参考文献的主要作用与学术论文的创新性评审．编辑学报，2004，16（2）：91－92.

21. 但菲．游戏对幼儿自我控制能力影响的现场实验研究．心理科学，2001，24（5）：616－617.

第三章
设计研究方案

本章要点

◆ 科学地抽取样本
◆ 设计研究技术路线
◆ 进行开题报告

查阅文献资料，确定研究课题，提出研究假设，然后就要设计研究方案，进行开题报告。开题报告是研究的准备阶段，是顺利完成研究课题的基本前提。首先，要科学地抽取样本，使样本具有代表性；进而设计技术路线，选择研究的类型，确定具体的研究方法，制定一个标准化的研究材料，准确地控制自变量，有效地控制无关变量，使无关变量的影响最小，以保证因变量的客观性和科学性。在这一切都做完之后，我们就可以撰写研究方案，进行开题报告。开题报告要回答以下问题：为什么要进行研究？怎样进行研究？预期获得怎样的结果？研究方法和设计路线是开题报告最关键的部分，将直接影响研究的水平。本章在问题提出的基础上，主要介绍如何科学地抽取样本，比如抽取样本的原则和抽取样本的方法，如何设计技术路线；如何进行开题报告，比如开题报告的格式等，以便顺利地完成开题报告，为最终完成课题研究奠定良好的基础。

第一节　科学地抽取样本

一、抽取样本的概念与意义

（一）概念

所谓抽取样本就是从一个总体中选取一部分被试作为研究对象，抽取出来的这部分被试就叫作样本。例如，研究中小学生自我意识的发展，从黑龙江、辽宁、天津、山东、河南、陕西、四川、湖北、浙江、云南、广东等 11 个省市随机抽取小学一年级到高中三年级共 12 个年级 7 050 人，用这 7 050 人的自我意识发展水平来推论我国中小学生自我意识发展的特点与规律。这里，从全国中小学生这个总体中随机抽取 7 050 个样本作为研究的对象（韩进之，魏华忠，1985），就是抽取样本。

（二）意义

抽取样本能够使被试具有代表性，用样本估计总体，所得结论具有普遍意义。心理与教育科学研究都是针对特定总体进行的，当总体过于庞大时，研究者不可能对总体的所有成员逐一研究，因此必须从总体中抽取一部分个体作为研究的对象，以此来推论总体。

例如，在进行我国幼儿健全人格培养研究时，孙岩、金芳和杨丽珠（2017）采用了中国人民大学中国调查评价中心所发布的中国发展指数（包括健康指数、教育指数、生活水平指数和社会环境指数），将我国内地 31 个省区市划分为四大区域：第一类为特大都市区，有北京、上海 2 个直辖市；第二类为沿海发达区，有天津、浙江、江苏、山东、辽宁、广东等 6 个省市；第三类为中度发展区，有内蒙古、吉林、福建、黑龙江、湖北、山西、海南、河北、陕西、湖南、安徽、重庆、河南、四川、江西、宁夏、新疆、广西等 18 个省区市；第四类为西部偏远区，有青海、甘肃、云南、贵州、西藏等 5 个省区。

研究者依据中国发展指数聚类分析结果，采取分层随机抽样的原则，抽样第一层考虑被试取样所在地区发展水平（基本上每类地区各取一半），在第二层抽样中考虑被试所在市及幼儿园类型等人口学变量。选取一类地区：北京；二类地区：江苏、山东、辽宁；三类地区：福建、黑龙江、河北、陕西、湖南、重庆、河南、广西；四类地区：甘肃、云南、青海。共 15 个省区市，每一个省区市选取两个市或区（1 个省会或自治区首府或副省级城市，1 个普通城市；北京抽取两个区），每个市或区选取 2 所幼儿园（1 所公办，1 所民办），经过筛选，共选取 53 所幼儿园。从每个幼儿园中分别选取大、中、小三个年级各两个人格发展水平基本一致的班参加为期一年的健全人格培养推广实验，所选被试可以代表全国幼儿。

二、抽取样本的原则

（一）总体限定明确

抽取样本的目的是用样本估计总体。只有总体内涵明确，方可从中抽取有代表性的样本。我们应从研究目的出发，确定总体的涵盖范围。例如，研究工读生心理形成机制，那么总体就要确定为工读学校的学生。我们还要用研究结论推广的范围来限定总体，如果是要说明全国的工读生，就要把总体限定为全国工读学校，如果是要说明辽宁省的工读生，就要把总体限定为辽宁省工读学校。再如，若要分析大连市幼儿教师素质现状，那么所确定的总体应是大连市幼儿教师（刘阳美，杨丽珠，2000）。

（二）样本具有代表性

选取的样本必须要具有总体的性质和特点，这样才能够具有代表性。为了使样本具有代表性，在抽样时应考虑以下五方面的问题。

（1）年龄。抽样时年龄应具有代表性，应选择具有质变年龄段的人。婴幼儿变化快，年龄组选择的周期要短一点，如 0～1 岁儿童最好以 1 个月或 3 个月为一个年龄组（杨丽珠，刘凌，2008），幼儿期以半年或 1 年为一个年龄组（沈悦，杨丽珠，方乐乐，2015），中小学生以 1 年为一个年龄组（刘嵩晗，杨丽珠，2016）。如果人力、物力有限，小学可选一、三、五年级或二、四、六年级，中学可选初二、高一、高三年级，青年选22～35 岁，中年选 40～45 岁，老年选 60～65 岁和 70～75 岁。还要根据研究任务考虑年龄的代表性。林仲贤、张增慧和张家英（1994）在“儿童、中青年和老年人敲击动作速度的比较实验”研究中，选取小学一年级儿童组，男女各半，平均 7 岁；22～44 岁中青年组，男女各半，平均 31.3 岁；57～79 岁老年组，男女各半，平均 63.9 岁。

（2）性别。男女在有些心理能力方面存在着差异，取样时男女要有一定比例。例如，用韦克斯勒智力量表测量发现，男孩的空间想象力高于女孩，女孩的记忆力高于男孩。取样时一般都是男女各半，或男女相当。严格要求上，最好是根据总体男女的比例来设定样本的男女比例。

（3）职业。我国人们从事的职业不同，有公务员、教师、医生、律师、工人、农民、企业家等，我们应根据研究目的，抽样时考虑各职业的比例。

（4）文化背景。不同国家、不同民族文化背景不同（例如，美国提倡个人主义价值观，而我国提倡集体主义意识）（杨丽珠，邹晓燕，伯根，1995），汉族与少数民族民俗有很多差异，同一国家不同地区的文化教育条件不完全一样（城市与农村、大都市与小城市、沿海地带与西部地区），同一地区不同幼儿园、学校、教育机构的教学水平也有差别（幼儿园有示范幼儿园，一类、二类幼儿园或星级幼儿园，学校有重点中学、普通中专、职业中学等），同一学校还有不同家庭条件的差异，这些取样时都要顾及，使样本具有地区环境的代表性。

（5）被试自身的素质。被试的文化水平、个性特点、智力水平、学习能力都有差异，抽样时应考虑到。例如研究幼儿自尊的培养问题，首先要考虑被试的素质特点，诸如幼儿自尊的结构、发展特点、游戏类型以及实验班与对比班的同质性等（张丽华，方红，杨丽珠，2006）。考虑到被试自身的素质方能设计出切实可行的培养方案，否则将会事倍功半。

总之，抽取样本是心理与教育科学研究的重要环节。抽取的样本有误，就不能代表总体。即使耗费大量的人力、物力，即使统计处理再先进，也只能是劳民伤财，所得结果也会无效。《社会》杂志第 5 期发表的一篇文章中提到的内容就是有力的例证，具体如下。

1986 年 8 月 6 日，某报刊登了关于经济体制改革问卷调查的一则报道，1987 年 1 月 2 日又刊登了关于这次调查的研究报告。风笑天著文（1987）说，虽然这些调查收回了来自全国各地的近 5 万份答卷，但由于采取的是非随机抽样——自然抽样的方式，所以，其调查结果能够准确反映客观现实的可能性就大大降低。首先，调查的总体是在半个月内能看到并有权撕下这半张报纸的人们，其人数、职业、年龄、文化程度等方面的构成情况都是不明确的。研究报告中所论及的总体便成了定义不清、范围不明的“群众”和“人们”。其次，根据研究报告给出的资料计算，企业干部、技术人员和工人在整个样本中占了 92.1%，故不能代表“当今中国广大民众”。职业构成上，干部和技术人员占 50.8%，工人占 41.3%，不符合当今企业的情况，亦不能代表“企业人员”。此外，样本在文化水平的构成上高于总体的水平，政治面貌的构成、性别的构成与现实总体的差距都较大。这种不科学的抽样方式、不明确的调查总体和缺乏代表性的样本，有可能使研究报告中用来得出各种结论的众多数据失去意义。

（三）样本容量要适当

样本容量指样本中个体的数量，样本容量越大，样本就越具有代表性。为了节省人力，最理想的是选取能具有一定代表性的样本数量。一般来说，研究被试某一局部方面的心理特点、行为表现，或研究某一教学方法的改革，一个研究组有 30 人即可。但如果研究儿童普遍性问题，如年龄特征或教育的规律性问题，被试应多一些，否则会影响结果的准确性。

三、抽取样本的方法

（一）简单随机取样

首先，将群体中的所有个体做统一编号，每一个个体均编一个号码。然后将每一个号码写在大小、颜色、形状、厚度都完全相同的卡片上，再将这些卡片放在箱内，彻底混淆后，随机抽取若干张卡片，这些取出的卡片就是用简单随机方式所抽取到的样本。例如，群体共有 1 000 人，我们要从中抽取 40 人作被试，我们就把这 1 000 人自第 1 号编至 1 000 号，将每一号码写在大小、颜色、形状、厚度都完全相同的卡片上，再将这 1 000 张卡片放在箱内，彻底混淆后，随机抽取 40 张卡片，这 40 张卡片代表的人就是用简单随机方式抽取到的样本。也可用随机数字表（一般统计书后附有）随机抽取。它需要随机确定一个“起点”，在包含总体数目的随机数字区内，抽取所需要的样本数量。这种方法所涉及的群体太大，不易使用，还容易出现集中现象。

（二）等距随机取样

即在抽取样本时，每隔相等数量的个体抽取一个样本。间隔距离的计算方法为：

$$R=\frac{N}{n}$$

式中，R 为间隔距离，N 为群体数，n 为样本数。

例如，我们在一所幼儿园要抽取 90 名幼儿，小、中、大班各抽取 30 名幼儿。这所幼儿园小、中、大班各 2 个班，我们在每个班抽取 15 名幼儿。每个班有 30 名幼儿，间隔距离 $R=30/15=2$，每隔 2 个个体抽一个样本。我们拿花名册，从头开始，每隔 2 人抽取 1 个被试，这就是等距随机取样。等距随机取样也可采用奇、偶数法，即在一个群体花名册上，从头开始选出奇数号或偶数号个体为被试，一直选到抽取出样本为止。

（三）分层随机取样

研究者根据已有的某种标准（与研究目的有关），将研究的总体分为若干类，每类称为一层，然后根据每层群体数与总体数的比率，确定从各层中抽取样本数。这样各层中抽取的样本数占全样本数的比率就等于每一层群体数占总体数的比率，即 $n_i/n=N_i/N$，所抽取样本的结构与群体结构完全一致。每一层样本数的计算方法为：

$$n_i = n \cdot \frac{N_i}{N}$$

式中，n_i为第 i 层被抽取的样本数，n 为总样本数，N_i为第 i 层群体数，N 为总体数。

当各层应抽取的样本数确定后，便可利用简单随机取样或等距随机取样方法，在各层中随机抽出若干个体作为样本。例如，某幼儿园要了解幼儿对教师的评价，该幼儿园有200 名幼儿，3 岁组 60 人，4 岁组 60 人，5 岁组 80 人。若决定在 200 名幼儿中抽出 100名，那么我们首先按三个年龄组抽取。我们运用 $n_i = n \cdot N_i/N$ 的公式得出：3 岁组抽 30人，4 岁组抽 30 人，5 岁组抽 40 人。然后每年龄组再按简单随机取样或等距随机取样方法抽取，就可抽取出有代表性的样本。

（四）整群随机取样

这是指研究者根据已有的某种标准，将研究的总体划分为许多整群，然后按照随机原则，以群为单位抽取样本的方法。抽取的整群全体成员均为样本。

整群随机取样常用于教育现场实验和准实验设计，例如，研究幼儿健全人格培养问题，这适宜在幼儿园教育现场中进行。以幼儿园每个班为一个整群，在一所幼儿园小、中、大班各随机抽取两个班，一个为实验班，一个为对比班。每个班的全体幼儿都均为样本（杨丽珠，金芳，孙岩，2014）。

（五）多段随机取样

在这种方法中，研究者分几个阶段抽取样本。第一阶段，将总体按某种标准分组，然后在这些组中随机抽取若干组；第二阶段，在每一个抽取的组内再按某种标准随机抽取若干个子群；第三阶段，再在每一个子群中按某种标准抽取亚子群。依此类推，在最后阶段在每一个亚子群中按随机方法抽取一定数量样本，作为研究所需样本。例如，杨丽珠等在研究 3～12 岁儿童人格结构时，首先在我国六大行政区选取 10 个城市（分布在 10 个省区市）取样，然后在每个城市选取幼儿园（小、中、大班）和小学（二、四、六年级），再在每个幼儿园和小学随机抽取被试，共发放 3 232 份开放式问卷和 6 250 份封闭式问卷，有效被试 9 482 人（杨丽珠 主编，2008）。由于多段抽取样本的误差量大，所以一开始抽取样本时，研究者就布局 10 个省区市，尽量大样本抽取，以减少误差。

专栏 3－1

基于个体差异的大样本脑影像数据在心理学研究中的应用

摘要：心理学研究通常借助认知神经科学的技术手段，揭示人格、认知以及情绪等心理结构的脑机制。然而，以往的研究结果通常会受到被试样本量较小、实验设计和数据分析技术的制约。同时，个体在行为反应、认知或情绪加工中所表现出的个体差异也容易被忽视。人类的行为活动是基因、脑和环境相互融合、相互关联统一的有机过程。因此，调查个体成长的相关环境因素和生活经历，并收集相关的人格、情绪和认知等大样本化的行为、多模态脑影像数据，有利于从个体差异的角度探讨：(1) 人格特质个体差异的神经基础；(2) 与情绪相关的个体差异的神经基础；(3) 认知能力的神经基础；(4) 建构环境-人格-大脑-行为反应相互关联的预测模型。本文选择性地阐述近期国内外一系列探讨大样本脑影像与行为之间关系的研究，从个体差异的角度探讨行为活动、人格、情绪以及认知能力的神经基础。

资料来源：位东涛，蒙杰，李亚丹，张庆林，邱江，2015，976 页。

专栏 3-2

非随机取样

1. 方便取样（convenience sampling）也称偶遇取样，研究者选择在方便的时间和地点将所遇到的人作为研究样本。

2. 立意取样（purposive sampling）也称主观取样、判断取样，研究者根据自己的经验，如对总体构成要素和研究目标的认识，通过主观判断选取可以代表总体的个体作为样本。

3. 定额取样（quota sampling）也称配额取样，是按特定的标准（性别、年龄、职业、受教育程度、教育背景等）将总体中的个体分成若干类或层，然后在各层中取样。

4. 滚雪球取样（snowball sampling）是先从总体中合适的调查对象开始进行调查，再通过他们得到更多的调查对象，如同滚雪球一样。

资料来源：黄希庭，张志杰 主编，2010，48-50 页。

第二节　设计研究技术路线

一、研究类型的选择

（一）纵向研究和横向研究

这是对研究的方式而言的。

1. 纵向研究

纵向研究是在比较长的时间内，对一个儿童或一些儿童的心理发展或教育规律进行有系统的定期研究。其优点是能较细致地反映出被试在发展过程中对不同条件的具体变化和发展规律。其缺点是时间长，环境和被试个体复杂，多样的变化将会影响心理的发展。纵向研究往往以个案研究为多，现已取得了丰硕的研究成果。我国著名心理学家陈鹤琴就是根据他对自己儿子陈一鸣的追踪观察资料，写出了名著《儿童心理之研究》。类似陈鹤琴，世界上有不少心理学家，如达尔文、普莱尔、柳布林斯卡娅、梅钦斯卡娅、皮亚杰等都有这方面的研究及专著。在我国也有纵向研究取得很大成绩的范例。林崇德从 1968 年开始对品德不良儿童进行追踪观察，到 1978 年前后追踪观察有 100 个个案，在此基础上撰写出我国第一本品德发展心理学专著（林崇德，1989）。这些研究资料对于当时团中央制定工作方针提供了宝贵的资料，对于促进儿童青少年品德发展提供了有力的理论依据和培养方法途径。杨丽珠和王江洋（2007）也曾采用纵向研究，首先用实验室实验和情境观察相结合的方法考察了 54 名儿童 4 岁时的自我延迟满足能力，然后 5 年后结合教师访谈与评定、同伴提名、儿童自评等方法综合评定这些儿童 9 岁时的学校社会交往能力，探讨儿童 4 岁时自我延迟满足能力对其 9 岁时学校社会交往能力的预期作用。结果表明，儿童 4 岁时的自我延迟满足能力水平可以预期其 9 岁时的学校社会交往能力水平。4 岁时自我延迟满足能力高的儿童在 9 岁时学校社会交往能力的总体发展也好，其遵守规则与执行任务能力、与教师交往能力、与同伴交往能力和社交情绪发展水平都显著高于那些在 4 岁时自我延迟满足能力低的儿童；反之则差。

2. 横向研究

横向研究是在同一时间内对某个年龄或某几个年龄儿童的心理发展水平或教育规律进行测查并加以比较的方法。例如，刘文和杨丽珠（2005）在研究儿童气质结构问题时，分别随机抽取 3，5，7，9 岁儿童 744 名，分成四个年龄组，最后得出 3～9 岁儿童气质结构的五维度模型。方富熹、方格和凯勒（1994）分别同时选取雷岛和中国 7 岁、9 岁儿童 160 人，探查儿童在友谊矛盾冲突情境中是如何做出行动决定选择及道德评价的，从而揭示文化及年龄变量对儿童社会认知发展的影响。杨丽珠等分别对小学一至六年级儿童进行调查，从而揭示小学生努力控制、同伴关系和学业成绩的关系（杨丽珠，王素霞，陈靖涵，沈悦，2016）。横向研究的优点为：简便，短时间就能见成效，样本大；便于统计处理，代表性强，比较切实可行。其缺点为难以控制被试的具体变化，较难把握儿童心理发展的一些细节特征，显得粗糙。

（二）个案研究与成组研究

这是对被试而言的。

1. 个案研究

在个案研究中，个人或一个团体被作为一个研究单位。在心理与教育科学研究中，个案研究主要是搜集个体一定的家庭情况、教育影响、心理发展等历史资料，加以分析，从而探究其心理发展或教育特点与规律。例如，张仁俊和朱曼殊（1987）用录音的手段，将一个婴儿从出生到 13 个月期间的语音全部录下来，探讨婴儿语音发展的规律。个案研究范围很广，诸如对超常儿童、弱智儿童、离异家庭儿童、问题儿童等都可进行个案分析，以探讨他们行为发展的成因。个案研究一般采用纵向研究，搜集资料较为细致和真实，但因个案取样太小，很难将局部材料归纳为普遍规律，所以要把个案研究与成组研究结合起来。

2. 成组研究

成组研究是对群体进行研究。例如，李伯黍主持的国内 18 个地区 5～11 岁儿童道德判断发展调查，在国内 18 个地区分别抽取 5 岁组 690 名，7 岁组 708 名，9 岁组 718 名，11 岁组 672 名，共 2 788 名儿童作为被试，试图验证皮亚杰和爱尔金（D. Elkind）等人的研究成果（儿童道德发展研究协作组，1981），研究查明我国 5～11 岁儿童道德观念发展的特点和一般趋势，为我国儿童道德教育课程的编订和儿童心理学教材的编写提供资料。

再如，陈英和和赵笑梅（2007）以270名小学三至五年级儿童为被试，采用问题解决类比任务范式，探讨了小学儿童类比问题解决及策略运用的发展趋势。结果发现，在儿童类比问题解决质量的发展方面，不同年级儿童差异显著，而儿童类比问题解决的速度则随着年级增高而加快；儿童类比策略发展更符合混合模型；随着年级增高，儿童初级、中级和高级类比策略运用逐渐增加，而非类比策略运用渐少；儿童类比策略发展的“飞跃”发生在四到五年级之间；儿童策略运用的发展呈现出多样性、竞争性和适应性的特点。类比问题解决是运用以往问题的解决方法和程序去解决新问题，是个体最主要的问题解决活动。类比问题解决同新知识和新技能的获得、创造性的培养等都有着密切的关系，在人类认知中无处不在地起着基本的作用。成组研究由于取样较多，具有代表性，又可进行量化的统计分析，因而概括出的结论具有科学性且有说服力。

对一些复杂的问题，如小学生品德不良的成因，或一种教学模式的效果，只用大面积的调查分析实为不足，应将成组研究与个案研究结合起来，既要采用大群体实验、测验和问卷方法收集一般性资料，又要对少数学生进行个案记录、搜集较详细的资料，这样既有量化的统计分析，又有质的定性分析，二者相得益彰。例如，为了研究游戏对幼儿自控能力的影响，但菲、杨丽珠和冯路（2005）设置了实验组和对比组。前测结果表明，实验组、对比组幼儿自控能力无显著差异。经过一年的时间，对实验组的幼儿按照实验方案中游戏排列的顺序进行游戏训练，培养幼儿的自控能力。后测结果表明，实验组与对比组幼儿自控能力有显著差异。同时，研究者也记录了实验组中幼儿自控能力的典型案例。这样既有量的统计又有典型资料的说明，就能较好地论证游戏训练可以提高幼儿的自我控制能力。

（三）个人研究与集体研究

这是对主试而言的。

1. 个人研究

个人研究是个人独立设计、独立进行的研究，即个人选题，个人设计，个人实施，个人撰写论文。它要求研究者能够对某一问题进行创造性的探索，具有较高的理论水平和操作能力。对于一个合格的心理与教育科学研究者来说，应该具有独立设计、独立实施、独立整理资料的能力。但个人研究往往取样人数少，抽取样本地区有限，代表性不够强。对于一些探索普遍规律的研究，最好进行集体协作。

2. 集体研究

集体研究是以理论水平高、科研能力强的专业研究者为核心，制定研究方案，组织协作组，形成密切的协作关系，先进行试点，然后在试点的基础上，各协作组按照共同的研究方案进行施测，最后将各协作组收集的资料统一分析并整理成文。各协作组也可以分析本地区收集的资料，撰写文章。自1978年以来，我国教育工作者进行了许多协作研究。1983年，朱智贤先生承担“六五”规划国家重点科研课题“中国儿童心理发展与教育”的科研任务，组织全国200多位儿童心理学工作者进行研究，历时7年之久。该研究清楚地揭示了我国儿童心理各方面的发展特点、规律及其影响因素和作用。20世纪七八十年代，刘范致力于儿童认知发展的研究，发表大量论文。他还以全国协作的形式组织和领导了儿童认知发展领域的研究，于1982年成立全国儿童认知发展研究协作组并获得研究项目的基金资助。从1978年以后，朱曼殊先生把学术工作转到研究儿童语言发展问题上，组织并领导了一个全国性的儿童语言发展研究协作组，总的研究项目“儿童语言发展与教育”是上海市哲学社会科学“七五”规划的重点项目之一。1983年朱曼殊教授受国际开发研究中心（ISSBD）资助，与加拿大维多利亚大学教育学院开展协作研究，探讨儿童认知发展，其成果受到国际开发研究中心的高度评价。中国科学院心理研究所“101课题组”研究员刘静和先生领导的一项科研工作“现代小学数学实验”，既是一项小学数学教学实验，又是一个探索儿童数学认知发展的科研课题。该课题于1985年和1986年分别得到了中科院院长基金和国家自然科学基金的资助。李伯黍教授开创了我国品德心理领域研究的先河。从1978年起，李伯黍和全国各地的同行协作，对皮亚杰的道德认知发展理论做了系统的验证性研究与客观性评价。“儿童自我意识发展研究”是“六五”规划国家重点科研课题“中国儿童心理发展特点与教育”的一个分项目，在辽宁师范大学韩进之先生具体指导下由14个单位协同进行，取得了显著成果。1978年以后，查子秀教授主要进行超常儿童心理发展和教育研究，组织了协作研究组，并在全国范围开展协作研究和教育实验。该研究得到国家自然科学基金的资助。2000—2004年，沈德立教授主持的“中国大学生心理健康教育创新体系的构建”的研究得到全国教育科学规划“十五”项目、教育部重点课题DBB010532项目的资助。2012年以来，林崇德主持的“中国学生核心素养研究”获得教育部哲学社会科学研究重大课题（13JZDWJY03）和教育部人文社会科学重点研究基地重大项目“中小学生核心素养的发展与评价”（16JJD880008）的资助，取得了开创性研究成果。这些都是全国性的大协作，其取样广，被试多，统计结果可信，取得了划时代的成果。

（四）常规研究和采取现代化手段的研究

这是对研究的手段而言的。

1. 常规研究

常规研究指的是采取一般研究技术，如观察、谈话、问卷、调查访问、测验、作业式实验等进行研究。例如，李惠桐和李世棣（1980）采用观察法和测量法探讨3岁前集体儿童动作发展。他们认为：（1）3岁前儿童动作发展的基础是机体的生长发育。（2）3岁前儿童动作的发展是按一定规律、一定顺序进行的，不能超级飞越。（3）3岁前儿童动作发展的个体差异是很大的，这种差异的距离可以通过改善环境、加强教育而缩短，但不能消除。（4）3岁前儿童动作发展是有阶段性的，出生后第一年和第三年动作发展较快，而出生后第二年则发展较慢。（5）教育体操锻炼对3岁前儿童动作的发展可以起促进作用，但是教育必须适合儿童的内在因素。（6）为了早出人才、多出人才，必须改善幼儿园、保育院的各种生活条件，加强对3岁前儿童的早期教育。

常规研究在心理与教育科学研究中是十分重要的，取得了丰硕的成果。例如，杨丽珠、姜月和张丽华（2012）选取352名幼儿教师，运用观察法、问卷法、情境实验法、评定法等常用研究手段，编制与幼儿自豪的非言语行为表达相关的2套图片，探讨幼儿自豪非言语行为表达的动作成分和动作单元，并以此为基础编制幼儿自豪的非言语行为表达编码系统。结果表明：(1) 幼儿自豪的非言语行为表达包括4个方面7个动作成分，即微笑和大笑的面部表情，舒展的身体姿势，头稍微后倾的头部动作，双手叉腰、高举和在胸前握拳的手臂动作。(2) 幼儿自豪的非言语行为表达包括12个动作单元。(3) 幼儿自豪的非言语行为表达编码系统具有较高的信度和效度，可以作为测评幼儿自豪发展的工具。我们绝不可轻视常规研究，要从实际出发，以科学的态度，发扬其长处，运用常规研究去探索未知的领域。

2. 采取现代化手段的研究

采取现代化手段的研究指的是采用现代化的技术装备，如录音、录像、电子计算机、眼动仪、脑电仪、fMRI设备、现代化的有单向玻璃的儿童观察室和实验室等进行的研究。

录音、录像可以向被试展示研究的指导语和研究的材料，也是我们执行研究方案、搜集资料的手段，由此可以获得客观的、较详尽的资料，以便日后进行分析。例如，杨丽珠和迈阿密大学伯根（D. Bergen）教授进行的中美学前儿童在游戏中的社交、认知类型发展研究，就是用录像收集资料的。在这一研究中，研究者探讨了在不同文化背景下学前儿童在游戏活动中的社交类型和认知类型发展的共同规律和差异性（杨丽珠，邹晓燕，伯根，1995）。用录像搜集资料比用眼看用手记的自然观察要更为客观、全面、详尽。研究分析资料时，看不准的就反复观看，对资料进行编码，将无序资料变为有序资料，再进行量化处理，研究结果可信且科学。不同国家研究者之间相互交换录像资料，这样在本国就可以研究异国他乡儿童的行为发展，录像手段缩小了人们生活的空间。再如，杨丽珠等在探索3～5岁幼儿自我延迟满足的发展特点及其中澳跨文化的差异时，在有单向玻璃的实验室，运用录像手段摄录实验全过程，采取时间取样观察法，对录像记录的幼儿延迟行为进行编码，最终将幼儿的典型行为划分为11种延迟策略（杨丽珠，王江洋，刘文，Cuskelly，Zhang，2005）。用这种方式记录的资料翔实，研究的结果可靠有效。

教育是由多因素组成的系统工程，很多问题的研究都需要多因素分析，例如学生厌学的成因问题、优秀教师的心理模式，儿童自尊的结构等。那么，在众多的因素中哪些因素是最主要的？多因素分析只有借助电子计算机、现代化的统计技术才能成为可能。电子计算机的应用使我们的研究更贴近现实、更客观、更科学；多因素方差分析、多元回归分析、贝叶斯网络可以探讨心理成因的因果关系，探索性因素分析、验证性因素分析可以获得心理结构的理论模型；潜变量增长模型可以探讨儿童心理纵向发展特点，潜在类别分析可以探讨人格类型。现代化有单向玻璃的儿童观察室、实验室，配有闭路电视和摄像装置，研究者透过单向玻璃可以观察教师儿童的活动，而在活动室活动的老师和学生却看不见外面的情景，这样学生就可以在很自然的状态下进行活动。研究者在外面观察的同时，还可以通过闭路电视将教育活动记录下来进行分析。这种收集资料、分析资料的方法是十分真实的、客观的。

眼动、ERP、fMRI等现代化技术，能使研究更为精细、客观。例如，韩玉昌和任桂琴（2006）等运用眼动技术研究儿童自我延迟满足的视觉认知过程；董光恒等（Dong，Yang，Hu，& Jiang，2009）运用ERP探讨冲动控制过程中的N2成分与行为抑制的关系；科克斯等（Cox，Virues-Ortega，Julio，& Martin，2016）运用fMRI技术测量自闭症儿童干预实验结果；塞姆路德-克里克曼等（Semrud-Clikeman，Fine，Bledsoe，&

Zhu, 2014）用磁共振成像的方式测量两个多动症亚型与正常儿童的前扣带皮层和尾状核的体积差异，并以家长评定的多动症和注意力量表分数预测前扣带皮层和尾状核的体积差异。随着现代科学技术的发展，我们应当尽可能地采用现代化手段，使心理与教育科学研究更加科学化，更加客观、准确。

（五）描述研究、相关研究与实验研究

这是对研究目的而言的。

1. 描述研究

描述研究是指对研究对象进行详细、准确和系统的说明，从而揭示研究对象的特点、状况与背景。例如，我们可以通过问卷调查、探索性因素分析和验证性因素分析获得3～5岁儿童独立性结构（包括自我依靠、自我控制和自我主张）（邹晓燕，杨丽珠，2005）。

描述研究通常了解的是被试在自然情况下的行为表现。例如，为了构建幼儿人格描绘词表，首先采用开放式问卷，请幼儿教师在本班随机抽取4名熟悉的幼儿，男女各半。教师针对这4名幼儿在幼儿园日常学习、生活中经常表现出的人格特点写出描述词，并列出具体的行为表现。同时，让教师从王登峰等人研究中国成人人格结构得到的人格特质形容词表中挑选出适合描述幼儿人格的词汇并制成词表，使用自制的词表请幼儿教师评定出适合描述幼儿人格特点的词汇，并写出相应行为表现。然后，对幼儿人格特质形容词进行归类与编码。第一步，阅读原始资料，分析资料，找出所有形容词，并把它们标示出来，初步编码，挑选出描述幼儿人格的形容词。第二步，设置码号。码号是资料分析中对资料进行编码的最小意义单位，是资料分析中最基础的部分。在对所有开放式问卷中抽取的人格特质形容词和短语进行语义分析的基础上设置码号，形成35个码号。第三步，建立类属。类属是在多个码号组合之上的意义集合，是码号的上位概念，代表资料所呈现的一个观点或主题。在初步设置了码号之后，对每个码号下的人格特质形容词和具体行为表现的内涵进行比较，考虑码号与码号之间的联系，进一步归类，建立类属。如果类属间仍然有进一步归类的必要，那么再建立上位类属，直到每个类属独特且意义鲜明为止。在35个码号的基础上，建立了15个亚类属，而这15个亚类属又可包含在5个类属当中。在表明码号、亚类属与类属的关系后，也就从理论层面展示出了幼儿人格的描述性结构。即认真自控、智能特征、亲社会性、外倾性、情绪稳定性，以此制定幼儿人格描述词表。上述所举的质化研究就是一种描述性研究，它注重研究的细节性和生动性。但要使研究的结果更有普遍的推广意义，验证其是否具有跨样本的稳定性，继续进行量化研究是较好的一种选择（杨丽珠 主编，2014）。

描述研究不仅做质的特征的描述，还可以将质性特点量化处理。例如，探索不同情境下3～9岁儿童的情绪认知发展特点。通过量化研究，发现对于情境和表现线索一致任务，3～9岁各年龄阶段间情绪认知差异不显著，3岁幼儿已能正确推测。对于情境和表情线索简单矛盾整合任务，3岁与4岁差异显著，4～9岁各年龄阶段间差异不显著，4岁幼儿已能正确推测；对于情境和表情线索复杂矛盾整合任务，3～4岁和7～9岁发展迅速，大部分儿童9岁才能正确推测。对情绪认知线索结果进行定性编码、分析，把情绪认知线索按在三种任务中

应用的次数分成四类：情境线索依存型、表情线索依存型、统合型、不确定型。结果发现3～4岁情境依存型占优势，4～5岁情境依存型和表情依存型的比例日趋均衡，统合型开始出现，不确定型比例增加，5～9岁统合型迅速发展并在7岁后开始占优势。描述研究的适用性和全面性较好，但是无法探讨事物之间的关系。例如，两个教师同评一个班的学生，为了确定两个教师评价是否一致，就得用相关研究。

2. 相关研究

相关研究是指对研究对象不控制、不操纵，在自然环境中收集数据，采用相关分析方法，探究事物间的关系。例如，在研究中学生自我评价的稳定性时，让中学生进行自我评价，隔2周再次进行自我评价，然后看这两次自我评价的一致性。如果相关系数高，就说明中学生自我评价的一致性水平高；如果相关系数低，就说明中学生自我评价的一致性低。再如，为了考察父母自我控制水平与其子女自我控制水平的关系，研究者对父母的自我控制水平和其子女的自我控制水平不加控制，只是在自然情境下收集父母自我控制水平和其子女的自我控制水平这两个变量的数据，然后进行相关分析，得到父母的自我控制水平与其子女的自我控制水平相关系数很高。不过，这只能说明父母的自我控制水平和其子女的自我控制水平有关，而不能说明父母的自我控制水平决定了其子女的自我控制水平。相关研究无法揭示事物间的因果关系，而我们往往要探索事物间的因果关系，发现发展的成因，这就需要实验研究。

3. 实验研究

实验研究是指操纵、控制自变量和无关变量，揭示自变量与因变量的因果关系，探求心理与教育现象的成因与发展规律。例如，蒋重清、杨丽珠和刘颖（2007）采用阈下情绪Stroop实验，发现个体情绪Stroop效应大小可以反映其情绪能力的高低，积极和消极引起的情绪Stroop效应有不同的表现形式和心理产生机制。再如，为了探索幼儿责任心培养问题，杨丽珠和金芳（2005）从幼儿责任心结构入手，以幼儿责任心的表现形式、发展特点设计教育活动方案，以培养幼儿的责任心。实验结果表明，设计的教育活动方案能有效地促进幼儿责任心的发展，中班是幼儿责任心培养的关键年龄。在以上两个研究中，研究者设计自变量，创设实验情境，操纵自变量，以揭示自变量与因变量的关系。实验研究能够探究事物间的因果关系。但实验研究只能得到实验结果，变量间的发展变化过程不清。因此，在实验研究中还需要进行观察，借助描述研究。

描述研究、相关研究、实验研究各有其优点，也都有其不足。当今的发展趋势是将三者融合，综合使用，相得益彰。

专栏 3-3

各种研究方法及分析资料的方法

研究方法	分析资料的方法
行动研究	协方差分析
对已有资料的分析	方差分析
数学分析研究	贝叶斯统计

续前表

研究方法	分析资料的方法
个案研究	双变量相关分析
因果模型	Bootstrap 法
内容分析	典型相关分析
比较研究	卡方检验
相关研究	聚类分析
跨文化研究	描述统计
描述研究	甄别分析
横向研究	效应值/统计决断力分析
纵向研究	因素分析
人种志	逻辑斯蒂模型
前实验设计	多变量协方差分析
准实验设计	多变量方差分析
真实验设计	元分析
历史研究	多维量表分析
解释或综述研究	多重比较
自然研究	多水平分析
观察研究	多质多法
哲学研究	非参数检验
政策研究	偏相关分析
预测研究	路径分析
心理测量学的方法	剖面图
定性研究	心理测量学统计
再分析	Q 分类技术
单被试设计	定性解释
模拟研究	回归模型
调查法	社会测量学统计
其他方法	t 检验
	时间序列分析
	三角互证
	趋势分析
	其他方法

资料来源：崔丽霞，郑日昌，2001，565 页。

二、具体研究方法的确定

（一）确定具体研究方法的原则

选出课题，通过查阅文献，到实际中去收集资料，提出研究假设，选出研究类型之后，就要确定具体的研究方法。确定具体研究方法的原则是从心理与教育科学研究的任务与对象出发，确定最合适的研究方法。这就要求研究者必须要了解心理与教育科学研究的具体方法及其优缺点。例如，如果研究儿童自我延迟满足的特点，可采取时间取样观察法。但如果研究儿童动机，采取时间取样观察法就行不通，因为时间取样观察法只能研究外显行为。如果研究幼儿自我意识，就要针对幼儿的特点，对自我评价和自我情感体验主要采用临床法，即直接谈话、摆弄实物与观察相结合的方法。对自我控制主要采用创设一定情境、控制一定条件的行为观察法，其中包括看图谈话、看图画画、故事问答和诱物观察等。

(二) 具体研究方法的类型

心理与教育科学研究的具体方法很多，主要有三大类，收集资料类、定性分析类、定量分析类。

1. 收集资料类

收集资料类包括观察法、实验法、临床法、行动研究法、调查访问法、问卷法、Q分类技术、语义分析法、内容分析法、口头报告法、投射法、测验法、社会测量法、眼动研究、ERP研究、fMRI研究等。

2. 定性分析类

定性分析类包括经验总结法、历史法、文献法、比较法、逻辑分析法等。

3. 定量分析类

定量分析类主要是统计分析法。

三、研究材料的标准化

人的心理可以通过外部行为表现来研究，教育规律可以通过教学活动来研究，这些都必须要用一定材料进行考察，让被试对材料的刺激做出反应，根据反应来判断。无论哪方面研究都涉及对测验材料的选择、确定及施测、计分、解释等一系列的问题。按照一定原则编制、运用、计分、解释的测验叫标准化测验。心理与教育科学研究应当标准化。

(一) 原则

1. 熟悉性

材料标准化必须有一定的原则，设计时要考虑到研究者与被试熟悉性问题。尤其是幼儿园儿童和小学低年级学生，他们的情绪性很强，如果他们害怕研究者，就容易影响研究的结果。另外，设计时还要考虑到被试对题目的熟悉性问题。例如，在进行学前儿童自我意识发展的研究时，可设计一般情况试题，如“你的姓名是什么?”“你今年几岁?”“你是男孩还是女孩?”“你的家住在哪里?”“你的妈妈是做什么工作的”“你的爸爸是做什么工作的?”等等，以便和幼儿熟悉。

2. 同质性

设计材料时要考虑到被试之间应具有同质性，即被试水平要一致。例如，在研究学前儿童自我评价何时发生时，所抽取的被试必须要具有自我观念，必须能区分主体和客体。为此，可拟定以下测试题：“这是你的手，你说这是谁的手?”“这是我的衣服，你说这是谁的衣服?”“这是小红的书，你说这是谁的书?”“××老师（指本班老师的名字）是你们班的老师，你说她是谁的老师？”答对三题者表示通过，可做被试，以保证被试的同质性（韩进之，魏华忠，杨丽珠，1991）。再如，为了考察幼儿园兴趣游戏活动对儿童智力发展的影响，实验前首先要对实验班和对比班儿童进行智力测验，如果实验班和对比班儿童无显著性差异，说明两班儿童智力相当，具有同质性。在此基础上，实验班开展兴趣游戏活动，实验后再对两班进行智力测验。如果两班智商具有显著性差异，实验班儿童智商高于对比班儿童，而实验前水平又相当，这就告诉我们，实验后智商的差异不是被试样本原有的差异，而是教育因子——兴趣游戏所致（陈会昌，王令望，1983）。

3. 依据理论建构

选取材料必须依据研究课题的理论建构。很多大学生和中小学、幼儿园教师拿到课题后，不知道怎样编制研究材料。选好课题以后，首先就应查阅文献资料，建立该课题的理论建构。也就是要弄清楚本课题包括哪些内容，这些内容的关系如何，根据理论建构来编题。

例如，魏书生提出将课堂教学构建为六个步骤，即定向、自学、讨论、答疑、自测、自结，每个步骤都赋予一定的意义。他就紧紧围绕这六个方面，进行课堂教学改革，总结出“六步教学法”（引自王贝，2016）。再如，杨丽珠等在编制幼儿人格发展教师评定问卷时，首先就进行了幼儿人格的理论建构。他们运用开放性问卷、教师自由描述法和词汇法收集幼儿人格特质行为词和短语，进行归类和编码，设置码号，建立类属，形成幼儿人格的 5 维度 15 个特质的理论建构。然后根据人格 5 个维度编制相应的 5 个分量表，每个维度项目的多少以及项目的排序根据质化研究中每个维度中特质数量及所占比率而定。以质化研究的行为举例为参考，编制出 103 个初始项目。在这里要特别强调必须要给 5 个维度 15 个特质下操作定义，方可给问卷编题目。

5 个维度 15 个特质的操作定义：

（1）智能特征反映个体自我意识、智力及才能特点。特质 1 文艺兴趣，反映个体在艺术方面的兴趣及才能；特质 2 自主进取，反映个体对自己能力的相信程度、对自己所做的事或所做的判断的坚定性，以及自我提升的倾向；特质 3 聪慧性，反映个体悟性、记忆力及头脑反应速度等智力特点；特质 4 探索创新，反映个体思维的开放性和新异性。

（2）认真自控反映个体的行事风格和态度。特质 1 认真尽责，反映个体做事态度及投入程度；特质 2 攻击反抗，反映个体与外界环境相冲突的行为方式；特质 3 坚持自制，反映个体做事毅力及自我克制的特点。

（3）外倾性反映个体在人际交往中的主动性、活跃性和自然性。特质 1 善交际，反映个体在人际交往中的主动性和人际技巧；特质 2 精力充沛，反映个体的活动水平及强度；特质 3 乐观开朗，反映个体乐天、积极的心态。

（4）亲社会性反映个体做出的符合社会期望而对他人、群体或社会有益的情感和行为。特质 1 同情利他，反映个体友好和关注他人的特点；特质 2 合群守礼，反映个体在人际交往中的亲和力及行为的适宜性；特质 3 诚实知耻，反映个体的信用特点，及对在自己或他人的行为与社会标准或自我期望不一致时的情绪体验特点。

（5）情绪稳定性反映个体情绪的稳定性、持续性及情绪表达特点。特质 1 暴躁易怒，反映个体的情绪控制特点；特质 2 敏感焦虑，反映个体的情绪易感性。

项目编出后，请长期从事发展心理学研究的专家、硕士研究生、幼儿园教师（从教6年以上）对问卷项目的可读性和适宜性进行评定。对表达晦涩，意义模糊的项目进行调整或者对不合适项目进行替换，最后对项目随机编排，采用从“非常不符合”“比较不符合”“一般符合”“比较符合”到“非常符合”的5等级评分标准，形成“幼儿人格发展教师评定问卷（第一版）”。再对“幼儿人格发展教师评定问卷（第一版）”的题目进行项目分析（杨丽珠 主编，2014）。

专栏 3-4

幼儿人格发展教师评定问卷

幼儿园名称：　　　　班型（小、中、大）：　　　　评定者姓名：

幼儿姓名：　　　　性别：　　　　出生年月：　　年　　月

尊敬的老师：

您好！这份问卷可以帮助我们了解幼儿在幼儿园的一些日常行为表现，每个问题都没有正确与错误之分。每个问题均有五个选项，表示幼儿的某种行为与此“非常不符合”“比较不符合”“一般符合”“比较符合”“非常符合”，分别用1，2，3，4，5来表示，行为出现频率从低到高排列。请您根据您最熟悉的一名幼儿的一贯行为表现，并与同班其他幼儿进行比较来做出判断，并在各个题目中认为适合该幼儿的频率选项上画一个圈。请您认真回答每一道题目，不要有遗漏。谢谢您的合作！

	非常不符合	比较不符合	一般符合	比较符合	非常符合
1. 理解能力强。	1	2	3	4	5
2. 在拿饭碗或水杯时，轻拿轻放。	1	2	3	4	5
3. 语言表达能力好。	1	2	3	4	5
4. 在日常生活中尽量做好，避免被老师批评。	1	2	3	4	5
5. 动手操作能力强。	1	2	3	4	5
6. 得到别人表扬时，会表现出自豪的样子。	1	2	3	4	5
7. 对新奇的事物有好奇心。	1	2	3	4	5
8. 游戏时，能遵守游戏规则。	1	2	3	4	5
9. 擅长舞蹈、唱歌、绘画等。	1	2	3	4	5
10. 希望得到老师或其他小朋友的关注。	1	2	3	4	5
11. 能认真倾听老师说话。	1	2	3	4	5
12. 头脑反应灵敏。	1	2	3	4	5
13. 会担心妈妈不来接他回家。	1	2	3	4	5
14. 记忆力好。	1	2	3	4	5
15. 学习或游戏时能尽量让自己集中注意力。	1	2	3	4	5
16. 喜欢把自己的东西整理得井井有条。	1	2	3	4	5
17. 会故意绊倒或推搡别的小朋友。	1	2	3	4	5
18. 绘画或手工作品新颖独特。	1	2	3	4	5

续前表

	非常不符合	比较不符合	一般符合	比较符合	非常符合
19. 老师不让做的事，能尽量控制自己不做。	1	2	3	4	5
20. 老师交代的事情，能尽责地完成。	1	2	3	4	5
21. 学习或做其他事时很踏实。	1	2	3	4	5
22. 有时看到别的小朋友哭，也会跟着哭。	1	2	3	4	5
23. 做错事后，能够承认。	1	2	3	4	5
24. 能有始有终完成一件事。	1	2	3	4	5
25. 回答问题时，声音响亮，很有自信。	1	2	3	4	5
26. 游戏或学习活动中，能够与小朋友较好地配合。	1	2	3	4	5
27. 做事自己有主见。	1	2	3	4	5
28. 能主动帮助比自己小的小朋友做力所能及的事。	1	2	3	4	5
29. 玩玩具时，会想出多种玩法。	1	2	3	4	5
30. 能与他人分享自己的食品或玩具。	1	2	3	4	5
31. 玩插塑或创编故事结尾时，想象力丰富。	1	2	3	4	5
32. 打针或不小心摔倒时，会哭泣不止。	1	2	3	4	5
33. 能够原谅与自己曾经有过矛盾的小朋友。	1	2	3	4	5
34. 会把自己的东西摆放整齐。	1	2	3	4	5
35. 小朋友们都喜欢与他交往。	1	2	3	4	5
36. 小朋友跌倒，会去帮忙扶起。	1	2	3	4	5
37. 平时对老师和小朋友都很有礼貌。	1	2	3	4	5
38. 学习新知识快。	1	2	3	4	5
39. 愿意与其他小朋友合作游戏。	1	2	3	4	5
40. 遭遇挫折后情绪爆发强烈（如挨批评后会大哭）。	1	2	3	4	5
41. 弄坏班里的物品后，会主动向老师承认。	1	2	3	4	5
42. 常为小事哭闹。	1	2	3	4	5
43. 乐意向别人展示自己。	1	2	3	4	5
44. 活泼好动。	1	2	3	4	5
45. 喜欢提问题，求知欲强。	1	2	3	4	5
46. 别的小朋友伤心、难过时会去安慰。	1	2	3	4	5
47. 班级来客人时，会主动热情和客人打招呼。	1	2	3	4	5
48. 每天活动量都很大。	1	2	3	4	5
49. 会把一条线想象成雨或者其他东西。	1	2	3	4	5
50. 与陌生的小朋友能很快熟悉起来。	1	2	3	4	5
51. 不容易高兴起来。	1	2	3	4	5
52. 愿意向别人表达自己的想法。	1	2	3	4	5
53. 很乐观。	1	2	3	4	5
54. 在游戏活动中非常活跃。	1	2	3	4	5
55. 愿意帮助别人。	1	2	3	4	5

续前表

	非常不符合	比较不符合	一般符合	比较符合	非常符合
56. 与小朋友发生矛盾后，情绪会长时间无法平复。	1	2	3	4	5
57. 看到小动物受伤，会觉得它们很可怜。	1	2	3	4	5
58. 会担心自己喜欢的东西被别的小朋友拿走。	1	2	3	4	5
59. 无论做什么事，都力争上游。	1	2	3	4	5
60. 不小心弄坏他人东西时会感到内疚。	1	2	3	4	5

再次感谢您的合作！

资料来源：杨丽珠，张金荣，刘红云，孙岩，2015。

（二）编制

1. 依据

编制材料时要依据研究课题的概念和理论建构。例如，为了研究学前儿童自我意识的发展，韩进之、魏华忠和杨丽珠（1991）首先从教育学、心理学角度给自我意识下定义，认为自我意识是人对自己以及自己与客观世界关系的一种意识，是个体心理和行为的调节、控制系统，能使人的活动具有目的性、自觉性、计划性和能动性。进而对自我意识进行理论建构，认为自我意识是由自我认识、自我情感体验、自我控制三个子系统组成。研究者选取了自我评价、自我情感体验、自我控制三个因素来研究自我意识，编制了自我评价、自我情感体验和自我控制的题目。而这些题目又是怎样编出来的？自我评价是从六个方面考虑的，包括儿童对身体状况的自我评价、儿童对很熟悉的问题的整体自我评价、儿童自我评价的情绪性、儿童对道德概念的自我评价、儿童对行为原则的自我评价、儿童从社会意义角度的自我评价。对于自我情感体验，研究者选取了愉快感、愤怒感、自尊感、委屈感、羞愧感。文献材料表明暗示对儿童情感体验有作用，所以这里研究者选了一个有暗示性的羞愧感，也是从六个方面去考虑。对于自我控制，研究者从坚持性、自制力两个方面去考虑。在此基础上对每个问题编一个题目，最后形成学前儿童自我意识发展研究的测试题：

（1）自我评价（SA）。

① 和××小朋友相比，谁长得高？谁长得好？为什么？

② 你是一个好孩子吗？为什么？

③ 爸爸、妈妈和你共分一包糖，你应该分给谁的最多？为什么？

④ 哥哥在马路上拦汽车，他说他很勇敢，他真是勇敢吗？你说拦汽车对吗？你敢拦汽车吗？你勇敢吗？为什么？（测验过后，应告诉小朋友拦汽车不对，不勇敢。）

⑤ 看图谈话：老师给小朋友每人一盒积木，小英的两块积木掉在地上了，明明拿去自己玩。明明做得对吗？为什么？如果你是明明，你做得对吗？为什么？（见图 3－1）

图 3-1　自我评价：看图谈话（一）

⑥ 看图谈话：唐阿姨背着平平，走到奶奶家的青石街。“王奶奶开门！”“你是哪一个？”“我是唐阿姨。”“你来干什么？”“我来给你扫地、提水。”你愿意当哪一个角色？为什么？（见图 3-2）。

（2）自我体验（SE）。

① 老师表扬过你吗？为什么表扬你？你觉得怎样？

② 你自己做错了事，觉得难为情吗？为什么？

③ 老师叫小朋友跳舞，表扬了别的小朋友，没有表扬你，你会觉得怎样？为什么？

④ 假如小花猫把碗打碎了，妈妈不知道，说是你打的，就批评了你，甚至打了你，你会觉得怎样？为什么？

图 3-2　自我评价：看图谈话（二）

⑤ 看图谈话：张力在玩小汽车，强强跑过来抢走了汽车。张力找强强要汽车，急得眼泪挂在脸上。强强拿着张力的汽车向草地上跑了。张力跑去拦住强强，强强把汽车摔到一边，跑了，汽车被摔坏了。假如你是张力，你会觉得怎样？为什么？（见图 3-3）

图 3-3　自我体验：看图谈话（一）

⑥ 看图谈话：假如老师让你做游戏，先用毛巾蒙上你的眼睛，让你把红图钉按在玩具小人的鼻子上，可是你偷偷地把毛巾拉下一点儿，先看到小人的鼻子，再把红图钉按到小人的鼻子上，结果被老师发现了。你会觉得怎样？为什么？（见图 3-4）

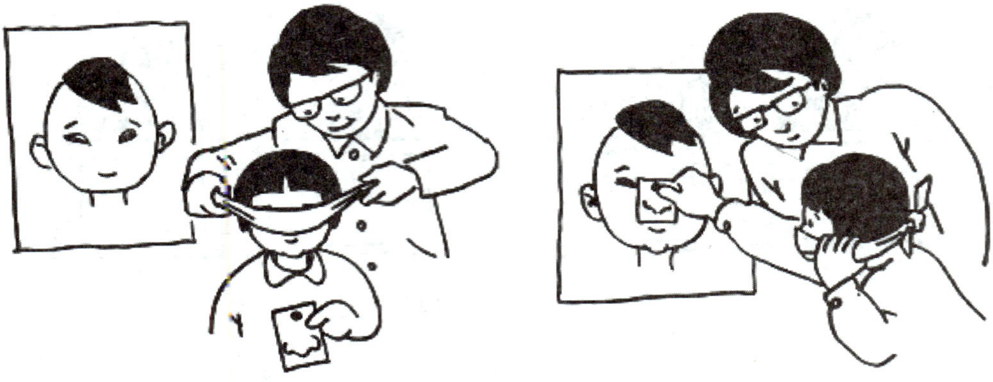

图 3-4 自我体验：看图谈话（二）

（3）自我控制（SC）。

① 看图画画：告诉小朋友每人画一张画，只能按老师给的画（见图 3-5）来画，不许画别的，画八分钟，看谁画得好。

② 诱物观察：告诉小朋友，老师给小朋友买了一件非常好玩的玩具（能活动，会出声），但到午睡的时间了，老师要求等小朋友们起床再看，现在就请小朋友闭上眼睛，不看玩具，看谁能坚持时间长（时间八分钟，主试把玩具从书包里拿出来放在桌上，使玩具活动出声）。

图 3-5 自我控制：看图画画

2. 预测

研究材料编制出以后，必须要预测，去掉不理想的题目，最后编制出正式测试材料。例如，杨丽珠等在研究儿童自我控制时，给儿童带上红鼻子头，让两个儿童面对面站立，谁也不许笑，看谁坚持时间长。结果 6 岁组儿童，时间不长两人都笑了，而 3 岁组儿童反而坚持时间长。经分析，3 岁儿童对动画片等更感兴趣，他们往往分不清想象与现实，所以并不觉得红鼻子头那么好笑。而 6 岁儿童已经较为实际了，感到红鼻子头实在是古怪，所以发笑不止。这个题目编得就不好。于是，研究者就设计了上述诱物观察的题目。结果发现，3 岁儿童迫不及待地想睁开眼睛看一看新玩具，平均闭眼时间 54 秒，自控力很差。4 岁儿童平均闭眼时间 2 分 30 秒，自控力也较差。5 岁儿童平均闭眼时间达 5 分钟，为使自己不睁开眼睛，有的儿童握紧双拳，有的咬着牙，有的捂着耳朵，以克制自己，表明已有初步自控力。

3. 标准化

要使材料的编制达到标准化，则要解决四方面问题。

（1）难度问题。

所谓难度是指项目的难易程度，一般用通过率来表示，以被试答对或通过每个项目的人数百分比作为难度的指标：

$$P=\frac{R}{N}\times 100\%$$

式中，P 代表难度，R 代表答对或通过该项目的人数，N 代表全体被试人数。

（2）区分度问题。

区分度是指测验项目对被试心理品质水平差异的区分能力。具有良好区分度的项目能将不同水平的被试区分开来（戴海琦，张峰，陈雪枫 主编，1999）。常用鉴别指数法，即比较测验总分高和测验总分低的两组被试在项目通过率上的差别：

$$D=P_{\mathrm{H}}-P_{\mathrm{L}}$$

式中，P_{H}为高分组在某项目上的通过率，P_{L}为低分组在该项目上的通过率，二者之差为鉴别指数 D。D 值越大，项目的区分度越高，即项目越有效（郑日昌，蔡永红，周益群，1999）。

（3）信度问题。

所谓信度是指研究的一致性程度，也就是测试可不可信。信度越高，研究就越稳定可靠。测量信度用相关系数表示，称为信度系数。估计信度的方法常用的有 4 种。

① 再测信度。就是用同一组研究材料对同一组被试前后施测两次，再根据被试两次测验分数计算其相关系数，可得再测信度。例如，韩进之、魏华忠和杨丽珠（1991）在研究中小学生自我意识发展时，为考察研究的再测信度，用以下题目前后间隔 2 周对学生施测两次，以考察学生自我意识的稳定性和本项研究的可靠性。

专栏 3－5

中小学生自我意识发展测试

学校：________　年级：________　姓名：________

性别：________　年龄：________　出生日期：____年____月____日

请同学们仔细阅读每道问题的答案，然后选一项与你本人情况相符合（或比较符合）的答案，并在这一答案后面的空格里画一记号☑。每个问题只选一个答案。

1. 你属于下面八类学生中的哪一类？

品德、学习、智力都好　1 ☐

品德和学习好，智力不好　2 ☐

品德和智力好，学习不好　3 ☐

学习和智力好，品德不好　4 ☐

学习好，品德和智力不好　5 ☐

智力好，品德和学习不好　6 ☐

品德好，学习和智力不好　7 ☐

品德、学习、智力都不好　8 ☐

2. 你属于下面哪种性格？

开朗、乐观　1 ☐

自信、有主见　2 ☐

急躁、爱发火 3 □
遇事拿不定主意 4 □
沉默、寡言 5 □
忧郁、悲观 6 □
3. 你具备下列才能的哪一种?
从事体育活动的能力 1 □
操作的能力 2 □
绘画或音乐等艺术能力 3 □
从事文学创作的能力 4 □
做干部的组织能力 5 □
从事理论研究的能力 6 □
发明创造的能力 7 □
4. 下面诸条，哪条符合你的情况?
有活不干就觉得难受 1 □
做事都能坚持到底 2 □
遇事，不想好不去做 3 □
干起来再说，很少考虑后果 4 □
做事常常半途而废 5 □
爱睡懒觉，不愿干家务活儿 6 □
5. 下面哪一条符合你的想法?
自己的秘密宁愿憋在肚子里难受也不说 1 □
社会上好人不多，应多加提防 2 □
老实人吃亏，宁可狡猾点免受人欺 3 □
周围的人对我好，可以依赖 4 □
人应该老实、忠诚、有一说一 5 □
可以把自己的秘密毫无保留地告诉别人 6 □

资料来源：韩进之，魏华忠，杨丽珠，1991，144－145页。

② 分半信度。就是将测验分成对等的两半，根据个人在这两半测验的分数，计算其相关系数，可得分半信度。例如，测题有20个，我们就将测题按奇偶数分开（见表3－1），然后对X系列和Y系列各题所测得的分数求相关。

表3－1 分半信度测题合成

X	1	3	5	7	9	11	13	15	17	19
Y	2	4	6	8	10	12	14	16	18	20

③ 评分者信度。就是两个评分者用同一组材料，对同一组被试进行施测，再根据两个评分者评出的两个分数计算其相关系数，可得评分者信度。例如，在研究幼儿气质问题时，就可以采用评分者信度，每个幼儿由两位老师用同样的评定材料同时评定，然后对两位教师评定的两组分数求相关。

④ 同质性信度。同质性信度用测题分数之间的相关程度来衡量。相关程度高则表明测验内部所有题目具有一致性。因为测题往往是等级计分，所以一般采用克隆巴赫 α 系数。但是人的心理结构往往是由多个维度组成的。例如，幼儿好奇心的结构包括好问、喜欢摆弄、探索持久、好奇体验、敏感和关注未知，这些不同特质之间只能是中等相关。它们虽然都表现为好奇心，但却是相对独立的特质。所以整个测验不可能完全同质，而应按各维度分成几个分测验，每个分测验必定是同质的。

（4）效度问题。

所谓效度是指研究的真实性或正确性，即一项测验能够测出所测内容的程度，也就是测得准不准。测量效度用相关系数表示，称为效度系数。估计效度的常用方法主要有 4 种。

① 内容效度。内容效度是指研究材料对有关内容或行为范围取样的适当性，也就是研究的材料测得的结果与所要测的东西的相符程度，一般由专家评定。例如，吴放和邹红（1994）研究儿童依恋行为时所设计的题目、分类让我国教育界、心理学界 44 名专家评定，以建立中国版的儿童依恋安全性指标，保证其研究的内容效度。

② 效标效度。效标效度即研究材料对所要测量事物的测量准确性。计算方法是求测验分数与效标间的相关。教育科学研究中常用的效标有年龄、教师的评定、学生成绩等。例如，研究中小学生自我意识的发展，从理论上推导中小学生自我意识发展水平随年龄的增长而提高，我们就可把中小学生自我意识发展水平的分数与中小学生各年级做相关，相关系数大，说明本项研究有效。

③ 效标关联效度。效标关联效度是指测验分数与另一个效度已知的同类测验上的分数之间的相关。相关高，说明这两个测验测的是相同特质，表明该测验同样具有有效性和准确性。例如，为说明编制的大学生自我意识发展问卷效标关联效度高，韩进之、杨丽珠和魏华忠（1987）用已被大家认可的中小学生自我意识发展问卷测试 400 名大学生，并将测试结果与大学生自我意识发展问卷测试结果做相关。效标关联效度（相容效度）为 0.95，表明大学生自我意识问卷有效。

④ 构念效度。构念效度是指一个测验实际测到所要测量的理论结构和特质的程度，或者说测验分数能够说明心理学理论的某种结构或特质的程度（戴海琦，张峰，陈雪枫 主编，1999）。一般采用因素分析法和实验操作法来估计。

因素分析法，即通过对一组测验进行因素分析，找到影响测验分数的共同因素，每个测验在共同因素上的负荷即每个测验与共同因素的相关，称作测验的因素效度（郑日昌，蔡永红，周益群，1999）。

实验操作法，即通过控制某些实验条件，观察其对测验分数的影响，从而获得构念效度信息（郑日昌，蔡永红，周益群，1999）。例如，在编制幼儿人格教师评定问卷时，为了佐证问卷的构念效度，杨丽珠等就分别采用了因素分析法和实验操作法。问卷的验证性因素分析表明，5 因素 15 个因子的模型拟合指数较好，说明问卷具有较好的构念效度。随后研究者通过情境实验进一步检验问卷的构念效度，考察问卷是否能真实测量到幼儿的人格特点。研究者从幼儿人格 5 个维度中各挑选出贡献率较高，又容易进行实验操作的特质进行实验设计（杨丽珠 主编，2014）。

（三）计分

1. 拟定评分标准

在设计研究方案时，为使材料成为标准化测试，我们必须拟定评分标准。计分常用等级计分或频次计分。

（1）等级分。

等级分以 3 等级、5 等级、7 等级为宜。

例如，为研究 3～9 岁儿童自尊发展结构，杨丽珠和张丽华（2005）根据对教师的开放式问卷调查、访谈和对学生个案的追踪观察及理论分析，构建了 3～9 岁儿童自尊结构的理论模型，编制了 3～9 岁儿童自尊教师评定初始问卷，再经专家评审、项目分析、探索性因素分析和验证性因素分析，获得了 3～9 岁儿童自尊结构和 3～9 岁儿童自尊教师评定问卷。这个问卷是一个 5 级评定量表，涉及 3 种行为特质，包括 22 个项目，每个项目又分 5 个等级。教师采用 3～9 岁儿童自尊教师评定问卷，根据学生行为表现对学生进行评定，得分越高，表明学生自尊水平越高。

专栏 3－6

3～9 岁儿童自尊教师评定问卷

指导语：以下是一些有关儿童对自我感受的描述，根据您对他们的了解，请您在符合他们感受的数字上画“√”，其中 5 代表“非常符合”，4 代表“基本符合”，3 代表“不太肯定”，2 代表“有些不符合”，1 代表“非常不符合”。答案不分对错，请如实回答。谢谢您的合作！

题项	非常符合	基本符合	不太肯定	有些不符合	非常不符合
1. 他认为自己长得漂亮，穿得也漂亮。	5	4	3	2	1
2. 他愿意在你面前表现自己，想获得你的赞许。	5	4	3	2	1
3. 当因为学习好而得到表扬时，他会很高兴，觉得自己比别人强。	5	4	3	2	1
4. 他很想让别人知道他内心的感受或想法。	5	4	3	2	1
5. 他在学习或活动中，表现不是很积极。	5	4	3	2	1
6. 当别人说他长得不好看或穿的衣服丑时，他会感到难受。	5	4	3	2	1
7. 如果同伴受到表扬，他会不甘示弱，更加努力表现。	5	4	3	2	1
8. 在学习或其他活动中遇到问题或麻烦时，他都能应付。	5	4	3	2	1
9. 在比赛中，他总是对比赛结果很在意。	5	4	3	2	1
10. 在学习、体育等各项活动中，他总能取得好成绩。	5	4	3	2	1
11. 当别人夸他长得漂亮时，他会觉得很开心。	5	4	3	2	1
12. 当他在学习或活动中表现出色时，他总是想方设法让你知道。	5	4	3	2	1

续前表

题项	非常符合	基本符合	不太肯定	有些不符合	非常不符合
13. 当他穿了新衣服或梳了新发型时，他总是在大家面前晃来晃去，期望得到他人的夸奖。	5	4	3	2	1
14. 当他在学习或体育、游戏活动中取得成功时，他会很得意。	5	4	3	2	1
15. 他对学习、体育、游戏活动充满了热情，积极性、主动性很高。	5	4	3	2	1
16. 他觉得你对他的印象很好，所以自己很得意。	5	4	3	2	1
17. 班级中学习好或活动成绩好的同学都愿意和他在一起。	5	4	3	2	1
18. 当受到不公平的对待而感到委屈时，他会为自己辩解。	5	4	3	2	1
19. 他经常感到自己的学习或活动能力不如别人。	5	4	3	2	1
20. 他在同学中很有威信，大家都喜欢听从他的主意。	5	4	3	2	1
21. 每当学习一门新课时，他都会比别人学得好。	5	4	3	2	1
22. 他总爱寻求别人的注意与肯定，如总说“这是我做的”“这是我画的画”“我会做……”“我能做……”之类的话。	5	4	3	2	1

评定结束，谢谢您的合作！

资料来源：杨丽珠，张丽华，2005。

再如，之前提到的学前儿童自我意识发展研究就以三个等级水平计分。自我评价（SA）：①完全不能进行自我评价，计 1 分；②有一定程度的自我评价，计 2 分；③能进行自我评价，计 3 分。自我情感体验（SE）：①缺乏自我体验，计 1 分；②有一定程度的自我体验，计 2 分；③有明显的自我体验，计 3 分。自我控制（SC）：①缺乏自我控制，计 1 分；②有初步自我控制，计 2 分；③有较明显的自我控制，计 3 分。

（2）频次。

频次常用于探讨心理与教育科学现象发生的频数、百分数、通过率等。例如，为了了解初中生人格类型特点，杨丽珠和马世超（2014）依据人格类型划分的相关理论和潜在类别分析的拟合指数，把初中生人格类型划分为低控型、过度控制型和适应型三种，其中适应型人数占 85.9%，过度控制型人数占 7.4%，低控型人数占 6.7%。使用无序多分变量的 Logistic 回归考察初中生人格类型的年级与性别特点发现，随年级增长，初中生适应型人数比例有显著下降趋势，过度控制型和低控型比例有所上升。性别差异方面，女生人格类型的适应型人数比例显著高于男生，过度控制型和低控型比例则显著低于男生。

2. 拟定具体的评分标准

为了评分更准确，应根据理论分析或现场观察，拟定具体评分标准，再根据具体的评分标准来评分。

例如，在幼儿的自控能力的研究中，杨丽珠等将自控能力构建为两个方面：坚持性和自制力。坚持性通过观察幼儿看图画画来考核。根据观察结果，研究者把幼儿坚持性分为三级水平：初级水平（能坚持1～3分钟，但经常讲话，不按要求画）、二级水平（能坚持4～6分钟，有时说话，需提醒才能遵守纪律）和三级水平（能坚持7～8分钟，按主试要求画完）。自制力通过诱物观察法来考察。根据研究的结果，研究者把幼儿自制力分为三级水平：初级水平（能坚持闭眼1～3分钟）、二级水平（能坚持闭眼4～5分钟）和三级水平（能坚持闭眼6～8分钟）。一级水平为缺乏自我控制，计1分；二级水平为有一定的自我控制，计2分；三级水平为有自我控制，计3分。根据这个标准，研究者对收集的原始资料进行评定，表3-2是对一个被试的自我控制行为表现的记录进行评定的结果。

表3-2　××自我控制答案记录纸

问题		答案	等级
自我控制	坚持性	坚持画5分钟20秒，画时和旁边小朋友说话两次，经提醒能够独立画，没有画别的东西，能按要求画。	2
	自制力	坚持闭眼6分35秒，使劲闭眼睛，握紧双拳。	3
	$\overline{X}$		2.5

这个小朋友画画能坚持5分钟20秒，虽有说话，但提醒后能遵守纪律，能按要求画，有自觉性，符合二级水平，坚持性计2分。诱物观察闭眼时间达6分35秒，为了不让自己睁开眼睛，使劲闭眼，使劲握着拳头，强迫自己不睁眼，有自控能力，故自制力计3分。

再如，杨丽珠等进行的中美学前儿童在游戏中的社交、认知类型发展研究。该研究试图探讨中国学前儿童在游戏活动中社交类型和认知类型的发展规律，及游戏中的社交发展水平与认知发展水平的关系；验证在社会性和认知维度上作为发展进程标志的游戏水平模式及各类不同水平的游戏与儿童发展进程的关系；比较在不同文化背景下学前儿童在游戏活动中的社交类型和认知类型的异同，探讨文化背景对游戏方式和儿童心理发展的影响。帕顿（M. B. Parten）根据儿童在游戏中的社会性参与水平将游戏分为6种类型：无所事事、旁观、个体、平行、联系与合作。皮亚杰根据认知发展水平将游戏分为3种类型：实践、象征和规则。在此基础上，研究者将游戏划分为15种类型，并将每种游戏予以明确的操作定义（见表3-3）。

表3-3　游戏类型及举例

游戏类型	游戏举例
1. 旁观-实践	观看孩子们玩滑梯
2. 旁观-象征	观看另一个孩子给木偶喂爆米花
3. 旁观-规则	观看老师和孩子们玩“手拉手围成圈唱歌”的游戏
4. 个体-实践	独个儿踮着脚尖在楼梯上跑上跑下
5. 个体-象征	让玩具动物“走路”和“说话”
6. 个体-规则	按照特定的次序把玩具排成一行并依照规则移动
7. 平行-实践	在别的孩子旁画画，但互不相干
8. 平行-象征	在屋内摆桌子，“喂”娃娃，而同时别的孩子们也在使用这些玩具
9. 平行-规则	和别的孩子一齐奔跑，但不是与他们比赛
10. 联系-实践	与另一个孩子在枕头上打滚
11. 联系-象征	与另一个孩子一起“造”谷仓，给他递积木和提建议

续前表

游戏类型	游戏举例
12. 联系-规则	与另一个孩子一起玩“轮换”的游戏，比如用车拉孩子
13. 合作-实践	与另一个孩子相互传球
14. 合作-象征	参加过家家角色游戏，当“妈妈”或者“爸爸”
15. 合作-规则	参加捉人游戏或捉迷藏游戏

资料来源：杨丽珠，邹晓燕，伯根，1995，85 页。

研究者对每一个被试进行 10 分钟追踪录像，在每一录像带上，每间隔 30 秒，便以 1/60 秒的速度加入一个“嘟”声的信号。研究者将这些录像资料审核后，就开始评定工作。研究者观看录像，记录场景和儿童在连续活动中使用的游戏材料和游戏内容，以“嘟”声信号出现时的游戏为准判定游戏类别（旁观-实践、平行-规则等）。如果“嘟”声信号出现时，没有产生游戏活动（没参与或转移注意力），或者儿童并未自发选择游戏行为（成年人发起的活动），或者发生意外（摔跤哭了、上厕所等），都记为“其他”。对于评定类型不一致部分，则反复看录像资料，进行讨论，真正掌握统一的评定标准，对游戏类型做最后决定（评定者评定意见一致率达 90%以上）。进而，研究者将各类游戏计分。在理论模式中，研究者可以得到水平分数，基于社交水平赋予各种游戏社会性质的层次分数。研究者给旁观、个体游戏各计 1 分，因为这二者包含最小限度的社会交往，平行游戏计 2 分，联系游戏计 3 分，合作游戏计 4 分。同样，研究者对不同层次的认知游戏形式分别计分，实践游戏计 1 分，象征游戏计 2 分，规则游戏计 3 分。将社交分数乘以认知分数，便得到每一格内的水平分数。例如，个体-象征游戏计 2 分（1×2），联系-实践游戏计 3 分（3×1）。

四、变量的确定和控制

（一）变量的类型

在心理与教育科学实验中经常碰到变化的因素，这就是变量。一般来说变量有三种，自变量、因变量和无关变量。

1. 自变量

自变量是由实验者主动加以控制的实验条件，它不依赖被试的心理行为而独立变化，实验就是为了考察它的改变所引起的被试反应的变化，故它又叫刺激变量。

例如，皮亚杰为了研究儿童长度守恒问题，设计了两根等长的铁丝，并让小朋友亲自操作（一开始知道两根铁丝一样长），然后将一根铁丝向右移动，再问小朋友这两根铁丝是否还一样长（见图 3-6）。皮亚杰设计两根等长铁丝，并加以变化，这些都是研究者主动设计、主动控制的实验条件。这些实验条件被呈现给被试，以考察被试反应的变化，这就是自变量。

图 3-6　皮亚杰长度守恒实验

再如，为了考察培养幼儿好奇心的最佳途径，袁茵和杨丽珠（2005）设计了促进幼儿好奇心发展的教育现场实验。因为好奇心更容易在探究的情境中得到培养和激发，研究者选择了探究活动作为培养途径。又因小、中、大班的幼儿心理发展特点不同，主导探究活动也不同。确定教育实验因子：小班，观察探究活动；中班，游戏探究活动；大班，学习探究活动。并依此分别在小、中、大班设计 10 项教育活动，共 30 项。分别在小、中、大班设实验班和对比班，在实验班实施教育活动。这一切都是研究者自身控制的实验条件，它不依赖被试而独立变化。研究者运用这些实验因子指导实验活动，以改变幼儿由此引起的变化，这些教育实验活动就是自变量。

2. 因变量

它是由刺激变量引起或改变的被试的反应，随实验条件的变化而变化，又叫反应变量。例如，皮亚杰在变化铁丝的位置后，问小朋友两根铁丝是否还一样长。3 岁小朋友说不一样长，6 岁小朋友说一样长，这就是因变量。再如，在促进幼儿好奇心发展的教育现场实验中，发现符合幼儿年龄特点的探究活动形式和内容能够有效地促进幼儿好奇心的发展。观察探究、游戏探究、学习探究是幼儿好奇心培养的有效途径。幼儿好奇心的发展是受教育实验因子——教育活动影响的。幼儿好奇心发展变化就是因变量。因变量是在实验中所要测量的被试的各种反应（袁茵，杨丽珠，2005）。

3. 无关变量

它是在实验中除自变量以外，其他一切可能对因变量发生影响，对实验有干扰的变量。之所以称为无关变量是因为这些变量与所要研究的主要问题无关，但它们却能影响实验的结果。例如，研究者在利用临床法向儿童询问问题时，态度粗暴，儿童惧怕，影响了结果。主试的态度虽然与研究问题没有直接关系，但却干扰了儿童的反应。因此，主试态度就是无关变量。在心理与教育科学研究中，无关变量多种多样，为了提高研究的科学性，就要使用一定的方法限制、消除这些无关变量。无关变量有来自被试方面的，包括被试的年龄、性别、身体状况等等；有来自主试方面的，包括主试的态度、言谈举止、外表打扮、操作水平等；有来自客观环境的，如光线、温度、实验场地的嘈杂声、环境布置的新异刺激等；有来自设计材料的不准确、方法的不完善、操作器材的不恰当、统计评分的系统误差等。我们在设计研究方案时，要尽可能周密考虑，避免无关变量对研究的影响。

（二）变量的控制

我们在进行心理与教育科学研究时必定会碰上自变量、因变量和无关变量，那么我们如何控制这些变量呢？控制变量有最大、最小控制原则。

1. 控制自变量

自变量是实验者自己操纵控制的，所以实验者在设计自变量时要科学，要严格按照材料标准化来设计。自变量必须有系统的前后变化，并引起被试反应，显出差异，这就是最大控制原则。例如，教育科学研究中的相当一部分课题是教学改革内容，人们通过教学改革的实验，探讨教育现象间的关系及其对儿童心理发展影响的内在规律。课堂教学是重要环节，有的教师在设计教具时，想当然地认为大点、小点都无所谓。结果，教具做小了，学生看不清，教学没有达到应有的效果。笔者曾观看过一堂幼儿园教改课，教师准备了一个正方形的泡沫块，让儿童掌握把一个整体分成一半，再分成一半，结果儿童都不会，教具没有达到应有的效果。测量初中儿童归纳推理的能力，结果初一、初二、初三学生都会。自变量引起被试全不会或全会都不行。我们在选择自变量时，必须要体现研究的目的，使因变量前后变化显著。

2. 控制无关变量

在实验中，我们要控制无关变量使其保持最小影响。例如，如果我们研究儿童的自控能力，但环境嘈杂，那就不能正确反映儿童的自控水平。如果我们研究发现学习能够促进初中生的发散思维，实验后对实验班和对比班进行测试，差异显著，能否就说明是发现学习这一教育因子的作用呢？如果实验前没有对实验班和对比班进行同质性检验，这一点就无法说清楚。也许是实验前实验班就好于对比班。所以在研究中要控制无关变量。

3. 控制测试工具

我们在研究中要控制测试工具，使误差达最小限度。例如指导语要标准化，如做幼儿自我情感体验研究时，问小朋友："老师表扬过你吗？为什么表扬你，你觉得怎样？"如果你稍不留神说："你觉得高兴吗？"这实际上就暗示了小朋友高兴的情绪。虽然你也深入实际进行调查研究，但所得结果却是不正确的，这就不能正确反映幼儿自我情感体验的特点。

五、结果分析方法的确定

一项心理与教育科学研究最终要进行定量定性分析。所谓定量分析，就是把研究所得到的数据资料，运用一定的数学方法（主要是数理统计方法）进行处理，探讨研究问题中的数量关系，揭示研究事物数量差异的本质，从中获得研究事物的规律以及事物之间相互联系、相互作用的规律的过程。它可为研究结论提供比较科学、准确的依据，说明该研究结论的接受范围和误差范围。统计分析是心理与教育科学研究的重要工具，我们应当掌握。统计分析一般有描述性统计分析和推论性统计分析。不同的研究内容所使用的统计分析方法不一样。由于统计学自身发展的水平和研究者自身的主客观条件，不是所有收集到的资料都能进行统计分析。因此在进行设计时，就应考虑运用什么统计方案，否则将有可能出现无法统计收集到的资料的情况。如何进行统计处理，具体请参阅本书的第十章。

我们完成以上工作之后，就要撰写研究方案，进行开题报告。

第三节　撰写研究方案——开题报告

一、开题报告的含义与意义

（一）开题报告的含义

开题报告指的是选题、设计研究方案。其作用是在正式研究前提出研究方案并论证，以便专家评定指导。

例如，通过对幼儿实际观察和追踪观察、对幼儿教师深度访谈、查阅文献及理论检索，我们就可以明确幼儿自我控制的概念、结构，幼儿自我控制的发展特点及培养幼儿自我控制发展的有效载体，从而找到研究的切入点。依此，我们就可以根据幼儿自我控制发展的构成因素以及不同年龄阶段适合幼儿自我控制训练的游戏类型及比例，为每个阶段幼儿编制促进幼儿自我控制能力发展的游戏活动方案，并将其作为实验教育因子（自变量）来训练幼儿的自控能力（因变量）（但菲，杨丽珠，冯璐，2005）。

对自变量实施最大控制原则，控制无关变量使之对因变量的影响达最小限度，选择被试并随机设置实验班和对比班。最终，依据幼儿自我控制发展的结构，确定培养幼儿自觉性、坚持性、自制力、自我延迟满足的教育目标；依据幼儿自我控制的发展特点和关键期，设计教育干预因子；依据影响幼儿自我控制的发展，确定游戏为最佳教育载体；依据最佳教育理念，选择自觉性教育，选择尊重儿童，平等教育。当研究方案制定之后，提交研究方案报告，并请有关专家教授评定指导，修正研究方案，这就是开题报告。

（二）开题报告的意义

当我们选择课题后，就要设计研究方案，当设计工作结束时，就要撰写研究方案，提出开题报告。开题报告是我们研究的开端，是我们顺利完成研究课题的基本前提。一项高水平的开题报告有可能产生高水平的研究成果，一项不合理的开题报告必定不能产生高水平的研究成果。

本科生要做学士学位论文，硕士生要做硕士学位论文，博士生要做博士学位论文。做论文之前必须提交研究方案报告，进行开题报告，经专家委员会评定，指出哪些地方做得比较好，哪些地方有问题，堵住漏洞，避免问题的发生。这样一方面可以提高学生的科研水平，另一方面可以使学生顺利完成学位论文。例如，研究父母教养对儿童人格发展的影响，导师和专家们认为课题的前沿性不够，研究者又继续查阅文献资料并到实地观察，发现父母联合养育对儿童人格影响意义很大，而国内又很少研究，由此所得研究成果颇具社会效益。而有的学生因设计不周全，开题报告又不认真，以致学位论文不通过，延期毕业。

二、开题报告的基本模式

开题报告就是要解决以下问题：为什么要进行这项研究？本研究具有什么样的理论意义和实践意义（提出研究课题）？怎样进行研究？研究技术路线是什么（交代研究方法）？预期达到什么结果（交代预期结果）？

开题报告一般包括五部分。第一部分是基本信息，包括课题名称、课题研究者和单位；第二部分是问题提出，主要交代研究问题的性质和意义、以往研究状况、研究假设和本研究要解决的问题；第三部分是研究方法，主要交代研究的被试取样、研究的具体方法和材料、研究程序、评分标准等；第四部分是预期结果，这是假设的结果，这部分应和要解决的问题相一致；第五部分是参考文献。研究方案的模式不一，作为学士学位论文的开题报告模式如图 3－7 所示：

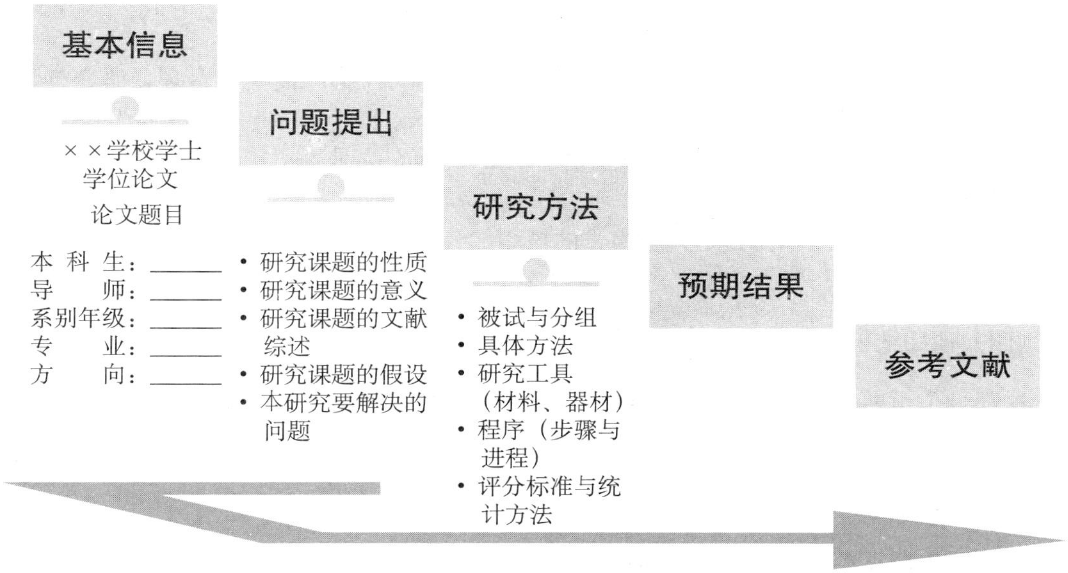

图 3-7　学士学位论文开题报告的基本模式

（一）基本信息

其中的课题名称应当简洁明了，要准确，要富于创新性。

（二）问题提出

（1）确定研究问题的性质，赋予明确的操作定义。问题要突出，易于他人理解。

（2）明确研究的理论意义和实践意义。要从研究的预期结果的意义上简述。例如，研究的预期结果对学科发展、对社会发展有何重大理论的突破，获得什么样的新理论和新规律，对教育改革和教育方法有何指导意义，对解决现实问题有何实际应用价值。

（3）文献综述。对所研究的问题进行梳理，搞清研究问题的由来、研究状况和最新进展。但不能面面俱到，要对文献进行挑选，既能反映研究者掌握资料翔实，又要重点突出，评价恰当，还要从中发现研究不足，提出研究的切入点，使研究具有创新性，能够提出新理论、新观点、新方法等。

（4）提出研究假设。假设是对结果的预期解释，要有理论或实践知识作为依据。

（5）提出本次研究要解决的问题。这部分要和预期结果一致，语言要简洁明了。

（三）研究方法

（1）被试和分组。要注意被试取样要随机，被试要具有同质性和代表性。例如，在大连选取被试，不能表述时说中国儿童；取 14 岁儿童时，不能取 13 岁 11 个月的儿童；研究幼儿自我控制问题，4 岁是关键期，不能没有 4 岁儿童；等等。

（2）具体方法的选择。最好选用综合方法。例如，仅用观察法很难确定因果关系，而只用实验法又只能知道实验的结果，不能了解被试是如何想的。综合研究方法可以弥补各自方法的不足，使研究具有科学性。

（3）工具的使用。要注意有效性，避免无关变量的影响。

（4）程序的设计。一定要考虑采用的方法是否恰当，安排顺序是否合理，研究进程是否具有连贯性，等等。

（5）确定评分标准和统计方法。要注意采用的统计方法是否适用、是否恰当，特别是对质化资料的编码更要慎重。

研究方法、研究技术路线是开题报告的核心部分，方法的陈述一定要清楚、明白，最好附上统计表格。

（四）预期结果

这部分是预期结果，预期到几个结果就写几个结果，预期结果应该和问题提出中本研究要解决的问题相一致。

（五）参考文献

开题报告撰写参考文献，一方面可以反映研究者对本领域资料掌握的情况，另一方面也是对所用文献作者的尊重，还可以扩展思路，以利于查询文献的原作。

专栏 3－7

开题报告举例：幼儿羞耻结构的研究

1. 问题提出

羞耻并不是由具体的情境直接引发的，而是个体参照已有的标准评价事件，将消极的结果指向自我时，所体验到沮丧、痛苦，并产生逃避、退缩的倾向（Rathbone，2011）。刘易斯（Lewis，2000）从认知的角度对羞耻进行了界定，他认为羞耻是一系列复杂认知活动的结果，是个体运用内化的标准、规则和目标对情境的总体自我进行评价后产生的，是一种极度消极和痛苦的感受。羞耻作为一种负性的自我意识情绪，经常与沮丧、痛苦等情绪体验以及暴力、攻击等行为相联系（Breggin，2015）。但是，也有研究表明，在社会关系中羞耻同样具备一定的缓和功能，它可以及时反馈人们当前的行为，促进真实的自我评价、对自我局限的正确认识以及预计未来的行为方式（Pinto-Gouveia & Matos，2011）。并且它可以促进个体的社会化，在个体与他人的社会交往过程中，由羞耻所引发的消极体验可以帮助个体识别并纠正交往过程中所出现的不恰当行为，促使个体以道德上、社交上适当的方式与他人交往，以获得亲密、友好的人际关系（Muris & Meesters，2014）。作为一种重要的道德情感和社会情感，相对于西方父母，中国父母更重视“耻的文化”的培养。在平日生活中，他们会有意指出幼儿的不足之处，监督并纠正幼儿的错误行为，进而促使幼儿产生羞耻情绪，通过这种方式确保社会规则的习得，以推动幼儿做出符合社会以及道德规范的行为（Lewis，Takai-Kawakami，Kawakami，& Sullivan，2010）。可见，羞耻对个体道德行为、社会情感的发展以及健全人格的形成具有重要意义（Farouk，2013）。

对于羞耻的结构，不同的学者有不同的看法。钱铭怡等在构建与羞耻感有关的理论和实践的基础上，根据我国大学生的发展特点，编制了大学生羞耻感量表，从引发羞耻的角度，将羞耻分为个性羞耻、行为羞耻、身体羞耻和家庭羞耻四个方面（钱铭怡，Andrews，朱荣春，王爱民，2000）。安德鲁斯等在研究羞耻和抑郁关系的过程中，编制了羞耻体验量表，将羞耻分为三种类型，分别是个性羞耻、行为羞耻和身体羞耻（Andrews，Qian，& Valentine，2002）。亓圣华等（亓圣华，张彤，李繁荣，李志伟，2008）在钱铭怡等编制的大学生羞耻量表的基础上，结合中学生的发展特点，编制了中学生羞耻感量表，将羞耻分为个性羞耻、行为羞耻、身体羞耻和能力羞耻四个方面。冯晓杭（2009）则采用内容分析法对大学生羞耻事件进行了编码，结果发现诱使大学生产生羞耻的事件主要有三种：个人事件，即卷入个人意愿、个人目标以及自我期望的成功或失败的一些经历；成就事件，涉及学习情况、考试情况、参加活动情况等；道德行为，即遵守或违法道德、社会规则，尤其是自我道德。刘易斯等（Lewis，Alessandri，& Sullivan，1992）通过对儿童羞耻的研究，提出了羞耻产生的两种情境类型：任务失败情境和违反规则情境。

目前，国内的羞耻测评量表的适用对象主要包括大学生和中学生，对幼儿的研究主要采用情境实验的方法，尚无幼儿羞耻的测评工具。但是，已有研究结果认为，29～36个月是婴儿羞耻发生的关键时期（竭婧，2008）。同时，考虑到幼儿的言语能力和自我评价能力尚未完全发展，还不能进行自我评价，因此，采用幼儿教师对幼儿的羞耻发展进行评定。综上可见，我国迄今为止还没有有关幼儿羞耻测评工具的研究，这也正是本研究的立足点。

2. 研究方法

2.1 幼儿羞耻结构的初步建立

2.1.1 质化资料

为了能充分了解幼儿的羞耻行为表现，在大连市5所幼儿园随机选取46名教师参与开放式问卷的填写，通过开放式问卷建构幼儿羞耻的理论维度。开放式问卷内容包括：①让幼儿感到羞耻的事情有哪些？（举例说明）②当幼儿感到羞耻时，他是怎么表现的？每名教师选取容易羞耻、适度羞耻和不易羞耻的3名幼儿，根据开放式问卷的内容回忆引发幼儿羞耻的情境，详细地描述事件的起因、经过和结果，并特别描述幼儿当时的行为表现。本研究采用内容分析法对教师报告的391件幼儿羞耻事件进行归类，发现幼儿羞耻主要包括违规羞耻和失败羞耻两个方面，并形成了开放式问卷编码表（见表1）。

表1 幼儿羞耻行为表现开放式问卷编码表

类属	码号	总数	百分数	具体事件举例
违规	不听话	68	16.54	上课讲话，甚至自己走开；吃饭时讲话，边吃边玩
	欺骗	41	9.97	弄坏了玩具不承认；自己先动手打人，却说自己没有
	偷拿	35	8.51	把喜欢的书偷偷带回家；把别人的玩具藏自己包里
	说错话	40	9.73	说脏话，被老师听见
失败	个人无能	34	8.27	简单的问题回答不上来；不会穿衣服、鞋子
	落后他人	52	12.65	在活动中落后；学新东西时，比其他小朋友慢
	失误出丑	38	9.24	尿裤子；被老师当众批评
	身体缺陷	42	10.21	牙齿不好看；被别人说长得不漂亮、不好看
其他		12	2.92	听到家长和老师说自己不听话、表现不好

2.1.2 理论检索

许多对幼儿羞耻结构的研究从不同的角度和侧面对羞耻进行了分析。我们在建立幼儿羞耻结构模型时充分参考了这些研究成果，同时结合幼儿的心理发展特点，吸取适合幼儿阶段心理和行为特征的内容，剔除了不符合的内容，形成了一个初始的理论认识。

综合质化分析、文献研究的结果，我们认为幼儿羞耻包括违规和失败两方面的羞耻，并提出了相应的操作性定义：违规羞耻，即因自己违反规则、破坏物品、欺骗他人等行为而体验到的羞耻；失败羞耻，即自己完不成任务或落后于他人，没有其他人做得好时体验到的羞耻。因此，幼儿羞耻由违规羞耻和失败羞耻两个维度构成。

2.2 问卷题目的编制

2.2.1 测验题目的收集和编制

通过开放式调查和在幼儿园中的观察，收集了幼儿羞耻的相关资料，并对引发幼儿羞耻的事件进行编码，编制"幼儿羞耻发展教师评定问卷"的初始问卷，包含40个项目。在此基础上，请发展心理学博士研究生和幼儿园教师对问卷内容进行评定，删除表达不清、有歧义的6个项目，将剩余的34道题重新排列，形成"幼儿羞耻发展教师评定问卷"的预测问卷。

2.2.2 问卷的预测

随机选取大连市一所幼儿园三个不同年级，每个年级两个班，共173名儿童。其中，3岁组幼儿60名，4岁组幼儿59名，5岁组幼儿54名。为了确保教师能真实地反映幼儿的羞耻水平，保证研究的准确性和真实性，我们在幼儿入园的第二学期进行问卷调查。对预测的结果进行项目分析。将校正的题总相关小于0.30的项目删除，把剩余的29个项目随机编排，形成"幼儿羞耻发展教师评定问卷"的正式施测问卷。

2.3 问卷正式施测

从大连市5所幼儿园随机抽取3岁组、4岁组、5岁组被试共886名，各年龄段男女相当。施测工具为"幼儿羞耻发展教师评定问卷"正式施测版，题目采用4点计分，从1分"不符合"到4分"符合"。测验程序与预测程序相同。

2.4 数据处理

使用SPSS 15.0对数据进行初步分析，主要为描述统计和项目分析。使用AMOS 17.0对已建立的理论结构模型进行探索性因素分析（EFA）和验证性因素分析（CFA）。然后，对问卷进行正式的信效度检验。

3. 问卷效度的实验验证

目的：从实验的角度探索问卷的效度。依据初步构建的两个维度，设计两个现场实验，计算实验结果和问卷相关维度结果之间的相关程度，进而推测问卷的有效性。此实验设计为初步设计，如果维度存在变化，实验将同时进行更改。

3.1 违规实验设计

在幼儿园一个安静的房间里，主试先与儿童进行10分钟左右的无关游戏活动，让儿童熟悉主试，消除其陌生感。之后主试拿出玩具，向儿童示范玩法，并邀请儿童一起玩，然后告诉儿童有事需要离开，主试离开前告诉儿童，主试不在的这段时间儿童不能自己玩或是碰玩具，只有等主试回来的时候才能一起玩。主试离开时，玩具中的音乐继续。等到儿童受不了诱惑，玩玩具时，主试进入房间。首先询问儿童，主试走之前说过什么，是不是不能玩这个玩具（阶段1，60秒）；然后问儿童有没有按照老师的要求去做（阶段2，60秒）；最后，主试告诉儿童没有关系，下次听话，让儿童再玩一会（阶段3，60秒）。从伦理道德层面看，阶段 3 是非常必要的，旨在消除儿童实验中产生的沮丧和不愉快。根据儿童碰玩具之前的时间长短，整个实验持续 10～15 分钟，同时通过隐蔽摄像机记录儿童的行为表现。

参照刘易斯（Lewis，1992）的羞耻发生指标（见表 2），并根据科查斯卡等（Kochansk，Gross，Lin，& Nichols，2002）的研究，对实验录像进行评定，确定以 5 秒为一个编码单位，共有 36 个片段。计算所有片段中行为类型出现的频次，并对每一行为类型的持续时间进行加权，长时间的频次求和乘于 2，短时间的频次求和乘于 1，最后把这些分数标准化再相加得到羞耻总分。

表 2　　幼儿羞耻发生指标

行为类型	具体表现
身体塌陷、倾斜	肩部收缩、后移，或躲避、躲藏，如转过身去等
嘴角向下	嘴角朝下、扁嘴、咬住嘴唇等
眼神回避	眼神投向主试但之后又避开，或投向无关物体，或向下凝视等
从任务中撤回	开始靠近玩具后来远离，或违背游戏原有的规则将玩具摆成一排，或提及其他无关的事情以转移注意等
消极的言语评价	“我不能，我不会，我做不好了”等

3.2　任务失败实验设计

在一个安静的房间里，主试先和儿童一起玩一个简单的拼图游戏，教会儿童拼图的规则，并让儿童熟悉主试。然后让儿童独立完成第二个拼图游戏，并且告诉儿童，这次的要在规定的时间内完成。开始前告诉儿童听到闹铃响就不能动了，并给儿童播放闹钟的声音。在儿童确定明白了之后，正式开始。主试发出“开始”口令后，儿童开始拼图，在儿童拼图的过程中，主试保持沉默，不加以言语上的指导，若儿童注意力分散，无意继续，可以给予一定的鼓励。当儿童还有两块就拼好时，主试在儿童没有注意的情况下摁响闹铃，并说时间到了（阶段 1，60 秒）；然后主试说，你还有两块没有拼好，老师之前和许多小朋友玩的时候，他们全都拼得完完整整，现在只有你一个人没有拼好（阶段 2，60 秒）；最后，主试发现看错时间了，告诉儿童是老师看错时间了，没有人能在那么短的时间内拼好，允许儿童继续把未完成的拼好，待儿童拼好之后，告诉儿童时间还没到，他完成得非常棒（阶段 3，60 秒）。阶段 3 依然是从伦理道德层面考虑，对儿童之前消极情绪进行调节。根据儿童拼图的时间长短，整个实验持续 10～15 分钟，同时通过隐蔽摄像机记录儿童的行为表现。计分方式与违规实验的计分方式相同。

4. 研究结果预期

4.1　项目分析、探索性因素分析和验证性因素分析的结果支持幼儿羞耻两因素结构模型。

4.2　现场情境实验结果与问卷结果之间存在显著的正相关，问卷具有良好的信度和效度。

（参考文献略）

资料来源：杨丽珠，姜月，陶沙，2014，167－202 页。

小　结

当确定研究课题、提出研究假设之后，就要设计研究方案。设计研究方案包括科学地抽取样本、设计研究技术路线、进行开题报告。这是顺利完成研究课题的基础前提和根本保证。开题报告做得好，就等于研究课题成功了一半。

科学地抽取样本是设计研究方案的第一步。抽取样本是从一个总体中选取一部分被试为研究对象，抽取出来的这部分被试叫作样本。抽取样本的原则是：研究的总体要限定，样本要具有代表性，样本容量要适当。抽取样本的方法一般有简单随机取样、等距随机取样、分层随机取样和整群随机取样，根据研究的需要，选择合适的取样方法。

设计研究技术路线首先要选择研究类型，研究类型一般可分为纵向研究与横向研究，个案研究与成组研究，个人研究与集体研究，常规研究与采取现代化手段的研究，描述研究、相关研究与实验研究。当前的发展趋势是综合采用这些类型。

选出研究类型后就要确定具体的研究方法，确定具体研究方法的原则是从心理与教育科学研究的任务与对象出发，确定最合适的研究方法。具体研究方法的类型大致可以分为收集资料类、定性分析类和定量分析类。

心理与教育科学研究通常要采用一定的材料去考察研究问题。这就涉及研究材料的选择、确定及施测、计分、解释等一系列问题，也就是要使材料标准化。材料标准化必须遵循熟悉性原则、同质性原则、依据理论建构原则。材料编好后要预测，去掉不理想的材料，形成正式的研究材料。要使研究材料标准化，需解决四方面问题，这就是难度、区分度、信度和效度问题。为使材料成为标准化测试，必须拟定等级评分或频次计分的标准。在变量控制中，自变量必须有系统的前后变化，并引起被试的反应，显出差异，无关变量必须保持最小影响。设计技术路线的最后一步是确定对结果定性定量分析的方法。

选好课题，设计好技术路线之后，就要撰写研究方案，进行开题报告。开题报告一般包括五个部分。第一部分是基本信息，包括课题名称、课题研究者和单位；第二部分是问题提出，主要交代研究课题的性质和意义、以往研究状况、研究假设及本研究要解决的问题；第三部分是研究方法，主要交代研究的被试取样、研究的具体方法和材料、研究的程序、评分标准等；第四部分是预期结果，这是假设的结果；第五部分是参考文献。

思考题

1. 如果要研究我国工读生的心理形成机制，你应当如何选择样本？
2. 举例说明科学抽取样本的方法。
3. 举例说明研究包括哪几种类型。
4. 比较描述研究、相关研究和实验研究的异同，并阐明你在研究中如何恰当地使用描述研究、相关研究和实验研究。
5. 在进行心理与教育科学研究时如何使材料标准化？

6. 简要说明变量的控制原则。
7. 给你一组深度访谈的资料，你将如何编码?
8. 举例说明开题报告的意义。
9. 略谈学士学位论文开题报告的基本格式。
10. 撰写开题报告时要注意哪些问题?

推荐读物

1. 邓红霞，相洁，游雅，等．基于fMRI的思维数据分析方法研究．计算机研究与发展，2014，51（4）：773－780.

2. 董奇，申继亮．心理与教育研究法．杭州：浙江教育出版社。2005.

3. 董奇．研究变量操作定义的设计．教育科学研究，1991（3）：21－24.

4. 风笑天．社会研究方法．4版．北京：中国人民大学出版社，2013.

5. 格莱斯．质性研究方法导论．4版．王中会，李芳英，译．北京：中国人民大学出版社，2013.

6. 郭金贵，闫燕．课题实验变量的控制和检测．中小学电教，2004（1）：34－35.

7. 黄希庭，张志杰．心理学研究方法．北京：高等教育出版社，2005.

8. 金纯，张乃仁．基于认知理论的人机界面标准化设计原则．人类工效学，2005，11（3）：32－34.

9. 萨尔金德．心理学研究方法精要．7版．童辉杰，等译．北京：中国人民大学出版社，2011.

10. 邵志强．抽样调查中样本容量的确定方法．统计与决策，2012（22）：12－14.

11. 唐文清，张敏强，王力田．整合数据分析方法在心理学研究中的应用．心理学探新，2012，32（5）：454－460.

12. 王妍，罗跃嘉．大学生面孔表情材料的标准化及其评定．中国临床心理学杂志，2005，13（4）：396－398.

13. 位东涛，蒙杰，李亚丹，等．基于个体差异的大样本脑影像数据在心理学研究中的应用．科学通报，2015，60（11）：976－985.

14. 谢宇．社会学方法与定量研究．2版．北京：社会科学文献出版社，2012.

15. 杨丽珠．教育科学研究方法．大连：辽宁师范大学出版社，1995.

16. 杨扬，黄辰，李俊．我国典型抽样方法的研究现状及定性比较．现代经济信息，2015（5）：127－128.

17. 肖内西，泽克迈斯特，泽克迈斯特．心理学研究方法．7版．张明，等译．北京：人民邮电出版社，2010.

18. 周林．创造力态度测量（CAS）的标准化修订．心理发展与教育，1996，12（1）：23－25.

第四章

观察法

本章要点

- 观察法的含义与要求
- 观察法的类型
- 时间取样观察法
- 事件取样观察法
- 等级评定法
- 间接观察法

《好方法成就好孩子》一书中介绍了各种气质类型的宝宝：牛牛活泼好动，一刻也闲不住；菲菲脾气暴躁，爱发脾气；亮亮却胆小敏感，害怕见到陌生人……应对不同气质类型的宝宝会有不同的策略，这样才能让他们更好地适应环境，更好地成长。大家有没有想过，幼儿自身表达能力不强，那么我们怎样才能读取他们身上的“有效信息”呢？各种数据又是怎么收集到的？答案就是观察法。

观察法既是心理与教育科学研究中最古老的方法，也是当代心理与教育科学研究最基本、最普遍的研究方法。俄国著名生理学家巴甫洛夫就以“观察、观察，再观察”作为自己科学研究工作的基本原则。所有的科学研究都要利用观察法来搜集数据，比如，在很多实验室研究中，研究者都要对数据和仪器进行观察。也许有人会认为，这种方法已经“out”了，但是我们必须明白，在现在很多严格的实验研究中，被试所处的环境会使他们难以表现出在自然环境时所表现出的一些行为或本质。观察法在教育研究中具有广泛的应用价值，它是收集资料的基本途径，是其他研究方法的基础。实验法实际是一种被控制的观察，调查法是一种间接的观察，问卷法也需要凭借观察的第一手资料综合分析。观察法在心理与教育科学研究中有着重要的作用，它是发现问题、提出问题的前提，是产生理论假设、验证理论的手段，是提供教育和心理现象真实过程的手段，是帮助研究者了解被试个体差异的手段，是解答各种特殊问题的手段，是教育评价的手段。观察法的种类很多，诸如描述记叙法、取样观察法、等级评定法、间接观察法等等。随着现代科学技术的发展和心理与教育科学研究的深入，观察技术、手段的现代化水平不断提高，观察程序日趋完善，观察法在心理与教育科学的研究中得到广泛使用，发挥着越来越重要的作用。本章旨在介绍观察法的含义、要求，以及观察法的基本类型等。

例如，想研究人们在购物时是如何使用记忆策略的，那么在被试日常买东西时进行观察就是一个很好的选择；教师如果想了解学生的学习进度，想对自己授课成果进行反思，也可以通过观察法来实现。不可否认的是，许多研究课题正是来自研究者的日常观察。

第一节　观察法概述

一、观察法的含义

（一）观察法的概念

我们刚才提到的“观察”与简单地“看”是不同的，我们要学习的是一种技术性的观察。例如，班杜拉 1965 年的著名研究就是一项观察研究，他对儿童的攻击性行为进行了细致的观察。研究是在实验室中进行的，其中一种可操纵的自变量是成人示范攻击行为是否会受到奖赏。因变量是观察到的儿童模仿性攻击行为的次数。我国学者刘文等（2002）采用实验室结构观察的方法对儿童气质与利他行为之间的关系进行了观察研究。实验中，主试告诉幼儿：“这里有彩笔，请你随便画一幅画，画完之后有奖励。”在幼儿画画的过程中，会出现帮助他人的机会，他们必须停止画画，才能帮助主试。实验中共出现三次机会，分别是箱子任务、玩具任务和磁带任务，以此观察幼儿的行为表现并记录下相应的分数。实验过程中都进行录像，以便实验后的重放及观察。

观察法是一种十分实用、信息充分又生动有趣的方法，本章将尽可能地教会你灵活应用这一项十分有价值的研究方法。观察法是在自然条件下有目的、有计划观察客观对象，收集、分析事物感性资料的一种方法。所收集的资料是具体、直观、形象的第一手资料。

科学观察与日常观察不同，日常观察是偶然的，缺乏计划性，往往以观察者的知觉或经验为依据。科学的观察法是观察者有意识、有目的、有计划进行的观察，这种观察不限于对教育现象与人的发展的表面的描述，还要分析和揭示教育现象产生变化发展的原因。

（二）观察法的特点

科学的观察法作为心理与教育科学研究中收集人的各种活动和心理行为表现有关资料的一种基本方法，具有以下特点。第一，观察是一种有目的、有意识地收集资料的活动。第二，观察是在自然发生的条件下，在对观察对象不加任何干预和控制的状态下进行的，这就使心理与教育科学研究者能够考察观察对象在日常现实生活、学习活动中真实的、典型的和一般的心理与行为现象。第三，观察的对象是当前正在发生的事实或现象，具有直接性。第四，观察是在一定的心理与教育科学理论的指导下进行的，对其结果的解释也是以有关理论为前提的。第五，观察总是借助于一定的观察工具，观察工具有两类：一类是人的感觉器官，包括眼、耳、鼻、舌等，其中最主要的是眼；另一类是科学的观察仪器与装置，如望远镜、显微镜、摄影机、照相机、录音机、探测器、单向玻璃等。

（三）观察法的历史

在你阅读更多的内容之前，从历史的视角了解这种方法也是十分有必要的。你要知道，几乎所有的行为科学专业的学生都要选修研究方法的课程。那么了解这种方法从何而来当然是有必要的。

观察法在心理与教育科学研究中具有悠久的历史，许多著名的教育家、心理学家都曾用观察法进行研究。例如，瑞士学者裴斯泰洛齐早在18世纪下半叶就开始用观察法记录他三岁半的儿子的发展情况；我国著名幼儿教育家陈鹤琴用日记方式记录了儿子一鸣自出生起的发展，观察了808天，于1925年发表了《儿童心理之研究》一书；德国心理学家普莱尔对自己的孩子从出生到3岁每天进行系统观察，最后把这些观察记录整理成一部有名的著作 *The Mind of the Child*（《儿童心理》），并于1882年出版。这本书被公认是第一部科学的、系统的儿童心理学著作。

现在，观察法被应用到了不同的学科和领域——从心理到教育，研究人员无一例外地都会选用这种方法。如果你想要了解更多关于观察法历史的资料，可以在互联网上进行搜索。

（四）观察法的作用

对于主要以人为研究对象的心理与教育科学来说，观察法有以下特殊的重要作用。

1. 观察是发现问题、提出问题的前提

在心理与教育科学领域中尚有许多有待研究的新问题，只要研究者善于洞察、捕捉和思考，"视其所以，观其所由，察其所安"，就能透过现象，发现问题，提出新问题。例如发展心理学界的泰斗皮亚杰，他有关儿童心理发展的理论主导了大半个世纪。他开辟了心理学研究的一个新途径，而且他的理论和实证观察研究，也改变了我们对儿童认知发展的思考方式。尽管也存在一些不足，但是皮亚杰通过观察法所搭建的认知发展理论仍是至今都无法超越的经典理论。

2. 观察是产生理论假设、验证理论的手段

假设的建立必须有一定的事实材料为根据，或者从某一个已知的科学理论推测出来，是以真实材料为基础，通过科学的观察、实验测定来证明的。例如，著名人格特质理论家卡特尔认为，根源特质是构成人格的基本要素，代表行为属性和功能的决定因素。因此，这些是构成人格的砖石。那么卡特尔是怎样发现这些砖石的呢？在不同的情境中，在变化多样的反应中，如何去找寻根源特质呢？卡特尔主要是从L，Q，OT资料三种来源中获取的。L资料即生活记录资料，它是通过对现场、日常生活进行观察得到的；Q资料即问卷资料，是通过被试的回答得到的；OT资料即客观测验材料，它是标准化的客观测验。假如多变量研究确实可以确定人格的基本结构，那么不管从L资料、Q资料，还是从OT资料中，都应该能获得同样的特质。这一点对于人格理论来说是重要的、合乎逻辑的，是具有挑战性的试金石。卡特尔认为L资料是最可靠的，也是最大量的材料。他就是先应用L资料找出根源特质，然后再去发展能够测试和鉴定这些特质的问卷和客观测验的；而L资料的获得就是观察的结果。

3. 观察是获得心理与教育现象真实过程的手段

观察就是要对心理与教育现象发生发展的具体过程进行细致的、系统的记录，收集这些资料，以便于对心理与教育的本质规律进行探讨。例如，测试只能了解思维的结果，而不能了解思维的过程，不能深入探讨思维的本质。皮亚杰在对儿童进行液体守恒实验的同时，加上观察和谈话。他在儿童面前呈现两个相同的玻璃瓶，放上相同的水，把一瓶水倒在高一点、窄一点的瓶子里，把另一瓶水倒在矮一点、宽一点的瓶子里，问这两瓶水是否一样多。3 岁小朋友说不一样多。问为什么，小朋友回答说“这瓶水高，那瓶水矮”。6 岁小朋友说一样多。因为“这瓶水高，可是窄一点，那瓶水矮，可是宽一点”。从中看出，6 岁小朋友可以从二维角度看问题，具有补偿性；“把这两瓶水倒在原来的瓶子里，水面一样高”，这是可逆性；“这两瓶水就是原来的两瓶水”，这是同一性。由此可见，观察可以了解儿童是怎样思维的。据此可以分析出 6 岁儿童的思维开始具有守恒性，即事物外表发生变化，事物本质不变。守恒性具有三个特点，即补偿性、可逆性和同一性。所以，观察可以向人们提供行为、事件的真实形象。

4. 观察是帮助研究者了解被测试个体差异的手段

心理与教育科学研究面对的是各具形态的被试个体，他们的人格千差万别，为了使研究顺利进行，必须要了解被试的个体差异。如研究教育对儿童社会交往能力的影响，首先要观察哪些儿童的社会交往更困难，困难表现在哪些方面，哪些儿童困难小一些，这样就可以根据不同儿童的特点制定具体的教育对策，达到因材施教的目的。

5. 观察是解答各种特殊问题的手段

有一些特殊问题使用观察法更为合适，如研究问题儿童的心理特点，用观察法有目的、有系统地对这些儿童进行个案追踪记录，可以观测到许多真实的行为现象。然后对收集到的资料进行分析，就可以探索出问题儿童的心理特点，为教育这些儿童提供心理依据。

6. 观察是教育评价的手段

如何评价教师与学生的关系，评价一种教育方法是否有效，评价教师对儿童攻击行为采取的教育措施是否得当等，都可以通过实地观察获得。

由此可以看出，观察法在心理与教育科学研究中占有重要地位，是收集科学事实、研究资料的重要方法之一。特别是在科学技术高度发展的今天，由于吸取了情报学、决策学、管理学、控制论、信息论、系统论等现代科学思想，采用了录像、录音、摄影等现代技术手段，观察技术和策略不断提高，观察范围不断扩大，观察结果更加可靠、有效。

二、如何进行观察

在研究的前期阶段，观察是十分有必要的。这可以帮助研究者从行为的现象中发现其本质，或是发现其中重要的变量以及因果联系。而且，在观察中得到的数据往往可以为你的研究或是新鲜想法提供线索。

我想你已经准备好了，那么现在就来告诉你该怎么做。

（一）要有明确的观察目的

要弄清观察什么，要得到什么样的目的；避免过多地记录无关现象，疏漏重要部分。

（二）要有正确的指导思想

观察要客观，观察者应该实事求是地根据所观察到的事实进行记录及分析整理所搜集的材料，不应带有任何预期的主观倾向或偏见。否则，尽管占有了第一手资料，也不能从中获得正确的认识、科学的结论。

（三）要善于记录，随时整理

对于观察内容，如实记录；确保内容完整，全盘记录；做到详细有序，有条不紊；可以辅以小录音机、录象机。

（四）对所观察的行为或事件要有确定的范围和明确的指标

观察时没有确定的范围和明确的指标，就不能准确记录出现的行为和事件，从而会影响所获得数据的科学价值。

（五）选择合适的观察方法

观察方法有许多种，观察者应根据观察任务和对象，选择最有效、最准确、最能搜集信息又最可行的方法，在此基础上，拟出观察方案。

（六）如有多个观察者同时观察同一场景，需要预先训练，以求得满意的观察者信度

在有多个观察者时，正式观察前的训练非常重要。训练时，要确保不同的观察者在同一时刻看到的是同一行为。

（七）了解各种可能的误差来源，有意识地避免或减小误差

在运用观察法时，尤其需要注意避免如下可能引起误差的因素。

1. 观察者期望效应

有时观察者对所研究问题的假设非常了解，此时便有可能根据对问题的预期解答，带有主观方向性地观察事物，致使观察结果更有可能吻合观察者的期望，使假设得到验证。为避免期望效应，可在观察研究中加入一个或多个对研究假设不了解的人，将其他观察者的结果与这个（些）人的观察结果相对照，以确认其可靠性。

2. 观察者放任现象

观察者放任现象主要有两种：（1）观察者如果掌握或熟悉了观察步骤与过程，就有可能开始凭对先前已观察过的被试的接触与反应，按已有经验来记录后面观察对象的反应，使观察结果越来越缺乏准确性；（2）经历了一段共同的观察工作，常在一起讨论，会使一些人自然地接受了某些人的看法，但这些看法未必正确，也许是出于对权威的敬畏，或仅仅是为了求得一致性。为避免观察者放任现象，每次观察至少有两人同时进行，并尽可能

定期实行不预先通知的当场检验，核对观察结果的一致性。

3. 被观察者的反应性行为可能因观察过程中的某些因素而有所改变

例如，在观察幼儿如何对待老师的要求（如“不要碰××东西”）时，有无观察者或老师在场，可导致幼儿产生不同的反应行为；观察者与老师在场，其行为反应也可能会有差别。在研究类似问题时，应根据研究目的采取措施，常用的办法是利用单向玻璃观察室。如果需要在班级活动自然情境中观察，应尽量采用观察预备期的办法，使幼儿熟悉观察者。观察者应尽量不参与幼儿的交往活动和对幼儿活动的评价，显示出“非权威性旁观者”的身份，与幼儿形成亲切舒适自在的相互关系。这样，进行正式观察时，即使观察者在场，幼儿也会自然表现。

4. 观察仪器设备的干扰

如果观察中使用录像机等设备，儿童可能会产生好奇心而暂时分散注意力。应事先将设备放置一段时间，让儿童看看、摸摸、问问，使其适应一段时间再正式开始拍摄，这样就可使儿童将全部注意力集中于自己的活动。

第二节　观察法的类型

观察法的类型很多，概括起来主要有四大类十四种，见图 4－1。

- 观察法
  - 描述记叙法
    - 日记描述法
    - 系列记录法
    - 轶事记录法
    - 持续记录法
  - 取样观察法
    - 时间取样观察法
    - 事件取样观察法
  - 等级评定法
    - 数字量表评定法
    - 图示量表评定法
    - 累计评定法
  - 间接观察法
    - 谈话法
    - 活动产品分析法
    - 对偶故事法
    - 两难故事法
    - 创设情境法

图 4－1　观察法的类型

一、从事实到真相——描述记叙法

一位名叫珍·古道尔的研究者在东非坦葛尼喀湖附近进行了长达 30 年的自然观察，以研究大猩猩的行为模式，这项研究的耗时着实占据了她人生中很大比例的一部分。也许你也提出疑问，这样的自然观察真的有必要吗？但是珍·古道尔认为，只有在自然观察的情境下，才能发现动物最本质的行为模式。她所采用的方法就是一种典型的描述记叙法。

描述记叙法是指记录被试在自然状态下所发生的行为和所处的情境，然后对所收集的原始资料进行分类，并加以分析的方法。它包括日记描述法、系列记录法、轶事记录法和持续记录法。

（一）真人秀：日记描述法

日记描述法指对同一个或同一组被试在一段延长的时间内进行反复观察，把观察到的被试的各方面的新行为、新发展记录下来，进行研究。它可以逐日追踪记录，也可以隔日追踪记录。当前，“真人秀”节目越来越火，一些明星带着自己的孩子走上荧屏，为大家直播数日甚至数周自己的家庭生活。从吃饭睡觉，到亲子教育、互动，观众们都一览无余。现在我们假设，正在看节目的你就是一个观察者，来观察某个小朋友的行为，这样你不仅看到了他的肢体动作，还有语言、认知等方面的发展。如果你觉得看得不够仔细，甚至可以下载下来反复观看。在这个过程中，你的观察方法就是日记描述法。

日记描述法在心理与教育科学研究中起到了重要作用。在早期的自然观察中，很多教育家、心理学家都曾用此法对儿童的发展进行研究。儿童心理学家皮亚杰就用日记描述法描述自己孩子的认知发展过程，写出了《儿童心理学》。我国儿童心理学之父陈鹤琴也通过此法写出了《儿童心理之研究》，为我国儿童教育事业做出了重要贡献。

日记描述法的优点是：(1) 能提供较长期、较详细的第一手资料；(2) 能记录被试发展的真实过程、连续行为；(3) 能描述被试的生活环境及其各种行为，有利于对行为进行质的定性分析。个案研究和生态学研究常用此法。但是，日记描述法也存在明显的缺点：(1) 被试往往都是受过良好教育的儿童，具有偏向性，缺乏代表性；(2) 观察者一般都是被试的家长或亲友，容易高估儿童；(3) 案例太少，缺乏普遍性；(4) 天天追踪记录，耗费人力物力太大。

（二）每周二半价：系列记录法

“电影院每周二半价”这个现象在欧美、亚洲等地都很常见。那么，经营者为什么会提出这样的营销策略呢？

“有一款购电影票 APP 对 2012 年 7 月消费者购票情况进行统计分析，发现整个 7 月中，消费者购票的情况呈周期性分布，每星期为一个周期。在 4 个完整的周期内，有 2 个谷值在周一取得，2 个谷值在周二取得，峰值 1 个在周五取得，其余 3 个都是在周六取得。因此，给电影院的运营建议是：周五、六推荐影讯，周一、二促销打折或派发优惠券。”这是来自某网络平台的网友给出的答案。在这项调查中，既不是对观影者一天内所有的行为都进行观察，也不是对消费者观影习惯仅观察一次。这种对被试某种行为进行连续的定期观察研究，以便系统地收集被试行为发展的资料的方法就是系列记录法。这是有计划、有目的的重点观察，而不是总体的随机观察。

系列记录法与日记描述法的区别在于，日记描述法是记录被试各种行为表现，系列记录法是记录被试的某种行为表现。例如，吴天敏和许政援（1979）研究出生至三岁儿童言语的发展，他们对六个儿童的言语进行记录，每周记一次，每次计半小时，将所收集的资料进行分析，探索三岁前儿童言语发展的阶段；杨丽珠和刘凌（2008）选取15名15个月的婴儿进行观察，每周一次，每次一个小时，持续至婴儿24个月止，用摄像机收集资料，进行分析，探索婴儿自我认知的发生发展。

这种方法在对儿童行为的研究方面也有着广泛的应用。例如，日本学者藤泽等（Fujisawa，Kutsukake，&Hasegawa，2008）对日本一所公立幼儿园的幼儿进行系列记录观察，从而对儿童互惠行为的发生发展进行研究。研究中，被观察的儿童处于他们日常生活的情境中，经过培训的幼儿教师在班级里对儿童所表现出的互惠行为进行记录。在这个实验中，被试儿童可以像往常一样正常游戏、活动，而主试则利用绑在儿童肩上的微型摄像机记录分析其行为。

（三）成长纪念册：轶事记录法

轶事记录法不是记录一个被试的连续行为，而是着重记录观察者感兴趣且认为有价值的行为，这一过程就像是在制作一本“成长纪念册”。设想一下，如果你是一名幼儿教师，那么应该怎样运用轶事记录法观察幼儿行为呢？首先，要把幼儿的某些典型行为记录下来，包括事件发生的顺序、活动场景和在场的其他人等，都应给予客观、准确、完整的记录；其次，要有一个基本的格式，有助于看到记录的人弄清观察行为记录与观察分析之间的联系，提高观察记录的效果。下面是一个记录实例。

轶事记录卡

观察对象：中班幼儿天天

时间：12月2日11:20—11:40

观察目的：观察幼儿进餐环节中的说话行为

事件实录：天天取完餐盘后，坐在小椅子上，并没有拿勺子吃饭，而是将头偏向一侧，开始和旁边的小朋友说话：“你爱吃大虾吗？今天的大虾有点小，我家里做的大虾比这个大多了！”旁边的幼儿不理他，拿着筷子夹起自己的大虾。但天天仍然不停地和旁边的幼儿讨论这个问题。忽然，天天离开座位，对教师说要去厕所小便。如厕后，他一蹦一跳地回到座位上，开始吃饭，刚吃了两口，又开始和另一边的小朋友说话了……

观察分析：从观察中可以看出，在天天进餐的20分钟内，同周围幼儿说话4次，每次说话的时间为30秒至1分钟不等。天天表现出这种行为的原因主要有：这学期刚刚从其他幼儿园转来，以前的幼儿园教师没有这方面要求，因此他觉得想说什么就可以说什么；对同伴的习惯、特点有强烈的好奇心，寻求主动交往，想以此获得同伴的认可。

资料来源：于冬青，2015-05-03，3版。

轶事记录法是教师常用的一种方法，它可以用来收集丰富而有用的多种信息，帮助教师了解学生的个体差异、人格特征、各种品质形成的机制，评价儿童在多方面的学习结果和发展，以便有的放矢地进行教育干预。概括起来，可以使用轶事记录法进行评价的儿童发展领域主要有技能、习惯、态度、兴趣、自我概念、适应等，具体见表 4-1。

表 4-1　　轶事记录法的评价领域

评价领域	例子
技能	听、说、读、写、实验操作、画画、演奏乐器、跳舞、体育运动、社会交往
习惯	计划的有效性，时间运用，仪器操作，资源的利用，表现出动机、创造力、坚持性等特点
态度	尊重他人，有礼貌，关心他人的幸福和感受，尊重他人的所有权，对社会问题的知觉
自我概念	对自我形象的认识，愿意尝试新的问题
兴趣	对各种教育、机械、艺术、科学、社会和娱乐活动等表现出兴趣
适应	和同伴的关系，对表扬和批评的反应，对权威的反应，情绪稳定性，社会适应能力

资料来源：夏婧，2003，50 页。

轶事记录法有以下几个优点：(1) 简单方便，只需教师在发现值得记录的典型行为和事件时将其记录下来即可；(2) 可以将评价置于真实的生活与学习情境之中；(3) 能为教师提供有关儿童发展的翔实信息，有利于对儿童发展的过去、现在和将来做出较为准确的判断；(4) 有助于发现对不同儿童的发展起作用的因素，使教育干预趋向合理和科学；(5) 可以为教师与继任教师以及家长的交流奠定良好的基础。

在记录时，应注意以下几点：(1) 轶事记录法是有主题的，要将事件发生的顺序（开始、中间、结尾）客观、准确、具体、完整地记录下来；(2) 不仅要记录被试的言谈行为表现，还要记录被试行为表现的背景及其他人在场的活动；(3) 要用准确的词语记录，如实反映情况，不要加入主观释义，或将主观判断和解释与客观的描述明显地加以区分或注明；(4) 记录要及时。

(四) 小猪佩奇的一天：持续记录法

动画片《小猪佩奇》中有一集叫《佩奇的一天》，讲述了她从起床、穿衣、吃饭，然后去幼儿园，再去奶奶家玩，最后晚上洗澡睡觉的故事。如果你也看过这个动画片，那么当时坐在电视前的你就是一位观察者，进行了一次持续记录式的观察。

持续记录法比轶事记录法更详细、更完整，要求尽可能详尽地捕捉最主要行为或事件的要素，是记录连续行为的最好方法。此方法做起来比较简便，不需要提前制订计划，只要客观地把实际情况记下来即可。记录的方法可以用手记，也可以用录音机或录像机记录。应把场景和儿童的表现全部记下来，做到既有宏观资料又有微观资料，便于全面分析。持续记录法应用广泛，在验证理论观点、测定儿童进步方面十分有用。下面是一个记录实例。

> 游戏活动一开始，熙熙就来到科学区选择了沉浮游戏。她先把沉浮材料一个一个放进水箱，然后，一只手插进水里搅拌起来。看着材料随着水的流动一会儿快、一会儿慢地旋转时，熙熙的眼睛变得闪闪发亮，脸上的笑容也越来越灿烂。玩了一会儿，熙熙发现，原本浮在水面上的橡皮小鸭沉到了水底。她连忙把小鸭从水中捞起，左瞧右看地检查起来，嘴里还自言自语道："咦，它不是会游泳吗？"
>
> 资料来源：董旭花 等，2015，25-26 页。

二、从现象到本质——取样观察法

取样观察法是以行为为样本的研究方法，经过选择，使用预定类型，在一定时间内，观察者在各种各样变化的背景中选取被试行为样本，它不需要详细地描述行为，可减少记录的时间。取样观察法形成于20世纪20年代中期的美国，当时美国建立第一个实验保育学校，探讨对儿童的教育问题。面对着众多的研究对象，如何既能获取大面积、大量的资料，又能节省时间、人力？于是，研究者提出研究行为流，以推论总体，即人的行为是终生连续不断的，像意识流、动作流一样，人也有行为流。人们通过分析可观察的部分长度行为流，就可推论其全部行为流，这就是取样观察法。它不同于描述法，不用详尽记录行为的顺序，而是根据预定的行为标准，对自己选定的某种行为进行取样。这种方法既能节省时间、人力、物力，又可收集较可靠的观察资料，使研究具有客观性、控制性和有效性。取样观察法包括时间取样观察法和事件取样观察法。

（一）观察法中的"大咖"：时间取样观察法

1. 什么是时间取样观察法

时间取样观察法是美国明尼苏达大学儿童发展研究所儿童心理学家沃尔森（Walsen）教授在20世纪20年代研究儿童神经性习惯时提出来的。它要求观察者事先确定所要观察的维度，然后据此有选择地在一个确定的短时间段里观察被试，主要记录行为出现与否、行为发生的次数，以及行为持续的时间。这种方法是把被试在每一个时间段里的行为看成其自身行为的一个样本，要求研究者每间隔一定的时间（3分钟、10分钟或15分钟等）观察被试行为要素。国外有人对在《儿童发展》（*Child Development*）上发表过的文章进行了统计，发现从1980年到1990年间，在339项观察研究中有114项采用的是时间取样观察法，约占所采用观察法的34%，这足以说明这种方式绝对是观察法中的"大咖"。

时间取样观察法可以帮助研究者收集三方面的内容：(1) 某一行为或事件是否出现或发生；(2) 该行为或事件出现或发生的频率；(3) 该行为或事件出现或发生的持续时间。在具体研究中，需要测量几个方面的内容，取决于研究的具体目的。

时间取样观察法的早期典型范例是帕顿通过游戏研究学前儿童社会性发展。她于1926年10月—1927年6月对2～5岁儿童游戏活动进行观察，根据儿童在游戏中的社会参与程度将游戏分为6种，即无所事事、旁观、个体、平行、联系、合作游戏，并确定各游戏类型的操作定义，见表4-2。她依次观察每个儿童一分钟游戏活动，依据游戏类型定义，确定每个儿童所从事的游戏活动的类型，将其记入表中，见表4-3。通过对这些资料的分析，帕顿认为儿童的社会性行为发展有一定的顺序性，随着儿童年龄的增长，儿童从喜欢个体游戏、平行游戏，逐渐发展到社会性程度较高的合作游戏。

表4-2　帕顿的6种游戏类型及操作定义

游戏类型	操作定义
无所事事	儿童没有做游戏，只是碰巧观望暂时引起他们兴趣的事情，如没有可注视的就玩弄自己的身体，或走来走去，爬上爬下，东张西望。

续前表

游戏类型	操作定义
旁观	儿童基本上在观察其他儿童的游戏，有时凑上来与正在做游戏的儿童说话，如提问题、出主意，但自己并没有直接参加游戏。
个体	儿童独自一人游戏，只专注于自己的活动，根本不注意别人在干什么。
平行	儿童能在同一处玩，但各自玩各自的游戏，既不影响他人，也不受他人影响，互不干涉。
联系	儿童在一起玩同样的或类似的游戏，相互追随，但没有组织与分工，每人做自己想做的事情。
合作	儿童为某种目的组织在一起进行游戏，有领导、有组织、有分工，每个儿童承担一定角色任务，并且相互帮助。

资料来源：Parten，1932，p. 265.

表 4-3　　儿童游戏活动记录表

被试代号	无所事事	旁观	个体	平行	联系	合作
1						
2						
3						
4						
…						

资料来源：Parten，1932，p. 257.

我国学者刘文和夏明珠（2007）对 3～5 岁儿童活动性与父母教养方式的关系进行了研究，研究中对儿童的活动性进行 4 个步骤的实验室观察，整个过程持续 1 小时，由一名实验员进行指导并记录，另一名实验员协助录像。首先，将儿童心理实验室地板用蓝白胶条划出 16 个相同大小的方格，以便观察幼儿的活动速度。在实验室中心位置放置 2 个方格的泡沫地板格，上面摆放各种手动玩具。在实验室四周摆放各种手动玩具，包括毛绒玩具熊、电动车、积木、拼图、切菜玩具、高尔夫球玩具、篮球等。然后对儿童的活动进行观察录像，观察的过程中由家长陪同幼儿在实验室自由活动。实验员告诉幼儿可以玩任何玩具，要求家长就像平时一样和儿童交往。室内观察共进行 15 分钟。同时，在儿童的优势手臂上固定运动记录器，记录儿童在观察的 15 分钟内的运动数据。根据儿童气质的结构特点，儿童活动性表现在活动速度和活动强度两方面，因此对活动性的编码也从这两个方面进行。活动速度的操作定义为：幼儿在 15 分钟的观察时间内所经过的距离。活动强度的操作定义为：幼儿在 15 分钟的观察时间内能量消耗的多少。这个实验过程就是一个典型的时间取样观察法例子。

2. 时间取样观察法的要求

使用时间取样观察法的前提条件是将在一些较短时间内观察到的被试行为视为他们平时一般行为的代表性样本。为了做到这一点，在使用时间取样观察法时需要考虑以下问题：

（1）时间取样观察法只适用于经常发生的行为，一般来说，平均至少每 15 分钟出现一次。像对儿童依赖行为的研究就可以采用此法，对问题行为的研究就不能用，因为中小学生问题行为毕竟是不经常发生的。

（2）时间取样观察法只适用于观察外显行为，不宜于观察内隐或隐蔽性的行为。例如，儿童如何思维就无法用直观的办法看到，所以也不能用时间取样观察法来研究。

（3）使用时间取样观察法，必须要确定观察目的、被试的数量、观察的范围和时间。

如刘文、李沿颖和温国旗（2013）对1～3岁婴儿气质结构进行了研究，实验采用时间取样观察法，以10秒为单位，分为3个等级，对婴儿的活动强度进行编码计分。实验中主试把抚养人和婴儿带进实验室，然后离开，观察婴儿接近熟悉玩具的潜伏期，大约4分钟；陌生人进屋并靠近婴儿，保持沉默，自己玩房间里摆放的玩具，观察婴儿接近陌生人（靠近陌生人、对陌生人说话、和陌生人一起玩玩具）的潜伏期，大约3分钟；陌生人走出房间，拿着滑轮小鸡进屋，观察婴儿接近新异物体的潜伏期，大约3分钟；陌生人离开房间。共计10分钟。

（4）使用时间取样观察法时对观察行为与事件必须给以明确的操作定义。只有这样，研究者对行为分类才能有章可循，研究才能较为客观。如上面的研究，如果没有明确的操作定义，儿童游戏就不能在统一的指标下被确切分类，就不能得到客观的结果。

（5）使用时间取样观察法，应当制定时间取样编码记录表。编码记录表主要有两方面的工作，一是确定要记录的信息，二是确定观察单元的时间区间的长短、间隔和数量。例如，“弗兰德斯互动分类系统”（Flanders Interaction Analysis Categories，简称FIAC），就被运用于通过时间取样观察法记录与解释师生之间的言语性相互交往活动。研究者在规定时间内，根据表4-4列出的项目及其分类标准定义，每隔3秒钟为所观察到的课堂师生行为判定类别，并将行为代号记入编码记录表中，见表4-5。5分钟内师生相互交往情况被记录下来，每一行代表了划分为20个3秒时段的一分钟内情况，观察者将在每一个3秒内课堂中发生的言语交往行为代号（表4-4中的1～10）记入表内即可。

此外，编制记录表还需注意许多技术和使用上的问题，如记录表的形式要简单，尽可能使记录表清楚明了，表上最好留出一些空白的地方，用以记录观察过程中出现的与研究目的无关但很重要的情况，这对于随后的分析是很重要的。这类知识和经验需要研究者在实际应用中不断总结归纳。

表4-4 弗兰德斯互动分类系统

	教师言语
做出反应	1. 接受情感表达：和蔼地接受学生所表达的情感，可以是积极的或消极的情感，包括预见或回忆情感。
	2. 表扬或鼓励：表扬或鼓励学生的行为或动作，说笑话使之放松，点头，说“嗯，嗯”“说吧”，等等。
	3. 接受并采纳学生的意见：利用学生意见建立或解释某观念。
	4. 提问：关于学生回答问题的内容和过程向学生提问。
主动发起	5. 讲课：陈述有关内容、过程的事实，陈述自己的观点，并就有关问题提问。
	6. 发出指令：指示学生做某事，要求学生服从组织课堂活动的指令。
	7. 批评：为让学生改变行为而说的话，包括说明教师为何要这样等解释语。
	学生言语
做出反应	8. 对教师的言语反应。
主动发起	9. 主动言语：自己想要说的、主动的发言等。
	停顿
	10. 沉默或困惑：短时间沉默，或观察者未能理解师生交往时的一段困惑时期。

资料来源：Flanders，1970，p. 34.

表 4-5　　编码记录表

第几分钟	FIAC 行为代号
1	
2	
3	
4	
5	

资料来源：Flanders，1970，p. 34.

3. 时间取样观察法的优缺点

（1）优点：①时间取样观察法方便易行，可以使研究者在较短的时间内收集较多的具有代表性的资料，比描述法节省时间、人力、物力，所获资料又较为客观准确。现实的教育现象是极为复杂的，只用描述法研究，很难将浩繁复杂的信息全部记录下来。时间取样观察法是选择一定时间的行为样本来推测行为的全体，所收集的行为样本资料具有典型性、代表性，这就可在较短的时间内，收集大量资料，便于研究复杂的问题。②时间取样观察法主要用于研究特定的行为和事件，将这些行为事件分解为行为事件诸因素进行研究，所以可以控制被观察的行为、事件，使研究客观化。③可以确定行为、事件发生的频率，收集到情境中有关行为频率的资料，收集到教育前后行为变化的频率资料，以探讨教育的作用。④时间取样观察法既是以样本资料估计总体，又在自然状态下进行，不干涉被试正常活动，不用考虑与被试关系对研究的影响。⑤可以取得定量化的资料，对结果进行定量统计分析，使研究结果具有可信度。

（2）缺点：①时间取样观察法只适用于研究出现频率高的外显行为和事件，研究范围具有局限性。②除非在观察时进行特别记录，否则通过时间取样观察法难以得到有关环境与情境的信息，观察资料也难以向研究者清楚地表明某种行为发生的背景。③时间取样观察法只能获得行为出现频率的资料，只是对行为某成分的出现频率逐项记录，不能保留行为的具体内容、行为如何以及行为的性质。④时间取样法不能保留行为发生的顺序，只知道行为出现多少次，也不知道为什么会产生这些行为，难以揭示行为的因果关系。⑤时间取样观察法把一种行为分解成若干个成分，便于观察，但不能保留行为的完整性，难以识别行为的相互关系。⑥时间取样观察法事先将行为分成若干类型，制成编码记录表，依次观察记录，不是完全描述正在发生的事情，而是依据预定类型来记录，对类型的构建容易带有主观偏见。

总之，时间取样观察法的主要不足在于缺乏连续性，缺乏背景信息和自然性，特别是当时间区间和行为单位很少时，更是如此。尽管时间取样观察法有这么多的局限与不足，但是它可以对被观察的事物有一定的控制，可以用较少的时间收集较多的资料，可以进行量化统计分析，在适宜的情境中，不失为一种十分有效实用的观察法。

专栏 4-1

幼儿园区域活动中教师对幼儿的观察策略

幼儿园中的区域活动是一种开放、自主的学习活动。它不仅可以培养孩子的创造力、想象力和动手能力，并且对培养孩子的学习兴趣、合作精神以及耐心、毅力都有一定的推动作用。因此，“活动角”的设置是十分有必要的。

在幼儿园中，通过游戏观察幼儿是教师了解孩子最重要的方式之一。特别是在幼儿的区域活动中，对不同时期、不同内容的活动，教师对不同幼儿的观察和记录应有所区别。

首先，如果我们要了解幼儿在区域游戏活动中与其他人的言语交流的情况，将观察时间选在区域自由游戏时间就比选在区域集体活动时间更有代表性。这是因为，在区域自由游戏中，幼儿与同伴之间言语交流的机会很多，而在集体组织的活动中这种机会就比较少了。这也就体现了我们所说的“时间取样”。

其次，观察幼儿要及时捕捉幼儿的创造性表现，了解幼儿的困难。换句话说，教师要带着“目的”去观察。最后，教师要善于在观察中总结幼儿的行为表现，以此给予幼儿更有针对性的帮助和鼓励，推进幼儿游戏水平的发展，提高幼儿解决问题的能力。这样，“观察”在幼儿全面、健康、和谐的发展中才能发挥出更大的价值。

（二）咬你没商量：事件取样观察法

1. 什么是事件取样观察法

儿童心理学创始人普莱尔在自己孩子出生的第一天，就开始对他的抓握动作进行观察：

> 第 1 天至第 3 天：主要是手碰到脸的动作。
> 第 5 天：他的手指把我的一只手指握得很紧。
> ……
> 第 9 天：小孩睡觉时并不握着人放在他手内的手指。
> ……
> 第 17 星期（第 117 天）：我第一次看到我的小孩认真地要用手抓东西。
> ……

事件取样观察法是从被试多种多样的行为中选出一种有代表性的行为进行观察，在自然的情境中，等待所要观察的行为出现，然后记录这一行为的全貌。上文中普莱尔观察自己孩子抓握行为的例子运用的就是典型的事件取样观察法。这种方法注重观察某些特定行为或事件的完整过程。观察前，应选择与规定所要观察行为或事件的类型，如争吵、相互交往、友好行为等，观察时需要等候所选行为或事件发生，再作记录。比如下面这个例子中的幼儿，老师发现她有咬人的问题，那要如何进行观察总结呢？我们一起来看一下：

> 两岁的詹妮已经上幼儿园两个月了。她每周会有三个上午的时间来幼儿园，因为这个时候她妈妈要去大学里上课。詹妮是一个金发碧眼的女孩，稍微有点婴儿肥。她爱来幼儿园，而且对所有的活动都充满热情。她是一个非常可爱的孩子，常常会拥抱教师和其他小朋友。
>
> 然而，詹妮爱咬人。假如某个小朋友拥有她想要的玩具，如一辆玩具小汽车、一

个拼图玩具或者是一个毛绒小动物，并且那个小朋友不给她，她就会咬他。有时候，她会走到某一个小朋友面前，笑眯眯地抱住这个小朋友，然后突然咬住这个小朋友的下巴。在用餐时间，如果她没有及时拿到饼干，她也会咬在她旁边的小朋友，在等待活动时也是这样。几天前，因为前面的小朋友没有及时爬上攀爬架，她就咬了那个小朋友的脚踝。

每当詹妮咬人的时候，教师总是会批评她，并告诉她，她的这一次行为给别的小朋友带来了很大的伤害；如果其他小朋友咬了她的话，她也会不高兴的。每当这时，詹妮总是表现出很后悔的样子，并向被咬的小朋友道歉。但是她的后悔通常持续不了很久，她很快就像什么事也没有发生过一样去玩了。有时，在教师的一再提醒下，她可以一天不咬人；而有时，过了一小会儿后，她就又咬人了。

行为表述：

这名儿童时常咬其他的儿童。

行为观察：

在采取行动之前，教师应该花几天时间观察这名儿童，以进一步了解她的这种问题行为。

这名儿童通常会在什么情况下咬人？

- 当小朋友们聚集在一起时，比如小组活动时
- 在教师主导的活动中
- 在自由活动中
- 在午睡时间
- 在过渡环节中
- 在她情绪不稳定时

是什么引发了她的这种行为？

- 其他小朋友抢了她的东西
- 她想要其他小朋友手里的东西
- 她身体感到疲劳
- 马上到吃饭时间了
- 她不能完成某项任务
- 教师拒绝了她的某项要求或阻止了她的某种行为
- 她看到其他小朋友伤害了自己的好朋友
- 待在其他小朋友旁边
- 她因为不能参与某项活动而感到焦躁
- 她必须等待才能参与某项活动

谁是受害者？

- 与她身高相近的小朋友
- 比她年幼的小朋友
- 从她手里抢走东西的小朋友

- 离她近的小朋友

她在咬人前后会有怎样的行为表现?

- 咬人前，会先看看是否有人在注意自己
- 咬人后，会道歉或者试图安慰被咬的小朋友，但没多久就会若无其事地走开
- 当被咬的小朋友哭泣时，她会觉得很不安

其他需要观察的方面：

- 她是否会咬自己
- 她是否也咬玩具，比如积木或者是塑料圈
- 她是否经常把衣服、玩具或者手指放在嘴里

这些事先的观察可以提供给教师一些信息，让教师了解这名儿童咬人行为发生的时间、原因以及经过。绝大多数爱咬人的儿童年龄都较小，通常是两岁左右。虽然很多儿童在小的时候都咬过人，但是这种行为是不被允许的，因为咬人会伤害到其他小朋友。在这里，教师观察获得的信息越多，就越能防止这种行为的发生。

资料来源：埃萨，2009/2011，80－82页。

2. 事件取样观察法的特点

虽然事件取样观察法与时间取样观察法都是对心理活动和行为表现进行有选择的取样观察，但是它在以下几个方面不同于时间取样观察法。

第一，时间取样观察法考察的单位是时间区间，而事件取样观察法考察的是行为事件本身。在事件取样观察中，观察者没有时间限制，只要所研究的行为事件发生，研究者就可对其进行详细观察和记录。

第二，时间取样观察法只能研究隔特定时间至少发生一次的行为，但事件取样观察法则可以研究各种各样的行为，不受行为发生频率的限制。

第三，相比较而言，时间取样观察法较适合于专业研究者使用，而事件取样观察法则较适合于教师使用。一方面，因为任何一项研究都有一定的时间限制，它要因人因事因经费而定，采用时间取样观察法可以使研究者比较明确地知道研究要持续多长时间，但采用事件取样观察法时，研究者需要坐等所研究的行为、事件出现，难以确定自己收集资料需要花费多长时间。另一方面，因为事件取样观察法关注的是行为、事件本身及其特征，而不是时间，所以它适合于教师在日常教育工作中使用。

第四，时间取样观察法研究的是事件或行为是否存在，而事件取样观察法研究的是事件或行为的特征，两种方法所获得的结果是不同的。以观察研究教师的言语表达为例，使用事件取样观察法，研究者关注的是教师与谁进行交谈、交谈之前的行为是什么、交谈的结果是什么等等；而运用时间取样观察法，研究者关注的则是教师进行言语表达的次数和持续时间。

3. 事件取样观察法的优缺点

（1）优点：①事件取样观察法是在自然情境中，观察行为事件的全貌，了解行为的发生、变化、终结。收集到的资料既不孤立也不割裂，既能了解行为是什么，也能了解行为为什么，这样就可能去分析行为事件的因果关系。②事件取样观察法可以用来研究的行为

事件的范围广泛，不像时间取样观察法只限于观察行为出现频率高的外显行为。③研究者根据预先制定好的行为事件编码记录表进行资料收集，有助于集中资料，也有助于组织压缩资料，因此收集资料的时间相对是经济的。

（2）缺点：①事件取样观察法收集的是定性资料，不像时间取样观察法收集的资料容易定量化，最好应考虑量化指标。②事件取样观察法收集的是预定的某种完整行为资料，忽略了与该事件无关的条件与情境。

专栏 4－2

事件取样观察法实例

一、幼儿自我控制的培养实验——游戏对幼儿自我控制影响的实验研究

采用事件取样观察法观察幼儿游戏活动中的自控行为表现，探索适合于不同年龄阶段幼儿且能促进幼儿自我控制发展的游戏类型。

选择 12 所幼儿园进行观察，共观察 6 周，每周 3 次，每次 20 分钟。6 名教师用事件取样观察法共观察到 126 个事件，通过观察发现，不同年龄阶段幼儿在不同游戏中表现出的控制能力和控制的愿望有区别。幼儿初期，游戏本身的兴趣性起决定性作用。幼儿在游戏中易受暗示，成人的语言指导对幼儿的影响很大。幼儿喜欢比较安静的操作、比较简单的游戏，游戏中对简单的规则能理解，但遵守得不好，对情绪的控制比较差、易冲动等。随着年龄的增长，到了中、后期，幼儿在游戏中更多地表现出责任感、成就感、理智感，对集体荣誉的重视和对规则的严格遵守，并逐渐开始喜欢竞赛性游戏等。

根据事件取样观察法所收集到的资料进行分析、整理，并同幼儿园教师进行座谈、讨论，一致认为，游戏的规则是培养幼儿自我控制能力的一个有效控制因素。因此，规定在每一种游戏中要有明确的规则及兴趣性，并整理归纳出如下几种游戏类型：

娱乐性游戏：突出情绪体验，有情节、角色、音乐伴奏，使幼儿在遵守规则过程中学会控制自身情绪情感。

操作性游戏：利用游戏材料（如串珠、穿板、弹子等），训练幼儿小肌肉，以控制小肌肉活动为主要活动形式。

运动性游戏：以大肌肉活动为主，幼儿在走、跑、跳等基本动作中，按照一定的情节及竞赛要求来进行游戏，培养幼儿运动控制灵活性等。

智力性游戏：以自编棋类、智力竞赛形式进行的游戏，训练幼儿对规则的遵守及抵抗诱惑、抗干扰等能力。

为保证为每个年龄班设计的 10 种游戏能促进幼儿自控能力的发展，合理安排每种游戏所占比例，请小、中、大不同年龄班的幼儿教师根据对幼儿的观察，按幼儿喜欢程度按顺序排出所在年龄班幼儿所喜欢的游戏类型，然后确定每一种游戏在 10 种游戏中所占比例，最后形成小、中、大班游戏类型和比例，见下表。

幼儿游戏类型及比例表

班级	游戏类型	比例
小班	操作性游戏、娱乐性游戏、运动性游戏	4∶3∶3
中班	运动性游戏、娱乐性游戏、操作性游戏	4∶4∶2
大班	智力性游戏、运动性游戏、操作性游戏	4∶4∶2

根据幼儿自我控制发展的构成因素及不同年龄阶段适合于幼儿自控训练的游戏类型及比例，每个年龄阶段编制10种游戏作为实验因子来训练幼儿的自控能力的发展。

二、3～9岁儿童气质类型实验——纵向追踪个案

采用事件取样观察法对儿童进行观察，选取有代表性的儿童做进一步的典型个案分析。例如，第一次见到陌生人时的表现、在课堂活动中的表现、吃饭时的表现及集体活动中的表现等。

个案分析：

（1）活跃型：在自由游戏时间，正玩得很开心，见到观察者问话，有些不耐烦，表情有些严肃，用手抓头地回答问题；活动时总是不遵守规则，例如，洗手时，他挤到前边去，别的小朋友提醒他，他像没听见一样，抢先洗完手回到座位上准备吃饭，吃得很快……

（2）专注型：当观察者进入活动室时，没有表现出害怕，而是有些不好意思地同观察者打招呼，然后不急不慢地回答观察者的问题；活动中表现很认真，注意力很集中。饭前洗手时，先把袖子挽上去，然后再把手洗得干干净净，手心手背都打上肥皂，再用水冲……

（3）抑制性：第一次见到陌生人很腼腆，回答观察者的问题时眼睛总看着别的地方；活动中他不经常跑。回到教室，他坐在椅子上，不和其他小朋友说话。进餐速度很慢，其他小朋友都已经出去散步了，他仍然在吃饭……

（4）均衡型：第一次见到观察者时，她正在户外游戏，看了观察者一眼，继续和小朋友玩，回答观察者的问题，没有什么拘束感。活动中不主动举手回答问题，对老师组织的活动，她一般都能遵守纪律，但也有例外。例如，有一次上课，老师教诗歌，她与其他小朋友玩了起来，老师发火并让她和几个小朋友起立，她也没什么表情，坐下的时候说："累死了！"

资料来源：杨丽珠 主编，2001，284-286页；刘文 主编，2007，72-92页。

三、从数字到概念——等级评定法

等级评定法使用等级评定量表将所观察的行为事件数量化，即用数量来判断行为事件在某种程度上的差别。它不需要马上进行记录，常常在事后将观察所获得的感知印象做概括化的记录。等级评定法的种类很多，在这里主要介绍三种。

（一）将你的印象数量化：数字量表评定法

在数字量表评定法中，以指定的数字顺序作为描述的类型，评定者根据实际情况在量

表中适合的数字上标记号。常用的形式有 3 点式量表和 5 点式量表。例如，某幼儿园要了解青年教师的教学工作情况，并决定评选优秀青年教师。评定按 5 点等级量表进行，即每一项内容分 5 个等级，并赋予等级分：总能做到（5 分），常能做到（4 分），有时能做到（3 分），很少能做到（2 分），不能做到（1 分）。见表 4－6。最后，将观察者评定的每位教师的等级分累计，分数最高的那位教师便是该幼儿园应受表扬奖励的青年教师。运用数字量表进行研究，必须在规定的时间内，对被试进行多次观察，求出平均值，才能代表教师的教学工作情况。

表 4－6　　幼儿园教师教学情况评定量表

评定内容	评定等级				
	1	2	3	4	5
能较好地组织与控制儿童					
对儿童表示亲近					
注意儿童的需求与问题					
对儿童能够正面强化					
对工作表现出喜爱与热情					
认真备课					
安排班级活动具有灵活性					
允许儿童选择和控制玩具					
鼓励儿童积极探索					
严格遵守活动作息时间					

资料来源：杨丽珠，张金荣，刘红云，孙岩，2015。

（二）维度的两极：图示量表评定法

在图示评定量表法中，以一条直线表示一个行为特征维度，评定者根据实际情况在直线上确定与被试的行为描述相对应的点，并标上记号。比如，在进行学生生活实态调查时，为了解学生如何评价班主任，就可采用图示量表评定法。

在下列各项上你班主任的表现如何？请在适合的地方画上圈。

	非常	稍微	不太	完全不
精力充沛				
和蔼				
亲切				
无缘无故就生气				
说话不算数				
会突然发怒				
似乎很忙碌				
焦躁不安				
经常休息				

再如刘文、李沿颖和温国旗（2013）对1～3岁婴儿气质结构进行了研究，实验采用的是1～3岁婴儿气质抚养人评定问卷。此问卷共32题，经过因素分析共提取出5个因素，包括情绪性、活动性、反应性、社会抑制性和专注性。此问卷由教师填写，采用5点计分，从“从不”到“总是”。

专栏 4-3

1～3岁婴儿气质抚养人评定问卷

尊敬的家长：

您好！感谢您参加本次问卷调查。

这份问卷用来帮助我们了解您孩子的一些日常行为表现。请仔细阅读每一条，根据您的孩子最近三个月的行为表现来做出判断。

问卷中，我们会列出32个描述日常行为表现的表述，如：“他喜欢去热闹的地方。”请依据您孩子该行为出现的频率做出判断，并在相应的数字上画圈。如果该行为几乎从不发生，即为“从不”，请圈数字1；如果该行为一个月发生1～2次，即为“偶尔”，请圈数字2；如果该行为一周发生1～2次，即为“有时”，请圈数字3；如果该行为一周发生3～4次，即为“经常”，请圈数字4；如果一向如此，即为“总是”，请圈数字5。

请注意，每道题都是单项选择题。这些问题的回答没有正确与错误之分，请您按照真实情况填写，不要有遗漏的题目。我们向您保证，本问卷只作研究使用，为答卷者保密。谢谢您的合作！

儿童姓名：

出生日期：　　年　　月　　日

儿童性别：

您是孩子的：父亲 母亲 爷爷 奶奶 姥爷 姥姥 其他

	从不	偶尔	有时	经常	总是
1. 他喜欢爬高上低到处跑。	1	2	3	4	5
2. 他对光线的明暗变化敏感。	1	2	3	4	5
3. 他遇到新的小朋友会羞怯。	1	2	3	4	5
4. 他喜欢快速地爬和走。	1	2	3	4	5
5. 他对食物的味道敏感。	1	2	3	4	5
6. 他要很长时间才能在新环境中变得自在。	1	2	3	4	5
7. 只要醒着，他一刻也闲不住。	1	2	3	4	5
8. 在新地方，一开始他会显得羞怯、不自在。	1	2	3	4	5
9. 他领会大人的意图很快，能较早注意到大人的表情。	1	2	3	4	5
10. 尽管有分心的声音（如门铃声、电话声），他仍能继续手上的活动。	1	2	3	4	5

续前表

	从不	偶尔	有时	经常	总是
11. 如果要求得不到满足，他就会立刻翻脸，一旦满足了就会立刻高兴起来。	1	2	3	4	5
12. 他在玩玩具时精力充沛（如敲击、跑动或抛掷）。	1	2	3	4	5
13. 他会花 5 分钟甚至更长的时间去做同一件事。	1	2	3	4	5
14. 他一遇到不顺心的事，就马上不高兴。	1	2	3	4	5
15. 他会很快注意到家里的新变化。	1	2	3	4	5
16. 他精力旺盛，怎么都不嫌累。	1	2	3	4	5
17. 玩具被拿走，他会大发脾气。	1	2	3	4	5
18. 到了不熟悉的地方，即使大人在身边，他仍会感到不安。	1	2	3	4	5
19. 一件事还没有做完，他又会想去做另一件事。	1	2	3	4	5
20. 他会为一点小事哭闹。	1	2	3	4	5
21. 不管是好闻或不好闻的气味，都会很快被他觉察到。	1	2	3	4	5
22. 与陌生人交往时，他显得胆小、拘束。	1	2	3	4	5
23. 听故事时，即使周围不安静，他也能集中注意力。	1	2	3	4	5
24. 他动不动就发脾气。	1	2	3	4	5
25. 他活动量大，不愿安静地待着。	1	2	3	4	5
26. 即使把不喜欢的食物混合到其他食物中喂他，他也能立刻尝出来。	1	2	3	4	5
27. 面对新事物（如新玩具等），他会退缩避让。	1	2	3	4	5
28. 行为受到制止，他会大叫吵闹。	1	2	3	4	5
29. 即使轻轻触摸他一下，他也会立刻感觉到。	1	2	3	4	5
30. 和陌生人相处 15 分钟以上，他仍然显得拘谨。	1	2	3	4	5
31. 游戏时，他能始终保持注意力集中。	1	2	3	4	5
32. 一个玩具他玩一会儿就丢掉了。	1	2	3	4	5

资料来源：刘文，2017，281－282 页。

（三）态度的对立：累计评定法

累计评定法是将所有项目按正反两方面成对安排在两栏内，分别计算两栏项目的分数，最后将两栏分数综合累计评定。例如，为评定实习生处理课堂纪律的能力，教师可设计正反两方面相对应的行为表格，见表 4－7。A 栏每项各计 1 分，B 栏每项各计－1 分，分别计算 A 栏、B 栏总分，然后再求出 A 栏总分和 B 栏总分之和。所得分数就是实习生处理课堂纪律的分数。

表 4－7　累计评定法记录表

A 栏	B 栏
——给予清楚的指示	——给予含糊的指示
——对儿童的观点予以考虑	——单是给予教师的观点
——给予清楚的和行为一致的期望	——不给予清楚的和行为一致的信息

资料来源：杨丽珠 主编，2002，175 页。

（四）等级评定法的优缺点

1. 等级评定法的优点

等级评定法的优点有：（1）操作简便易行，节省时间、人力；（2）主试只需要较少训练，就可以掌握此法；（3）适用范围广泛；（4）便于核查。

2. 等级评定法的缺点

等级评定法的缺点有：（1）收集的资料可靠性较低，因为评定者在做出判断时容易带有主观偏见；（2）容易造成评定等级误差，因为评定者对所用术语的理解可能会不一致；（3）很难分析行为的原因。

（五）使用等级评定法应注意的问题

使用等级评定法应注意的问题有：

（1）应在多次观察的基础上进行。观察者最好与被试有较长时间的直接接触，以排除观察的偶然性和片面性，增强观察的客观性和可靠性。一般来说，接触时间越长，观察次数越多，就越能全面认识观察对象，评定的等级越准确。

（2）整体评定与分析评定结合起来使用。整体评定是指对一个问题进行整体的而不是局部的评定，它关注的是整体的质量，以总体印象为基础；分析评定是指将一个问题分成若干个部分分别评定，它关注的是局部的、个别的特征或成分。

（3）避免评定者产生主观偏见，如教师对心目中的优等生易打高分，对心目中的差生易打低分。

（4）对于同一个被试，最好由两个评定者评定，评分者信度可考察评定的可靠性。

（5）要防止评分过高或过低，或都给予平均分的倾向。

四、从问题到结论——间接观察法

被试的一些信息如果不能被直接观察到，就要通过其他途径获得，这种通过间接途径观察事物的方法，就叫作间接观察法。间接观察法种类很多，在这里主要介绍五种方法。

（一）倾听内心的声音：谈话法

前面我们探讨了观察行为的一些具体的方法，也就是说，我们是通过观察去分析、理解行为的。但有的时候，我们要做的不仅仅是观察行为，还需要询问人们的心理感受、观点或者态度，因为有的答案往往是观察不到的。比如：

中国大学生如何看待“丁克一族”？
为什么考试要作弊？
作为教师，你体罚过学生吗？
你的父母是否虐待过你？
…………

如果你对以上几个问题感兴趣，那么你就要认真阅读下面的内容了。谈话法是研究者通过与被试或者被试的亲友谈话来进行研究的一种方法。这种方法需要对访谈者提前进行训练，我们可以通过谈话与被访谈者建立直接的接触，从而进行更进一步的研究。

为研究问题儿童不良品德形成的原因，通过与儿童谈话，了解他的生活历程、爱好、结交的伙伴等，就可再现他们以往的表现，有助于概括不良品德形成的原因；为研究一种教育因子对儿童性格发展的影响，通过与其父母谈话，了解儿童在家里的生活习惯、态度倾向、行为方式，就可以间接观察到儿童的性格表现，以分析此种教育因子在培养儿童性格中的作用；为研究儿童的某种气质特点，也可与其教师谈话，因为教师天天与幼儿接触，是最了解他们的人之一。例如，刘文和齐璐（2008）对3～5岁幼儿创造性人格结构进行了研究，由于幼儿自身发展具有局限性，还不具有自评的能力，所以研究采用开放式问卷和教师访谈来了解儿童的创造性人格的行为表现，收集相关的描述词汇以及相应的典型行为表现。开放式问卷由9个特质组成：新异性、独立性、成就感、合作性、自信心、敏感性、好奇心、幽默感及审美性。另外，为了更好地了解不同类型幼儿的平日表现特点，对其教师进行访谈，例如：

合作性个案：平时能很快与大家融为一体，很受小伙伴的欢迎，大家都很喜欢他。

科学型个案：在日常学习和生活中，总有很多问题，想象力丰富，总有一些奇特的想法。

艺术型个案：平时很喜欢绿色，有自己的颜色喜好，在音乐和绘画等方面表现突出。

运用谈话法，必须要明确谈话的目的，拟定谈话的提纲，提出具体的谈话问题。谈话时不能漫无边际，要紧紧围绕谈话提纲来进行，但也不能过于呆板，在不离开谈话中心的前提下，可以有一定的灵活性，但不能暗示。另外研究者与被试谈话，特别是教师与学生谈话时，一定要真诚，要平易近人，只有这样才能获得真实的资料，取得可靠的结果。

（二）图画中的千言万语：活动产品分析法

除了语言，儿童还有多种表达自己的方式。活动产品分析法可对儿童活动产品或劳动成果进行观察分析，从而探究教育与人发展的规律。

儿童的活动产品类型很多，有绘画、作文、日记、科学作品、手工作品等，许多研究者就是通过分析这些儿童作品来探索儿童心理发展与教育规律的，从而为教育提供科学的依据。有人通过儿童做的手工作品，研究儿童的兴趣；有人通过儿童的作文（作文题目：十年后的我）研究儿童的理想；有人通过儿童解题过程（数学作业）研究儿童逻辑思维的发展；等等。

分析儿童的绘画是活动产品分析法中最早最常用的一种方法。陈鹤琴对其子10年（1岁1个月～10岁8个月）绘画资料进行分析，揭示了儿童绘画能力发展的过程：涂鸦期

(1～2 岁)—象征期（2～3 岁）—定型期（3～7 岁）—写实期（7 岁以后）。卡罗瑟斯和加德纳（Carothers & Gardner，1979）选取线条为题材，对 7，10，12 岁的儿童实施了一系列的测试任务，探讨了儿童对绘画的理解和创作能力的发展。在“表现性”的创作任务中，给被试看两张暗示“高兴”“悲伤”等各种情感场面的绘画（留有空白，未完成的作品），让他们完成绘画作品，在画的空白处画上和原画“一致”的“树”和“花”。在理解任务中，让被试从实验者预先准备好的绘画卡片中选出“树”和“花”，填进空白处。结果，7 岁儿童几乎没有显示出表现性，10 岁儿童在理解任务中选择成功，但创作任务有困难，只有 12 岁儿童能恰当地描绘出画的表现性。

近年来，儿童的绘画与其认知的发展受到了研究者的广泛关注。我国学者李文馥提出的儿童“绘画心理学”，认为儿童绘画融合了心理发展、艺术和多种教育功能的多重价值，儿童绘画发展与认知发展相结合是当前儿童绘画心理学研究的一个新动向。儿童绘画的实质是儿童的自我表现，其基本功能在于启迪儿童的心智和情感。因此，绘画是研究儿童心理发展的一个重要途径。儿童的绘画有着独特的特点，是儿童表达情绪、情感和对事物理解的一种方式，它反映着儿童对周围世界的认识程度，是研究儿童认知发展的一个很好的工具。儿童在画画时，采用与成人绘画不同的表征策略。李文馥等对儿童自主性绘画及其发展进行了多项研究。例如李甦、李文馥和杨玉芳（2006）以图画讲述作为实验任务对 3～6 岁儿童的绘画进行研究。首先给儿童听故事，每听完一个故事之后，请他把故事画出来；然后根据儿童绘画的内容与绘画表现的形式两个维度对结果进行编码，并将儿童绘画故事的结果分为三个水平、五种类型；最后，根据儿童绘画故事的年龄特点、发展水平、故事结构对绘画故事的影响等方面对结果进行分析。研究发现，儿童绘画故事的能力随年龄增长而提高，体现了绘画故事的发展是连续性与阶段性的统一。“主题明晰”是儿童绘画故事发展的主要趋势。“无关无序”和“个别分散”是低水平的绘画形式。“部分集中”是发展中的过渡形态，是低水平绘画形式向高水平绘画形式发展的必经阶段。内容与形式相辅相成，构成了儿童使用不同符号对信息进行加工、重组并结构化的过程，体现了儿童认知发展由片面到全面，由分散到整合的发展特点。另外，研究还发现，4～5 岁是儿童互惠故事发展的重要转折期。这项研究的结论就是从儿童的绘画作品中得出的，由此可见，活动产品分析法也是一种研究儿童发展的好方法。

（三）谁是好孩子：对偶故事法

对偶故事法是设计一组成对的故事测查儿童，观察分析儿童心理发展变化特点，揭示教育与人的发展的规律。此种方法是皮亚杰创造的。例如，以我国德育心理学家李伯黍为首的儿童道德发展研究协作组（1982）对国内 18 个地区 5～11 岁儿童的道德判断进行了研究，其中关于动机意向和财物损害的道德判断就是采用对偶故事法进行的。研究者向被试讲述一组成对的故事，同时出示相应的材料，见表 4－8。问：“这两个小朋友都做错了事，哪个更不好，为什么?”结果发现，儿童首先根据行为的客观后果做出判断，如一个 5 岁的孩子说：“这个小哥哥更不好（指方强），你看他打碎那么多的碗。”进而发展到根据行为的主观动机做出判断，如一个 9 岁的小朋友说：“这个小孩更不好（指罗明），他趁妈妈不在家，偷饼干吃。”由此可见，儿童的道德判断是从注重行为的效果过渡到注重行为的动机的，转折年龄在 6～7 岁间，7 岁儿童的主观判断已明显发展，这种趋势和皮亚杰的研究结果基本一致。

表 4-8　　对偶故事法举例（动机意向——财物损害）

故事一	故事二
一个叫方强的小男孩正在他自己的房里，他听到妈妈叫他吃饭，就走出房间朝厨房走去。厨房的门后有张小桌子，上面放着十只碗，但方强不知道。他推门进去时，砰的一下子把十只碗全打碎了。	一天，有个叫罗明的小男孩，趁妈妈不在家，想从五斗橱上的饼干盒里拿饼干吃，他踏在一只小凳子上，伸手去拿，但饼干盒放得很高，他的手够不着，拿不到，就在他这样拿时，把一只碗碰倒了，碗掉下来碎了。

资料来源：儿童道德发展研究协作组，1982。

（四）从他律到自律：两难故事法

两难故事法是设计一个可能有两种结果的故事，提出有关道德的难题，其中包含着特定的道德价值冲突情境，然后让被试回答问题，以考察被试道德发展水平的研究方法。两难故事法是研究儿童道德判断的有效方法。美国发展心理学家柯尔伯格（L. Kohlberg）主要利用这种方法研究儿童道德发展水平，认为人的道德判断大体经过三种水平，可以划为六个阶段，提出了道德发展阶段理论。

例如，在前面提到的国内 18 个地区 5～11 岁儿童道德判断研究中，关于摆脱成人惩罚影响的道德判断就是采用两难故事法进行的，见表 4-9。问："周军的爸爸做得对吗？为什么？"结果发现，5 岁、7 岁的儿童还不能摆脱成人惩罚的影响，处在他律的水平。所谓他律是指道德观念受外界的价值标准所支配，如一个 5 岁的小朋友说："爸爸批评得对，他影响爸爸的学习了。"儿童道德判断逐渐由他律向自律发展。所谓自律是指道德观念受主观的价值观念所支配，如一个 9 岁小学生说："爸爸做得又对又不对，周军进家高声喊叫，影响爸爸看书，应当批评，但他不知道爸爸在家，爸爸批评就可以了，为什么还要把枪没收？爸爸做得也不对。"可见，儿童能够把大人惩罚的方式和问题的性质联系起来。此时，儿童道德判断的独立性日渐发展，并且有了一定的批判性。8～9 岁儿童就可以在一定程度上摆脱成人评价的影响，而根据行为本身好坏做出分析判断。

表 4-9　两难故事法举例：摆脱成人惩罚影响的道德判断

情景一	情景二
爷爷买了一支新的冲锋枪给周军，周军高兴极了，拿着新枪跑回家，他不知道爸爸在家，举着枪，喊着“杀——”，冲进了房门。	房间里，爸爸正坐在桌子前看书，被吓了一跳。爸爸火了，批评了周军，生气地拿走了新枪，不许他再玩。

资料来源：儿童道德发展研究协作组，1982。

再如，安秋玲和陈国鹏（2004）采用两难故事法对儿童（7～17 岁）在与三种权威（父母、教师与社会上的成人）发生两难冲突时所采取的矛盾解决策略进行了研究。他们在调查基础上编制了适合不同地区、不同年龄儿童特点的一组两难故事（儿童与父母之间关于复习功课与看电视的故事、儿童与教师之间关于补课与娱乐的故事、儿童与社会成人之间关于穿着仪态与传统习俗的故事）。其中，10～11 岁儿童与父母的两难故事的具体形式如下：

> 明明是一位小学五年级的学生，他很喜欢看电视。一天放学之后，明明早早地把家庭作业做完了，然后迫不及待地打开电视，准备看一部最近正在上演的精彩的、非常受小学生欢迎的故事片。今天这集是很紧张、很精彩的一集，他不想错过。他刚开始看，妈妈走过来说：“马上就要期末考试了，不许再看电视，赶快去复习……”说完，妈妈就把电视机关了，然后出门去买东西了。明明这时感到很为难，到底是看电视还是看书呢？……如果你是明明，你会怎么办呢？
>
> 资料来源：安秋玲，陈国鹏，1069－1070 页。

两难故事法中所使用的故事材料都直接取自儿童的实际生活，因此与一般的实验法相比，这种方法更有可能真实地揭示儿童道德发展的一般规律和内部机制。

专栏 4-4

柯尔伯格设计的两个道德两难故事

故事一：

欧洲有个妇人患了癌症，生命垂危。医生认为只有一种药才能救她，就是本城一个药剂师最近发明的镭锭。制造这种药要花很多钱，药剂师索价还要高过成本十倍。他花了 200 元制造镭锭，而这点药他竟索价 2 000 元。病妇的丈夫海因兹到处向熟人借钱，一共才借得 1 000 元，只够药费的一半。海因兹不得已，只好告诉药剂师，他的妻子快要死了，请求药剂师便宜一点卖给他，或者允许他赊欠。但药剂师说：“不成！我发明此药，就是为了赚钱。”海因兹走投无路，竟撬开药店的门，为妻子偷了药，救活了妻子。

讲完这个故事，主试就向被试提出一系列的问题：这个丈夫应该这样做吗？为什么说应该？为什么说不应该？法官该不该判他的刑？为什么？等等。

故事二：

阿列克斯和他父亲商定，他自己挣5 000元就同意他去参加学校野营，可是后来父亲变卦了，不让他去，还要把钱交出来。阿列克斯就撒谎，告诉他父亲自己只挣了1 000元，他把剩下的钱拿去野营。阿列克斯把这件事告诉给他的弟弟乔埃。

讲完这个故事，主试问被试：乔埃应该向他父亲告发他哥哥吗？为什么？这就给儿童提出了一个左右两难的道德问题：应该将他哥哥不端行为的秘密告发出来以服从成人的权威，还是应该维护兄弟间的“忠诚”而保持沉默呢？

柯尔伯格就是通过创造这样的道德价值冲突情境，来研究儿童道德判断发展的。

资料来源：Colby，Kohlberg，Gibbs，& Lieberman，1983，p. 82.

（五）顺从还是坚持自我：创设情境法

创设情境法是指通过创设一定的情境，控制一定的条件进行行为观察的方法。例如，我国学者刘文等（2015）为了研究幼儿分配情境下的公平敏感性，专门设计了一种情境来观察幼儿的分配行为。实验中首先让幼儿观看一名主试在两只完全一样的玩偶间公平或不公平地分配糖果，并记录被试对分配结果的持续注视时间。实验在单向玻璃后进行并配备有监控录像，实验后，分别由专门的记录者观看并记录被试对不同分配结果的注视时间。类似地，创设情境的方法在一些国外的研究中也有着广泛的应用。例如，古罗格鲁等（Güroglu，van de Bos，& Crone，2009）采用迫选式的独裁者游戏，只给被试（9～18岁）两种分配方案供选择，比如“分给对方2个，自己留8个”和“分给对方5个，自己留5个”，以此对被试的公平偏好进行研究。所以说，创设情境法，不是普通的观察法，它是研究者为了一定的研究目的，控制一定的条件，以观察儿童行为反应的方法。它具有客观性，可以减少社会性误差，是目前较好的一种间接观察法。

小　结

观察法是在自然条件下有目的、有计划地观察客观对象，收集、分析事物感性资料的一种方法。它既是心理与教育科学研究中最古老的方法，也是当代心理与教育科学研究最基本、最普遍的研究方法。

观察法在心理与教育科学研究中有着重要的作用，它是发现问题、提出问题的前提，是产生理论假设、验证理论的手段，是提供教育现象真实过程的手段，是帮助研究者了解被试个体差异的手段，是解答各种特殊问题的手段，是教育评价的手段。

使用观察法，要注意以下几点：要有明确的观察目的；要有正确的指导思想；要善于记录，随时整理；对所观察的行为或事件要有确定的范围和明确的指标；选择合适的观察方法；如有多个观察者同时观察同一场景，需要预先训练，以求得满意的观察者信度；了解各种可能的误差来源，有意识地避免或减小误差。

观察法的类型很多，诸如描述记叙法、取样观察法、等级评定法、间接观察法等等。描述记叙法是记录被试在自然状态下所发生的行为和所处的情境，然后对所收集的原始资料进行分类并加以分析的方法。取样观察法是以行为为样本的研究方法，经过选择，使用预定类型，在一定时间内，观察者在各种各样变化的背景中选取被试行为样本，包括时间取样观察法和事件取样观察法。等级评定法使用等级评定量表将所观察的行为事件数量化，即用数量来判断行为事件在某种程度上的差别。被试的一些信息如果不能被直接观察到，就要通过其他途径获得，这种通过间接途径观察事物的方法为间接观察法。

思考题

1. 观察法有哪几种类型？它们各自有什么特点？

2. 如何选择不同类型的观察法？

3. 如果你是一名幼儿教师，现在要对班级里小朋友的问题行为进行总结，你计划怎样做？

4. 使用等级评定法应注意哪些问题？

5. 用时间取样观察法设计一项儿童个性发展的研究方案。

推荐读物

1. 刘文．儿童青少年气质发展与干预．北京：中国人民大学出版社，2017.

2. 施燕，章丽．幼儿行为观察与记录．上海：华东师范大学出版社，2015.

3. 科兹比，贝茨．心理与行为科学研究方法．11 版．张彤，译．北京：机械工业出版社，2014.

4. 科恩．幼儿行为的观察与记录．5 版．马燕，马希武，译．北京：中国轻工业出版社，2013.

5. 徐学俊．心理与教育研究方法及操作．北京：人民出版社，2013.

6. 李文馥．儿童自主性绘画教育．北京：北京理工大学出版社，2009.

7. 施燕，韩春红．学前儿童行为观察．上海：华东师范大学出版社，2011.

8. 迪希特米勒，雅布隆，多尔夫曼，等．作品取样系统：教室里的真实性表现评价．廖凤瑞，陈姿兰，译．江苏：南京师范大学出版社，2009.

9. 戈隆布．儿童绘画心理学：儿童创造的图画世界．2 版．李甦，译．北京：中国轻工业出版社，2008.

10. 沙曼，克罗斯，文尼斯．观察儿童：实践操作指南．3 版．单敏月，王晓平，译．上海：华东师范大学出版社，2008.

11. 陈时见．教育研究方法．北京：高等教育出版社，2007.

12. 刘文．创造性人格与儿童气质研究．北京：中国大地出版社，2007.

13. 董奇．心理与教育研究方法．修订版．北京：北京师范大学出版社，2004.

14. 肖内西，泽克迈斯特，泽克迈斯特．心理学研究方法．7 版．张明，等译．北京：人民邮电出版社，2010.

15. 杨丽珠．教育科学研究方法．大连：辽宁师范大学出版社，1995.

16. 王坚红．学前儿童发展与教育科学研究方法．北京：人民教育出版社，1991.

17. 朱智贤，等．发展心理学研究方法．北京：北京师范大学出版社，1991.

18. 王重鸣．心理学研究方法．北京：人民教育出版社，1990.

19. 查子秀．儿童心理研究方法．北京：团结出版社，1989.

20. 刘文，杨丽珠．社会抑制性与父母教养方式对幼儿利他行为的影响．心理发展与教育，2004，20（1）：6－11.

21. 池丽萍，俞国良．测量和观察法在亲子沟通研究中的应用．心理科学进展，2010，18（6）：932－939.

22. Fujisawa K K，Kutsukake N，Hasegawa T. Reciprocity of prosocial behavior in Japanese preschool children. International Journal of Behavioral Development，2008，32（2）：89－97.

23. 王颜芳．试析行为观察法的运用．社会心理科学，2010（5）：51－54.

24. 程晨，李姗泽．儿童幽默感的具体表现与特征分析．学前教育研究，2017（3）：41－45.

25. 李甦，李文馥，杨玉芳．3～6 岁儿童图画讲述能力的发展特点．心理科学，2006，29（1）：25－29.

26. 杨丽珠，邹晓燕，Bergen. 学前儿童在游戏中社交和认知类型发展的研究——中美跨文化比较．心理学报，1995，27（1）：84－90.

27. 儿童道德发展研究协作组．国内 18 个地区 5～11 岁儿童道德判断发展调查．心理科学通讯，1982（1）：22－26.

28. 霍力岩，陈雅川，周彬．美国学前儿童观察记录系统的评价内容、实施方法与借鉴意义．中国特殊教育，2015（1）：63－67.

29. 刘文，朱琳，张雪，等．2～3 岁儿童在分配情境下的公平敏感性．心理学报，2015，47（11）：1341－1348.

30. Güroglu B，van den Bos W，Crone E A. Fairness considerations：Increasing understanding of intentionality during adolescence. Journal of Experimental Child Psychology，2009，104（4）：398－409.

第五章 访谈法

本章要点

- 访谈法的含义与特点
- 访谈法的种类
- 访谈的设计程序及要求
- 访谈的实施程序与技巧
- 访谈的转录与编码
- 访谈的注意事项

同观察法一样，访谈法也是心理与教育科学研究领域被广泛应用的一种重要的收集资料的方法。通过观察，研究者只能了解研究对象一些外显的行为表现，而对于研究对象内心的想法、意图等的探讨则必须借助于其他的研究手段。访谈法在获得个体内心想法、意图及对客观世界的意义建构等深层心理活动的信息方面，无疑具有特殊的作用。近年来，由于质化研究的再度兴起，访谈研究法也备受研究者的重视与青睐。

第一节 访谈法的含义与特点

一、什么是访谈法

“访谈”顾名思义是指研究者“寻访”“访问”研究对象，并且与研究对象进行“交谈”和“询问”的一种活动。访谈法涉及的是一种研究性交谈，是研究者（访谈者）通过与研究对象（受访者）进行口头谈话的方式，从访谈对象那里收集有关其心理特征及行为表现等第一手资料的研究方法。

研究者采用访谈作为获取信息的手段和方法，其目的在于了解访谈对象的脑海里到底在想些什么，他们对事物有什么想法或感受，这也是此种方法有别于观察法的特别之处。正如巴顿（Patton，1990，p. 290）所说：

> 我们对人们进行访谈，就是为了从访谈中了解那些不能从直接观察中得到的东西。事实上，我们不可能观察到所有的事物。我们不能观察到人们的感受、想法和意图。当然，我们也无法观察到那些过去已经发生过的行为。我们也无法观察到人们是如何组织这个世界，以及如何赋予事物以意义的。为了了解这些事物，我们就不得不询问人们有关那些事务的问题。

由于访谈法能深入了解个体的内心想法和对客观世界的意义建构和解释，历史上著名心理学家皮亚杰、弗洛伊德等人都曾以访谈作为研究的主要手段，并获得了丰硕的研究成果。近年来，访谈法在质化研究中更显其独特作用，已成为人类研究的一种重要研究方法，在心理与教育科学研究中占有重要地位。

二、访谈法的特点

访谈法作为收集人类心理和行为的一种研究性交谈方法，具有如下一些特点。

（一）在访谈研究中，整个访谈过程是访谈者与受访者相互影响和相互作用的过程

在观察法中，研究者基本上是单方面进行观察活动，被观察者常常是自然地、被动地处于观察者的观察视线之中。观察过程中，观察者需努力控制自己的观察活动，尽量减少对被观察对象的影响，以免使其产生反应性心理和行为。而访谈研究却恰恰相反，整个访谈过程不仅是访谈者通过提问的方式作用于受访者的过程，而且是受访者通过回答等方式反作用于访谈者的过程。因此，在访谈研究中，访谈者需努力掌握访谈过程的主动权，积极影响受访者，尽可能使其按照预定的计划回答问题。

（二）访谈研究是访谈者主动与受访者建立积极信赖关系的人际交往过程的体现

在访谈研究中，访谈者不仅要认真地做好访谈前的准备工作，而且要善于进行人际交往，精熟访谈技巧，这样才能够有效地控制访谈过程。由于访谈研究一般采取的是访谈者与受访者面对面的直接谈话方式，通过双方的口头交谈来获取有关的资料，而谈话双方又都是有思想、有感情、有心理活动和鲜活个性的人类个体，因此，访谈过程首先应是人与人之间的交往过程。访谈者只有在与受访者的人际交往过程中，与受访者建立起基本的信任和一定的感情，并根据对方的具体情况采取恰当的方式进行访谈，才能使受访者积极配合，坦率地表达出自己的真实想法、态度、情感和观点。

（三）访谈研究具有特定的科学目的和一整套设计、编制和实施的原则

访谈研究法是为了获取受访者心理特征及行为表现等第一手资料而采用的一种研究方法，因此，要保证访谈过程科学、有效，访谈结果客观、真实，就必然要有一套科学而严格的程序来规范访谈过程，进而使访谈在计划制订、问题设计、访谈实施、结果整理与分析等方面有章可循。

第二节 访谈法的种类

一、结构性、半结构性与非结构性访谈

根据访谈内容和过程有无统一的设计要求、有无一定的结构，及访谈者对访谈结构的控制程度，访谈可以分成结构性访谈、非结构性访谈和半结构性访谈三种类型。

（一）结构性访谈

在人口普查中，一般会有访员入户收集住户的信息。访员询问的问题都有明确的提纲，答案也大多是封闭性的，有具体的选项，比如性别、民族、受教育程度、婚姻情况等。这种访谈的形式称为结构性访谈（structured interview），又称标准化访谈，是指按照统一的设计要求、一定结构的问卷进行的比较正式的访谈。在这种访谈中，访谈者对访谈的方向和步骤起主导作用，按照自己事先设计好的、具有固定结构的统一问卷进行访谈。结构性访谈对访谈对象的选择、访谈问题、提问方式和顺序、访谈记录方式等都进行了标准化，访谈者须对所有受访者按照同样的程序询问同样的问题。

结构性访谈的结果易于统计分析，可以对不同类别受访者的回答进行比较研究，因此在强调量化的科学研究中较为常用。比如，在记忆的研究中，每个受访者都根据同一个访谈提纲回答问题。但结构性访谈也存在一定的局限，比如：缺乏应有的弹性，访谈者难以根据双方的具体情况，灵活地采用适当的方式、程序进行访谈；难以对问题进行更为深入的探讨，因而不利于发挥访谈者与受访者的积极性和主动性。

（二）非结构性访谈

非结构性访谈（unstructured interview）又称非标准化访谈，指没有固定的访谈问题，访谈者鼓励受访者用自己的语言发表自己看法的一种非正式访谈。这种访谈的目的是了解受访者自己认为重要的问题、看待问题的角度、对意义的解释，以及所使用的概念及其表述方式。在非结构性访谈中，访谈者只是起一个辅助的作用，尽量让受访者根据自己的思路自由联想；访谈者采用的访谈形式也可以不拘一格，根据当时的情况随机应变，灵活处理。2015 年诺贝尔文学奖得主，白俄罗斯女作家阿列克谢耶维奇在《我是女兵，也是女人》一书中记录下参与第二次世界大战的苏联女兵亲历的感人故事，其中大部分都是采用了非结构性访谈的方式。作者请这些曾经的女兵讲述她们的故事，在描述的间歇，会根据受访者的描述提出一些自己感兴趣的问题。专栏 5－1 中列举了一个采用非结构性访谈进行研究的具体例子。

非结构性访谈的优点在于：它有利于充分发挥访谈者和受访者双方的积极性、主动性和创造性，有利于适应各受访者的具体和特殊情况，有利于拓宽和加深对问题的研究，也有利于处理访谈设计方案中事先没有考虑到的一些新问题和新情况。其最大的局限是：访

谈结果难以进行定量处理，对不同受访者的访谈内容难以进行对比分析。另外，此方法对访谈者的要求相对也比较高。一些著名的脱口秀节目，比如美国脱口秀女王的王牌节目奥普拉脱口秀就曾对很多世界顶级明星进行过专访，有的访谈过程较为自由和随性，也可以被看作非结构性访谈。

专栏 5－1

儿童是怎样理解梦的?

心理学家皮亚杰在研究儿童思维的过程中，就曾采用非结构的临床访谈，对 5 岁儿童如何理解梦进行了如下的访谈：

——梦是从哪里来的?

——我想你睡觉睡好了就会做梦。

——梦是从我们自己身上来的，还是从外面来的?

——从外面。

——我们用什么来做梦?

——我不知道。

——用手? ……还是什么都不用?

——是的，什么都不用。

——当你躺在床上做梦时，梦在哪里呢?

——在我的床上，在毯子下面。我真的不知道。梦要是在我肚子里面，骨头就会把它挡住，我看不见它。

——当你睡觉的时候梦还有吗?

——有，就在床上，在我旁边……

——当你在房间里时，你看见了你做的梦。如果我也在房间里，我能看见你的梦吗?

——不能，大人不做梦。

——两个人能做一样的梦吗?

——不能。

——梦在房子里，离你很近吗?

——是的，就在这儿（指着离眼睛 30 厘米的地方）。

资料来源：陈会昌，2004，430－431 页。

（三）半结构性访谈

半结构性访谈（semi-structured interview）是访谈者运用访谈提纲进行的访谈，访谈提纲作为主要问题或要探查的话题的一种提示，在访谈问题的建构上具有一定的结构性。半结构性访谈通常也指访谈包含有一系列的结构式问题之外，访谈者再根据访谈对象的不同回答，提出新的不同的探索性问题，以得到结构访谈之外的信息。例如，研究者在访谈中询问所有对象“你最喜欢的课程是什么?”这一结构式问题，以引发他们对于学习经历的回顾。一位受访者可能回答："我最喜欢化学课，因为老师上得有趣。"访谈者此时可以根据他的具体回答进一步引出"老师怎么使课上得有趣呢?"这一启发式的问题。另一位受访者可能回答："我喜欢音乐课，因为我们聆听了很多大师的作品。"访谈者可引出"举例说明一下你比较喜欢的几部作品"等新的问题。

二、正式访谈与非正式访谈

根据访谈的正式程度，访谈有正式访谈（formal interview）与非正式访谈（informal interview）之分。

（一）正式访谈

正式访谈指的是在访谈者和被访谈者双方事先约定好的时间和地点，正式就一定范围的问题进行的交谈；访谈过程严格地按照预先拟定的计划进行，谈话的具体内容、顺序、持续时间、记录方式均有预先的统一规定。结构性和半结构性的访谈在一定程度上都是相对较为正式的访谈。

（二）非正式访谈

非正式访谈指的是研究者根据受访者日常生活的安排，在与对方一起参加活动的时候，根据当时的环境与对方进行的交谈。此种访谈形式比较自由、随意，没有严格的预先规定，不事先决定提问的话题、提问的顺序和形式。

非正式访谈看起来似乎比较容易，但实际上它却是所有访谈中最难操作的。比如：在什么情况下所问及的问题过于涉及个人隐私，而不应该再追问下去？研究者究竟应该就个体对事物的感受和看法"挖掘"到什么程度？一个有经验的访谈者必须先与受访者建立起一种互相信任、合作和相互尊重的访谈氛围；然后再从一些没有威胁性的问题开始提问，在轻松自然的气氛中逐渐过渡到一些更私人和更敏感的问题。

由于非正式的访谈采用不同的问题、从不同的访谈对象那里获得不同的信息，因此访谈问题往往依据当前的环境，在系统性和全面性方面会受到限制，数据的组织和分析也会受到影响。

三、直接访谈与间接访谈

根据访谈者与受访者双方接触的方式，访谈还可以进一步划分为直接访谈（direct interview）与间接访谈（indirect interview）两种。

（一）直接访谈

直接访谈是指访谈者与受访者之间进行的面对面交谈，因而也称为面谈（face to face interview）。直接访谈的优点在于：研究者可以看到对方的表情和动作，对对方的情绪波动、精神状态，特别是对受访者的言语行为与非言语行为之间的关系有一个完整而准确的把握。

（二）间接访谈

间接访谈是指访谈者与受访者事先约好时间，通过电话、网络等通信设备进行的访谈，早期的间接访谈主要指电话访谈。间接访谈的优势在于：它可以解决因地域距离或时间匮乏而带来的直接研究的困难。如果受访者不愿意让访谈者看到自己，或者避免谈话的内容令自己感到尴尬的话，电话访谈的方式可能会使受访者心理上感到轻松一些。另外，在间接访谈中，如果受访者不愿接受访问，挂上电话显然比从家里或办公室里将访问者逐出更加容易。但是电话访谈无法展现受访者的面部表情、动作等肢体语言，会在一定程度上影响访谈者对受访者的真实态度和情绪状态做出判断。随着科技的发展，访谈者还可以通过网络进行在线的视频访谈。这种访谈的方式可以实时捕捉到受访者的声音、表情和动作，在一定程度上弥补了电话访谈的不足。胡乐乐（2017）采用网络视频访谈（Skype，著名国际视频电话）的形式，对 7 位美国“国家年度教师”进行了跨国访谈，总结出了他们的十大共同特质。

四、个别访谈与群体访谈

根据受访者的人数，访谈还可以划分为个别访谈（individual interview）与群体访谈（group interview）。

（一）个别访谈

个别访谈是为获取个别对象的资料而逐个进行的访谈，通常由一位访谈者和一位受访者所组成。在个别访谈中，受访者可以得到访谈者较多的个人关注，有较多的机会与访谈者交流，对自己的内心世界也可以做比较深刻的剖析。由于只有访谈者一个人在倾听自己的故事，受访者可能感到比较轻松，会比在公众场合下更愿意暴露自己的内心世界和想法。

（二）群体访谈

群体访谈可由一名访谈者主持对六至十名受访者进行访谈，目的是了解团体或个人在团体情境中的表现，或了解访谈对象的集体建构行为。访谈者主要是把握谈话的方向和节奏，受访者相互之间可以就有关的问题进行讨论。与个别访谈相比，群体访谈可以为所有受访者提供一个相互交流的机会，调动和引发大家对某一问题进行讨论和争辩，最终达到对“事实”和“知识”的集体性建构。

群体访谈时，应注意对访谈人数规模的控制。访谈人数既要充足，有益于访谈者对各种观点的广泛采集，同时，又不能使有些受访者没有机会充分发表自己的言论。群体访谈时也要注意访谈群体成员间的平等地位和关系。比如，对一所学校的新任教师进行工作访谈，若以那些刚刚参加工作的年轻教师为对象，效果可能较好。而此时校长的参与可能会使教师在表达实际感受时受到约束。

五、一般访谈与特殊访谈

根据访谈对象特点的不同，访谈可划分为一般访谈和特殊访谈两种形式。

（一）一般访谈

一般访谈是指对一般的、普通访谈对象所进行的访谈。这类访谈只需按照一般的访谈程序和方法进行就可以。

（二）特殊访谈

特殊访谈是指对某些特殊对象（如社会名流、领袖人物、儿童、残障人士、罪犯）或有身心疾病的非正常对象所进行的访谈。由于访谈对象的特殊性，进行此类访谈时需要注意一些特殊的问题。例如：对儿童进行访谈时，应充分考虑到儿童的心理年龄特征，如注意力短暂和不稳定以及有限的语言理解和表达能力等，采用儿童熟悉和可理解的语言对其进行比较轻松的非正式访谈；对残疾人进行访谈时，访谈者应掌握具体残障类别的心理特征及特殊的沟通方式，还要注意在访谈时尊重残疾人，避免表露可能触及残疾人内心伤痛的一些语言和观念等。

六、一次性访谈和多次性访谈

根据访谈的次数，访谈可以划分为一次性访谈和多次性访谈。

一次性访谈通常内容简单，主要以收集事实性信息为主；多次性访谈则通常用于追踪调查，或深入探究某些问题。多次性访谈可以有一定的结构设计，分几次实施访谈，逐步达到由浅入深、由表层到深层、由事实信息到意义解释等深层访谈目的。第一次访谈往往是访谈者与受访者建立关系，通常访谈者只能了解到受访者一些最一般性的情况，很难就研究的问题进行深入的探讨。因此，一次性访谈很难彻底地达到深入探究某一问题的目的，那些需要进一步澄清的事件和概念需要在多次访谈中才能逐步得以实现。

访谈的形式和种类可谓多种多样，访谈者在选择具体的访谈方式时，应以研究的问题、目的、对象、情境以及研究阶段的不同而有所不同，在必要时访谈者还可以同时使用不同的访谈方式。

第三节 访谈的基本程序与要求

一、如何准备访谈

访谈的具体设计程序包括明确访谈研究的目的和研究变量、选择具体的访谈方式、编制访谈问题或访谈提纲、选择访谈对象、选择与培训访谈者、试谈及修改访谈程序等内容。

（一）我的问题是什么？都跟什么有关系？

访谈设计的第一步是明确访谈研究的目的，并将其进一步具体化为各种研究变量。一般来说，研究目的指明了研究所要达到的总目的，并对研究范围、对象等相关内容做出了某种限定。但同时它也具有比较笼统和概括的特点，不利于具体实施操作。因此，在进行访谈设计时，首先要将一个比较笼统的、较大的研究目的和问题转变为一个比较具体、限定的研究目的和问题，并提出自己对研究问题的各种具体假设。然后，再根据这一具体的研究问题，详细列出研究所涉及的所有变量类别和名称，进一步明了解决该研究问题、检验研究假设需要收集哪些方面的信息。要做到这些，最好的办法是列出一个研究变量简表，一方面帮助思考，一方面避免遗漏一些重要的变量。

明确访谈研究的目的，详细列出研究涉及的变量，对于访谈设计的后续工作至关重要。为此，访谈者需认真查阅与访谈内容相关的文献，从中吸取有价值的东西；必要时还需要深入实际做些初步的了解和调查，在此基础上再确定研究的侧重点，列出研究变量和研究假设。

在一项对受艾滋病影响个体的研究中，研究者首先确定了研究目的，试图探讨其创伤后成长的表现。之后，研究者查阅了相关的书籍和文献，结合相关理论，确定考察心理弹性、自尊和创伤事件反刍（包括侵入性反刍和自主反刍）对创伤后成长可能存在的影响。在设计访谈提纲时就会考虑到这些方面，比如："有哪些因素帮助你度过心理痛苦期，特别纠结难受时，你做了些什么？"（黄静静，刘岩，邓春婷，2017）

（二）采用哪种访谈方式？

访谈有多种形式和类型，每一种不同的访谈类型又各有其优势和局限。研究者需根据访谈研究的具体问题和目的、访谈对象的具体情况、访谈者的知识经验和组织技能等不同情况来选择合适的访谈形式，必要时可以结合不同的访谈方式。

在访谈设计中，为了获得有关受访者言语、身体动作、面部表情等全方位信息的真实反馈，访谈者通常采用面对面的直接访谈形式。对于个别缺席的重要访谈人物，在时间紧迫的情况下，也可采用电话或者网络访谈的间接访谈方式来加以补充。就访谈结构的控制程度而言，有结构性访谈、半结构性访谈和非结构性访谈三种形式可供访谈者参考。由于每种访谈方式都各有优缺点，因此，在实际访谈过程中，应尽量不拘泥于某一种形式，根据具体访谈问题、受访者实际情况和访谈阶段，灵活地选取访谈方式。例如，在进行访谈研究时，如果研究者对访谈对象的有关情况不了解，就常常需要在研究初期采用结构松散、谈话问题较为开放的非结构性访谈，以取得有关的基本情况和资料，并进行定性分析，同时也比较容易建立融洽的访谈关系；研究后期可在此基础上采用结构严谨、问题较为限定的结构性访谈形式，以便对收集到的数据资料进行定量的分析；或者直接采用半结构性的访谈技术，既灵活地展开了话题，又有针对性地探索到问题的深层内涵，如焦点访谈的形式。此外，也可以根据具体访谈问题和目的选择个别访谈或是群体访谈的形式。

比如，在有关记忆的研究中，我们需要对访谈内容进行量化处理，因此采用的是题目固定的结构性访谈，同时保证程序的标准化，方便编码，使得数据在不同年龄之间可以进行比较。而在对受艾滋病影响个体的访谈中，则采用半结构性访谈的方式，试图深入挖掘受访者的内心体验，之后进行质化分析，如：“你觉得目前你的生活怎样？（如果表现得很痛苦）你觉得是什么让你不能很快恢复到以前的正常生活？（如果表现得不太痛苦）你觉得是什么让你能很快就恢复到以前的正常生活？”（黄静静，刘岩，邓春婷，2017）

（三）访谈中都问些什么问题？

具体的访谈形式确定以后，访谈设计将进入编制访谈问题或访谈提纲和访谈指导语这一环节。一般来说，拟定和编制访谈提纲或访谈问题，应紧密围绕访谈的研究目的和研究变量来进行，每一个问题都应满足某一变量操作定义的有关要求，成为某一变量具体的度量指标；同时也要适合所选择的具体访谈方式。在访谈指导语中应指明研究的目的，排除受访者的心理顾虑，并承诺对访谈内容保密，同时询问受访者是否同意参加访谈等。

在拟定具体访谈问题时，需要注意以下几点：

（1）问题要清楚明确，不含糊，不模棱两可。比如在心理时间旅行的研究中，问题是这样的：“请你回忆一下去年发生过的一件事。它必须发生在特定的时候和地点，并且持续了几分钟或者几小时，但不超过一天。你要尽可能多地描述细节。比如去年暑假的一天，你去见朋友。那么见面的时候你在什么位置，有什么感觉，都做了什么？谈了多长时间？有什么想法？心情怎么样？等等。”（刘岩，刘静，王敏楠，2016）

（2）问题的文字表述要适合访谈对象的文化程度和知识经验水平，避免使用专业术语。

（3）不要提问受访者无法做出回答的问题。

（4）对某些可能需要做出解释、说明的问题，应制定统一的解释、说明方式及说明的范围内容。

（5）每一具体访谈问题应反映某一单一的变量或问题，而不宜同时涉及若干不同的问题。

（6）避免在谈话时使用具有暗示性的措辞，避免访谈者的主观意向对受访者态度和反应产生影响。例如，在研究儿童自我意识的自我情感体验时，正确的提问应是：“假如小花猫把碗打碎了，妈妈不知道，说是你打的，就批评了你，甚至还打了你，你会觉得怎样？为什么？”访谈者如果将“你会觉得怎样？”换成“你觉得委屈吗？”，就会给受访儿童一个暗示性的答案，从而影响儿童真实情感体验的反馈。

（7）应避免使用容易引起社会性误差的问题。例如：“你是一个诚实的人吗？”由于此类问题涉及社会规范和道德要求，因此，访谈很难获得有意义的信息。

此外，在编制访谈问题时，还应注意问题的编排顺序和问题反应方式的选择。在编排问题时，一般应遵循“漏斗顺序”的原则，即先由一般、非限定的问题逐步过渡到具体的、限定性问题及敏感性问题。问题过渡应自然、平稳和有逻辑性。问题反应方式的选择可参见第六章问卷法的相关内容。

对于半结构性访谈来说，拟定访谈提纲或草案是相当重要的。在访谈过程中，这种提纲会提示访谈者什么是主要问题，以及应该覆盖哪些方面的内容。通常，访谈提纲或草案包括一系列书面问题，并以一定的顺序出现。同时，访谈草案也可包括一系列受访者可能反问访谈者的问题，以及一些指导访谈者如何巧妙作答或不必回答的技巧。在设计访谈提纲时，访谈者通常并不知道什么访谈问题比较适合受访者的实际情况，往往只能根据自己的经验进行猜测。因此，访谈提纲中列出的问题应该尽可能开放，使受访者有足够的余地选择谈话的方向和内容。访谈者也应尽量保持一种开放的心态，准备接受受访者不同的反应，并按照受访者的思路做进一步的深入访谈。

专栏 5－2A，给出了一例访谈研究的基本设计方案。

专栏 5－2A

访谈研究设计实例

研究问题：儿童如何应对日常生活中的压力？

研究目的：评估儿童应对压力的方式特征，探讨儿童应对压力的方式是否具有情境的差异性和年龄的发展性。

研究方法：访谈研究法。

访谈对象：6 岁、9 岁、12 岁的儿童 73 名。

访谈方式：结构性访谈、个体访谈。

访谈程序：首先，访谈者与儿童建立和睦信任关系。访谈者让儿童讲一些发生在他这个年龄段的有趣的、高兴的事情。然后，让儿童确认一些令他们感到伤心、不快乐或恐惧的事情。再后，评估儿童面对压力的应对方法。研究者要求儿童在下面六个领域的经历中来考虑在什么时候，发生了什么事情，使他感到伤心、不快乐或恐惧的这个问题，并尽可能详细地描述他所采取的应对细节。

访谈问题的情境设计：六个潜在的生活压力领域。

1. （由于搬迁去往其他学校而导致的）与朋友分别；
2. 到医生那里打针；
3. 你的妈妈、爸爸或老师对你大发脾气；
4. 另一个儿童对你说出一些鄙俗的语言；
5. 得到了一个你不喜欢的考试分数或学校反馈卡片；
6. 发生意外，并且受伤。

访谈具体问题及要求：

首先要求儿童要对每一个情境说出所发生的事情的细节，当时的心情如何。

然后访谈者接着说："告诉我，当这件事情发生的时候，你都做了些什么，想了些什么？思考一下，告诉我你所做的和想到的所有事情。"

为了评估应对方式其内部的应对目标指向什么，每一种策略描述后访谈者又紧跟一个询问："你怎么认为它就能帮助你或者会使事情有所好转呢？"

对于每一种策略，儿童都被要求回答"它能起作用吗？"，以评估儿童对于他们所采取的这种方法在效能上的知觉和洞察力。

资料来源：Band & Weisz，1988，p. 248.

（四）我要访谈谁？

访谈对象的选择除了参照本书所描述的定量取样的相关技术外，在具体访谈研究中，访谈对象的选择还取决于访谈的具体目的。在对关键信息提供者进行访谈时，访谈对象通常是那些具有更多的知识、更好的沟通技能以及具有与特定人群中其他成员不同的感性知识的个体。比如，熟悉特殊儿童的家长、学区的负责人、某一事件的策划者和当事人等都可能成为关键信息的提供者。在有关“坚毅”（grit）的研究中，很多数据都是从对坚毅典范的访谈中得到的（达克沃思，2016/2017），这些典范如2岁时被诊断为脑瘫的喜剧明星弗朗西斯卡、16岁辍学的科技企业家托比·卢特克、美国橄榄球联盟西雅图海鹰队的主教练皮特·卡罗尔（Pete Carroll），还有《纽约时报》东非局的局长杰夫瑞·盖特曼等等。另外，关键信息访谈对象的选择既要考虑其选择的典型性、代表性，也要考虑其选择的随机性。在实施访谈调查研究的目的时，访谈对象在量和质的规定上都应严格按照研究的设计要求，遵循一定的操作定义和标准来进行选取。

（五）谁来做访谈？

对于样本较小且相对简单的访谈研究，如果时间允许的话，研究者既可以是研究的设计者，也可以是资料收集的访谈者。但对于一项涉及范围较广且比较复杂的研究，就需要选择一些人作为访谈者来收集资料。由于访谈是一项比较复杂、技巧性强、有一定难度的工作，访谈者的水平直接涉及访谈数据的可信度和可用性，因此，需认真考虑访谈者的选择与培训问题。

1. 访谈者的选择

访谈者的选择并无一个统一的标准可循，最重要的挑选标准应该是访谈者具有主动与访谈对象友好相处的能力。此外，访谈者的选择应考虑访谈者与访谈对象在年龄、性别、社会阶层、学识等变量上的相仿程度如何，以及访谈者年龄、性别等特征是否会对具体访谈构成影响。通常，男性访谈者会以一种严正的、情感中立的姿态出现在访谈中；而女性通常会给人一种亲切感，更善于倾听，更富有人情味。

如果访谈对象主要是幼儿，最好选择温和、亲切的女性来作为访谈者。当研究涉及某些特殊的对象时，访谈者的选择也应适合这种特殊的访谈对象的要求。如访谈少数民族人群时，研究者宜选择那些了解该民族的特定文化，并与之有过密切接触的人员作为访谈者。总之，访谈者的选择应尽量与受访者在年龄、性别、受教育程度、语言、文化背景等方面缩小差距。此外，访谈者还应具有必要的工作态度、兴趣、人际交往的能力、相应的科学文化知识和技能等基本素质。

2. 访谈者的培训

由于访谈结果的可信度和有效性直接依赖于访谈者的访谈能力和技巧，因此，对访谈者的培训相当重要。对于涉及面广、采用多个访谈者的研究来讲，必要的培训能确保访谈者在访谈过程中采用一致的标准，从而提高访谈结果的可信度。

研究者在培训访谈者时，首先，应向受训的访谈者介绍本次访谈研究的目的、意义、时间安排，调动他们的工作积极性和主动性，并对做好访谈研究提出一些具体要求。其次，让访谈者熟悉有关的理论知识，进行必要的知识准备，使访谈者全面了解研究的变量是什么，以及如何引导受访者提供准确而全面的信息等。再次，需对访谈者进行具体的方法训练，着重掌握各种访谈技巧，学会如何灵活地处理各种特殊情况和突发事件，并成功地与受访对象建立和睦的、没有威胁的会谈氛围。最后，如有可能的话，在培训访谈者时，可在正式访谈前进行几次模拟的访谈实践。在实践过程中，还可以配合使用录音或录像设备。这些实践过程中的宝贵资料可供受训的访谈者事后反复回顾和揣摩，以获得需要矫正的信息，逐步提升自身的访谈技巧。对访谈者的培训应体现“目的是先导，知识准备是基础，方法训练和实践体验是重点”的策略，只有通过严格筛选和培训的访谈者，才能成为最终正式的访谈研究者。

（六）试谈

试谈是访谈设计中不可缺少的重要一环，它是为了发展和完善访谈设计工作，检验提问措辞是否妥当、提问顺序安排是否合理、整个访谈问题是否符合研究目的而设计的。其主要目的是检验预想的访谈要点和有关设计安排的合理性与可行性，还存在哪些问题，并在此基础上对访谈设计进行修订，以形成正式的访谈程序。在试谈研究中应注意以下几点：

（1）试谈对象应与以后的正式访谈对象是同一类群人，即试谈对象在一定程度上代表着正式的访谈对象。

（2）在试谈过程中，访谈者应密切注意出现的交流问题、对象缺乏积极性的现象，以及其他显示需要改变措辞或修正程序的线索和让访谈对象感到不自在、较为敏感的问题等。

（3）试谈过程应尝试多种开始访问的方法，以便决定哪一种能比较快速地建立融洽和谐的访谈关系。访谈者也应在试谈过程中评估一下访谈记录的方法，该记录方法是否记录了充足的信息、是否引起访问中的多次停顿，以及编码和分析访谈数据的方法是否合理等。

（4）最好对先导的试谈进行录音。在重放录音的过程中，访谈者可能会对要处理的问题豁然开朗，也会对访谈过程中出现的疏忽问题有所意识。

（5）访谈者还应考虑征求试谈对象对访谈问卷设计的建议，如访谈问卷中的措辞是否合适、是否会产生歧义等。如发现有问题，应进行修正并使大多数试谈对象认同。

试谈结束后，应及时根据试谈情况对访谈设计进行修改，调整不合理的提问顺序，修改含糊的措辞，增设提示语和简短说明，或者修正访谈记录的代码系统等。如果访谈设计的修改变动不大，访谈设计的主要内容就基本确定下来，前期的访谈设计工作也就此告一段落。

二、如何实施访谈

访谈的实施程序一般包含访谈前的准备、接近访谈对象、对付拒绝、提问与追问、倾听与回应、记录、结束访谈等主要环节。了解访谈的实施程序，掌握访谈各个环节的运用技巧，注意访谈切忌的一些问题，对于成功访谈至关重要。

（一）访谈前的准备

访谈前的准备工作主要包括以下内容。

1. 充分熟悉访谈问卷所涉及的内容

访谈的经验表明，访谈前对访谈问卷内容充分熟悉，甚至达到背诵的程度，将极大地有助于访谈者掌握访谈的主动权，把主要精力集中在倾听对方谈话、观察对方行为表现、思考对方谈话内容，以及追问和记录等方面。对于结构性访谈，访谈者应认真阅读和理解统一设计的访谈问题；而对于非结构性访谈，访谈者则应时刻牢记访谈提纲和主要的访谈问题。访谈者对访谈内容不熟悉，将直接影响访谈者良好形象的建立，进而影响到访谈对象的合作程度。

2. 准备好访谈所需的相关材料和设备

访谈所需的相关材料包括有关访谈研究的简要文字说明、记录表格及身份证件等；如果访谈过程需要录音、录像、照相的话，则还需携带录音笔、摄像机和照相机等设备器材。

3. 尽可能了解访谈对象

在实际进行访谈前，应尽可能地充分认识、了解访谈对象的年龄、职业、经历、文化、宗教信仰、性格等，这些信息资料对于选择适当的访谈方法、取得受访者的信任和配合、建立良好的人际关系、有效地对受访者的行为表现进行分析编码等都有极大的好处。例如，在具有多元文化的加拿大，某老师正在寻访究竟是谁拿走了别人的东西。当他问到白人孩子时，白人孩子回答说没有拿；当他问到一位当地的土著儿童时，那位儿童低下了头，于是老师断定是那位土著儿童偷了别人的东西。殊不知，在土著文化中，当长辈或受人尊敬的人与晚辈说话时，直视对方实乃不恭敬的做法。那位土著儿童低头的行为，并不表明他因偷盗而感到内疚，相反这是他文化传统中的一部分。因此，了解受访对象及其文化，对于获得访谈结果至关重要。

4. 确定访谈的时间和地点

一般来说，访谈的时间和地点应尽量以方便受访对象为原则。这样一方面是为了尊重受访者，另一方面受访者在自己感到比较满意的时间和地点接受访谈，可以比较自如地畅所欲言，这对于获得真实有效的访谈结果有极大的帮助。通常，有关工作方面的访谈内容，以在工作地点访谈为宜；有关个人家庭和隐私方面，则以在家庭访谈为宜。在家庭人员较多的情况下，如果受访者不愿意在家里进行访谈，可选择比较安静的公共场所来进行个别的交谈。

（二）接近访谈对象

访谈实施的第一步是接近访谈对象，而接近访谈对象的第一个问题就是如何称呼对方。一般来说，称呼要恰如其分，既不可一味奉承地取悦对方，也不可不拘小节地对人不尊，否则都会引起对方的反感。要做到恰当地称呼，应注意了解当地的风俗习惯，做到入乡随俗、亲切自然。另外，还要考虑访谈对象的身份、职业、文化水平等；也要注意称呼习俗的时代发展与变化，如过去习惯称呼“同志”和“师傅”，而现在更多称呼“先生”“女士”等。

称呼适当，为进一步接近访谈对象开了个好头，接着就应涉及如何推出自己的问题。自我介绍也是一门艺术，应做到不卑不亢、简洁明了，其目的在于让对方了解访谈者，消除紧张情绪和戒备心理。必要时，应当主动出示身份证件等，使对方感到放心。自我介绍之后，就要简要地说明访谈的目的、意义、内容，访谈需要的时间，以及选择访谈对象的原因等。

接近访谈对象，还需要考虑如下细节：

（1）访谈者的着装应干净整洁，既不能过于花哨、华丽，也不能不修边幅，衣冠不整。在行为举止方面应当得体、礼貌和真诚，不能矫揉造作而引起对方反感和厌恶。要做到这一点，访谈者须遵循接近性原则，即尽可能缩小自己与访谈对象间的差距，使自己更易被访谈对象所接纳。

（2）在自我介绍阶段，访谈者应亲和自然，不可盛气凌人地俯视对方。在研究说明阶段，访谈者应沉着自信，确信自己的访谈工作具有重要的价值，以此来感染受访者的积极参与。

（3）采用正面肯定的语气，而不是易于让访谈对象拒绝的语气，来邀请访谈对象参加访谈调查。比如，不宜采用“如果您不太忙的话，我想……”“不知能否占用您几分钟时间，向您了解……”等方式，而应该采用“我想向您请教……谢谢您的帮助”的方式。访谈经验表明，这样做可以极大地提高访谈对象的合作效果。

（4）接近访谈对象，还应注意观察访谈对象的衣着打扮、外貌特征及行为举止等，并以此来调整自己接近对方的方式。对于穿着讲究的访谈对象，访谈者应表现出庄重、彬彬有礼；而面对不拘小节的访谈对象，坦率、随和的方式可能更好。

（三）对付拒绝的技巧

在访谈中，经常会遇到访谈对象因各种原因拒绝访谈的情况。例如：访谈对象因对调查的社会问题不关心、不感兴趣，或认为调查解决不了实际问题，白费时间；或者访谈对象以太忙没有时间或要外出而拒绝接受采访；或者访谈对象持戒备心理，害怕调查于己不利，尽量回避；等等。

对于这些拒绝者，访谈者要分析其拒绝原因，对症下药，采取不同的处理方式。如果访谈者感到对方对自己的身份不放心，就应当尽可能多地提供身份证和工作证等；如果访谈者感到对方对访谈不感兴趣或认为没有价值，应更详细地向对方讲清这次访谈的目的和意义，强调他的配合很重要；如果访谈对象对访谈内容的保密性感到担心而有顾虑的话，就应该向对方说明访谈结果将如何呈现和处理；如果对方确实很忙没有时间，则应另约时间进行访谈。

面对访谈遭受拒绝，访谈者不可轻易地放弃和更改原有的访谈对象。因为，这些访谈对象是按原计划选定的，可能代表着一类典型人物或是知情人、关键信息的提供者，如果缺少了对这些最初拒绝者的调查，调查可能因抽样的代表性问题而变得不够全面。

（四）提问和追问的技巧

1. 提问

“提问”在访谈中占据极其重要的地位。一般来说，访谈中所提问题可分成两类：一类是研究性问题，即访谈研究所要探讨的一些问题，涉及访谈对象的态度、观点、情感、行为表现等；另一类是非研究性问题，即不是访谈研究所要探讨的一些问题，如“你最近工作忙吗?”“家里都好吗?”等。提问此类问题的目的在于使即将进行的访谈在气氛上变得轻松一些，增进访谈双方的情感交流，消除双方心理上的戒备。通常，在访谈开始时最好提问一些非研究性的问题，以便快速与受访者创设合作、融洽的交谈气氛。一旦良好的人际关系建立起来，就可以进行一些正式的、核心的、敏感的研究性问题的提问。有研究者列出了访谈可以询问的六种问题类型（Patton，1990）：（1）背景或人口统计学问题；（2）知识问题（实际信息问题）；（3）经历或行为问题；（4）观念或价值观问题；（5）感受问题；（6）感知问题。

提问的方式也是多种多样的，究竟采用何种方式，应视研究问题本身的性质，访谈双方的年龄、性别、职业、受教育程度、社会地位等具体情况，访谈双方的信赖关系和相互喜欢的程度，以及访谈的具体情境和场合而定。比如，对理解能力差、不熟悉情况的访谈对象，应采取耐心解释、循循善诱、逐步深入的方式提出问题。在访谈初期，双方尚未建立初步信任时，应采取耐心、慎重的方式提问。

做好访谈中的提问环节，还应注意以下几点：（1）严格按照访谈设计中的问题编排顺序提问；（2）严格按照访谈问题的原话进行提问；（3）避免对访谈对象进行引导；（4）交谈应尽可能在轻松、愉快的气氛中进行，要使受访者感到舒适、无拘束；（5）提问时应注意倾听对方的交流内容，并作必要的回应；（6）要善于把握谈话过程，使对方离题的谈话重新回到本题，或中止对方冗长而不得要领和自我中心式的谈话内容；（7）在提问中应不时地鼓励对方，以保持访谈对象的积极性；（8）在交谈过程中，既要重视语言信息的交流，又要重视非言语信息的内容，注意观察对方的行为、动作和表情，并在评价和解释谈话内容时综合加以考虑。

2. 追问

在实际访谈中，当有些受访者的回答不够完整、残缺不全，或含混不清、模棱两可，或过于笼统，或答非所问时，访谈者需要对此做进一步的追问。所谓“追问”指的是访谈者就受访者前面所述的某一个观点、概念、语词或事件等信息，继续向受访者发问，以探询更多、更清晰的事实和信息。追问可以帮助访谈者进一步了解受访者的思想，探究事情发生的根源以及发展的过程，是开放式访谈中不可缺少的提问手段。在追问时，应注意如下一些问题和策略。

（1）注意追问的时机和深度。一般来说，追问不要在访谈的开始阶段频繁进行。访谈初期是双方建立关系的重要阶段，访谈者应尽量给对方自由表达自己思想的机会，不要急于就自己感兴趣的问题进行追问。如果访谈者发现自己对一些具体的细节不是十分清楚，希望对方加以澄清，可以即时进行追问。但如果访谈者希望追问的内容涉及重要的概念、观点和态度倾向，可先将其记录下来，待访谈后期再进行追问，以确保整个访谈过程进展得自然和顺畅。访谈者在追问时还要考虑到受访者的感情和性格等个人特征、访谈双方的关系以及访谈问题的敏感程度等因素而做到适度。

（2）访谈最忌讳的是，访谈者不管对方在说什么和想什么，只是按照自己事先设计好的访谈提纲逐个问题地问下去，强行将自己的访谈计划施加于对方；或者不顾对方的心理感受而不断追问访谈对象的个人隐私或其他不愿回答的问题，这些都将影响访谈的正常进行。

(3) 要做到适时适度地进行追问，访谈者必须全身心地倾听对方谈话。在倾听时，应对对方使用的语词和态度保持高度的敏感，发现重要的语词、线索等要及时记录下来，并在适当的时候进行追问。

(五) 倾听的技术

访谈中的“听”既是一门综合的技术，又是一门艺术，它不仅需要访谈者有意识地学会一些“听”的技能，而且需要心与心之间的交流。访谈者在倾听的过程中应注意如下几点。

(1) 访谈者应积极地关注受访者的谈话内容和心理变化，不仅要倾听对方所发出的声音和语调，而且要设法体察对方那些没有说出来的意思，包括隐含在对方所说话语中的深层意义。

(2) 访谈者还应投入感情地（共情地）倾听对方的心声，应该意识到他所面对的不仅仅是一个“信息提供者”，而且是一个活生生的、有感情的人。因此，访谈者要调动自己所有的触觉和情感去感受对方，去积极主动地、有感情地与对方交往。只有这样，访谈的双方才能就共同关心的问题进行深入的、建设性的探讨。

(3) 访谈者不要轻易打断受访者的谈话。一般说来，受访者在说话时通常有自己的动机和逻辑，即使有些回答可能已经偏离了主题，但仍有坚持表白自己的需求。只有在他们的这种内心需要得到满足以后，才会愿意就访谈者认为重要的问题进行交谈。因此，访谈者需耐心地倾听，不要轻易打断对方的谈话。

(4) 除了倾听受访者的言语表达以外，访谈者还要特别注意容忍沉默。在访谈中，出现访谈者沉默的原因有很多，如认真思考、无话可说、有意拒绝或分心等。访谈者应细心观察受访者当时的行为表现，判断对方沉默的原因，尽可能包容对方的沉默，耐心等待，并根据具体情况再做出相应的反应，而不要为了打破沉默而立刻发问。

(六) 回应的技巧与策略

在访谈过程中，访谈者不仅要主动提问，认真倾听，还要适当地做出回应。“回应”指的是访谈者在访谈过程中对受访者的言行所做出的反应，既包括言语反应，也包括非言语反应。访谈者做出回应的目的在于使自己与受访者之间建立起一种对话关系，及时地将自己的态度、意向和想法传递给对方。访谈者的回应不但会直接影响到受访者的谈话风格和谈话内容，而且在一定程度上也可以限定访谈的整个结构、运行节奏和转换规则。

在回应的技巧和策略方面，访谈者应注意如下一些问题。

(1) 访谈者对受访者的回应方式多种多样，既可以采取像点头、微笑、“对”、“嗯”等认可的方式，也可以用与自己有关的经验或经历来做回应，如“我曾经也是个……”，还可以采用重复和鼓励对方的回应方式，如“是吗!”“您说得非常在理”等。不同的回应方式会收到不同的访谈效果。

(2) 访谈者在回应对方时，应尽量避免采用一些现成的大道理或专业性的理论来评说受访者的谈话内容，如“用弗洛伊德的观点来看，你一定是……”。访谈者应尽量避免高谈阔论。

（3）访谈者在回应对方时，还应注意恰当的时机。一般而言，回应的时机应该使受访者感到自然、及时，使访谈程序顺畅。当受访者的回答已经离题较远时，访谈者可采用适当的回应技术将其谈话的范围重新拉回主题，如："您说的这些内容十分有趣，不过我还想知道的一个问题是……"

（4）访谈者回应对方时，应做到及时、恰当和共情。只有感到访谈者在积极地关注和倾听自己的内心世界的时候，受访者才有可能在真正意义上敞开心扉，访谈者也才可能真正走入受访者心灵的深处。

（七）访谈中的记录

一般来说，访谈过程通常都需要做记录。这种访谈现场式的记录包括两种方式：一是笔录；二是录音记录。访谈对象是否对现场记录产生顾忌，取决于具体的访谈内容和访谈对象的个性特征。因此，在访谈前，访谈者应向受访者说明访谈的目的和意义，打消受访者的心理顾虑，并承诺对研究结果加以保密，或保证材料整理完之后，将录音抹掉等。访谈者在全面征得受访者的同意之后，便可以进行正式的访谈记录。

尽管现场记录可提供较为翔实的访谈材料，但访谈者总是低头忙于记录，可能会使受访者感到自己没有受到足够的关注，也会一定程度地分散受访者的注意力；与此同时，访谈者也很难从对方的表情动作等非言语性表达中获得重要的信息。为了弥补笔录的这种局限，录音记录则较为理想。录音记录可提供比笔录更加完整的语言记录，同时也加速了访谈的进程，但录音记录后通常需要花费时间重新进行整理，工作量也十分巨大。另外，录音记录的不足还表现在，面对录音笔在某种程度上改变了访谈的情形。在涉及高度个人机密的访问中，访谈对象若是知道回答将被录音，可能会在情感表达时犹豫不决。访谈记录也可以采取两人一起访谈，其中一人专门访谈，一人专门记录的方式；或者采用速记、简记的方式。

在记录的过程中，应注意以下要领。

（1）访谈者应周密计划访谈记录方式及行为编码的类别。这样做可使访谈省时，使访谈结果准确、统一和便于整理，同时也有利于谈话本身的自然进程，不影响谈话的气氛和双方的亲密关系。

（2）访谈者在记录时，应尽可能详细地记录。不仅记录受访者回答的非限定问题和限定问题的附加说明等言语性信息，还要记录当时受访者的一些非言语的信息和具体的背景，这些资料对随后的分析相当重要。

（3）记录过程中，访谈者不要修改对方的语言，也不要试图去用自己的语言来对访谈内容进行总结和概括。

（4）记录应围绕访谈的主题进行，当对方回答离题时，访谈者可暂时停笔，以等待的方式看着对方，或寻找适当的回应方式来中断当前的话题。

（5）记录过程中，为避免受访者注视访谈记录而影响访谈质量，访谈者应与受访者保持一定的距离。

（6）在记录的同时，注意追问、倾听和回应等相关的问题和技巧，以保证访谈顺利进行。

（7）访谈结束后应尽快整理访谈记录，对记录中的速记、简写、代码等加以复原。

（八）访谈的结束

访谈的结束和收尾工作是完整访谈过程不可缺少的一部分，无论是否需要对受访者进行再次访谈，做好访谈的结束和收尾工作都是十分必要的。

做好访谈的结束和收尾工作，应当注意如下问题。

（1）访谈者应严格控制和掌握访谈时间，按预定的访谈时间开始，并力争适时地结束访谈。每一次访谈的时间不宜过长，一般以一两个小时为宜。

（2）访谈者要善于察言观色，在适当的时机结束访谈。一般来说，访谈应在良好的气氛中进行，如果访谈已超过了事先约定的时间，受访者已面露倦容，访谈的节奏变得有点拖沓，访谈的环境正在往不利的方向转变，访谈就应适时结束。

（3）访谈者应尽可能以一种轻松、自然的方式结束访谈。访谈者在即将结束访谈时，可有意给对方一些语言和行为上的暗示，表示访谈可以结束了，促使受访者把自己的想法尽快表达出来，使访谈在良好的气氛中结束。如访谈者可问对方这样一些问题："您对今天的访谈还有什么看法""您今天还有其他活动安排吗?"访谈者也可做出准备结束访谈的某些姿态，如开始收拾材料、录音笔或合上笔记本，或简单地看一眼表等动作。

（4）访谈结束前，访谈者应检查谈话内容是否有遗漏，以免事后难以弥补。

最后，访谈者应对受访者的合作和帮助表示感谢。表达谢意不仅是科研伦理的一种要求，而且能为以后的进一步合作奠定基础。

三、如何整理访谈结果

当正式的访谈实施过程结束后，访谈研究即进入对访谈结果的整理和编码阶段。这一阶段主要包括以下具体步骤。

首先，访谈者应尽快把访谈笔录中速记、简写或替代的符号恢复原状，或把访谈的录音资料转写成文字资料，以免由于时间拖延而引起访谈记录的某些遗忘、辨认困难等问题的产生。转录的方式与转录稿的使用目的有关（苛费尔，布林克曼，2008/2013）：如果研究者是为了做出详细的语言分析或会话分析，访谈内容应该被逐字逐句地转录，保留频繁重复的内容，以及一些语气词，如"嗯"；如果研究者是为了给读者呈现一个可读性较强的故事来报告被试的解释，那么可以把访谈转换成比较正式的书面形式。

详细的转录对于解释句子表面含义下的隐含意义有着非常重要的作用。下面这个例子能够较好地体现这一点：

访谈员：成绩会影响同学之间的关系吗?

学生：不，不会，没有人会看不起那些成绩不好的学生，没人这样做。我不认为有这种事情……嗯，也许有些人会这样，但是我不会。

访谈员：那这样是意味着班级不存在竞争吗?

学生：没错。没有竞争。

从表面上看，这名学生认为没有人会瞧不起成绩不好的学生，但是在他的表述中这句话被反复提及，这可以解释为实际上可能存在这种情况。如果在转录的时候，仅仅记录为

"班里没有人看不起成绩不好的学生，也不存在竞争"，那么分析的结果可能就恰好相反（苛费尔，布林克曼，2008/2013）。

其次，浏览转写的文字材料，确定访谈结果的编码主题和表述类型。编码对于分解文本材料，对特定问题或主题信息进行组织和分类具有很大的作用。实际上，研究者在进行访谈之前就应该考虑如何分析访谈。专栏 5-2B，给出了访谈数据的编码类型实例。一般说来，在强调量化数据分析的研究中，还要对各种编码类别的出现频次进行统计处理。

有研究者曾对自传体记忆进行了访谈（Levine，Svoboda，Hay，Winocur，& Moscovitch，2002）。研究中，受访者根据研究者的要求描述了自己某个生命阶段（如11～17岁）发生过的一个事件。在编码时，首先需要将每个被试描述的内容分为若干片段，再将每个片段归到以下 8 个细节类别中：事件细节（人物、他人的情感或反应、天气、衣着、他人的动作、物理事件）、地点细节（国家、水域、省/市、街道、建筑、房屋和房屋地址）、时间细节（时期、年、季节、月份、日期、星期、当日的时间或钟表时刻）、知觉细节（听觉、嗅觉、触觉/痛觉、味觉、视觉）、情感及思想细节（情感状态、思想、看法、期望、信念）、语义细节（一般知识或事实）、重复细节和其他细节。下面列举了研究中的一个实例。

> 今年夏天，我跟一个男孩已经约会了三年半，我们是很认真的。今年夏天我回家，我让他来。真的，真的很晚了。我和朋友们还有姐姐一起坐在机场，那天我很疲惫，我记得我感到恶心。我觉得自己这么兴奋是因为他要来了，但我自己也没有意识到。我记得当他们提示飞机要来了，我和爸爸就上楼去了。我记得我往外看，看到他背着包往这边走。那真是一个非常奇怪的时刻，他就在那里。我在想，我要把他介绍给我的父母，我记得他向我微笑，我也向他微笑，因为我们知道有趣的事情就要发生了。

在上面的这个例子中，"今年夏天"属于时间细节，"约会了三年半"属于语义细节，"我和朋友们还有姐姐"属于事件细节，"坐"属于知觉细节，"机场"属于地点细节，"我很疲惫"属于情感及思想细节，第二次说"今年夏天"属于重复细节。研究者按照这些细节出现的频次在每个类别中分别累加。比如，刚才这段描述中总共提到了 3 个地点，分别是"家""机场"和"楼梯"，那么地点细节就记为 3 分。接下来，研究者还将事件、地点、时间、知觉和情感及思想细节发生的频次合并，称为内部细节数量，认为它们都与主要事件直接相关，代表个体所构建事件的详细程度，细节数量越多，表明个体回忆信息的能力越强。而语义、重复和其他细节合并后属于外部细节，与主要事件没有直接的联系。这种分层编码有利于研究者从不同层次对被试的报告进行分析（如微观对宏观），而对频次的累加和计算为进一步的推断统计提供了可能。

如果我们想要研究的问题已经有了常用的编码标准，可以参考作者发表的文章或者专著对自己的访谈资料进行编码。如果资料中论述得不够充分，还可以通过邮件与作者联系，索要详细的编码手册。如果研究的主题并没有可以借鉴的编码方式，或者研究者想对某个问题进行深度的现象学剖析，也可以采用半结构化的开放式访谈来收集信息，然后进行分析和编码。下面的例子是陈正根等（2011）对汶川地震后羌汉幸存者的访谈分析。研究者在访谈结束后，首先将录音转录成文字，然后将每个受访者的访谈内容导入 Nvivo 软件进行分析。分析由4个编码者分别进行，包括7个步骤：认真阅读所有的文字记录，找到关键的叙述，编码反复出现的观点，总结这些观点，给出完整而详尽的描述，找出相似的观点，最后跟参与者核实（Colaizzi，1978）。然后经几位编码者协商，参考相应文献，形成编码手册。其中包括13个一级分类（如创伤源、消极情绪、应对方式等）和52个二级分类（如创伤源中具体包括自己受伤，失去亲人，目睹受伤或死亡的场景，目睹垮房、垮山和黑烟等情景以及个体感受到的紧张、害怕、恐怖或无助）。之后的分析都按照这个编码手册进行。

专栏5-2B

儿童应对压力的访谈数据编码

应对方法编码：

1. 采用罗萨姆（Ruthaum et al.，1982）和薇兹（Weisz et al.，1984a，1984b）对于初级控制（primary control）、次级控制（secondary control）和放弃控制（relinquished control）三种类别的界定来编码儿童的应对描述。初级控制的行为，其内在的目标涉及努力改变或影响事件、环境、物体或其他人，以便使客观的条件符合儿童的愿望。次级控制的企图，其内在的目标涉及努力改变或影响儿童自己主观的心理状态（如心境、归因、期望、意愿、解释），以便取得与环境的适应或契合。放弃控制的行为，是指没有采取明显的以目标为导向的行为，没有做出明显的用来提高奖赏或减少惩罚的努力，放弃控制事实上可以被看作一种失败应对。

编码类型举例：假设儿童报告他的母亲在对他大声喊叫。该儿童可能对这种压力源也以“喊叫”来回应母亲，其目的是试图使母亲信服而不要对他这样发脾气（初级控制）；如果儿童理解他的母亲有很多的压力，辛苦工作了一整天，对于母亲的叫喊感到不那么不舒服的话，这就可以理解为次级控制的策略；或者儿童仅仅是感觉不好，也没有做什么（放弃控制）。

2. 参照福克曼和拉扎勒斯（Folkman & Lazarus，1980）的应对方式模型划分出10种更为精细的应对策略。

初级控制策略有以下4种：

（1）直接的问题解决——努力以直接的方式改变有压力的环境（例如，努力学习以改变成绩，告诉别人停止取笑，将急救绷带绑在伤口上）；

（2）以问题为焦点的哭叫——以哭的方式引发来自他人的工具性帮助（例如，当孩子正遭受欺辱时，哭能使父母站在儿童的立场上进行干涉）；

（3）以问题为焦点的攻击——努力通过身体或语言上的攻击来解决问题（例如，痛打那个曾经辱骂过自己的孩子）；

（4）以问题为焦点的回避——直接回避经历具有压力性的情境（例如，不接近那些想打架或取笑自己的孩子，努力争取不去医生那里打针）。

次级控制的策略包括下列5种：

（5）社会性/精神性支持——通过采用社会性或精神手段来缓解痛苦（例如，祈祷，或将问题告诉朋友、父母，希望他们能提供支持或鼓励）；

（6）以情绪为焦点的哭叫——哭是用来释放压抑的感情或引发来自他人的安慰（例如，哭仅是让坏情绪释放出来）；

（7）以情绪为焦点的攻击——以身体或言语的攻击来释放被压抑的情感（例如，用脚踢墙来发泄不满）；

（8）认知回避——做出努力避免去思考有压力的情境（例如，看电视，这样可以忘记或心里不去想那个难题）；

（9）纯粹的认知——通过幻想或思维转移方式（例如，做白日梦，希望最好，告诉自己它毕竟不算一个很差的分数）来减少压力和紧张。

放弃控制的策略：

（10）不做任何事情——放弃或不做任何努力来应对压力环境或减少压力所带来的不良影响。

（参考文献略）

资料来源：Band & Weisz，1988，pp. 148 - 149.

四、访谈中应该注意什么

（一）访谈实施的指导方针

在访谈中，除了遵循访谈基本程序的要求，还应重温和考虑对访谈有重要意义的访谈行为指南。专栏 5 - 3 列举了对访谈质量有影响的访谈技巧，在进行访谈前，建议认真浏览。

专栏 5 - 3

访谈实施指南

1. 访谈前以日常小对话的形式营造融洽的氛围。
2. 营造融洽氛围后，将复杂的或有争议的问题留到访谈最后阶段。
3. 向访谈对象解释研究对其潜在的好处。
4. 访谈者应比访谈对象谈得少，一般来说访谈者说得越少，所获信息就越多。
5. 用适合对象的、清晰明了的语言提问。
6. 提问仅含一种简单内容的问题。
7. 在问题的措辞方面强调你想要访谈对象回答时使用的参考结构。例如，问“你认为你孩子的老师处理家长会的方式如何?”，而不是“你认为你孩子今年的老师怎么样?”。
8. 尽可能使用简单询问，例如：“你能告诉我更多的情况吗?”
9. 避免反驳和盘问访谈对象。
10. 不要暗示对某一问题的回答表示偏爱或期盼。
11. 访谈对象如对某一话题感受到威胁，可换一个话题。试着待会儿再换一种措施回到该话题。
12. 当提出忌讳或敏感的问题时，询问访谈对象的朋友的表现。
13. 不要连续问许多“是”和“不是”的题目。
14. 不要经常更换访谈话题。

15. 避免使用诱导性询问，例如，问“你对联邦政府对教育的投资如何看?”，而不是“你赞成联邦政府对教育的资助吗?”。

资料来源：高尔，博格，高尔，1996/2002，267页。

（二）成功访谈共同的特征

我们可以预期，所有成功的访谈拥有一些共同的特征。遵循这些特征，会使访谈变得更加顺畅、自然；反之，将使访谈变得尴尬与低效。费特曼（Fetterman，1989）概括了如下访谈特征。

1. 尊重所研究群体的文化

例如，在访谈一名很穷的高中生时，研究者穿着很华丽的衣服，就会很不合适。对于研究者偶然表现出来的不经意的失礼行为，绝大多数访谈对象都是可以原谅的。不过，如果访谈者经常漠视访谈群体的传统和价值观，那么，这种行为肯定会阻碍研究者获得可信而有效的信息。

2. 尊重访谈对象

那些同意接受访谈的人放弃了自己本该花在其他事情上的时间来回答研究者的问题。因此，研究者不应该把访谈看成一种批评和评价访谈对象行为和观点的机会，而应该将其看成一种向访谈对象学习和了解情况的机会。不论是教师、学生、咨询员，还是学校的管理者，他们都有自己的工作要做。因此，每个研究者都应该记住，一定不能浪费访谈对象的时间。访谈应该在计划好的时间内开始和结束，而且在进行过程中，访谈者一定要有礼貌。研究者还应该注意访谈对象所做的一些暗示，及时调整访谈的进程，弥补访谈中出现的冒昧和差错。专栏5-4中的例子，说明了访谈对象没有得到应有的尊重。

3. 自然

在访谈中，不应该存在任何形式的欺骗。“装出青少年的样子做事并不会赢得青少年的信任，而只能引起他们的怀疑。”

4. 在访谈中要用不同的方式询问同样的问题

这样做可以使研究者检查自己是否真正理解了访谈对象所说的话，并且还可以使所讨论的问题变得更加明确。

5. 要求被访谈者重复自己的回答或对回答中有疑问的地方进行说明

当访谈对象使用简短的语言来回答研究者的问题时，要求他重复或进一步说明自己的回答，这种做法可以鼓励访谈对象做更多的讨论。

6. 改变交谈的控制方

在正式访谈和结构性访谈中，研究者有必要控制提问的方式和讨论的节奏。在非正式访谈中，尤其是在访谈的探索阶段或最初阶段，最好是给访谈对象以更多的自由漫谈，以建立起信任和合作关系。

7. 学会等待

不管是在结构性的还是非结构性的访谈中，沉默都是一个有价值的策略。研究者必须学会有耐心，当提问后访谈对象没有马上做出回答时，一定要耐心等待，不要打断他的思考。在给出回答之前，有必要让访谈对象认真地思考一会儿。

8. 对非言语信息保持敏感

访谈者不仅要关注访谈对象所说的话，而且要注意其非言语的交际信息。雷蒙德·戈登（Raymond Gordon）区分了四种非言语交际类型：利用人际交往时的空间距离来传达交际态度的空间交际类型；利用谈话中说话的节奏和停顿长短来表情达意的语调交际类型；利用身体的动作和姿势来转达说话人的意思的体态交际类型；利用说话声音中的音量、音高、音质等的细微变化来传输信息的语言学交际类型（引自弗林克尔，瓦伦，2000/2004）。访谈者应该意识到这些不同类别的非言语信息也是研究数据的重要来源，对此应保持一定的敏感度。

专栏 5-4

访谈时不应该如何

（假设情境：在学校里，某校长正在面试一名应聘教师）

校长：这是一个很重要的职位，但是不要紧张。（没有建立起和谐的气氛）

应聘者：好的。

校长：我想你有过教学习困难学生的工作经验。（引导性问题）

应聘者：是的，有一些。

校长：我知道了。我希望你能够有更多的经验。（暗示了想得到的回答）

应聘者：是的，确实是。现在我想起来了，我教过一些学习困难学生。

校长：哦，是吗？在什么地方？

应聘者：在犹他州。

校长：真的吗？我也是从犹他州来的——你喜欢那个地方吗？（偏离了中心）

应聘者：我很喜欢那里——在那里滑雪真的很棒啊！

校长：是越野滑，还是往山下滑？（离开了面试的主题）

应聘者：越野滑。

校长：千万不要这样——我觉得这听起来不太有意思……（当面向被访谈者泼冷水）

资料来源：弗林克尔，瓦伦，2000/2004，471 页。

学术动态

如前所述，为了对数据进行定量分析，研究者倾向于对访谈记录进行编码、归类和赋分，然后进行统计分析。而在一些质性研究中，研究者则倾向于通过与研究对象互动来对其行为和意义进行建构以获得解释性理解（陈向明，2000）。质性研究一般采用归纳分析的方法进行信息分析，“数据”主要以文字方式呈现，有时候也会辅以照片、音频和视频等（胡乐乐，2017）。这种对信息的自然呈现，和对个体特质的深度发掘有助于我们更好地理解心理现象背后的机制，因此在心理与教育研究中使用越来越广泛。

下面以胡乐乐（2017）发表的《美国最佳教师的卓越特质及对我国教师的重要启示》

为例，对这种质性的研究方法进行介绍。研究者首先跟获得 2005—2016 年美国“国家年度教师”称号的 12 名优秀教师取得了联系，建立了良好的个人关系，并通过文献和各类报道对他们的情况有一定的了解。在此基础上，研究者编制了访谈大纲，包括 20 个问题，如“在学校春假、暑假和寒假，你平均每年在教学专业发展上用多少小时?”“你认为你应该教给学生的最必需的品格或技能是什么?”“你是怎样让你的教学生活充满热情，以克服工作和职业倦怠的?”等等。接下来，研究者根据访谈提纲，通过网络对其中 7 位美国“国家年度教师”进行了结构性的视频访谈。在结果分析阶段，研究者首先删除了对该研究没有特别价值的题目，然后将每个受访者在每个题目上的回答逐一进行整理形成表格。接下来，研究者对访谈信息进行了一级编码和二级编码。一级编码是对所有受访者在每个题目的回答中涉及的重要信息进行的初步概括，如：假期里用于专业发展的时间长，平均一年 90 小时左右；老师最应该教给学生的品格或技能是非学业的；根据自己的实际情况灵活多样且个性化地克服工作和职业倦怠；等等。二级编码则是在一级编码的基础上对访谈获得的核心信息的概括，如注重专业发展、学生非考试机器、自我适应性高的自我解压等等。之后，研究者对这些共同特质进行了分析和阐释，最后得出结论与建议。

小　结

本章对访谈法进行了介绍，包括访谈法的含义、特点、种类和如何设计和实施访谈，以及如何整理和转录访谈内容，最后提出了访谈需要注意的事项。

访谈法是访谈者通过与受访者进行口头谈话的方式，从访谈对象那里收集有关其心理特征及行为表现等第一手资料的研究方法。这种方法关注访谈者与受访者的互动，强调访谈者与受访者主动地建立积极信赖的人际交往过程，具有特定的科学目的和设计实施的原则。

访谈可以从不同角度进行分类。根据访谈结构的控制程度，可以分为结构性访谈、半结构性访谈和非结构性访谈；根据访谈的正式程度，可以分为正式访谈和非正式访谈；根据访谈者与受访者双方接触的方式，可以分为直接访谈和间接访谈；根据受访者的人数，可以分为个别访谈和群体访谈；根据访谈对象的特点，可以分为一般访谈和特殊访谈；根据访谈的次数，可以分为一次性访谈和多次性访谈。

在设计访谈时，首先要准备访谈需要的材料、制订计划，然后根据计划具体实施，最后要对访谈资料进行整理。准备访谈可以从以下几个方面考虑：提出研究问题，确定访谈形式，设计访谈问题，选择访谈对象和访谈者，最后进行试谈。正式实施访谈前，访谈者需要熟悉访谈的内容，准备好材料和设备，了解访谈对象并确定时间和地点。实施访谈时，要注意自己的言行，采用适当的技巧应对拒绝，掌握提问和追问的技巧，学会倾听与回应，做好记录。访谈记录要以科学的程序进行整理，包括转录、编码和分类统计等。

访谈中的一些小技巧会使得访谈过程更加顺畅。

思考题

1. 访谈法适用于哪些类型的研究？
2. 比较结构性访谈、半结构性访谈和非结构性访谈的特征及优缺点。
3. 访谈法的基本程序有哪些？
4. 实施访谈时应注意哪些事项？
5. 查阅 1～2 项访谈研究，分析并评价其访谈研究的设计。

推荐读物

1. 苛费尔，布林克曼．质性研究访谈．范丽恒，译．北京：世界图书出版公司北京公司，2013.

2. 塞德曼．质性研究中的访谈：教育与社会科学研究者指南．3 版．周海涛，等译．重庆：重庆大学出版社，2009.

3. 董奇．心理与教育研究方法．修订版．北京：北京师范大学出版社，2004.

4. 弗林克尔，瓦伦．教育研究的设计与评估．蔡永红，等译．北京：华夏出版社，2004.

5. 高尔，博格，高尔．教育研究方法导论．6 版．许庆豫，等译．南京：江苏教育出版社，2002.

6. 陈向明．质的研究方法与社会科学研究．北京：教育科学出版社，2000.

7. 胡乐乐．美国最佳教师的卓越特质及对我国教师的重要启示：基于对 2009—2016 年 7 位美国“国家年度教师”的访谈质性研究．福建师范大学学报（哲学社会科学版），2017（2）：149－157.

第六章 问卷法

本章要点

◆ 问卷法的含义及特点
◆ 开放式问卷和封闭式问卷的使用范围及优缺点
◆ 问卷的结构与编制程序
◆ 使用问卷法应该注意的问题

问卷法（questionnaire method）是心理与教育科学研究中研究者用来收集资料的常用方法，其在现代科学研究中也发挥着重要的作用。它虽然不如观察法了解行为反应那样具体细致，也不如实验法控制条件那么严密，揭示自变量与因变量之间因果关系那么透彻，但是，它却可以获得多因素资料，取样大，代表性强。封闭式问卷选择答案，便于统计，在电子计算机广泛应用的今天，能对大量资料进行统计，更显示出问卷法省时、省力、高效的优点，它是心理与教育科学研究较实用的一种方法。

本章主要是介绍问卷法的含义与特点、如何编制问卷、编制问卷时可能遇到的问题，以及如何使用问卷等。

第一节　问卷法的含义与特点

一、心理与教育科学研究中的问卷法

（一）你可能经历过的调查：问卷

同学们，你们在逛街、吃饭，甚至是上网时是否有过被问卷调查的经历？某人（或者网页）突然给你一个写满题目的问卷，让你逐条回答对产品或者某些事件的看法，你有时仅仅需要在答案的选项上打钩，有时却要写一写你的答案。此时，你就在经历一种常见的社会性调查——问卷调查。研究者或者产品开发者经常用这样的手段去调查被试或者顾客的看法，因为这样做既经济又有效。但是，你知道什么是问卷吗？

1. 什么是问卷

问卷是一种测量工具，其中包含为了搜集人们对某个特定问题的态度、观点或信念等信息而设计的一系列问题。

2. 问卷的类型

在实际研究当中，研究者根据所问卷中问题的形式和结构，将问卷分成三种类型：开放式问卷、封闭式问卷和半封闭式问卷。

（1）开放式问卷。

开放式问卷（open-ended questionnaire，open form questionnaire）中只提出问题，不列出答案，由研究对象自由回答，也称无结构问卷。例如，要了解“当前教育存在的主要问题是什么”，当研究者只能列举出经费少、师资水平不高、学生负担重等有限答案时，就应采用开放式问卷，以得到尽可能多的答案。

开放式问卷首先适合于研究者说不清楚或难以预料回答结果的研究，经常用于预测性研究。在研究初期，研究者对所要研究的问题还不十分清楚的情况下，采用开放式问卷，可以帮助研究人员进一步设计封闭式问卷。一般做法是：在小范围内进行开放式问卷调查，并对搜集的资料进行归纳分析。在掌握相当的资料后，再采用结构型问卷进行较大规模的调查和定量分析。例如，研究幼儿需要倾向性发展问题，为了制定封闭式问卷，首先到幼儿园，直接向幼儿提出“你需要什么，你怕什么”等问题，然后将幼儿回答的问题进行归类，为制定封闭式问卷打下基础。因此，在一定意义上，开放式问卷调查正是封闭式问卷调查的基础。

其次，开放式问卷还常常用于收集定性分析资料，进行较深层次问题的研究。研究对象不受研究者和题目答案选择范围已界定的限制，按各自对问题的理解回答。这种问卷能如实地反映出研究对象的态度、特征及其对有关情况的了解程度以及所持看法的依据等。因此，它用于探讨那些只能进行描述性分析的较复杂问题，以及获得有关人士对某些问题的看法。开放式问卷还用于难以定量分析和对比分析的研究。

在开放式问卷中，问题是统一的，研究对象在回答问题时不受限制，可以充分发挥自己的主动性和创造性。因此，研究者可以在研究中得到许多丰富具体的资料，甚至有一些意想不到的、在问卷设计时没有考虑到的资料结果。正因如此，开放式问卷可用于较深入的研究。但由于开放式问卷的回答没有统一的格式，因而难以进行定量分析。由于答案不集中，材料分散，难以对答案进行横向比较分析，所以不易进行统计处理，甚至有时收集的数据还可能与研究无关。

专栏 6－1

儿童个性（人格）评定调查表

尊敬的老师：您好！

请用您知道的词，描述 4 个您最熟悉的儿童的个性特征，并列出行为表现，男女各半。

本调查表所填写内容只供做研究使用，绝对不会对您的工作造成任何影响，不交给学校/幼儿园。谢谢您的合作！

儿童姓名：　　儿童性别：　　出生年月：　　年级：
学校/幼儿园名称：　　教师姓名：　　教师性别：

个性特征	行为表现

资料来源：张野，2004。

（2）封闭式问卷。

封闭式问卷（close-ended questionnaire，closed form questionnaire）中不仅要提出问题，而且要列出可供选择的答案，限制回答的方向和数量，让研究对象选择所赞同的答案。例如，调查小学教师对教师职业的态度时，问："你喜欢小学教师吗？"答案："①一点也不喜欢；②不太喜欢；③说不清；④比较喜欢；⑤非常喜欢。"让小学教师从中选出一个答案，然后对收集到的资料进行统计分析，最终得出结论。

封闭式问卷结构明确，是按照统一的严密设计和固定的结构进行编制的。其优点有如下几点。

第一，能够解决多因素复杂问题。封闭式问卷是多因素的实证测验，它将复杂的问题分成若干种特质或项目，从多因素的角度来研究复杂的问题，这对于由多因素组成的心理与教育研究十分有利。

第二，简单易行，省时、省力。在封闭式问卷中，研究对象对具体问题进行选择，回答简单，用不了多少时间就可以完成。研究者只要把问卷发给被试，正确使用指导语，讲明研究目的即可，省力、省时，也能够节省经费。

第三，标准化，便于统计。与开放式问卷相比，封闭式问卷设计较为严密，研究对象回答内容客观、统一，回答方式一致，选择哪一项就是哪一项的等级分，便于统计分析，特别是电子计算机的应用，使庞大的数据在较短时间内即可统计完毕。

封闭式问卷也存在着一定的缺点，主要有以下几点。

第一，缺乏灵活性。封闭式问卷的问题和选择方式固定，研究对象只能依此选择，即使几种选择答案都不符合研究对象特点，也只能选一个稍微适合自己的答案，难以表达研究对象的独特观点。

第二，缺乏指导性。封闭式问卷测试一般都是间接进行的，研究对象有时对问卷试题不理解、不清楚，也难以得到指导，影响问卷的回收率。

第三，缺乏深入性。封闭式问卷只是选择答案，在适合自己的答案上打上记号，很难发挥研究对象的主动性和创造性，研究对象不能自由作答，研究者也就很难深入发现新的问题。

第四，容易受社会因素的影响。封闭式问卷是结构明确、自发、非伪装的测验，测验的目的较为明显，研究对象往往容易向好的方面回答。例如，研究中小学生自我意识时有这样一道题："你写作业时总是一气写完吗？①不是的，总是写一写，玩一玩；②有时能一气写完；③是的，总是一气写完再玩。"儿童在回答这个问题时，受社会赞许效应的影响，他明明是写一写，玩一玩，但他也选择③，因为他知道一气写完才对。

专栏 6－2

幼儿自我控制教师评定问卷

幼儿园名称：______________ 教师姓名：__________

幼 儿 姓 名：______________ 性　　别：男（ ） 女（ ）

班　　　别：大班（ ） 中班（ ） 小班（ ） 生日：____年____月

尊敬的教师，请根据下列叙述评定儿童，看句子中的行为与这名儿童的实际情况是否相符，并在恰当的数字上画圈。

从不这样＝儿童几乎从未像描述的行为这样做，请选 1

较少这样＝儿童较少像描述的行为这样做，请选 2

有时这样＝儿童有时像描述的行为这样做，请选 3

经常这样＝儿童经常像描述的行为这样做，请选 4

总是这样＝儿童几乎总是像描述的行为这样做，请选 5

由于答案不存在对或错，所以请您根据孩子的实际情况回答。回答时请不要多选和漏选，衷心感谢您的合作！

	从不这样	较少这样	有时这样	经常这样	总是这样
1. 他在教室中能不大声喧哗。	1	2	3	4	5
2. 每次学习新东西时，他都肯花很多时间练习。	1	2	3	4	5
3. 他能克制自己的需求。	1	2	3	4	5
4. 做游戏时，老师说好好排队的小朋友会奖励小贴画，他便会去排队等待。	1	2	3	4	5
5. 游戏时别的小朋友中途离去，他仍能一直把游戏做完。	1	2	3	4	5
6. 他用餐时能保持安静。	1	2	3	4	5
7. 当受到其他小朋友的碰撞时，他不会马上反击。	1	2	3	4	5
8. 吃完水果后，老师让把果盘摆好，摆好的小朋友先出去玩，他会去努力摆好。	1	2	3	4	5
9. 老师要求听故事时保持安静，老师离开时他也能做到。	1	2	3	4	5
10. 学习新东西时，他能反复操练，直至学会为止。	1	2	3	4	5
11. 上课积极发言的小朋友会得到小贴画，他会努力争取发言。	1	2	3	4	5
12. 在进行喜欢的事情时被打断，他也没有很激动的反应。	1	2	3	4	5
13. 遇到自己开始做不好的事时，他能继续做，直到做好为止。	1	2	3	4	5
14. 老师上课时他能主动保持安静。	1	2	3	4	5

15. 做操时，老师要求做得最好的小朋友可以去做游戏，他会努力做到最好。	1	2	3	4	5
16. 谁坐好就发好吃的东西，他会努力坐好，一直等到老师发吃的。	1	2	3	4	5
17. 学习任务失败了，他也不会发脾气。	1	2	3	4	5
18. 玩游戏时，坚持到最后一个的小朋友可以得到小红花，他会坚持很久。	1	2	3	4	5
19. 户外活动时，他能在老师要求的范围内活动，不需要老师提醒。	1	2	3	4	5
20. 在学习新任务时，他的注意力能保持集中。	1	2	3	4	5
21. 听故事时要求仔细听，一会请小朋友说说故事内容，有奖品，他便会好好听。	1	2	3	4	5
22. 在户外活动时，他不追逐打闹。	1	2	3	4	5
23. 当学习一种新的动作技能时，他能一直到学会才停止。	1	2	3	4	5
24. 比赛没有获胜，他也不会生气。	1	2	3	4	5
25. 户外自由活动前，老师要求只有安静等待的小朋友才能出去玩，他能在那里安静等待。	1	2	3	4	5
26. 任务很难时，他仍能努力一直做下去。	1	2	3	4	5
27. 当老师不在时，他在游戏中也能遵守游戏规则。	1	2	3	4	5
28. 老师说谁上课坐在那里安静不乱动，下课就先出去玩，他能保持安静。	1	2	3	4	5
29. 做一件事情，他一定要做完才肯罢休。	1	2	3	4	5
30. 对老师要求做的事情，即使不喜欢也能去完成。	1	2	3	4	5
31. 课间自由活动结束后，他能不需要老师提醒，自己回到座位。	1	2	3	4	5
32. 在完成任务时，他不轻易找老师帮助。	1	2	3	4	5

资料来源：杨丽珠，沈悦，2017，428－430页。

（3）半封闭式问卷。

半封闭式问卷也叫综合式问卷。半封闭式兼有封闭式与开放式的特点，也就是说问卷中既列出答案，又留有让被调查者自由回答的余地。一般在以下情况用半封闭式问卷：第一，研究者难以考虑到问题的所有答案；第二，列出全部答案太烦琐；第三，需要进一步了解研究对象的动机、愿望或理由。例如：

你平时在评价周围的人和事时，主要标准的来源是（只选一项）：
1. 权威思想（ ）2. 舆论宣传（ ）3. 传统习惯（ ）
4. 团体倾向（ ）5. 亲友意见（ ）6. 个人好恶（ ）
你为什么要这样做？________________

在心理与教育科学研究中，研究者通常根据具体情况选择适当的类型。一般来说，研究者比较清楚、有把握的问题可作为封闭性问题提出，而那些尚不十分明了的问题可作为开放性问题放入，但数量不能过多。在积累一定材料基础上，问卷中的某些开放性问题就有可能转变为封闭性问题，这也是问题设计时常常使用的技巧。

（二）社会科学研究中的“大咖”：问卷法

问卷法是研究者把要研究的主题分为详细的纲目，拟出简明易答的一系列问题，再编制出标准化的问卷，然后根据收回的答案，进行统计处理，得出结论的方法。美国社会学家艾尔·巴比（Earl Babbie）称：“问卷是社会调查的支柱。”英国社会学家莫泽（C. A. Moser）则说：“十项社会调查中就有九项是采用问卷进行的。”早在1880年，我们的革命导师马克思就曾经在法国进行了一次大规模的问卷调查，他给法国工人邮寄了25 000多份问卷，目的是调查他们受资本家剥削的程度（引自张力为，2002）。问卷法在西方国家的调查研究中十分流行，在我国心理与教育科学研究中也得到了广泛的使用。

问卷法既可作为心理与教育科学研究中独立收集研究资料的方法，也可作为辅助研究方法。比如，在实验研究中，研究人员常常使用问卷来对实验对象进行前测和后测。这里要重点提醒大家，虽然随着高新技术的引进，心理学家越来越喜欢采用fMRI、ERP和眼动技术等高科技手段进行研究，但是这绝不代表传统问卷法的研究就应当被忽视。因为一项研究的好坏绝不是取决于科技手段或统计方法的应用，而是研究选题、逻辑思路、方式方法的结合。问卷研究设计得好，同样可以解决因果问题。

总体上来说，问卷法可用以进行描述性研究、相关性研究和因果性研究。

1. 描述性研究

问卷法是调查群体，甚至是特大群体总体情况的有力工具。因为操作相对简单、时间短、调查因素全面，在调查大数量群体时，研究者最喜欢使用问卷法。比如，中华人民共和国成立以来，共进行了六次大规模的全国人口普查，主要采用的方法就是问卷法，调查出来的人口总数、年龄分布、个人收入和民族分布等人口学指标对于我国进行社会建设有重要的参考价值。再如，有研究者采用问卷法，在全国取样，建立我国幼儿、小学生和初中生人格常模，并使用锚测验-非等组测验等值设计，把幼儿、小学生和初中生人格结果等值于同一尺度，进而探讨同一尺度下人格得分的跨幼儿、小学和初中阶段以及性别的发展特点（马世超，2016）。

2. 相关性研究

问卷法更多地用于探索变量之间的相关关系。通过标准化程序编制的问卷可以测量个体很多心理因素，如人格、自尊等，还可以测量大量的社会环境因素，如家庭环境、人际关系等。研究者经常采用问卷法的测量，通过统计分析探讨各变量之间的关系。这类研究尽管发现了采用预测变量（比如家庭环境）可以预测因变量（比如人格），但并不等于发现了预测变量与因变量之间的因果关系，我们仍没有根据说预测变量是因，因变量是果。

3. 因果性研究

一般来说，问卷法所做的因果分析不如实验法严密，有些研究者也认为问卷法不能用于因果性研究。温忠麟教授（2017）认为：一方面是问卷中变量的先后顺序有时候不够明确，另一方面是问卷中的变量控制没有实验那么严格，因而统计控制更加重要。但是，如果问卷中的变量顺序通过一定的方法确定，对无关变量进行统计控制，问卷中常见的变量之间的因果关系也就可以验证。比如现在很多研究者采用追踪设计，应用问卷法，并建立复杂的统计模型探讨个体心理因素随时间变化的规律及影响过程。

二、问卷法的特点

（一）问卷法的优点

问卷法成为心理与教育科学研究中推广最快、应用最广的研究方法，主要是由于它具有以下优点。

1. 收集资料时间短，收集的资料数量多，节省时间、人力和经费

问卷研究可以集体进行，还可以采取邮寄的方式进行，它可以由很少的研究者在很短的时间内，同时调查许多人的情况，这样就可以在同一时间内收集到大量资料。又因问卷是依据标准化测试原则编制而成的，选择答案以等级计分，数据统计一般采用计算机软件（如 SPSS 和 AMOS 等）处理，在短时间内能得到有效可信的结果。

2. 样本大，有代表性

问卷研究可以对众多研究对象同时进行，取样大，成千上万个研究对象对于估计总体十分有意义，如果按照标准化的流程进行科学抽样，所得资料就非常具有典型性和代表性。

3. 标准化程度较高

首先，问卷法要求严格按照标准化测试的设计程序编制问卷。研究课题的若干特质是通过理论建构获得的，而题目的编制则以这些特质的内涵为依据。试题是否可信有效，要经过信度、效度检验。其次，问卷一般都是匿名的，实施十分严格。因此，可以减轻研究对象心理上的压力。与访谈调查相比，问卷法可以收集到更多有关个人隐私、社会禁忌或其他较为敏感的信息。

4. 可以减少人为引起的调查误差

由于每个研究对象需要填答的问卷都是完全相同的，因而在问题的表达、题目的次序、答案的类型、回答的方式等方面都具有高度一致性。这样就能很好地避免人为原因造成的各种偏误，减少调查资料中的误差。

5. 便于进行多因素测试

在问卷法中，研究者将研究的课题分为若干项目（特质），然后再根据这些项目拟出具体题目，让研究对象选择，因此问卷法是一种多因素测试。例如，在研究中小学生需要倾向性发展时，我们可以将中小学生的需要分为 7 个等级、28 种需要，再将这些需要编制成具体题目，让学生选择。这个问卷就包括 28 种需要，我们不仅可以从总体上研究中小学生需要的发展，而且还可以分别研究这 28 种需要的发展状况。

（二）问卷法的缺点

问卷法虽然具有很大的应用价值，但在应用时也会受到某些方面的限制，这是因为问

卷法具有如下缺点。

1. 要求研究对象具有一定的文化水平

问卷调查客观上要求研究对象必须能够阅读和理解问卷的内容、问题的含义以及填答问题的要求和方法。因此，问卷的使用范围常常受到限制。例如，对于幼儿而言，问卷调查就往往难以实施，研究者常常采用教师评定问卷或家长评定问卷方式来研究幼儿的心理发展特点。

2. 主观性强，不能保证填答的质量

由于研究对象可能会因种种原因，如敷衍了事，或自我保护意识较强而不填写真实答案，或选择社会公认的期望答案，或随意乱选答案，或不作回答等等，问卷法具有很强的主观性。这些都会直接影响结果的准确性和客观性。在邮寄问卷调查中，由于研究者不在场，研究对象对问卷中的某些问题不清楚时，也就无法向研究者询问，这往往容易产生误答、错答和缺答的情况。因此，问卷调查所得资料的质量常常得不到保证。这也是问卷调查面临的主要难题之一。

3. 回收率有时难以保证

一定程度的回收率是保证调查资料代表性的必要条件之一。但在邮寄问卷调查中，问卷的回收率往往难以保证。这是因为一份问卷能否完成、能否收回主要取决于研究对象。如果研究对象对该项调查的兴趣不大、态度不积极、合作精神不够，或者受到时间、精力、能力等方面的限制，他就有可能放弃问卷，使问卷的回收率受到影响。

第二节 如何编制问卷

一、问卷的结构

一份完整的问卷，一般包括标题、前言、指导语、问题及选项、结束语五个部分。

（一）标题

标题是对研究课题的高度、简洁概括，它既要与研究内容一致，又要能对研究对象产生影响。问卷的标题不仅反映了问卷的调查内容，还关系到研究对象对问题的态度。当涉及隐私等敏感性问题时，可以采取省略标题只以调查问卷为题目的形式，还可以变换说法。如了解中学生早恋问题，就不适宜以“中学生早恋问题问卷”作题目，改用“中学生人际关系问卷”等题目比较合适。

（二）前言

前言是对研究目的、内容的扼要说明。其目的在于引起研究对象回答问题的热情，消除其疑虑。前言在整个问卷中占有相当重要的位置，研究者能否说服每一位被试参加到调查中来、能否让他们如实地填写问卷、能否让他们把填好的问卷寄回等等，在很大程度上都取决于前言的效果。前言的内容一般包括调查的目的与意义、关于匿名的保证和研究者的个人身份或组织名称。恰当得体的前言可以减少研究对象对问卷调查产生的顾虑，体现研究者的诚意及调查的正式性，从而有利于得到研究对象的信任和合作。

（三）指导语

指导语主要用来指导被试如何填写问卷，包括注意事项，有时还附有例题，以帮助被试理解填写问卷的方法与要求。指导语一定要简洁明了，用词恰当，便于理解。在有些问卷中，这一部分被列入前言中，不另外单独列出，但更多的问卷则会将其单独列出。例如："请在所选的答案上打钩。""请选择一个答案填在问题前面的括号内。""请把答案的号码填在答题纸上相应的地方。"再如艾森克人格问卷（EPQ）指导语："对于下面的每一个问题，请根据自己的实际情况做出'是'或'不是'的选择，选择没有对错之分。每个问题都要回答，回答问卷无时间限制，但不要拖得太长，也不要未看懂便回答。"

（四）问题及选项

问题和选项是问卷的主体，被试的各种情况正是通过问题和选项收集的。问题是问卷的核心内容，编拟的问题必须要具体、清晰、客观、可操作、通俗易懂。问题有开放式问题和封闭式问题。开放式问题只有问题而没有特定选项，被试可以自由作答；封闭式问题不仅有问题，而且还有选项。封闭式问题要按照标准化测试严格设计，选项要符合实际，贴近实际，便于研究对象选择。

（五）结束语

结束语是问卷的最后部分，一般包括两个方面的内容：第一，提出几个开放式问题或建设性意见让研究对象自由回答。这样研究者可以在量化的基础上进行质的分析，加深对问题的认识。例如，在对某种教学方法所作调查的问卷结尾处，可安排一个开放式问题："您在使用这种教学方法进行教学的过程中，遇到了哪些主要的困难？请写在下面。"第二，对被试的合作再次表示感谢，有的结束语还会提醒研究对象进行复核与不要漏填。结束语根据问卷的需要可有可无。

专栏 6-3

中小学生自我意识发展调查问卷

［标题］中小学生自我意识发展调查问卷

［前言］这份问卷调查表想了解同学们的一些想法和情况。希望大家认真填写。这份表不对你个人做任何鉴定和评分，也不留给你的老师和学校，可以不填写姓名，仅为科学研究所用，谢谢你的合作。

［指导语］卷子里的问题都是同学们非常熟悉的，而且每个问题已经给你写了答案，只要求你选择一个符合你的情况或想法的答案，每份问卷另备有一张填写答案的"答案纸"，请你把选择的答案号码填写到答案纸上相应问题的空格里就可以了。注意对准问题，不要将问题一的答案号码填写到问题二的空格里，不要在问卷上乱画或做任何记号。

对于小的同学，有些问题可能还不懂，实在不能答就不答。希望大的同学一定要做完。现在先做几个练习题，看同学们会不会把选择的答案号码正确地填写到答案纸上。

例题 1　你在哪一级学校上学？①我在小学上学　②我在初中上学　③我在高中上学

［说明］如果你是小学生，就应该选择答案①，并把答案号码填写在答案纸上例题 1 的空格里。

［正式题目］

你的爸爸妈妈说的话都对吗？

① 不知道，都对　② 好像是的　③ 不一定都对

（其他题目略）

［结束语］下面还有两个问题请你回答，能写多少就写多少，回答得越全面越好。

1. 你认为怎样才算一个好学生？

2. 你认为怎样才算一个坏学生？

再次感谢你的合作。

资料来源：韩进之，魏华忠，杨丽珠，1991，144－145 页。

二、问卷的编制程序

问卷的编制过程，是研究者根据调查研究的目的和需要，编写问题和形成问卷的过程。一份高质量的问卷并不是随心所欲设计出来的。我们要先根据研究目的设计总体框架，再根据总体框架提出每一个具体问题。每个具体问题在问卷中都有不可替代的作用，且问题之间具有内在的逻辑联系。设计问卷时必须明确：问卷需要验证何种假设？用什么理论框架建构假设？如何对研究的概念及变量下操作定义？设置多少个维度、亚维度？用多少个题目测量？如何建立题目之间的顺序性？等等。问卷的编制程序包括下列步骤。

（一）明确研究目的，确定中心概念

问卷的设计过程就是将研究的总目的逐步具体化的过程。研究目的可以是宽泛的，如“教师在员工队伍中的参与情况调查”，也可以是具体的，如“中小学生需要倾向性发展研究”。研究者根据研究目的和假设范围收集所需资料，并确定研究的中心概念，心理学研究中更强调根据研究目的和对象对其操作化。比如，在“中小学生需要倾向性发展研究”中，首先明确“需要”的定义，再根据研究目的确定中小学生希望满足的几种需要。

（二）进行理论建构，构建问卷框架

所谓理论建构就是根据调查研究的课题，确定调查的变量或概念。如何进行问卷的理论建构呢？一般有以下三种方式。

1. 理论推导方式

这是指从一个或若干个概念入手，找出与这些概念相联系的明确的行为、态度、价值观念等方面的表现。例如，哈佛大学心理学家莫瑞（H. A. Murray）的需要理论认为，人类共有 15 种需要，分别是成就、顺从、秩序、表现、自主、亲密、省察、求助、支配、

谦逊、助人、变通、坚毅、性爱和攻击。爱德华兹（A. L. Edwards）就根据该理论编制出了爱德华兹个人偏好量表（EPPS）。该量表的各个分量表的项目均与莫瑞需要理论的 15 种需要相关。又如，泰勒（J. A. Taylor）首先定义什么是焦虑，界定焦虑的结构，再请临床心理学家从 200 个描述焦虑状态的题目中挑选出符合此建构的题目。用这些选择出的题目，泰勒编制出了显相焦虑量表（MAS）。

2. 因素分析方式

这是指将实际收集到的资料进行归纳，或根据理论归纳出若干项目，以此测试为数众多的被试，找出相关的项目，抽出主要因素，每一个因素代表一个特质，依此编制问卷。卡特尔 16 种人格因素量表（16PF）就是典型的例子。

3. 实证标准方式

这是指研究者用一份初始问卷（仅仅是一系列的项目）对不同类型的被试组进行测试，被试组之间可能在某一方面被社会公认为有差异，然后通过被试的回答，研究者将那些能把不同被试组区别开来的项目保留下来，用它们制成问卷。例如，著名的明尼苏达多相人格调查表（MMPI）就是基于这种原则建立起来的。美国明尼苏达大学的心理学家哈撒韦和精神科医生麦金利从实际出发，在临床病例、早期出版的个性量表、病史报告、医生笔记中寻找线索，试图找出能够区分正常与各个病种差别的项目。他们将这些项目汇集成初始问卷，用问卷测量正常人和精神病患者，将能够区分两组被试的项目保留下来，最后编制出明尼苏达多相人格调查表。

需要注意的是，很多研究者在进行理论建构之前会进行探索性研究，通过探索性调查、文献查阅、个案研究等收集资料，再结合上述三种方式构建理论框架。例如，刘文和杨丽珠（2005）在进行儿童气质问卷的理论建构时采用了如下方法：（1）1994 年采用纵向观察法研究幼儿的气质特点，曾在幼儿园 6 个班进行个案记录观察达半年，后又进行了 3～6 岁幼儿气质发展的实证研究（采用斯特里劳学前儿童气质评定量表）；（2）1999 年在进行幼儿自我延迟满足的跨文化研究时，对 80 名幼儿的气质进行父母问卷评估；（3）在观察基础上，发放开放式问卷，对问卷进行编码并综合各派研究的结构特征，推导出儿童气质的基本维度。根据理论分析与初步预测，研究提出 3～9 岁儿童气质包括 5 个维度和 12 个特征的理论建构，各个维度和特征并非独立，而是有机联系的，它们之间存在相互影响。

（三）根据变量设计问题及回答方式

理论框架建立以后，也就是研究者所要调查的变量确定以后，就要根据这些变量设计问题。在设计具体问题时，要注意设计的问题与所反映的变量的操作定义的性质应一致。例如，在韩进之和魏华忠（1985）的中小学生自我意识发展研究中，根据“自我评价”这一变量，研究者设计了 14 个反映中小学生自我评价方面的问题。调查者应从各种变量或概念入手，找出与这些变量或概念相联系的行为、态度、价值观念等方面的表现，然后根据调查的需要及问卷的容量，将它们表述为若干具体问题。在设计问题的时候，同时还应考虑问卷的形式（是用开放式、封闭式还是半封闭式?）和问题的顺序及回答问题的方式（是采用是否式、多重选择式还是数字式、排序式?）。

（四）编制问卷其他内容，专家评定修订项目，形成初始问卷

这是指编写问卷前言、指导语、结束语等，然后请有经验的专家、相关研究领域的研究者及实际工作者对问卷内容提供批评意见，作为修改问卷的参考。例如，杨丽珠和张丽华（2005）在研究 3～9 岁儿童自尊结构时，在理论建构的基础上，对通过开放式问卷、访谈、个案追踪观察得到的资料信息进行编码和经验分析，初步编制出一份包括 72 个题目的“3～9 岁儿童自尊教师评定问卷”。随后，请发展心理学的有关专家、在幼儿园和小学工作 5 年以上的教师检验初始问卷的内容效度，并对每个题目的可读性和适宜性进行评议，删除较抽象、重复的题目，对一些题目的表达方式进行修改，最后形成由 62 个题目组成的正式问卷。

（五）预测及再修订，形成正式问卷

预测目的包括以下三个方面：第一，考察问卷的具体缺陷，如问题的难度、数量、顺序是否合适，问题的内容是否合理，语言的表述是否能够被研究对象理解等；第二，进行项目分析，删除不适当的题目；第三，考察问卷的信度、效度；第四，考察问卷的回收率、有效回收率，分析未回答问题和错误填答，从而发现问卷的问题，进行补充和修改。在预测时，通常是从总体样本中抽取一些人作为预测样本。这样，在正式调查时会遇到和出现的问题通常也都会在这种小样本的调查中遇到和出现。这种方法能起到对问卷进行客观检查的作用，我们对其修改后就可按计划发放问卷，进行正式调查。

根据预测结果，对项目内容、排列方式加以改进，通过项目分析，修正和保留适当的题目。同时，对预测的结果进行初步的信度、效度检验，报告问卷的内部一致性系数、分半信度、内容效度及构想效度。最后将测验题目重新随机组合，形成正式问卷。

（六）项目分析及问卷的信、效度检验

问卷的修订过程中最重要的是项目分析。项目分析是指对题目的质和量的分析，既包括对内容取样的适当性、题目的思想性和表达是否清楚等方面进行评价，也包括对试测结果进行统计分析，确定题目的难度、区分度和备选答案的合适度等内容。通过项目分析，对不合适的题目进行修正或删除，最后选出准备编入正式测验的题目。一般在人格、社会性研究中，相关分析和因素分析是两种常用的项目分析方法。相关分析一般用于分析各题目之间的相关矩阵和各题目与问卷总分的相关。各题目经校正的题总相关（corrected item-total correlation）和多重相关平方（squared multiple correlation）可作为各项目的区分度指标。在项目分析中，一般删除题总相关较低和多重相关平方小于 0.3 的项目。因素分析涉及以下几个方面：第一，项目载荷值（loading）。项目载荷值表示的是该题目与某公共因素的相关，题目在某个因素上的载荷越大，说明题目与该因素的关系越密切；若二者相关低，说明由某公共因素所反映的心理特质无法由此题目推测。第二，遵循变量相对对立原则，将在两个以上维度结构中因素载荷值均高且载荷值近似的题目删除，即我们所说的“万金油”题目要删除。例如，如果某道题在公共因素 1 上的载荷为 0.547，在公共因素 2 上的载荷为 0.548，该题目就应该删除。第三，在相同结构范围内，若两个题目之间的相关系数很高，则要删除其中的一道题目，以遵循简约性原则。第四，共同度（communality)。它是保证某特定公共因素上载荷值较大的前提下，某题目在所有公共因素上的载荷量平方值的总和。共同度反映了观测题目对公共因素的贡献。一般而言，共同度在0.6以上的项目较好，一般也不能低于0.4。第五，删除归类不当或与理论建构根本不相符合的题目。

为了保证问卷的标准化程度，我们应该用多种方法来测量并报告问卷的信度和效度。

同质性信度：确保所有项目测量的是同一种心理特质，表现在各题得分之间有较高的相关，一般用 α 信度系数来表示。分半信度：将问卷题目分成等值的两半，分别求两半题目的总分，再计算两部分总分的相关系数。它可以估计问卷的内部一致性。重测信度：用同一问卷在不同时间对同一研究对象样本先后施测两次，计算两次得分的相关系数，它可以表示结果的稳定性程度。评分者信度：两个评分者对同一组研究对象分别进行评定，计算两次评定结果的相关系数。

内容效度：问卷题目对有关内容或行为规范取样的适当性或代表性。结构效度：问卷所得分数能够说明心理学理论的某种结构或特征的程度，也可以理解为问卷实际测量所欲测量的结构和特征时所达到的程度。通过探索性因素分析、验证性因素分析的指标可以证实问卷是否具有良好的结构效度。效标关联效度：问卷所得分数和效标之间的相关程度。

专栏 6-4

3～5 岁幼儿自我控制能力结构研究

1. 问题提出

幼儿自我控制能力是幼儿完成各种任务、协调与他人关系、成功适应社会的核心和基础，对幼儿未来的发展具有重要的作用。琼等（June，Roy，& Luzio，2004）研究发现，自控能有效预测个体良好的调节能力、较高的成绩、和谐的人际交流能力和更少的病理表现；克莱门和布洛克（Kremen & Block，1998）对幼儿自控的稳定性进行了长达20年的追踪后发现，3或4岁时所测得的自控水平与15～25年后所测得的自控水平之间存在极其显著的相关。这表明个体自控的发展具有稳定性，幼儿期形成的优良自控能力能影响其一生的发展。然而中日韩幼儿对比研究发现，我国幼儿家长最担心的是孩子任性（杨丽珠、李灵，田中敏明，1999）；中澳幼儿自我控制的对比研究发现，澳大利亚幼儿的自我延迟满足水平高于我国幼儿（杨丽珠，王江洋，刘文，2005）。我国幼儿园中仍然存在教师对幼儿高控制、幼儿对教师高依赖的现象（刘金波，1999），不利于幼儿自我控制能力的发展。因此，对我国幼儿自我控制能力进行探索具有极其重要的理论价值和现实意义。

幼儿自我控制是其心理能动性的重要表现，是心理的整体功能，它是多层次、多维度的心理活动系统。对自我控制的结构进行分析和探讨有利于提高理论的可操作性，为进一步对幼儿自我控制的深入研究找到切入点；同时为在家庭、幼儿园中幼儿自控能力的培养提供理论依据。在对幼儿自我控制结构研究上，国内外许多学者曾提出过不同的理论模型。科普（Kopp，1982）认为，自控包括抑制冲动行为、抵制诱惑、延迟满足、制订和完成计划、采取适应于社会情境的行为方式五个方面；伯克维茨和格瑞奇（Berkowitz & Grych，1998）研究认为，自我控制由抵制诱惑、控制冲动和延迟满足三个维度构成；艾森伯格等（Eisenberg et al.，2004）认为，应从注意转移策略、关注、禁止控制和冲动性四个角度对自我控制进行测量；在梁和鲍德洛瓦（Leong & Bodrova，2003）的研究中，自控被分为认知控制和社会情感的控制；而维拉等（Vera，Shin，Montgomery，Mildner，& Speight，2004）将自控分为人际自控、个体自控和自我评价三个方面。这些研究的对象主要集中在青少年和成人阶段，有些研究涉及幼儿阶段，但是年龄跨度太大，结果不具有针对性，并且在研究方法上也以理论分析或探索性因素分析为主，研究过程带有纯理论或纯数据倾向。综上所述，目前国内外尚无运用验证性因素分析对我国3～5岁幼儿自我控制结构进行的研究，这正是本研究的立足点。

2 结构模型的建立

2.1 质化资料——观察记录和教师访谈资料归纳

为了能充分了解幼儿自我控制的行为特征，我们进行了半年的幼儿园实地观察，记录幼儿自我控制的行为表现；同时对幼儿教师进行了集体访谈，请幼儿教师说出她理解的幼儿自控的主要表现。在汇总观察记录和访谈资料的基础上，我们对资料进行了编码。首先，从总体上进行主题词的抽取，找出描述幼儿自我控制的词汇，共获取相关的表述212条；在此基础上，我们尝试进行整理，将描述相似内容的表述进行归类，在这一过程中删去重复和无效的表述84条，剩余的128条表述被分为7组，然后依据每一组表述的内容相似性进行归纳，比如，将“遵守游戏规则”“老师禁止的事不做”“自觉排队”等归纳为“自觉性”，最终形成了对幼儿自我控制内容的初步认识，依次为：控制冲动、忍受挫折、抵制诱惑、自觉性、坚持性、监督调节、自我延迟满足。

2.2 理论检索——吸纳前人研究成果

有许多对儿童自我控制结构的研究从不同的角度和侧面进行了分析。我们在建立3～5岁幼儿自控模型时充分参考了这些研究成果，同时结合幼儿心理的发展特点，吸取适合幼儿阶段心理和行为特征的内容，剔除不符合的内容，形成了一个初始的理论认识。

2.3 前期研究——探索性因素分析结果

我们对幼儿自我控制结构进行了前期研究，运用探索性因素分析对幼儿自我控制结构进行了研究，结果发现幼儿自我控制由自制力、坚持性、自觉性和自我延迟满足构成（杨丽珠，宋辉，2003)。同时借鉴和参考肯德尔和威尔考克斯（Kendall & Wilcox，1979）探索因素分析的研究结果，从数据角度为我们幼儿自我控制模型的建立提供参照。

通过对质化资料、前人理论和数据探索结果的综合分析，我们提出了一个包含四个维度的3～5岁幼儿自我控制结构模型：幼儿自我控制由自制力、坚持性、自觉性和自我延迟满足构成。我们还提出了相应的操作定义：自制力，表现为通过抑制直接的、短期的欲望而控制冲动的能力；坚持性，表现为在某种困难情境中，为达到某一目的而坚持不懈地克服困难，并在此过程中表现出持续或持久的一种行为倾向；自觉性，表现为在无人监督的情况下，对禁止体验的认识和与看护人期望相一致的动机及相应的行为；自我延迟满足，一种为了更有价值的长远结果而放弃即时满足的抉择取向，以及在等待中展示的自控能力。

3. 问卷的形成

3.1 测验题目的收集和编制

根据对自我控制的操作定义，进行幼儿园的观察记录，记录幼儿典型的自我控制行为表现，并对所收集的记录进行分析和剔除，选择具有代表性、普遍性的幼儿自控行为设计测验条目。同时参照国内外有关幼儿自我控制的研究问卷，特别是杨丽珠和宋辉的研究问卷以及肯德尔和威尔考克斯的研究问卷，拟定出包含40个题目的幼儿自我控制教师评定初始问卷。在此基础上请有关专家（2人）、从事幼教5年以上的幼儿教师（8人）和幼教方面的研究生（6人）对问卷内容和句子逐一审核与评定，删除语意不清或重复的项目8个，并在不改变题目内容的前提下对某些问题进行修改，形成一份包含32个题目的预测问卷。

3.2 预测

从大连市随机抽取一个幼儿园小、中、大班共115名儿童，其中小班32人，中班45人，大班38人。请带班半年以上的幼儿教师两人一组分别对同一组幼儿进行评定，共10名教师参加，均为女性。

对预测的结果进行初步的效度、信度检验，预测问卷的内部一致性系数为0.732 6，Guttman分半系数为0.898 4；各维度之间以及维度与总分之间的相关为0.530 6～0.832 2；同时对其进行相关分析，删除题目之间相关度过高的题目；进行频次检验，删除远离正态分布、区分度不高的题目，形成包括28个题目的正式施测问卷。

（参考文献略）

资料来源：杨丽珠，董光恒，2005，7-8页。

第三节 编制问卷时可能遇到的问题

一、如何设计问卷的题目

根据问题功能的不同，问题可分为接触性问题、实质性问题和辅助性问题。接触性问题一般是为了增进研究者与被试的信任而提出的一系列彼此联系，但不同于实质性问题的题目。实质性问题是分析整理调查材料的主要来源，是为获得实质性的事实材料而设计的，是问卷的核心。辅助性问题在问卷中起辅助作用。根据其起作用的类型，辅助性问题可以分为四类：过滤性问题、校正性问题、补充性问题和调节性问题（刘电芝 主编，2013）。

问题的编制过程中一般会遇到以下问题，研究者可以根据不同情况采取合适的方式。

（一）问题类型的选择

一般情况下，探索性研究或预测性研究采用开放式问题，对于已有明确操作定义的研究变量，多采用封闭式问题。接触性问题并不是问卷内容必不可少的，一般涉及比较敏感的问题时可用一两个。实质性问题是问卷的主体，一般采用封闭式或半封闭式问题。

（二）问题的语言和提问方式的确定

问卷中的问题表述要清楚，要简明扼要、易于回答。避免使用模棱两可、晦涩生冷的词及暗示性词语、学术用语和专业性词语；避免使用假设句、反问句、双重否定句；问卷中还应避免涉及社会禁忌和个人隐私的问题，一般情况下不要提敏感性问题。例如：

你喜欢不喜欢数学老师？A. 是 B. 否（模棱两可词语）

你喜欢上物理和化学课吗？A. 喜欢 B. 不喜欢（包含两个以上的概念或事件）

你获得奖学金的时候会在其他同学面前掩饰自己的快乐吗？1. 从不 2. 偶尔 3. 经常 4. 总是（假设性语句）

你曾经在考试时作弊吗？A. 是 B. 否（敏感性问题）

（三）问题数目的选择

问题的数目要适度，有的问卷问题数目太多，少则 100～200 题，多则 300 题以上，导致研究对象产生疲劳，注意力下降，影响问卷调查质量，尤其影响问卷的后半部分。一般而言，正式问卷的题目最好不要超过 70 个。问卷的题目过少，则不足以充分反映调查内容。同时还要注意：如果一份问卷由几个维度构成，每个维度题目不能太少，且几个维度包括的题目最好要大致相等。考虑到问卷编制需要经过项目分析删题的步骤，初始问卷各个维度的题目可以适当多些。

（四）问题排列方式的确定

具体问题拟订好以后，如何将这些问题组合成一个问卷呢？国外有研究表明，问题顺序可能产生两种效应：从内容上来说，相邻题目之间的回答会互相影响而不是互相独立的，即非独立效应；从方向上来说，之前题目的回答会影响之后题目的回答，即方向效应。一般来说，我们可以在以下几个方面考虑排列问题。

（1）可按由近及远或由远及近的时间顺序排列，也可以按照由易到难或由浅入深的理解顺序排列。可以先呈现简单熟悉的问题，再呈现复杂陌生的问题；先呈现一般问题，后呈现具体问题；先呈现封闭式问题，后呈现开放式问题；先呈现普通问题，后呈现敏感问题；先呈现接触性问题，后呈现实质性问题。

（2）排列时要注意将相同维度的问题有顺序地分割开来，避免研究对象的反应倾向和心理定势。对非等级问题选项的排列也要保证其随机性，否则也容易造成心理定势和反应倾向。例如，在答是非题时，前面答案连续为“是”，就会引起研究对象的怀疑，即使正确答案仍为“是”，也可能会产生选择“非”的倾向。

（3）一份标准化的问卷要进行信度检验，可根据所要采用的检验方式来安排问题的序列。如用分半相关检验，那么相同变量问题最好有秩序地对半安排，但最好不被被试发现。

为了更直观地了解，下面以中小学生自我意识发展调查问卷为例进行说明。中小学生自我意识发展研究是以五种变量了解自我意识发展状况，变量分别为自我评价、自我控制、自我体验、性意识发展和稳定性。

自我评价（SA 因素）设计 14 个测题，主要了解学生自我评价水平。每题答案有 3 个，以水平高低排列，③为高水平，③也是计分。

自我控制（SC 因素）设计 14 个测题，主要了解学生自我控制水平。每题答案数量、排列、计分同上。

自我体验（SE 因素）设计 14 个测题，主要了解学生自我体验发展水平。每题答案数量、排列、计分同上。

性意识发展（XC因素）设计14个测题，主要了解学生性意识的发展水平。每题答案数量、排列、计分同上。

稳定性（E因素）设计7个测题，主要了解学生自我意识（着重自我评价）发展的稳定性特征。每题答案数量、排列、计分同上。

在合成问卷时，从每一因素的14个题目中依次抽出2个（E因素每次抽出1个）题目。组合办法如表6-1所示。

由表中可以看出，问卷中63个测题保持着由低水平到高水平的顺序。(1)(2)题是自我评价（SA）问题，(3)(4)题是自我控制（SC）问题，(5)(6)题是自我体验（SE）问题，(7)(8)题是性意识发展（XC）问题，(9)题是稳定性（E）问题，以下问题依此类推。可见，同类变量的问题有秩序隔开，可以避免被试回答问题时的心理定势。另外，(1)(10)(19)(28)(37)(46)(55)题同属一列，(2)(11)(20)(29)(38)(47)(56)题同属二列，它们都是自我评价的题目，以下问题依此类推。这种排列有利于进行分半相关检验，并且依然是同类问题有秩序隔开，从而避免反应倾向的出现。

表6-1　测题合成

因素	SA		SC		SE		XC		E
合成 低水平	1 (1)	2 (2)	1 (3)	2 (4)	1 (5)	2 (6)	1 (7)	2 (8)	1 (9)
↓	3 (10)	4 (11)	3 (12)	4 (13)	3 (14)	4 (15)	3 (16)	4 (17)	2 (18)
↓	5 (19)	6 (20)	5 (21)	6 (22)	5 (23)	6 (24)	5 (25)	6 (26)	3 (27)
↓	7 (28)	8 (29)	7 (30)	8 (31)	7 (32)	8 (33)	7 (34)	8 (35)	4 (36)
↓	9 (37)	10 (38)	9 (39)	10 (40)	9 (41)	10 (42)	9 (43)	10 (44)	5 (45)
↓	11 (46)	12 (47)	11 (48)	12 (49)	11 (50)	12 (51)	11 (52)	12 (53)	6 (54)
↓ 高水平	13 (55)	14 (56)	13 (57)	14 (58)	13 (59)	14 (60)	13 (61)	14 (62)	7 (63)

资料来源：杨丽珠 主编，1995，212页。

二、问卷回答方式的设置

回答方式是问卷编制中非常重要的内容，关系到被试是否能够回答、是否容易回答，还关系到问卷资料价值的大小。回答方式类型有很多种，研究者应该根据问卷研究的目的选择合适的回答方式。回答方式有如下类型。

（一）是否式

是否式是让研究对象在研究者事先提供的两种相反的答案中选择一个，如“是”与

"否"、"同意"与"不同意"、"赞成"与"不赞成"等。

例如，艾森克人格问卷的回答方式就为是否式，如：

你是否比较活泼？1. 是　2. 否

是否式问题的回答简洁，计分容易。不足的是当调查对象持中立态度，或调查对象说不清自己的想法时，容易出现二者随便答一个的情况。

（二）选择式

根据选择项的多少又可分为单项选择式和多项选择式。

1. 单项选择式

研究对象在几种答案中选出一个合适的答案。例如：

你的孩子起床后是怎样整理床铺的？

A. 孩子自己叠被子，整理床　　B. 基本上或有时候自己整理

C. 大人整理　　D. 完全不整理

2. 多项选择式

研究对象在多种答案中选出几个合适的答案。选择的数量可以限制也可以不限制。例如：

你认为这次期末考试英语成绩不理想的原因是什么？请在下列选项中选出符合的项目。

A. 能力差　　B. 不够努力　　C. 运气不好

D. 考试粗心　　E. 老师教得不好　　F. 身体状态不好

设计多项选择式时要注意答案尽可能穷尽所有项目，否则就可能出现调查对象想答的答案没有的情况，同时答案之间不能出现交叉和包容现象。

（三）排序式

研究对象将列出的答案按照一定的标准排出顺序。例如：

你每天在学校或家里读书的理由是什么？在下列答案中按照你自己的情况把它们排上顺序。对你来说最主要的就在（　）中写1，比较主要的就在（　）中写2，余者类推。

（　）读书能得到好成绩。

（　）对书有兴趣。

（　）没有什么想法，只是默默地读。

（　）能获得新知识，懂得新事物，从而觉得很快乐。

这种方式要求排列的答案不宜太多，一般不超过15个，否则由于回答时间太长，调查对象可能不愿回答或难于回答。在排列时也允许将几个答案并列作为同一选择。

（四）等级式

等级式是提出问题，让研究对象回答其程度。表示程度的方式有多种，以数字式和线

段式最为常用。

1. 数字式

即用数字表示程度。例如：

> 请选择一个数字代表自己的注意力状况：
>
> 1. 不集中　2. 不太集中　3. 一般　4. 较集中　5. 非常集中

2. 线段式

即用可见的直线坐标表示程度。例如：

> 我通过改变自己对处境的考虑方式来控制情绪。

一般来说，线段式比数字式更有利于调查对象估计连续体上的心理距离，有利于更准确地表示出其程度。

（五）填空式

研究对象在给出的具体问题后面填上自己的答案，这种形式常用于那些对回答者来说既容易回答，又方便填写的问题。例如：

> 你认为这次会议中最精彩的报告者是____，你最感兴趣的论文是____________。

（六）自由回答式

研究对象自由回答问卷中的问题。例如："你感到什么样的人是健康的？你感到什么样的人是不健康的？""你心仪的毕业去向是什么？"对这种问题的回答不受限制，回答者能充分发挥主动性、创造性，讲出自己的真实想法，但在回答时需考虑如何表达，因此不适合文化水平低的调查对象。此外，得到的回答五花八门，材料整理费时费力，容易受研究者主观看法的影响。不过，此类回答常可得到研究者意料不到的结果。

一个完整的问题由提问、答案和回答方式三部分组成。回答方式的编制直接与问题的内容和答案有关，与定量定性分析有关。选择式、排序式、等级式、是否式更适用于定量分析；填空式、自由回答式更适用于定性分析。在编制回答方式时要综合考虑问题的种类、内容、答案以及对结果的分析方式，制定出科学有效的问卷。

三、问卷客观性的检验及虚假回答的防备

设计问卷时要尽量保证问卷结果的客观性，即研究者应要求研究对象既要认真作答，不能乱答，又要求其答案尽可能符合真实情况，不要有意掩饰自己，特别是对一些具有社会道德评价意义的问题，不能故意拔高自己。解决这一问题的方法包括设置反向题、设置效度题、采用"他我差率"和对问卷回答偏斜进行分析。

（一）设置反向题

反向题是问卷中与一般题目回答方式相反的题目。例如，在幼儿自我控制问卷（杨丽珠，董光恒，2005）中，坚持性维度编了四个题目：（1）“别的小朋友带来新玩具，可老师要求上课时不准看，他能做到不看。”（2）“遇到自己开始做不好的事时，能坚持，直到做好为止。”（3）“儿童在做一件事情时，总是需要再三提醒才能完成。”（4）“当儿童发现他正在做的任务挺困难时，他仍会努力坚持做下去。”这其中，第四道题就是反向题。设置反向题的目的在于检测研究对象在答题时的认真态度，以确保问卷作答有效。如果某研究对象对问卷中反向题的回答大多与正向题不一致，其问卷就需要剔除。反向题的计分方式与正向题相反，可以在录入数据的时候直接采取反向计分方式，如 5 点等级式计分方法，若题目选择 1，则计为 5 分。在研究中一般采用直接录入数据，再采用 SPSS 统计软件中的转换命令对数据进行反向计分转换。

（二）设置效度题

可以采取某些人格测验的做法，在调查问题中增加能探查效度方面的问题。一方面，可以设置一些特殊的问题，这些问题往往是常人难以做到的，如果被试回答他做到了，就说明被试可能在说谎，是在从理想化的角度回答问题，不符合个人实际；另一方面，在问卷中，同一实际内容的，可以以措辞不同的两个问题的形式出现，如果被试回答不同，则其回答可能不真实（谢春风，时俊卿 主编，2004）。例如：

我从来没说过谎。

A. 很不符合　　B. 不符合　　C. 有点符合　　D. 符合　　E. 很符合

如果被试回答符合或很符合，那就要考虑其回答的真实性了。一般在问卷中不能单靠一道这样的问题就去断定回答的真实性，应该有几道这样的题，以便综合起来考虑被试回答问题的真实性。

（三）采用“他我差率”

“他我差率”是指人们对行为进行评价的时候，往往对自己与他人采用不同的标准，从而造成评价差别。考虑到这种差别，在设计问卷时，对敏感、社会规范性强的问题可以设置两个问题。一个问题是：“你认为大多数人在这种情况下会怎么样?”第二个问题是：“如果是你自己，你会怎样?”两个问题的数据结果之差，即是“他我差率”。被试在回答第一个问题的时候，因为不涉及自己，就容易谈出自己的真实想法，因此这个回答反映的是“实际我”。在回答第二个问题时，因为涉及自己，人们一般就会按“理想我”来回答问题。“理想我”就是人们按照一定的社会规范和价值标准塑造出来的自我形象或行为模式。有时候“理想我”和“实际我”是统一的，有时候是分离的。这体现了人们言论与行动、认识与实践之间的差距（施铁如，1998）。

（四）对问卷回答偏斜进行分析

所谓回答偏斜（response bias）分析就是：对于那些由于问卷中的题目编制问题而导

致的回答偏斜，可以通过修改问卷题目加以校正；而对那些敏感性问题答案真实性的鉴定，则需要设计一些不易被察觉的补充性问题加以鉴别（李春萍 主编，2001）。

第四节 如何使用问卷法

一、问卷实施的方式

实施问卷调查主要可分为三种方式，团体实施、个别实施和邮寄实施。另外还有电话访谈式实施和网上访谈式实施。

（一）团体实施

这是指为了达到调查的目的，在同一时间由一名或若干名研究者有组织地统一发放问卷，对多名研究对象进行施测。发放前由主持人宣读指导语，讲明填写要求及注意事项，一般为当场填写，当场收卷。这种形式发放迅速，回收率高，有不明白之处可当场提问。由于有情感交流，这种方式易取得被试的合作。团体实施是问卷法的主要形式。

（二）个别实施

个别实施每次仅以一名研究对象作为问卷的调查对象。主试按照问卷上的顺序和问题提问，不做任何解释，由研究对象回答，记录回答的答案。个别实施时间长，记录烦琐，主试需要接受训练。

（三）邮寄实施

通过邮寄问卷的方式来进行调查，是教育调查常用的方法之一。邮寄问卷简便易行，省时省力，还能使回答者有充裕的时间去考虑，答案比较可靠。邮寄问卷的主要缺点是回收率难以保证。

二、发放问卷需注意的问题

第一，确定研究对象时要考虑其是否熟悉问卷上的问题和是否能够反映真实情况，最好被试数量能达到统计学上的取样要求。确定研究对象的人数应该考虑两点：（1）选取的人数应多于所需的人数，选取人数通常按照下列公式计算：选取人数＝所需人数/（回收率×有效率）（董奇，2004）。例如，假定所需人数为500人，问卷的回收率是50%，有效率是80%，那么选取人数应是500/（50%×80%）＝1 250人。（2）问卷需要做因素分析时，原则上研究对象的人数要大于或等于问卷总题目数的5倍。

第二，如果选择学生为研究对象，发放问卷的时间应避开学生假期或学期开始和结束的时候，以免影响答卷效果。发放问卷要有记录，以便考察和催问。

三、问卷回收整理需注意的问题

调查结束后，对回收的问卷，在剔除废卷的同时，要统计有效问卷的回收率。一般来说，回收率如果仅有30%左右，其结果只能做参考；回收率只有达到70%～75%以上，方可作为研究结论的依据。另外，为保证结论的可靠性，如果有可能，可以做小范围的跟踪调查，了解未回答问题那部分被试的基本看法，以防止问卷结果分析的片面性。

（一）问卷结果的整理分析

（1）挑出不合乎要求的问卷，这包括资料填写不全、理解错误的问卷，还包括研究对象不认真作答胡乱填写的问卷。研究者可以根据反向题、效度题等详细甄别问卷。筛选问卷对后面进行的统计分析具有决定性作用。

（2）问卷资料的编码。就心理与教育研究来看，研究结果（数据、资料）的量一般较大，用手工统计具有一定困难，因此，研究大多采用计算机处理结果。对于开放式问卷，一般采取事后编码，即在研究完成之后，研究者根据研究目的和所记录的研究对象的答案构建编码系统，对资料进行编码。例如，某个开放式问题的答案有数十种，那么就可以把它们全部列出来，将同一类型、同一性质或相近的答案归为一类，然后对所有研究对象的答案逐一编码。对于封闭式问卷，一般采取事前编码的方法，即在做研究设计和问卷的时候同时进行编码设计，将研究结果直接编入编码表。

（3）按所选统计方法的要求录入数据。

（二）问卷结果的统计分析

这里着重介绍结构型问卷的数据处理分析。可选用不同的统计方法，最通常的方法有如下几种（刘电芝 主编，2013）。

1. 人次统计法

首先，求出各项选择的人次。为进一步了解获得的结果是否存在真正的差异，还应对各项人次进行卡方检验。

2. 赋值法

赋值法是按照一定标准给各项选择赋值，最后求得调查样本的平均分。例如，学生对教材的喜爱度的评价选项为“非常喜欢”“喜欢”“一般”“不喜欢”“非常不喜欢”5个等级，可从左至右依次赋值为1，0.75，0.5，0.25和0，以调查样本的平均分表示学生的喜爱度。样本平均分的计算方法是：将各个答案的频数分别乘以相应的等级分，得出各等级的一个分数，再把各等级分加总然后除以各频数之和，即可得到样本平均分。如按上述赋值，平均分为1，表示样本中所有学生都“非常喜欢这本教材”；平均分为0.5，等效于样本中所有学生“既不喜欢也不讨厌这本教材”，它是喜欢和不喜欢这本教材的分界线。因此，用上述数字赋值，学生的喜爱度达到0.6才说明学生比较喜欢。对于等级式回答，一般用此种方式量化处理。

3. 换值法

换值法一般用于排序式回答的量化分析。所谓换值法就是：首先将每个选项的顺序值换成数值，即将第一选项换为最高数值，第二选项换为第二大数值……例如，一共有 7 个选项，那么第一选项的数值为 7，第二选项为 6……第七选项为 1。然后求出各个选择数值的总和。最后进行卡方检验，以考察各个选项有无统计上的差异。

小　结

问卷法在心理与教育科学研究中被广泛应用于收集那些不能通过直接观察得到的信息资料。这一收集资料的方法主要用来调查人们的情感、动机、态度、成就等。本章主要介绍了问卷法的概念、特点，问卷的类型、结构、编制过程，以及编制问卷过程中应该注意的问题。通过本章的学习，应该掌握问卷设计与实施的具体步骤、开放式问卷与封闭式问卷的优缺点及问卷问题的设计与题目排列的方法，能够自行设计一份完整、科学且具有较高信度和效度的高质量问卷。

思考题

1. 举例说明使用问卷法应注意哪些问题。
2. 举例说明问卷的类型及特点。
3. 根据问卷设计的程序，编制一份心理或教育科学研究问卷。

推荐读物

1. 赖斯，贾德．社会与人格心理学研究方法手册．张建新，等译．北京：中国人民大学出版社，2011.

2. 董奇．心理与教育研究方法．修订版．北京：北京师范大学出版社，2004.

3. 高尔，博格，高尔．教育研究方法导论．6 版．许庆豫，等译．南京：江苏教育出版社，2012.

4. 艾肯．心理问卷与调查表：民意调查与人格评估．张厚粲，译．北京：中国轻工业出版社，2002.

5. 张力为．体育科学研究方法．北京：高等教育出版社，2002.

6. 杨丽珠．教育科学研究方法．大连：辽宁师范大学出版社，1995.

7. 温忠麟．实证研究中的因果推理与分析，心理科学，2017，40（1）：200－208.

第七章

历史法与文献法

本章要点

- 历史法的概念
- 历史法的基本步骤
- 使用历史法的注意事项
- 文献法的概念
- 文献法的基本步骤和具体要求

在心理与教育科学研究中，解决当下的问题自然是当务之急。但是任何当下的问题，多是冰冻三尺非一日之寒而形成的。对当下问题的研究，不是只对眼前事物观察研究就够的，往往需要追溯问题的发生发展过程。也就是说，要从历史的角度来分析研究问题。只有真正知道问题是怎么来的，才能真正知道让问题怎么去，并避免问题重复发生。这便是心理与教育研究中应用历史法研究的由来。对既往历史的研究，需要凭借诸多遗物，并力求不同证据的互证。这其中，已有的文献资料自然是研究历史最为直接便捷的依据。所以说，历史法和文献法有直接的关联，因此把这两个内容放在一起。但由于方法的演进，尤其是文献法有了自身的一些特点，因此这两个内容分别放在两节介绍。

第一节　历史法

一、基本步骤

运用历史法开展研究，可分三个步骤（温恒福，2001）。

（一）史料的收集

史料是知情人记述史实的文字材料和相关的遗迹与信息。史料的形式可以分为四种类型：文字记载、录音磁带、照片与录像、遗物和遗迹。从史料的来源我们可以将史料分为第一手材料和第二手材料两种类型。第一手材料又叫原始材料，是指研究对象本身，或直接反映研究对象的东西。第二手材料是指间接得来的有关研究对象的材料，不是当时当地耳闻目睹者的直接记载。相对而言，第一手材料的可信度更高，因而是历史法的首选材料。历史法的基础就是全面地搜集史料，使史料能够全面、客观、准确地反映问题的真实情况和本质。

（二）史料的鉴别

历史研究必须建立在真实可靠的史料上。可是由于各种原因，不少史料是伪造的，或是与史实不完全相符，因此，对搜集到的资料必须加以鉴别。鉴别工作包括两个方面：一是要鉴别史料的真伪，即史料的外部考证。主要内容有作者的身份，写作或产生的时间、地点、环境及内容是不是原文等。二是要鉴别史料的价值，即史料的内部考证。主要是着重研究文献内容的意义和可靠性，也就是按照真理来衡量文献的可用性。许多权威性的或通过外部考证证明是“真实”的文献，不见得就完全真实正确。史料中常有以讹传讹、记录不准确、夸大或缩小事实、带有主观性和片面性、带有偏见或以点代面等现象。因此，一定要慎重对待，要敢于保持怀疑、批判的态度。

（三）史料的运用

史料的搜集与鉴别都是为运用做准备。历史法就是要通过运用史料得出正确的结论。在运用史料时，通常要运用分类比较、综合概括等逻辑分析的手段，以史料为据，说明事物的本质及其发展规律。

二、历史研究中的具体方法

（一）顺向考察与逆向考察

心理与教育发展过程具有两种历史联系：一种是从既往的心理与教育理论和实践的事实探究其所产生的结果；另一种是从往后的事实探究其心理与教育理论和实践方面的原因。在方法上，前考应用顺向考察，后者则应用逆向考察。

（二）纵向研究与横向研究

所谓纵向研究是指对人类心理与教育现象随着人类社会历史的发展更迭所产生的变化进行研究，而横向研究则是着重从人类心理与教育现象与其他社会现象（比如政治经济制度、国际哲学思潮、世界科技发展状况等）的关系中进行研究。

（三）训诂考证和义理论证

所谓训诂，就是把古代难懂的语言文字，包括形、声、义，做一番辨认考证，以求还古籍的本来面目。所谓义理，就是把古籍中的“微言大义”按逻辑推理加以论证，目的在求经世致用。作为治学方法，二者都可以用于整理研究古代典籍，寻求一个精确的解释，将历史遗产继承下来并加以发扬光大。

三、运用历史法应注意的问题

(一) 以马克思主义理论为指导

历史法是用一定的观点去研究某种事实材料，从而达到认识客观事物的目的。历史观不同，研究的结果也大不一样。马克思主义理论的历史唯物主义和辩证唯物主义的观点，以及其强调的实事求是的原则，是我们对待史料应持的基本态度。需要注意的是，以马克思主义为指导，也要避免拿一般原则来代替关于具体问题的结论。只能是在马克思主义的指导下，从全面的、有联系的事实材料本身分析、综合、抽象、概括出科学的结论。

比如说，分析历史事件和人物，应放在当时的历史条件下进行；研究任何一个时期的教育事件，都要把它放在整个教育系统和整个社会大系统中去考察，要看到政治、经济以及科学文化对教育的影响；要结合当时的具体历史背景和条件去寻找教育现象产生、发展或消亡的根源和实质。例如，当前教育界中存在的“应试教育”问题，绝不仅仅是教育内部的问题，它与我国的传统，现有的用人制度、经济制度以及人口和高等教育的规模、管理制度等都有关系。

(二) 要有全局观念，并注意抓主要事实材料

要想确切真实地了解一个问题，需要全面地收集资料，而不能断章取义、以偏概全。与此同时，围绕一个问题的史料可以多得难以穷尽，人们很难将它们全部收集起来。好在历史法研究的只是对象整体的运动过程，不是它的一切部分和一切方面。因此，我们不能也不需要将研究对象的一切事实材料都搜集起来，只要抓住反映事实的主要材料，抓住反映事实各主要环节的材料和带有普遍意义的材料，就能把握对象的本质和必然性。不分轻重主次、见史料就用、堆砌史料的方法只会模糊事实的真相与脉络。

(三) 要重视研究对象发展的时间顺序和空间变换

揭示研究对象的发展规律，时空变化特点是重要的线索。史料的整理首先应该理清其时间和空间变换顺序，因为这涉及一些因果联系的确定。而且，尽管我们在研究过程中需要采用顺向与逆向、纵向与横向的考察方法，但在将研究结果写成论文时，则要尽量避免倒叙的方式，否则便不利于将事物发展进程的规律性清晰地揭示出来。

(四) 要注意避免研究者自己的知识结构及所处时代文化等的影响

历史法所涉及的内容，无论是事实、人物还是某种思想体系，基本上都是过去了的事情，研究者对此没有亲身经验。在这种情况下，研究者对文献的认识和理解，常常会受到自己所处时代文化的影响，从而使研究结果发生偏差。这种偏差表现在两个方面：一是以今天的观点甚至理想来美化或苛求历史。二是以“古为今用”为名，用现成的结论去剪裁史料，“先有结论，后找实例”。以上两个方面，不管是无意还是有意，其客观效果都是对历史事实的歪曲，都是历史研究中缺乏科学态度的表现，这是应当避免的。正确应用历史法，需要从史料出发，而不是从现成的观点或结论出发，同时要熟悉心理教育史以外的历

史知识，以形成对历史更为具体丰富的认识，避免把复杂、多样的历史简单化、理想化。

第二节　文献法

一、搜集文献

搜集文献的方法包括寻找文献和积累文献两个环节。

（一）众里寻他千百度：寻找文献

在心理与教育研究中，要完成寻找文献的任务，必须先了解心理与教育研究文献究竟有哪些，知道到哪里去找文献。

以记载事实的符号形式为标准，心理与教育文献可分为文字型、图像型和音像型等三大基本类型，这三大类型还可组合成文字图像型与音像图像型两大复合类型。

从文献创造者与文献所反映的内容之间的关系看，心理与教育文献有第一手文献（原始文献）与第二手文献（二次文献）之别。第一手文献是由亲自经历事件的人所提供的各种形式的材料和各种原著。如从中央到地方关于教育的各种政策、规划、文件及各种统计资料；学校的规划、工作日志、工作报告、会议记录、节假日活动录像、录音与摄影；教师的教学计划、教案、工作小结；学生的作业、日记、成绩册、试卷及其他作品；教育家的论文、著作手稿与首次发表这些著作的书、报、刊物等。这类文献也常被称作原始资料。第二手文献是利用别人的原始文献所编写或产生出的新的文献资料。

我们也可以根据文献具体来源的不同，将文献资料分为个人文献、官方文献及大众传播媒介三大类。个人文献主要指个人的日记、自传、回忆录及信件等。官方文献主要指政府机构和有关组织的记录、报告、统计、计划、信函等。大众传播媒介主要指报刊、电影、电视等。

文献还可以分为公开发表的文献和未公开发表的文献，这是以文献的公开化程度作为分类标准的。公开发表的文献，又有首次发表与转载之分。转载的文献有的是全文转载，也有的只是摘录式转载。在公开发表的文献中，还有索引文献和综合性文献。索引文献是对现有文献整理后的产物，其编制方式很多，常用的有按作者姓氏笔画、按书名或论文题目第一个字的笔画以及按内容涉及的专业与专题三种分类。综合性文献是对一段时间内发表的与某一专题有关文章的汇集或综述。未公开发表的文献分为国家文件、学校档案和私人文献。

研究者若希望迅速找到需要的文献，首先应确定自己研究课题涉及的范围，明白“搜索”方向。其次，要熟悉国内外心理与教育图片、音像资料的种类和统计资料的类别，并知道可到哪些地方得到这些文献。研究者还需熟悉索引目录的分类，以便迅速地找到自己需要文献的出处。

有时寻找文献可以采取“滚雪球”的方式。先找几篇与研究课题有关的文章阅读，在阅读中了解与此有关的范围及从这些文章所列的参考资料中发现新线索，再扩大查找对象。一般来说，在几篇文章中都提到的篇目，是参考价值较高的文献。因此，采用“滚雪球”法的另一个好处是，能帮助研究者从众多文献中发现“重点”文献。

非文字性的文献，可到有关音像馆或电台、电视台以及学校音像资料保管室去寻找。地方上各种博物馆或专门的教育博物馆、各类教育展览会、各地的地方志，都可能提供与心理与教育研究有关的材料。一些未发表的文献，部分可到教育资料中心找到，部分则要从文献所有者那里才能找到。

寻找文献，一般遵循着从宽到窄、从近到远、从易到难的路线。即研究者先把文献搜索圈划得比研究课题的范围略宽一些，粗略了解后，再逐渐缩小“搜索圈”。把精力集中到主要文献的研究上。这种路线在有了课题方向，但尚未明确课题的情况下更多被采用。当课题也被确定下来后，寻找文献的指向性就更具体了。在这种情况下，研究人员可从那些就近、容易找到的材料着手，再根据研究的需要找那些分散在各处、不易得到的资料。寻找资料是一个过程。为了使整个过程进展得更有效，有必要把全过程分为若干阶段，每一阶段结束后，研究者把手头搜集到的文献做一些初步的整理，以提高下一阶段搜集的指向性和效率。此外，当代教育研究人员还应掌握使用现代教育情报检索系统的方法，可在具有这方面条件的情况下快速查找，获取所需要的文献资料。

（二）集腋成裘：积累文献

积累文献是搜集文献工作中的另一个环节。每一个研究者都需要汇集、积累一定的文献资料。

在指向性明确的前提下，文献积累在内容上追求的目标是尽量充分全面。所谓充分，不是指文献越多越好，而是指对完成课题而言的充分，不然可能产生两种不利于课题完成的状况：或是文献积累不足，或是积累的文献虽多，但不切题。所谓全面，要求研究者不仅搜集课题所涉及的各方面的文献，还要注意搜集由不同人或从不同角度对问题的同一方面做出记载、描述或评价的文献。不仅搜集相同观点的文献，还应搜集不同的观点，甚至相反观点的文献。研究者在搜集积累文献时，尤其需要防止自己已有观点或假设对积累指向的影响，不要轻易否定或不自觉地忽视与自己观点相反的材料。

在积累文献时，特别要注意第一手文献。这是最接近原事实的资料，而且还能较具体地反映事件发生的时代背景和环境状态，所以最有说服力。尽管第一手文献也存在由于当事人的主观意向而对事实未做出正确描述或评价的可能，但与第二手文献相比，发生这种可能的概率要小。当然，不能因此而否认搜集积累第二手文献的必要性。有时搜集不到第一手文献就只能靠第二手文献。一些质量较高的综述或评析性的第二手文献，能保证研究者更快地接近研究主题，得到一些观点上的启发。不管是第一手还是第二手文献，研究者在与它们接触的过程中，都既要保持对各种新鲜事实、观点、见解的敏感性，又要善于独立思考，做出自己的、有根据的判断。此外，在积累的文献中，还应有背景性和旁证性的文献，这是容易被忽视的方面，然而，它们却是构成对事物主体性认识的必不可少的材料。

搜集积累文献，不是只在有了具体的研究任务以后才需要做的，对于每个科研人员来说，更重要的是在平时经常注意积累和搜集各种文献资料，养成习惯，持之以恒。只要明确了自己研究的大范围和主攻方向，就可以随时收集手头经常接触的资料，特别是那些富有历史意义的文献。文献积聚到一定程度，就需要分门别类地保存起来，逐渐使之系统化。

积累文献的方式多种多样，主要有以下几种。

1. 标记与批语式

标记式就是研究者在阅读研究文献时，用一些符号（如圆圈、着重号、疑问号等）将文献的重点、难点、疑点、新观点等标记出来。采用此法，标记不宜过多过密，否则反而难以突出重点，失去做标记的意义。批语式是在所读文献的空白处简单写上自己对文献有关内容的见解、评语、解释、疑问等。标记与批语的特点是简单、方便，可随读随写。

2. 抄录式

抄录式指把阅读文献所得的情报资料抄下来。抄录有全录和摘录两种。前者就是全文照抄，如果文献全部有用，可采用此方式。后者指只将有价值的、自己需要的那部分研究资料有选择地抄录下来。摘录时应注意准确性，不能改动原文的字句与标点符号，更不能断章取义，而要整段整句地摘录原文的重要论述和数据资料。摘录时还应注明书名或文献的题目、作者姓名、版本、出版时间、期刊年号和期号等，以便日后查找、核对或引用。

3. 提要式

提要式是指根据研究的需要，用自己的语言对原文的基本观点、主要事实和方法、结论要点等加以概括、缩写。概括时应力求用简明的语言准确地反映出原文的概貌，不要有意或无意地曲解原意，更不要随意发挥。一般来说，以不打乱原文的结构和逻辑顺序为好。

4. 札记式

札记式是指在阅读文献后，把自己的心得、体会、各种联想、疑点、意见、得到的启发和收获等等记下来。科研经验表明，这是及时记录思想火花、积累知识、提高研究水平的有效方式。为此，应善于对札记的内容进行整理和分析。

5. 综述式

综述式指对所阅读的众多有关领域的研究文献进行系统、综合、概括的介绍，并对其进行评论。

二、鉴别文献

搜集文献是文献法的第一个环节，也是奠基性的工作。在搜集文献的任务基本完成后，就进入对文献做出鉴别的阶段。

鉴别文献要完成的主要任务是辨别文献的真假及质量的高低。对文献真伪的鉴别在任何历史研究中都很重要，鉴别的方法也主要是在史学研究中形成的。中国史学界在这方面有丰富的经验。中国历史悠久，史料浩瀚，其中有许多珍品，但伪作和作伪之处也甚多。造成这一状况的原因很多，首先是与我国封建文化的性质相关。如历史上的改革者往往用托古改制的方法为自己的改革造舆论，在这种情况下，对古代的描述就势必美化，意在使其成为改革的样板。又如，我国封建社会时期有过多次文字狱，这必然造成文献的缺失与某种程度上的失真。此外，再加上所谓“为上作伪”的礼教，故文献中对统治者、圣者多有溢美之词，而对所谓犯上作乱之人、事，或不记，或丑化，或笔伐，这些都是伪作滋生的文化土壤。其次，研究者在研究中态度不严谨，缺乏文字功底和鉴别真伪的能力，也使伪作得以产生或传播。自然，还有一些伪作属别有用心者故意炮制，意在混淆视听，制造混乱。正因为如此，在一切涉及文献的研究中，对文献做出鉴别就成为不可缺少的一环。

鉴别文献真伪的方法可分为“外审”和“内审”两类。

（一）外审

“外审”是指对文献本身真伪的鉴别。在众多的文献中存在着伪文献，但文献作伪的程度不一样，有的是全部作伪，有的是部分作伪。在部分作伪的文献中，作伪的方面也各不相同，如书名伪、作者伪、版本伪、部分章节伪等。外审的方法，就是试图辨别这些方面真伪的方法。

（二）内审

与“外审”相对，“内审”指对文献中所记载的内容是否属实的鉴别。其主要方法有以下几种。

（1）文字性文献互证。如果同一个事实在不同文献中记载有矛盾，如对事件发生时间的记载不一、过程记载不一，或与事件有关的人物记载不一等，那一定有错。需做进一步的核实。

（2）用实物来证实文字性文献。前提是实物必须是真品。当文字性文献与实物不相符时，文献内容有误或有伪。

（3）把文献描述的内容与产生文献的历史背景对照，看它是否与当时的政治、文化背景相悖，如果是，文献内容则可能有伪。

（4）研究作者的生平、立场与基本思想，以此来判断作者是否可能较客观地叙述事实并做出公允的评价，或者分析出作者的倾向。

综上所述，无论是“外审”还是“内审”，都是通过比较的方法来实现鉴别，目标都是去伪存真，以提高搜集到的文献的质量。在具体研究中，可根据被审文献的性质和复杂程度，采取多种方法或交错复核的方法。在鉴别文献的过程中，还应去掉一些重复的、不清晰的及价值不大的材料。对确证后的资料需作核查，使文献更精简、无误差。经鉴别核查后的文献，在撰写论文时可直接引用。

三、文献的分析与综合

文献的分析与综合主要是研究者对自己掌握的文献进行创造性的思维加工过程。通过这样的加工，最主要的是形成对事实本身的科学认识。其具体方法离不开逻辑思维与辩证思维等思维工具的运用。

对文献的分析与综合一般要经历一个从事实材料到理性认识，又使理性认识在事实材料中得到检验的认识过程。这一过程要经历从现象具体到抽象规定再到思维具体三个阶段。文献是科研对象的表象，即现象具体。分析是从局部认识对象的本质。由分析得到对事物局部片段的认识后，用理论的形式将其固定下来，叫作抽象规定。在对研究对象各部分抽象规定的基础上，不断地进行再抽象，达到理论最稀薄的境地，我们对事物就有了本质的认知，这便是思维具体。思维具体来源于现象具体，但它比现象具体更全面、更完整、更深刻地反映了研究对象。我们对事物的认识达到了这个阶段，就完成了从现象到本质、从感性到理性的认识阶段。

下面我们将介绍几种文献分析的方法。

（一）内容分析

内容分析是这样一种研究技术，它对各种信息交流形式的明显内容进行客观、系统和定量的描述。所谓“各种信息交流形式”指的是诸如书籍、杂志、报纸、诗歌、歌曲、绘画、电视节目、演说、信件、照片、广告等各种书面材料、宣传品和艺术品。所谓“明显内容”，是指这些形式外在的东西，比如它们的文字、颜色和实物本身，而不是这些文字、颜色和实物的含义。研究者所分析的只是这些外在的、表面的内容，而不是内容的深层解释。进行“客观、系统”的描述，意味着内容分析是一种规范的方法。它要求研究者根据预先制订的计划，采取一定的规则，按照一定的步骤来进行。而“定量”的描述则说明内容分析方法的基本性质。它意味着，在内容分析中，其主要目标通常是决定内容中某一项目的频数，或者决定某一类别在这个内容中所占的比例等。此外，还要对这些定量的结果进行分析（袁方，1997）。

1. 内容分析的类型

根据研究者所寻求的信息形式的不同，内容分析也有好几种不同的类型。

（1）计词法。

计词法是内容分析中最简单、最常用的方法。这种方法首先要确定与研究问题有关的关键词（记录单位），然后统计这些关键词在各个样本（分析单位）中出现的频数和百分比，最后进行比较。

例如，为了研究社会招聘中对性别的规定，拟通过对招聘信息的内容分析得到某些了解。因此，首先确定三个关键词，分别为：男、女、无性别规定。现在假定样本总体是某人才招聘网站全年发布的人才招聘信息。然后计算这三个词在所有招聘信息中出现的频数，再合计总数及每个词所占的百分比。通过这种方法可以发现社会招聘时的性别需求。

（2）概念组分析。

在有些研究中，使用单词作为记录单位有些过于简单化，使用主题作为记录单位又不易划定主题的界限。此时，可以利用概念组分析。概念组分析是将与研究内容有关的关键词分成小组，每组代表一个概念，同时也是理论假设中的一个变量。这种方法的记录单位仍是单词，但分析时的变量却是概念组，当某个词出现时就算其概念组出现了一次。

例如，为了研究社会招聘中对人才特质的要求，拟通过对招聘信息的内容分析得到某些了解。由于人才特质可能用几个关键词难以概括，因此，可以从某个角度确定几个概念。假设确定的三个概念为情商、智商和动作技能，每一个概念包含一些关键词，从而形成概念组，见表 7-1。

表 7-1　　人才特质概念组

情商	智商	动作技能
乐群	思维	熟练工
合作	记忆	打字
……	……	……
乐观	想象力	制图

同样，我们假定样本总体是某人才招聘网站全年发布的人才招聘信息。只要以上某个词出现时就算其概念组出现了一次，据此分析三个概念出现的频数，再合计总数及每个概念所占的百分比。通过这种方法可以发现社会对人才需求的特点。

（3）语义强度分析。

与计词法只注意数量方面的差异不同，语义强度分析更强调质的、意义的比较。比如说关于某项活动的民意调查，从人数上来说，也许赞成的和反对的各占一半，但仅以此不足以反映民意，因为不知道人们赞成和反对的程度如何。如果持赞成态度的人是“同意”，而持反对态度的人是“痛恨”，则表明了虽然两种看法在人数上旗鼓相当，但是在程度上却有差别。由此可见，语义强度分析具有特别的价值。

语义强度分析，首先是给出词汇的“强度权”，以显示它们在使用时的差别。强度权是由词汇的语义决定的，反映人们态度的强弱程度。其次，词汇的语义还存在有程度差异的肯定或否定的意义，为此可以赋予词汇以正、负度加权数。有了这两种尺度后，就可以更好地测量某些态度和行为的质性特征了。表 7-2 为一组词汇的语义强度赋值示例。

表 7-2　　语义强度赋值示例

词汇	强弱度加权数	正负度加权数
爱	3	+2
喜欢	1	+1
崇拜	4	+2
藐视	4	−2
不喜欢	1	−1
厌恶	3	−3
无所谓	0	0

资料来源：袁方，1997，411 页。

语义强度分析的运用实例请参看专栏 7-1。

专栏 7-1

语义强度分析实例

某地政府提出一项建议，动员居民义务劳动，将×× 湖边的一块空地建成一座儿童游乐场，但是居民中反响不一。为此，一家报纸在“本市天地”专栏中开展了讨论，听取群众意见，帮助政府做出最后决定。现在以读者来信作为分析单位，以词作为记录单位，按语义强度分析的方法给每封信打分，测量群众来信中所反映的态度。下面看看如何给来信打分。

编辑同志：

贵报连日来在开展对政府关于将××湖边的空地改建成儿童游乐场的建议的讨论，我作为湖边的一个住户，也想谈谈自己的看法。

我们这些湖边的老住户对那块多年无人管理、又脏又乱的空地真是 厌恶 已久了，现在那里几乎成了垃圾场。我们曾提过不少的意见和建议，但从前无人理睬。不过，说实话我起初并 不喜欢 −1（+1）=−1 政府的这个建议，因为怕孩子们的嘈杂声影响我们。但后来一想，这样一可解决我们的老大难问题，二可为孩子们造福，总比维持现状好，这个建议理应受到 支持 +2（+4）=+8。尽管我的一些邻居们 不乐意 −1（+1）=−1 这么做，可我还是呼吁大家为孩子们想想，无非是多流些汗水。我也相信此建议会受到多数人 欢迎 +2（+3）=+6 的。

信文中给出的是记录单位的权重，权重结果为该词正负度加权数与强弱度加权数的乘积。信中“厌恶”一词计分为 0，是由于该词在使用时与建议没有直接关系。最后结果，此信的权重为+12。

依照这种方法算出每封信的权重分数后，就可以综合测量读者对那项建议的态度了。下面以 8 个样本为例演示语义强度分析的结果。

	权重					合计
肯定信（n=3）	+12	+14	+8			+34
否定信（n=5）	−2	−4	−1	−7	−3	−17

在这 8 个样本中，否定信的数量比肯定信的数量多。但是由权重差+17 可以看出，读者对建议的肯定程度比否定程度要高。

资料来源：袁方，1997，412－413 页。

2. 内容分析的实施程序

内容分析的实施程序，基本上与调查研究的那些程序是相同的。步骤如下。

（1）抽样。

像以人为对象的研究一样，以文献为对象的研究中也常常不可能直接研究全部对象。因此需要通过抽取有代表性的样本的方法，来达到研究全部对象的目的。

在内容分析中，分层随机抽样、多阶段随机抽样的方法运用比较普遍。例如，为了分析全国报纸对社会问题的报道和评论，我们可以先按地区、出版单位的级别、报纸出版频率等特征分层，然后从中抽取一个分层样本。又如，为了从全国某一年的青年刊物中抽取一篇文章的样本，我们可以先从该年全国所有的青年刊物名单中随机抽取 10 种刊物；再从这 10 种刊物中的 12 期期号中随机抽取 5 期，比如 1，3，4，6，8 期；然后从抽中的每期刊物中随机抽取两篇文章，比如所有第 2 篇和第 10 篇文章。这样，由这 10 种刊物的 1，3，4，6，8 期中的所有第 2 篇和第 10 篇文章组成的 100 篇文章，就是我们分析的样本。

其他形式的文献也可以在时间、地点、规模等各种概念层次上进行抽样。

（2）编录。

内容分析的基本做法是对样本中的信息进行编录，即根据特定的概念框架，对信息做分类记录。与编录工作有关的问题有两个：一是要选择编录的单位；二是要制定一份编录单。

选择编录单位，即是选择具体的观察和计算单位。编录单则是对文献材料进行观察和记录的工具，在某种程度上，它同结构式观察所用的记录单十分相似。一旦选定了编录单位，研究者就要为它们制定或赋予数值。分类的基本原则有二：一是每一事实或材料——无论是小说的中心人物，还是书籍中的单词、报纸中的文章或其他类似的东西——都必须只能归于某一类；二是这些种类必须是穷尽的，即样本中每一种情况都可以归到某一类中。表 7－3 为一份用于研究杂志里短篇小说中人物的编录单节选。

表 7－3　　编录单

小说标题______________________小说编号____________________

人物的姓名________________________________

人物的描述________________________________

1——居住国	5——角色
（1）中国	（1）主要英雄人物
（2）外国	（2）主要反面人物
（3）不详	（3）一般人物
2——国籍	（4）小角色
____________	6——年龄
3——民族	（1）儿童
（1）汉族	（2）少年
（2）少数民族	（3）青年
（3）其他（写明）______________	（4）中年
（4）不详	（5）老年
4——性别	（6）年龄变化
（1）男性	（7）不详
（2）女性	
（3）不详	

资料来源：袁方，1997，408 页。

（二）第二手分析

第二手分析也称二手分析，指的是对那些由其他人原先为别的目的收集和分析过的资料所进行的新的分析。所谓新的分析，可以有两种体现。一种是采用别人收集的资料用于研究与原研究者不同的问题。例如，有人为了研究 0～2 岁婴儿的语言发展，选择了 15 名适龄研究对象，每一周对这些孩子与其父母共处的情景进行一小时的录像。这个录像资料就蕴含了其他丰富的信息可用于二手分析，其他研究者可用以分析父母与婴儿的互动方式特点、婴儿的动作发展特点、婴儿的情绪发展特点等。二手分析的另一种体现是，研究者运用新的方法和技术去分析别人的资料，以对别人的研究结果进行检验，即用不同的分析方法处理同一种资料，看是否能得出同样的结论。例如有人通过实验研究得出了大学生被试情绪 Stroop 效应特点，并构建出了理论模型；另一个研究者则可以使用计算机手段模拟该模型，利用同样的实验数据在计算机模型中运作，看能否得到同样的实验结果，从而检测该理论模型的科学性。

由此看出，二手分析和观察调查等方法的不同只是在于：运用二手分析不用像观察、调查、实验等那样亲自收集研究数据，而是凭借别人收集到的、已有的数据进行新的研究分析。由于这些数据得来的间接性，所以尤其要求数据来源具有可靠性和准确性。

专栏 7-2

我国少数民族心理研究的文献计量分析 2000—2005

1. 引言

我国系统的少数民族心理研究是从 20 世纪 80 年代中期开始发展起来的。1983 年第 3 期《心理学报》发表了著名的跨文化心理学家 Triandis 的《跨文化心理学的前景》、Jahoda 的《跨文化心理学中的知觉和认知》两篇文章，首次在我国权威心理学杂志上介绍了国际跨文化心理学研究的理论、方法和主要研究取向。随后我国台湾、香港地区以及海外华人心理学家所主张的心理学本土化研究取向，对大陆（内地）心理学界的跨文化心理研究、少数民族心理研究、心理学的本土化研究产生了积极的影响和推动作用。我国心理学家开始了对少数民族心理的系统研究。最初主要是对少数民族儿童认知发展的研究，尤其是运用皮亚杰认知发展研究方法，在我国少数民族儿童中进行比较研究。研究基本上属于模仿性或验证性研究。90 年代以来，少数民族心理研究呈现出多元化发展趋势，既有理论方面的探讨，也有认知发展、社会性发展、心理健康等各个领域的研究，研究的对象包括了我国大部分少数民族。经过 20 多年的发展，我国少数民族心理研究进展如何呢？本文试图以文献计量的方法，对 2000 年至 2005 年 6 年中发表在心理学专业期刊、大学学报和民族学类期刊的少数民族心理研究论文、研究报告进行计量分析，试图揭示近年我国民族心理研究的大致轮廓和存在的问题。

2. 文献来源

进入中国全文期刊数据库（CNKI），首先在检索条件下，选择检索项：篇名/关键词/摘要；检索词：族；模式：模糊匹配；时间：2000—2005 年；范围：全部。然后在检索导航条件下，选择查询范围：总目录—文史哲辑专栏目录—心理学；结果检索项命中：264 篇。以是否研究我国少数民族心理为标准，从中筛选出 182 篇文章作为文献资料进行分析。其中，以心理学期刊（表 1）和民族学期刊（表 2）两类期刊为例进行重点分析。表 1 中的心理学期刊前 7 种为中文核心期刊（CSSCI），表 2 中的前 9 种民族学类期刊为中文核心期刊（CSSCI）。

表 1　2000—2005 年国内心理学期刊少数民族研究文章

刊物名称	发表时间（年/期）	全部文章（篇）	检索项	检索词	命中（篇）
《心理学报》	2005/12～2000/1	511	篇名	族	4
《心理科学》	2005/9～2000/1	1 449	篇名	族	9
《心理学探新》	2005/12～2000/1	287	篇名	族	6
《心理科学进展》	2005/5～2000/1	288	篇名	族	2
《中国心理卫生杂志》	2005/10～2000/1	348	篇名	族	5

续前表

刊物名称	发表时间（年/期）	全部文章（篇）	检索项	检索词	命中（篇）
《应用心理学》	2005/2～2000/1	182	篇名	族	0
《心理发展与教育》	2005/8～2000/1	297	篇名	族	1
《中国临床心理学杂志》	2005/11～2000/1	187	篇名	族	2
《健康心理学杂志》	2005/10～2000/1	328	篇名	族	3

表 2　　2000—2005 年国内民族学类期刊少数民族心理研究文章

刊物名称	发表时间（年/期）	全部文章（篇）	检索项	检索词	命中（篇）
《民族研究》	2005/12～2000/1	4 716	篇名	族	8
《广西民族学院学报》	2005/6～2000/1	981	篇名	族	3
《广西民族研究》	2005/4～2000/1	171	篇名	族	6
《中央民族大学学报》	2005/4～2000/1	186	篇名	族	9
《西北民族研究》	2005/4～2002/1	471	篇名	族	1
《云南民族大学学报》	2005/6～2000/1	486	篇名	族	4
《贵州民族研究》	2005/6～2000/1	512	篇名	族	3
《中南民族大学学报》	2005/6～2000/1	1 230	篇名	族	7
《黑龙江民族丛刊》	2005/6～2000/1	728	篇名	族	2
《西藏民族学院学报》	2005/6～2000/1	220	篇名	族	6

3. 文献分类

3.1　研究对象

在所检索到的 182 篇文章中，所涉及的研究对象，除少部分（49 篇，27%）未确切阐明具体民族外，其余大部分（133 篇，73%）都在研究对象中说明了所抽取的少数民族被试。对研究者所关注的少数民族群体按照文章篇数计（每篇文章出现计 1 次），按照次数高低分别为：藏族（32）、蒙古族（21）、苗族（17）、维吾尔族（16）、壮族（15）、黎族（13）、回族（17）、纳西族（11）、瑶族（13）、傈僳族（10）、白族（10）、哈尼族（11）、布依族（7）、朝鲜族（9）、拉祜族（7）、基诺族（6）、侗族（6）、傣族（8）、毛南族（5）、景颇族（5）、怒族（5）、土家族（7）、仫佬族（5）、佤族（6）、满族（7）、仡佬族（3）、布朗族（3）、水族（4）、东乡族（3）、畲族（2）、柯尔克孜族（2）、锡伯族（3）、裕固族（2）、保安族（2）、克木人（归为布朗族）（2）、鄂温克族（2）。被提到 1 次的民族为门巴族、京族、羌族、鄂伦春族、达斡尔族、赫哲族等。

3.2　群体比较

具体研究方式分为三种，即单一民族研究、多个少数民族间的比较以及少数民族与汉族的比较。其中，单一民族研究 24 篇（13.2%），多个少数民族间比较 56 篇（30.8%），汉族与少数民族比较 102 篇（56.0%）。

3.3　期刊类型

少数民族类文章所发表的期刊类型分为：核心期刊（CSSCI）：94 篇（51.6%），非核心期刊：88 篇（48.4%）。发表文章所在期刊在各个学科范围内的分类为：心理学 32 篇（17.6%）、教育学 6 篇（3.3%）、民族学 49 篇（26.9%）、医学 21 篇（11.5%）、社会学 7 篇（3.8%）、综合类（学报）67 篇（36.8%）。

3.4 发表时间与篇数

文章在各个年份内的篇数为：2000 年 23 篇（12.6%）、2001 年 21 篇（11.5%）、2002 年 42 篇（23.1%）、2003 年 29 篇（15.9%）、2004 年 33 篇（18.1%）、2005 年 34 篇（18.7%）。

3.5 研究机构

文章作者所隶属的单位，标明大学心理学院/系的有 34 篇（18.7%），大学教育学院/系 45 篇（24.7%），大学其他院/系 31 篇（17.0%），医院 26 篇（14.3%），民族院校 34 篇（18.7%），属于其他机构 12 篇（6.6%）。作者大部分分布在西南和西北地区。

3.6 研究方法

研究方法分为实证研究与理论研究两大类，实证研究又可以分为实验、测量和以访谈等为主的质性研究。其中，测量是大多数研究者所采用的方法，其中根据测量工具的不同，又可分为国外学者编制的量表（经国内修订）、国内学者编制的量表以及自编问卷。见表 3。

表 3　　研究方法（次数）

	实验	测量（国外）	测量（国内）	测量（自编）	质性研究	理论探讨	总计
篇数	10	92	19	32	8	37	198
百分比	5.1%	46.5 %	9.6 %	16.2%	4.0%	18.7%	100%

注：总计超过文章总数 182 篇，是因为某些文章涉及多种方法的同时使用，表 4 的情况也类似。

3.7 年龄分布

从统计次数看，中学生和大学生是少数民族群体中最受研究者关注的群体（表 4）。

表 4　　研究对象年龄分布（次数）

	学前儿童	小学生	中学生	大学生	成人	老人	未涉及	总计
次数	7	29	73	62	6	3	7	187
百分比	3.7%	15.5%	39.0%	33.2%	3.2%	1.6%	3.7%	100%

注：中专生、中师生等根据其年龄划归到中学生群体中。

3.8 研究内容

从研究的内容来看，心理健康是研究者讨论最多的主题（表 5）。

表 5　　研究内容统计（次数）

	学习	心理健康	人格	认知	总计
次数	28	83	49	17	177
百分比	15.8%	46.9%	27.7%	9.6%	100%

4. 研究的主要结论

近几年民族心理的研究思路依然是差异性比较，即民族间是否存在差异，这种差异表现在哪些方面，这种差异源自什么原因。这一研究思路是目前民族心理研究的主要取向。

（略去讨论及结论）

资料来源：万明钢，赵国军，杨俊龙，2007，185－187 页。

（三）元分析

近年来，在对文献的分析与综合中，数学方法的采用可以说提升了文献研究的效率和作为空间。比如，新出现的元分析方法就很引人注目和值得期待。元分析是心理、教育及其他科学领域内新近出现的一种重要研究方法，它主要是借助统计方法，对针对同一问题的大量研究结果进行综合分析与评价，从而概括出其研究结果所反映的共同效应，即普遍性的结论（毛良斌，郑全全，2005；于增艳，赵阿勐，刘爱书，2017；施国春，张丽华，范会勇，2017）。元分析方法较之于已有的传统文献研究方法，其优势或者说特点表现在以下几个方面。

（1）在文献资料的检索上，引入更严格的筛选机制与标准，但不局限于已发表的研究，会议论文与未发表的研究均成为其检索的内容，并要求能够取得研究的原始资料。

（2）元分析利用统计的方法对研究结果进行整合。元分析对研究结果的整合以效果量为基础，整合的结果以平均效果量的形式表示，这是元分析方法最大的特色。在一般的描述性研究评价中，一些定量的处理方法也有应用，如有些研究评价会采用类别分数的方法对研究结果进行整合分析，但其采用的统计方法一般是简单的频次分析，而且由于其分类的依据仍是 t 值，结果易受样本大小的影响。而元分析则是以效果量为指标来衡量各研究的结果，对这些效果量合成时进行加权平均处理，将复杂的统计方法与定性的分类模型很好地结合起来，而且效果量这一指标受样本量大小的影响并不大，这就保证了元分析的结果比其他方法更为科学可靠。

（3）元分析的出发点就是要通过对一系列相同课题的研究所带有分歧的结果进行综合分析，概括出这些研究结果所反映的共同效应，即普遍性的结论。

（4）如果要处理的研究结果数量较大，那么借助于统计方法，元分析可以很容易做出处理。

然而，我们也要认识到，尽管元分析相对于传统的叙述性综述有一定的进步之处，但它也有一些自身难以克服的不足之处。

（1）元分析毕竟是一个应用了“统计分析方法的综述”，元分析提供的只是一个“平均的”或“合计的”结果，这是方法学方面的局限。虽然可以利用多水平分析技术的优势考察各个研究的特征变量对分析结果的影响，但这种影响是间接得到的，对各种变量之间关系的探讨还要依赖于科学的实验设计（郭伯良，张雷，2003；齐晓栋，张大均，邵景进，王佳宁，龚玲，2012）。

（2）元分析作为文献法的一种手段，前提条件是要有一大批高质量的源文献。目前，心理与教育研究离这个目标还有一段距离。

（3）由于不同的研究所采用的研究方法和研究实验材料可能存在不一致，因此对其结果进行整合有可能不合适。

（4）因为研究结果显著的文章比不显著的更容易在期刊上得到发表，因此元分析的结果中可能存在“发表偏见”的问题。

当然，元分析对于复杂的数学计算的依赖也限制了其应用推广。

小　结

历史法和文献法在实施时的步骤基本是一致的，都需要收集资料、鉴别资料，然后通过对资料进行分类比较、综合分析等手段从中发现反映研究对象本质和规律的论据，基于资料事实得出结论。这两种方法没有本质的区别，只是在研究着眼点上略有不同。历史法更着眼于事物发展的特点及其历史原因分析，而文献法则更着眼于分析某一领域或关于某一事物的文献记载以揭示其概貌特征。应该说，这两种方法都具有间接性，研究者并不是通过直接观察研究对象而收集资料，而是借他人之眼、耳、手去“观察”研究对象，有些资料还是转载的。所以，资料收集的广泛性、代表性、可靠性对于历史法与文献法的正确使用至关重要。面对当今资料浩瀚的局面，采用历史法与文献法是有利的也是必要的，同时这也要求我们需要采取更为科学高效的文献资料分析手段，比如元分析法、通过计算机软件实现对文本的编码等，并且要求研究者具有较高的对其研究领域知识的把握能力，不能见文献就用，见菩萨就拜。当然，历史法与文献法只有与其他方法共同使用才弥显其价值。

思考题

1. 如何正确使用历史法？
2. 如何收集文献？
3. 怎样实施内容分析？
4. 怎样实施语义强度分析？

推荐读物

1. 何爱霞．一位女性成人教育工作者的专业社会化历程——基于生活历史法的研究．教育学报，2012，8（6）：119－127.

2. 刘电芝．教育与心理研究方法．2版．重庆：西南师范大学出版社，2013.

3. 袁方．社会研究方法教程．重排本．北京：北京大学出版社，2013.

4. 董奇．心理与教育研究方法．修订版．北京：北京师范大学出版社，2004.

5. 杨丽珠．教育科学研究方法．大连：辽宁师范大学出版社，1995.

第八章

实验法

本章要点

- 实验中的变量与控制
- 实验的信度和效度及其实现
- 实验法的种类
- 真实验设计
- 准实验设计和前实验设计

从某种意义上来讲，科学可以说是从文艺复兴时期实验方法的采用开始的。自然科学通过实验建立了理论与经验事实的联系，由此才得以逐步形成并取得飞速发展。近几十年来，社会科学以及一些新兴边缘交叉学科也越来越认识到实验对于学科发展的重要，因为人们在对事物做出解释、预测和控制时，最希望了解的是事物之间的因果关系，而实验法在这方面具有独到的功能。本章旨在介绍实验法的含义、特点与原则，在此基础上，进一步介绍一些典型的实验设计。

第一节　实验法的含义与特点

一、基本概念

实验法是在人为的严密的控制条件下，有计划地逐步操纵实验变量，观测与这些实验变量相伴随的现象的变化，探究实验因子与反应现象之间的因果关系的一种方法。换言之，心理与教育实验就是要通过设置某情境以揭示实验处理和某效应的因果关系。在这个情境中，能让人看到：(1) 实验处理总在某效应之前出现；(2) 该效应总在实验处理引入后出现；(3) 该实验处理是该效应的唯一原因。

在心理与教育实验法中会出现一些专业术语，这里先作一简单介绍。

变量（variable），也称为变项。变量是指在数量上或质量上可变的事物的属性。例如，学生的学习成绩可以由低到高，字的笔画数可以由少到多，人的体重可以由小变大，学习时间可以由短变长等等，这些都属于量的变量。又如，人的性别有男有女，人的典型气质有胆汁质、多血质、黏液质和抑郁质，人类语言有汉语、英语、法语、日语、韩语等等，这些是质的变量。

不同变量之间会存在一定的关系，比如人的体重和性别之间、字的笔画数和人对它的阅读速度之间等，而有些关系是因果关系。实验法的目的就是要探究变量间的因果关系。为了达到这个目的，实验者就要操纵一个或几个变量，观察这些变量的变化在另外某个或某些变量上的影响。心理与教育实验中，将实验者所操纵的、对被试的反应产生影响的变量称为自变量（independent variable），亦称自变项，另外，如实验处理、实验因子亦为同义词。由操纵自变量而引起的被试的某种特定反应称为因变量（dependent variable），亦称因变项、反应变量。例如，要研究英语听力测试中录音播放的音量对听力理解的影响，实验者所操纵的录音播放的音量（变化分贝数）就是自变量，而听力理解成绩（以被试完成听力理解题的正确率来表示）就是因变量。因此，自变量和因变量是相互依存的，没有自变量就无所谓因变量，没有因变量也无所谓自变量。而自变量和因变量是基于某种因果关系的假设而确立的。

由于事物之间普遍联系的属性，除了自变量之外，还有其他许多因素都会影响因变量的变化。上面提到的“英语听力测试中录音播放的音量对听力理解的影响”例子中，材料的难易程度、不同的朗读人、被试基本的听觉能力、被试的英语水平、测试的时间等都会影响听力理解。这些变量被称为干扰变量，它们会干扰自变量和因变量之间的因果推论，所以在实验中通常要对它们采取一定的控制措施，因此也有称它们为控制变量的。另外，一些研究者出于不同的思考角度，有将干扰变量称为无关变量、额外变量、外扰变项的。

由以上介绍可以看出，所谓自变量、因变量、干扰变量的分类只是实验者在设计某个实验时的理论构想。

二、实验法的特点

（一）有目的地控制变量

有目的地控制变量是实验法最本质的特点。人为地创设一定的情境，通过操纵自变量，控制无关变量，以观察因变量的变化，这样就能客观地分析变量与变量之间的关系。例如，关于两种教学方法效果的比较实验，选择两个班级分别由两名老师任教，那么这两个班级学生的原有学习水平、两名实验教师的教学水平等就要求是基本相当的。

（二）能够揭示变量之间的因果关系

实验法是在理论假设的指导下，提出实验的条件，通过变化这些条件，观察被试的反应，通过分析这些反应，就可以概括出被试为什么有这样的反应，这些反应是怎么产生的，这些反应与实验给的条件有什么关系，由此概括出条件与反应之间的因果关系。

（三）能够致物以动

采用实验法，研究者不用被动地等待所要观察研究的被试心理、行为现象的发生，而是创造条件主动地引起被试的反应，以此来考察被试的反应与条件之间的关系，探讨事物的本质联系，这样就可以扩大研究的范围与深度，使研究者在自然教育情境中难以观察到的现象也可以得到研究。例如，要想了解内隐认知对人的行为的影响，这在自然情境中是难以观察到的，但是实验的方法可以做到：先给被试在意识阈下水平呈现刺激，然后安排适当的实验任务，观察被试完成实验任务的情况，从而可以在一定程度上揭示内隐认知影响人的外部行为的规律（吕勇，张伟娜，沈德立，2010；金翊翔，罗跃嘉，2011）。另外，实验法也可以确定某种特定变量的效果。例如，某校某班级学生不友好行为较多，老师运用说理、惩罚两种教育因素，对学生施教，结果发现，这个班不友好行为大大减少。但是，这种教学效果是因为两种因素都起作用，还是某一种起作用，不得而知。只要用实验法，选择类似的三个班级，其中两个班分别施加教育因素说理、惩罚，对第三个班将教育因素说理、惩罚都用上，比较这三组的实验结果，就可知教育因素说理、惩罚以及二者合用的效果了。

（四）有严格的实验设计和确定的实验程序

运用实验法时，实验设计需要明确被试的选择、实验变量的设置、实验材料和工具的规格、实验的操作程序等，可以说对于实验流程的每一步都要做出具体、客观、科学的要求。这些流程与要求是需要在研究报告中得到体现的。研究报告中实验设计和实验程序撰写的要求是，读者按照这些描述就能够重复该实验。

（五）具有可重复性

实验可以以相同方式重复进行，其结果的信度和效度由此可以得到验证。如果理论假设正确、设计严密、操作严谨，所得到的实验结果应该可以重复验证。

第二节　实验法的关键问题

一、实验设计的效度和信度确定

信度、效度概念源于心理与教育测验领域。由于心理与教育测验内容和形式的主观性一直是被人们批评的软肋，为了提升其客观性，研究者经过长期努力，建立起了一套以信度、效度为中心的测验编制与评价标准和程序，它对于提高测验的客观性、科学性起了重大的作用。而且，有关信度和效度理论与方法对于采用其他研究方法所进行的研究工作也具有普遍的指导意义，并已为心理、教育研究者所普遍接受，成为研究和实验设计的关键。

（一）信度

信度又称可靠性，是指研究所得到的事实、数据的一致性或稳定性程度。比如，用橡皮制成的尺子可能是靠不住的尺子，因为它伸缩不定，对同一物体的测量可能得出不同的结果。同样，如果小林在星期一测得的 IQ 分数为 140，而在下一个星期五的 IQ 测验分数是 100，其间并未发生显著的事件或经历能解释分数差别的原因，那么，这样的 IQ 测验就是一个缺乏信度的测验，不能在研究和实践中使用。

其实，在我们的日常生活中，但凡涉及测量，我们都会关注测量的信度，虽然并不一定使用信度这个概念。比如，我们在某处买了一袋水果，可能我们会到另外一处再过一下秤，看原来称的对不对，这就是关注原来称重的信度问题。心理与教育实验中为了检验信度，通常也是采取多次测量。例如心理实验中研究积极和消极情绪对认知效率的影响（蒋重清，杨丽珠，刘颖，Bel-Bahar，2010），就会制造多次积极和消极情绪条件，观察多个被试在不同情绪条件下的反应。只有多个被试在多次的积极情绪条件下表现出稳定的特点（如促进作用），而在多次的消极情绪条件下也表现出稳定的特点（如阻碍作用），这样，两种情绪条件对认知效率影响的差异才更可能达到统计检验的显著水平。可见，在实验中采用多个被试、每一个实验条件进行多次重复，这种做法即是提升和保证信度的方法。

此外，对于一个心理与教育实验来说，说明其信度的最简单方法就是这个实验被重复时，能否得到与原来实验结果一致的结果。当然，这种结果的一致并不一定要求具体数据完全一致，更为重要的是从定量结果中得出的定性结论是否一致。例如，假设某研究者曾通过实验比较鼓励法与批评法在改善差生学习成绩方面的作用，发现鼓励法使差生的成绩提高了 10 分，而批评法使差生的成绩提高了 2 分，统计检验证明在改善差生学习成绩方面，鼓励法优于批评法；当研究者再一次在基本相同的条件下重复这个比较实验时，发现鼓励法使差生的成绩提高了 15 分，而批评法使差生的成绩提高了 5 分，统计检验仍旧证明鼓励法在改善差生学习成绩方面优于批评法。两次实验所得的具体数据虽然不同，但定性结果是一致的，从而可以认为该实验具有较好的信度。这种采用重复实验检验其设计信度的方法不仅可以由原研究者本人进行，还可以由其他研究者进行。

当然，一个实验被重复而没有得到一致结果时，我们不要简单地去怀疑原实验设计的信度问题，而应仔细分析其中的原因。因为在心理与教育实验中，干扰因素甚多，些微的差别就可能造成结果的不一致，所以本以为是进行重复实验验证，但实际上还是有差异，并没有完全重复。对这种不一致的原因的发现，本身就是很有意义的。在研究中经常会遇到这样的情况，看似"山重水复疑无路"，一番苦苦思考后却是"柳暗花明又一村"。

但是，科学实验的目的是要揭示经得起检验的真理，报告缺乏信度的结果和结论不但可能陷入造假的嫌疑，个人学术声誉受到影响，更可怕的是会对社会带来危害。所以，在心理与教育实验研究中，要牢固树立信度观念，采取有效措施检验和保证研究信度。确切地说，影响实验信度的因素其实就是干扰变量的控制不足或失误。这在下文中我们还要详述。

（二）效度

效度又称有效性或准确性，在测验理论中是指测验能够测量出其所要测的东西的程度。效度与信度关系密切，但是含义不同。例如，假设在小学数学能力测验中，所有题目都被设计为应用题。那么，学生测得的结果可能是稳定的，即具有一定的信度。但是，学生所得分数中相当一部分反映的是他们的文字理解能力，并非研究者欲研究的数学能力。

另外，仅仅采用应用题，也不能全面反映学生的数学能力。因此，该测验在测定学生的数学能力方面是缺乏效度的。所以，信度关注的是一个测量工具对所要度量的东西测得的值是否稳定、一致；效度要回答的基本问题是，一个测量工具对所要度量的东西实际上测量得如何，即正确性如何。我们可以通过图 8-1 来形象地理解信度和效度。

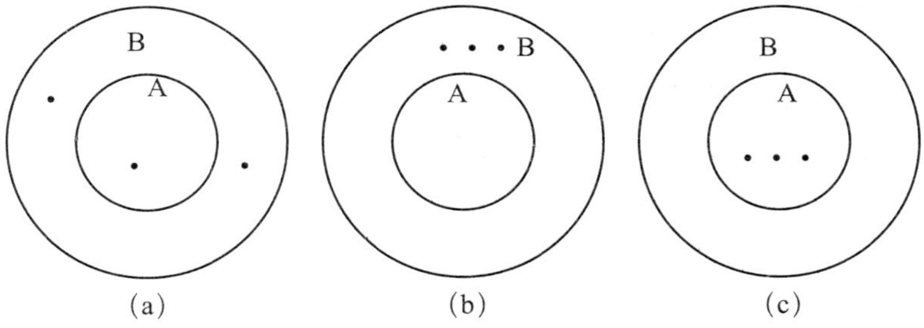

图 8-1 信度和效度图示

资料来源：郑日昌，蔡永红，周益群，1999，37 页。

假设图 8-1 中三个黑点代表测量值，A 区是所要度量的东西，A 区以外的 B 区不是要测量的。那么，图 8-1（a）表示该测量的信度、效度俱差；图 8-1（b）表示该测量信度较高但效度差；图 8-1（c）表示该测量的信度、效度皆好。所以，信度是效度的必要条件，但不是充分条件，无信度必然无效度，但有信度未必有效度。反之，效度是信度的充分条件而非必要条件，有效度必然有信度，无效度却不一定无信度。可以说，信度是效度的基础，效度是信度的目的。

就心理与教育实验来说，其效度是指该实验真正地揭示所欲研究的问题的本质及其规律的程度。因此，实验的理论构思、设计、实施、统计推论等各个环节都会影响到实验的效度。以下，我们介绍实践中最常考虑的几种效度。

1. *构思效度*

心理与教育实验前都需要进行理论分析和构思。这就是常说的理论指导实践。那么，实验前的理论构思是否合理？如果理论构思合理，实验设计能否恰当地表达理论构思？这就是实验的构思效度要回答的问题。概括地说，实验的构思效度是指实验的理论构思的合理性及实验设计将相关抽象概念操作化的恰当性程度。所以，确保实验具有良好的构思效度是研究的基础性工作。

由于心理与教育现象的抽象性和多维性，实验研究的构思效度又往往容易引起较多争议。为了提高实验的构思效度，需要做好以下几点。

（1）注意理论构思的逻辑、层次和脉络，构建出能够体现系统特征的理论构思网络。以情绪易感性系列实验的理论构思为例，研究者基于人格发展乃是情绪和认知交互作用并反映自身的过程这一理论出发点，提出了情绪易感性这个人格范畴概念（蒋重清，杨丽珠，2006），用以指称一个人认知活动受其情绪影响的程度特征；进而，分析指出情绪对认知活动的影响会表现在两个方面，即情绪对认知效率和认知方向的影响；并且，影响认知活动的情绪也可以来自意识下和意识上两个层面。所以，系列实验就沿着情绪和认知在两个层面两个方向上的交互作用而开展。由此看出，情绪易感性的提出和界定是符合逻辑的，其自身体现出了清晰的层次脉络，同时又有机地嵌入一个更广的系统——人类心理中情绪和认知关系系统之中。

（2）严格、明确地说明实验中的各种变量。心理与教育实验研究中的理论构思最终要归纳为几个变量之间的关系，因此，这些涉及的变量的内涵就需要进行确切的说明。当然，由于心理与教育实验研究中变量的复杂性，研究者在一个研究中可能难以对其全面把握和研究，那么可以适当缩小范围，将研究中的变量界定清楚。比如在研究儿童认知发展时，由于认知活动包括感觉、知觉、记忆、思维等，难以在一项研究中面面俱到，所以可以将儿童认知发展界定在思维这个范围，甚至进一步将自己欲研究的变量界定在创造性思维这个层面，这样，对于儿童创造性思维的界定就更能够做到明确、严格了（师保国，王黎静，徐丽，刘霞，2016）。对于心理与教育实验研究来说，不要一开始就希望揭示大规律、大道理，研究大变量，而要对自己选择的变量不断刨根追底，一直到你能确切把握的变量范畴入手研究。

（3）明确变量的操作定义，制定相应的、客观的测量指标。在心理与教育实验研究中，不但要从理论上对变量进行明确界定，还需要通过赋予操作定义的方法使变量的内涵外延准确无误，消除争议。从抽象概念到操作定义，是一个从抽象到具体的过程，也是一个实验的理论构思是否能得以执行的关键一环，研究者对此环节需要仔细斟酌、反复尝试、集思广益。关于如何进行操作定义，我们会在下文“控制实验中的变量”中详解。

2. 内部效度

心理与教育实验的内部效度是指实验中自变量和因变量之间因果关系的明确程度。它涉及两方面的问题：首先，所研究的自变量与因变量之间是否存在因果关系；其次，所测量到的因变量的变化是否完全由自变量的变化引起。

内部效度常常成为心理与教育实验尤其是现场实验的软肋。这主要是由心理与教育现象中因果关系的隐蔽性、复杂性、脆弱性和渐成性造成的。概括来说，影响心理与教育实验研究内部效度的因素主要有以下几种。

（1）时间因素。对于心理与教育实验中的某些干预研究、追踪研究等，由于周期较长，被试的生理与心理均有自然的、系统的变化（提高或降低、成熟或衰退），这些变化会对研究中的因变量产生影响，或者直接混入因变量变化之中。比如研究某教学方法对小学生智力的影响，实验教学周期一年。由于小学生的智力经历一年的时间本来就会有自然的发展，这种自然的变化并非来自实验教学这一自变量，但却包含在测量的因变量之中，从而降低实验的内部效度。再比如，为了研究某干预措施对心理创伤的治疗效果，实验进行半年，被试的心理创伤得到控制。可是，如果将这一效果归结于干预措施的作用，其效度是会受到质疑的。因为也许就是被试的遗忘等心理机制抚慰了创伤，而并非干预措施的效应。所以有人说：“时间是魔术师。”因此，心理与教育实验中通常需要设立未进行实验处理的控制组进行比较，以剥离时间因素带来的影响。

（2）历史因素。实验进行期间，所发生的社会事件或其他事件都可能影响被试的行为，混淆自变量的效果，降低研究的内部效度。比如正在采取实验研究某种班级管理措施的效果，适逢实验基地学校迎接上级检查，这样，实验基地的迎检工作就会与实验措施混淆，而不能分清实验班级的纪律等方面的改善究竟有多少可归因于实验措施这个自变量。从小处说，被试在来参加心理实验的路上，可能听到自己考试不及格的消息，从而影响实验结果。诸如此类，需要研究者保持关注与敏感，判断其对结果的影响，予以补救或弃用。

(3) 取样偏差。由于所选被试的代表性不够，或者在对被试分组时各被试组之间的初始状态就存在系统差异（如经验、能力等），自变量的效果或因变量的表现就可能会受到影响，降低内部效度。

(4) 被试流失。在追踪实验这类时间跨度较长的研究中，被试的流失是常见的。这很可能会影响到自变量和因变量之间的因果推论。比如对某教学方法的实验研究，因变量是学生的学习成绩。经过一段时间后，实验班学生的学习成绩有显著提高，可是这期间有几名学生被试流失了，一了解原来是几名学习差的学生辍学了。这样，该实验的内部效度就不高了。所以，如果有被试流失的情况，需要对流失的被试与保留的被试作同质性检验或说明，确保现有被试仍具全面的代表性。

(5) 前测的影响。干预、培养之类的实验一般需要前测确定起始状态，后测确定实验处理的效果。由于前后测需要在一定程度上保持同质性，这样，被试前测的经验很可能会提高后测的分数，从而降低该实验的内部效度。

(6) 期望效应。在一些实验中，被试由于知道被选中参加实验而做出迎合主试要求和期望的努力，从而影响实验结果。

(7) 实验处理控制不严产生的效应。由于实验操作、测量的失误或未保持稳定一致，或者因为实验处理的扩散与交流等原因，实验处理的效果可能被抵消、减弱或增强，从而损害实验的内部效度。比如，被试来自同一个班级，先做完实验的被试回去后对其他还未做实验的被试进行实验经验介绍，或者是这些被试本来是被分成两组接受不同干预措施的，但是他们却私下相互打听和讨论所接受的措施，诸如此类等等，会严重损害实验的内部效度。

(8) 统计回归效应。多次测量的数值会围绕平均值波动，这种自然倾向被称为“统计回归效应”。因此，如果根据一次测量所得结果将被试分成高分组和低分组，再测时，由于高分组被试的一些分数会出现自然回落，而低分组被试的一些分数会自然升高，这种现象就会混淆实验处理的效果，降低研究的内部效度（程开明，章雅婷，2015）。

由此可见，心理与教育实验的内部效度是比较脆弱的，需要实验者实验前仔细考虑、周密计划、提前预防，实验中谨慎细致，将影响实验内部效度的干扰因素控制到最低点。

3. 外部效度

实验的外部效度，也称外推效度，是指实验结果能够一般化和普遍化到样本所在总体和其他变量条件、时间和背景中去的程度，即研究结果的普遍代表性和适用性。它包含总体效度和生态效度两种。

总体效度是指实验结果能够适用于被试所在总体的程度。这主要取决于被试取样的科学合理性，是否能够充分代表总体。如果所选样本有偏差或数量太小，其结果就难以对总体特征做出推论。

生态效度是指实验结果能够概括化和适用于其他研究条件和真实生活情境的程度。比如，假设采用实验研究情绪对认知的影响，自变量通过情绪图片刺激形式出现，因变量采用被试认知行为表现指标，结果发现，积极情绪促进被试的认知过程，而消极情绪阻碍被试的认知过程。那么，如果采用音乐、电影片段等作为情绪刺激是否也能得出同样结论呢？或者，如果以被试的生理反应指标作为因变量，是否也能够得出同样结论呢？这一实验结论跟人们日常生活中情绪对认知的影响特点是否一致？等等。这些就是实验的生态效度所关注的。要使实验结果能够适用于其他条件和情境，如其他自变量与因变量、其他的测查工具、其他的研究程序、其他的研究背景和时间、其他的研究者，就要考虑该实验条件和背景的代表性——它能否代表和它具有同样本质特点和规律的其他条件和背景。

心理与教育科学研究就是要揭示心理与教育活动的一般的、普遍的规律，最终目的是指导现实生活实践。如果一项研究的结果只能由特定的被试、特定的研究程序和特定的研究条件等得出，尽管它可能具有较高的内部效度，但由于它只适于解释该特例，其推广价值就会被限制，甚至毫无价值。人们的心理与教育现象总是在具体的、不同的情境中发生发展的，这种背景几乎没有完全雷同的。我们的研究之所以要设置、控制条件就是试图对这纷繁复杂的背景进行浓缩，抽取出那些对人们心理与教育活动规律起决定作用的因素。但是，这种浓缩最终要求能够还原生活的真实，这就要求心理与教育研究要具有良好的外部效度。有时候，这种对外部效度的要求会与实验研究通常追求的内部效度存在矛盾。比如，为了提高实验的内部效度，通过装备精良的实验室等对实验条件和背景予以严格的控制，可是这种条件与背景根本不可能在现实生活中存在，从而导致该实验的外部效度很低。近些年，这一现象引起了许多研究者的重视和关注，因而诸如跨文化研究（梁觉，周帆，2010；卢俊，陈浩，乐国安，2017）、现场实验研究（王凡，2008；李伟强，郭本禹，郑剑锋，王伟伟，2013）等旨在提高研究外部效度的范式呈兴起之势。

但是需要指出的是，实验的内部效度和外部效度并非不可调和。比如皮亚杰关于儿童认知发展的许多实验结论，就经历了时间的检验，并在不同国家或地区的儿童身上得到印证；斯金纳、桑代克关于学习规律的论断虽然基本上都是通过严格的动物实验得来的，却确实能在很大程度上解释人类学习。事实上，应该认识到，实验的内部效度是外部效度的前提。因为，如果要想使得某实验结论具有外部效度，即能推广到其他各种情境，它首先应该能解释说明一种情境，也就是你设计的这个实验情境，此即指对本实验情境具有内部效度。

以上讲的实验信度和效度，更多的是从理论的层面思考实验设计注意事项，从操作层面来说，即是通过控制实验中的变量予以实现的。

二、控制实验中的变量

任何一项实验，都是根据研究目的，操纵自变量，使其对被试产生影响，控制无关变量，使它们保持恒定，观察因变量，以便揭示自变量与因变量之间的因果关系。由于事物之间关系的复杂性，可能一因多果，可能一果多因，也可能只是共生现象，而且同一事物又有多个表现属性，所以，确定什么作为自变量，什么作为因变量，需要控制哪些变量，这些考虑是实验研究的关键环节。是否有效地选择和操纵了变量，决定一个实验的优劣成败。

（一）自变量的种类和控制

在心理与教育实验中，自变量大致可分为以下三种类型。

（1）刺激特点的自变量。

这是最常用的自变量。一般情况下，实验者会在实验中给被试呈现某种刺激，要求被试做出特定反应，在这期间，主试所操纵的刺激特点就是自变量。可用作实验刺激的有多种多样，可以是视觉刺激、嗅觉刺激、触觉刺激等，而每一个刺激又有多种属性，所以，可选为自变量的范围是很大的。比如，呈现的刺激是字符串，主试可能操纵其所含字符数目以考察被试短时记忆广度，这里字符数目就成为自变量；主试也可能操纵该字符串的颜色以考察被试的颜色偏好，那么该字符串的颜色即为自变量。当代的心理与教育实验中，所操纵的刺激特点往往更为复杂和隐蔽，更多的是刺激的意义特点或者是几个特点的组合。比如该字符串的情绪意义特点、该字符串的语义与其颜色的关系（一致或不一致）。这里要记住的是，刺激本身不是自变量，而是刺激的某特点被选定为自变量。

（2）环境特点的自变量。

实验总是在一定环境下进行的，为了研究环境对被试反应的影响，实验者可以对环境特点进行操纵，此时环境特点就成为研究中的自变量（刘传军，辛勇，张富洪，冯春，陈幼平，2016）。例如，实验者可以改变实验环境内的亮度、温度或噪声强度等，这些都是环境心理学、工程心理学、人类功效学研究感兴趣的。

（3）被试特点的自变量。

被试的年龄、性别、民族、宗教信仰、智力、健康状况、受教育水平、性格、气质、态度、动机、情绪等都会影响被试的反应，从而可以被选作自变量。当然，似乎只有被试的态度、动机强度、情绪状况等可以被主试操纵，而被试的性别、年龄并不是主试可以操纵的。不过，虽然具体某被试个体的性别等属性不能被操纵，但主试可以通过被试取样控制被试的性别、年龄等的分布，从而实现控制。

现在的心理与教育实验中通常不止采用一个自变量，典型的实验往往同时操纵二到四个自变量。首先，这是因为事物之间的因果关系通常是一果多因和多果多因的情况，所以选择多自变量的设计更符合事物真实的联系；其次，在同一个实验中操纵多个比如两个自变量比做两个独立的实验效率更高、意义更大，而且实验控制可能更好。下面我们举例说明这种多自变量设计的优点。

假设我们最初是希望通过实验研究两种教学方法对初中生学习成绩的影响，一种教学方法为传统讲授法，另一种是发现学习法。那么在这里，自变量就是教学方法，因变量就是学习成绩。假如我们得出的结论是学习法优于传统教学法，准备将其推广甚至作为一项教学规定。这时，不同学科的任课老师可能就会提出异议，他们认为不同学科适用的教学方法是不一样的；而且，各年级组长也可能提出异议，他们指出不同年级的学生适用的教学方法也是不一样的。造成这种局面的原因就是我们最初只考虑一个自变量的实验设计方法过于简单，与学生学习成绩的影响因素的真实情况相距甚远。如上分析，我们至少应该增加学科与年级这两个自变量。这就是说要采用三个自变量：教学方法、学科、年级。针对这三个自变量如果分开采用独立实验研究，不仅效率不高，而且意义不大。但是，在一个实验中同时考虑以上三个自变量，就可能为不同年级、不同学科找到适宜的教学方法，这是尤其具有实践指导意义的。用专业术语来说，一个实验同时操纵多个自变量，可以探究这几个自变量之间的交互作用，研究的意义将得到很大提升。当然，也不是说自变量越多越好，过多的自变量会导致实验结果的解释难度很大。

一个实验选择自变量时除了要有明确的理论构想和界定外，还需要能对自变量进行准确无误的操作，这就涉及如何对自变量进行操作定义的问题。事实上，对因变量和干扰变量的控制都需要基于明确的操作定义，所以关于操作定义的内容会放在本节介绍完自变量、因变量、干扰变量的设计后，作为实验变量控制手段之一作具体介绍。

（二）因变量的选择和设计

事物的活动变化是永恒、绝对的，静止稳定是暂时、相对的，处于实验中的被试也是一样，也就是说，被试可被测量的变量是很多的。这些变量有些是与自变量变化无关的，有些是由自变量变化引起的。因变量只能来自自变量变化的结果变量，但是并非所有由自变量引起的变化值都适合作因变量。在这个范围内，选择因变量时首先当然是考虑其是否符合研究目的，然后则要考虑因变量的稳定性、敏感性、采择技术的可行性等。

因变量的稳定性是指，当一个实验被准确重复时——对相同的被试施加相同水平的自变量等等——能得到同质同量因变量值的程度。比如我们知道情绪会影响一个人的呼吸频率，但是如果将呼吸频率作为因变量则不太合适，因为人的呼吸频率变化的稳定性不够。有的实验可能需要采取人的主观报告作为因变量，这类因变量也比较容易出现稳定性不足的问题。此外，因变量的稳定性还与其测量方法有关。比如，采用弹簧秤来测量作为因变量的重量的话，弹簧秤的弹簧容易产生热胀冷缩效应，进而影响测量结果，从而降低实验的信度。

因变量的敏感性是指因变量能准确敏感地反映自变量变化的程度。有时虽然因变量的稳定性没有问题，即多次重复能得到同样的因变量值，但是由于因变量的测量范围受到限制，如测量结果总是停留在量表的最顶端或最底端，这样因变量就不能敏感地反映自变量的变化。例如，某研究者希望了解某类人在进行乘法运算和除法运算时的心理过程异同，选择大学生被试或者两岁儿童被试做10以内乘除运算，以反应时作为因变量。这样，由于实验任务对于大学生来说太容易，所以反应时会非常短，而对于两岁儿童来说太难。反应时会非常长或者他们根本做不出来，这就是常说的天花板效应和地板效应。这样，因变量反应时就不能敏感地反映出自变量的变化。另外，因变量敏感性受到影响还有可能不是因为实验任务过难或过易，而是因为选择的测量单位不当。比如以反应时为因变量研究某些心理过程，如果反应时测量以秒甚至分钟为单位，可能就会影响到因变量的敏感性，因为许多心理过程的差异是在毫秒级上才能体现出来。再如，如果选择被试的体温变化作为因变量，以图反映被试的情绪变化，同样会出现因变量不够敏感的问题。

可见，因变量的稳定性和敏感性不仅受因变量本身的制约，而且受到因变量如何测量的影响。所以，近年来，对于反应时变量也已精确到毫秒，并且采用了一些更为精确的生理指标，如血氧含量、脑电波等作为因变量。如何选择和控制因变量，需要考虑这些指标获取的可行性问题。目前来说，心理与教育实验中的因变量通常包括如下几类。

（1）行为反应的动力特征，如反应速度、反应频次、反应强度、反应力度等。

（2）行为反应的质量，如反应的正确率（或错误率）、击中率、成绩变化程度等。

（3）行为反应的内容和意义，如被试的行为表现出认同还是拒绝、趋向还是回避及其程度如何。

（4）生理指标，如血压、血氧浓度、皮肤电阻、脑电波等。

我们采用实验研究某项行为时，需要考虑选择什么指标来测量该行为的变化，这种被选中的指标就是因变量。而往往可供选择的指标不止一个。比如我们采用实验研究被试朗读文字的行为时，可反映其行为特征的变量有被试的反应速度、正确率、眼睛注视时间、脑电变化，甚至包括主观报告的情绪体验变化等。到底选择什么作为因变量，则需要考虑如前所述实验目的的需要及指标的稳定性、敏感性和技术可行性。此外，还可以考虑采用多个因变量的方法，这种方法不仅经济，还可以在因变量之间相互验证，相互补充。比如近年来兴起的认知神经科学就常常既采用行为指标又采用神经生理指标，在很大程度上促进了我们对生理-心理-行为三者之间关系的理解。

（三）干扰变量的类别和控制

为了突出自变量和因变量之间的关系，就要采取一定的方法和程序来消除和控制除自变量之外对因变量也会产生影响的其他因素，即消除和控制干扰变量。如果说自变量和因变量的确定决定了一个实验的价值，那么，干扰变量的控制情况则决定了这个实验的科学性。

干扰变量带来的影响被称为研究误差，通常表现为两个方面：一是造成研究结果不准确；二是造成研究结果不稳定。

研究误差中有的是恒定的，稳定地存在于每一次测量和研究结果之中。这种情况下，研究者对同一事物、现象或特征进行多次测量与研究，得到的结果尽管可能一致，但却不准确。这类误差是由恒定的、有规律的无关变量引起的，比如在反应时实验中采用了偏快或偏慢的计时器。这一类误差被称为系统误差，又叫常定误差。另一类误差叫随机误差，又叫可变误差，表现为实验者对同一事物、现象或特征的多次测量与研究会得到不一致的结果，而且结果变化的方向和大小完全是随机的，无规律可循。这类误差是由偶然的、随机的干扰变量引起的，比如在反应时实验中被试的按键速度并不总是恒定的，而是存在随机的变化。

随机误差会引起每一次的研究数据发生变化，从而易于被研究者发现而做出相应调整。另外，随机误差的方向和大小变化由于都是随机的，所以在研究对象足够多或重复测量的次数足够多时可以相互抵消。但是，系统误差由于并不引起每一次的研究数据的变化，从而不易于被发现，所以需要精心设计予以控制。那么，带来研究误差的干扰变量有哪些呢？概括地说，干扰变量有六个来源。

（1）主试方面。

研究者的年龄、性别、外表、态度、言谈举止等可能成为研究中的干扰变量。比如实验前主试跟被试的闲聊可能无意中触及被试心头的伤痛，从而影响实验结果；或者主试穿着特别之处吸引了被试的注意，从而给实验结果带来干扰；等等。当然，如果主试观察记录失误或不能做到客观、稳定一致，实验结果也会受到影响和歪曲。

（2）被试方面。

相对而言，由被试自身因素产生的对研究结果的干扰情况更为多见。一些是由被试间稳定的个体差异造成的，比如被试的性别、左右利手等可能对研究数据产生影响；另一些是由被试在被研究期间的偶然身心波动造成的，比如感冒、疲劳、厌烦等。归纳起来，被试因素对研究结果的干扰有如下方面：①生理状况。如性别、近视、弱听、生病等。②参与态度。被试在研究中不按要求认真反应，或者动机过强、焦虑过高等也可能成为干扰变量。③有关经验。被试是否参加过类似的研究，以及对研究内容、程序、反应方式的熟悉程度等可能会影响研究结果。④被试流失。被试流失的原因、流失的数量、各被试组流失被试的比例都需要认真分析。比如对于教学方法的比较实验研究，由于实验班的一些学生不适应新教学方法而退出实验，这种情况就会影响实验结果，因为这批流失的学生可能是成绩不理想的，留下的都是成绩较好的学生，所以后测成绩自然比前测成绩高，但这并非实验处理的效应。

（3）材料、仪器方面。

现在许多研究都要借助一些材料与仪器，研究者希望以它们的某些属性为媒介，捕捉或放大研究对象的某些特点。但是，这些材料与仪器的其他无关属性也会一并作用于研究对象，从而影响研究对象的反应。此外，仪器的使用虽然在很大程度上可以提升实验的客观性，并方便了主试的工作，然而但凡仪器就有出错的可能，这都会给研究数据带来干扰、损失。比如研究者希望研究人在不同情绪中的脑电反应模式，采用一批人脸表情图片做实验刺激。那么，这里的自变量就是人脸图片的表情，因变量就是被试的脑电反应。但是，人脸图片中的性别信息、容貌信息等都会对被试产生影响，而记录脑电反应的仪器（脑电仪）更是有许多参数需要经常检查和校准。在一些以问卷、量表为手段的研究中，这些问卷、量表的信度和效度更是直接决定了研究数据的质量。

（4）研究实施方面。

指导语是否标准得当、研究程序安排是否合理、研究时间是否妥当等有关实施的各个环节都会影响被试的反应。比如，指导语具有暗示性使得被试的反应产生偏向，如果并不是要研究指导语的作用，那么这种暗示性指导语就可能是干扰变量。又如，笔者（蒋重清，下同）曾带着一名助手去研究情绪对三岁幼儿行为的影响，实验是逐个被试进行的。首先，通过计算机屏幕给被试呈现一对经复制加工而成的、体格大小一样的动物图片，让被试选择出他所喜欢的那一只动物；然后让被试观察一对经过模糊处理的、只能隐约看到的呈跑姿的动物图片，解释说这是刚才那一对动物在跑步比赛；最后再次出现这对动物的静态图片，并让被试判断在刚才跑步比赛中哪一只得了第一名。由于被试年龄太小，实验进行时由主试对被试一对一进行指导。在刚开始的几个被试进行实验时，笔者就发现，那名助手在提示被试做出选择时会习惯用手指向其中一只动物。这名助手可能并没意识到，他的这个小动作很可能给被试的选择带来影响。所以这几个被试的数据只好作废。

在许多干预实验中，实验程序中常常包含前测与后测。对于这一程序，研究者需要注意这几个问题：①被试的成熟因素在前后测之间的影响如何？②前后测之间发生过哪些事件？③后测结果在多大程度上可能受到练习效应的影响？④前测中极端分数在后测中可能向均值回归，影响如何？

（5）研究实施环境方面。

研究总是在一定环境中进行的，但是除非我们正是要研究环境因素对被试的影响，否则许多环境因素就会成为研究中的干扰变量。比如说，温度、亮度、湿度、磁场、声音背景、环境布置、空间大小等，均可能对被试的行为和操作水平或研究仪器的记录产生影响。另外，实施现场的突发事件，如停电、电话铃响、仪器故障、突然的大声响等，都是可能的干扰变量。

（6）数据处理方面。

在对研究数据进行定性分析时，研究者的理解水平或视角存在差异等，在定量分析时，统计方法的选择不同或误用等，都会使研究结果产生误差。

为了控制以上干扰变量，常用的方法有以下几种。

（1）消除法。

消除法就是通过采取针对性措施，将影响研究结果的各种干扰变量消除掉。比如为了消除实验环境中噪声、突发事件的干扰，可以选择专业实验室或适宜的研究场所，并通过贴出“请勿打扰”告示、安排实验助手场外维护等方法消除来自周围环境的干扰；又如为了消除来自主试的可能干扰，可采用“双盲程序”消除实验者的期望效应，更常见的是对主试进行训练，保证其言行的许可范围和方式程式化，不因主试言行不慎而带来意想不到的干扰变量；为了消除由主试观察记录被试反应可能带来的主观偏差，可以采用仪器记录，或者简单化、客观化需要记录的指标。总之，消除法就是要针对我们上面介绍到的干扰变量的来源，采取措施，防患未然，从源头上控制干扰变量的影响。

（2）恒定法。

在心理与教育实验中，由于有些干扰变量无法消除，所以只有使它们在整个研究过程中保持恒定，以固定其效果。比如，研究者认为左右利手的差异可能会成为某实验的干扰变量，研究者就通过只选择右利手被试从而实现对该干扰变量的固定；又如，假设被试的受教育程度会作为干扰变量而影响实验结果，研究者就通过选择受教育程度相同的被试对此干扰变量予以控制；其他恒定干扰变量的方法包括使研究环境、测量的仪器和工具、指导语、主试、研究时间等在整个实验中保持稳定一致。

（3）平衡法。

在心理与教育实验中，还有一些干扰变量既无法消除，又不可以恒定，这时通过某些综合平衡的方式使其效果平衡而控制其影响。比如，研究者选择了一批被试，要对他们施加实验处理（实验组）。研究者预期，实验组被试的年龄、性别等因素都可能影响实验结果而成为干扰变量，因此，研究者选择另外一批被试（对比组/控制组）来作为参照，对比组被试除了不接受实验处理外，其他各方面与实验组被试无异。因此，实验组经实验处理后表现出来的与对比组的差异就可以归结为实验处理的效应了。这就是实验设计中常用的通过设置对比组（控制组）平衡干扰变量效应的方法。还有一种情况是，如果被试接受两种以上实验处理，则实验处理的实施顺序可能会成为干扰变量，因此通常需要对几个实验处理的实施顺序予以平衡处理以消除顺序效应。

具体来说，对实验处理实施顺序的平衡处理要达到两个目标：（1）保证每一个实验处理能够在每一个顺序位置上出现，并且各实验处理出现的次数是相等的；（2）每一个实验处理出现在另一个实验处理之前和之后的次数也是相等的。这对于只有实验处理 A 与 B 的实验来说，只要采取 ABBA 的方式就实现平衡了。如果实验处理更多，可采用拉丁方设计。拉丁方设计对于实验处理数为偶数的情况容易处理，例如，如果实验处理为 A，B，C，D，则可以通过构建 4×4 的拉丁方予以平衡：

4 × 4

A	B	C	D
B	A	D	C
C	D	B	A
D	C	A	B

但是如果实验处理的个数是奇数，我们则需要构建两个拉丁方才能实现平衡。例如，某实验中被试要接受实验处理 A，B，C，采取拉丁方设计如下：

3×3 拉丁方 1

A	B	C
B	C	A
C	A	B

3×3 拉丁方 2

C	B	A
A	C	B
B	A	C

（4）纳入自变量。

在心理与教育实验中，还有一些干扰变量既无法消除，又不便恒定，而且它对因变量的影响情况也不清楚，此时可以将它作为实验中的一个自变量予以研究，揭示其对因变量的作用，从而间接地实现对其的控制。比如某实验最初想比较两种教学方法的效果，但后来考虑到男女生适宜的教学方法可能不同，也就是说被试的性别会影响本实验的结果而成为干扰变量。但该变量没法被消除，打乱原来的自然班级将男女生分班也不被允许，因此，将被试的性别作为一个自变量予以考虑，不但间接控制了该变量的影响，而且可能有更有意思的发现。

（5）统计控制法。

当干扰变量的影响无法消除或未能加以控制，而其影响已经测定和已知时，可用统计的校正或调整将这些影响从实验结果中排除。例如，为了比较两种教学方法的效果，设置了两个实验组分别接受两种不同的教学方法，但是这两个实验组学生的原有学习基础存在差异，该差异会影响到实验结果，对此，我们可以采用协方差分析的方法予以统计控制，剔除实验学生原有基础对实验结果的影响。

（四）变量的操作定义

前面对自变量、因变量和干扰变量进行了一定的分述，关乎这些变量的控制更为基础的问题是如何对其实施和测量。比如为了验证“人是因为可爱（自变量）而美丽（因变量）”，就必须用更具体的、清楚的、特定的、可以观察到的方式来描述“可爱”“美丽”这种模糊的、抽象的概念。这就是对它们进行操作定义，使这些变量从理论的构想成为可以操作化的东西。所以，操作定义既是使实验得以从理论构想向实践检验过渡的核心环节，也是实现变量控制的基础。

操作定义是针对抽象定义而提出来的。抽象定义是对变量共同本质的概括，其作用在于揭示它们的内涵。由于心理与教育现象的复杂性以及各研究者对事物的理解角度可能不同，其中许多变量的抽象定义并无定论，比如智力的定义尚有许多争议或者说有不同的表达。研究者可以基于自己的理论思考确定采择某一抽象定义。接下来的关键环节则是将这一抽象定义转化为明确的操作定义。

进行操作定义就是用可感知的、可度量的事物、事件、现象和方法对变量做出具体的界定和说明。例如，用被试所得的瑞文推理测验分数来代表其智力水平，用被试为了更大奖励物而不动小礼物的坚持等待时间来界定其自控能力，用学生被试考试成绩转化成的标准分数来表示其学业成就，用具体的分贝数来规定声音刺激的强度，等等。一个好的操作定义不但要与原抽象定义对等，而且其具体规定性也要没有争议，据此操作、观察、测量只会得到唯一确定的结果。一般来说，可以从三个角度来设计操作定义。

1. 静态特征描述法

静态特征描述法是通过对客体或事物所具有的静态特征的描述来界定变量的方法。例如对学习困难生的干预实验研究，需要选择学习困难生的表现作为因变量，采用静态特征描述法则可将该因变量定义为被试学业考试所得到的标准化分数（因为标准化分数可以摆脱不同考试所用试卷不同的局限）。又如，某实验研究高、中、低焦虑对认知的影响差异，在此，可以用一定的焦虑测量分数范围值（多少分至多少分）来对高、中、低焦虑进行操作定义。这也属于静态特征描述法。静态特征描述法通常适于用问卷、测验等方法测查的变量。

2. 动态特征描述法

动态特征描述法是通过描述客体或事物所具有的动态特征来给变量下操作定义的方法。例如，同样是针对学习困难生的表现这个变量，采用动态特征描述法则可从被试上课搞小动作的次数、举手发言次数、作业迟交次数等学习习惯表现方面来定义。

3. 方法、程序描述法

在心理与教育实验中，有些变量不便从特征上进行操作定义。比如教学方法这一变量，尽管可以用不同的名称标定，或叫讲授法，或叫发现法，并对其特征做出描述，但都不足以成为操作定义，这就需要通过一套方法和程序规则来确定其含义（刘电芝，黄希庭，2008），因此可以说是通过特定的方法或操作程序来对变量下操作定义。按照这套特定的方法和操作程序，就能够实现对变量的控制。

在心理与教育实验中，同一概念、变量可以用不同的方法或者综合的方法下操作定义，目的就是要使得变量能被具体、客观的指标明确界定与测量。

三、被试取样与分组

（一）取样原则

取样在量上与质上都要有代表性。质的方面的考虑主要是注意被试的年龄、性别、文化背景、心理水平等的代表性；而在被试数量方面，有些文献介绍了一些计算公式。当然，在目前的实际研究中，被试数的确定受到很多因素的影响。经验、已有文献在确定被试数方面都可资利用，研究内容、研究方法、研究条件都是需要考虑的。因此说，被试数不是由一两个因素、指标来确定的。通常来说，如果研究手段客观可靠性高，那么所研究的内容其个体变异越小，所需被试数越少。比如，在已有的关于基本认知过程的实验室研究报告中，被试数多在十几到四十几之间，甚至有采用几个人作为被试的；而对于那些比较复杂的现象，被试数则较多。例如关于个性与社会性的调查研究，被试数一般在一百人以上，调查对象多达成千上万的研究也不少见。取样时从质和量两方面考虑，目的就是要使样本能真正代表全体，使结果具有真实性和全面性。

（二）分组原则

按照取样原则抽取被试后，一般来说，需要将被试分组，其中一部分接受实验处理，称为实验组；一部分不接受实验处理，称为控制组（或对比组）。一个实验中，实验组可以有几个，分别接受不同的实验处理，或一个实验处理的不同层次。控制组通常一个就可以了。分组原则是：（1）便于体现实验要求。（2）有利于限制无关因素的影响。比如，实验组和控制（对比）组要具有同质性，也就是两组被试要相似，这样得出的结果才比较可靠可信。例如，研究“发现学习”和“接受学习”对儿童发散思维的影响，如果实验前没有对实验班和对比班进行同质性检验，实验班学生采取发现学习，对比班采取接受学习，结果发现两个班的发散思维存在差异。可是这种差异是由于不同的学习方式造成的，还是由于原本实验班儿童就好于对比班儿童呢？这就说不清楚。（3）用尽可能少的实验次数取得最好效果。

（三）随机化问题

一般认为，随机取样是保证被试取样代表性的有效手段，因为它排除了被试取样偏差导致的系统误差。要注意的是，随机取样绝不是随便取样。诸如让被试自选组别、由主试主观安排被试组别等方法都可能带来误差。随机取样就是要使得研究总体中的每一个体均有同等被选机会，而且样本中每一个体是被单独选出的。

真实验中的随机化问题不但包括抽取样本的随机化，还包括对被试分组的随机化和实验处理的随机化。被试分组的随机化是指，如果需要将被试分组，每一个体分到哪一组的概率应该相等。实验处理的随机化包括两层含义：第一层含义是指每一个被试组接受何种实验处理需要随机安排；第二层含义是指组成实验处理的内部因素也是随机安排的。

比如我们随机抽取 60 名大学生参加一项单词识记的实验，实验目的是要比较以不同颜色（红、黑、蓝）书写的单词是否会影响被试的记忆效果。那么，需要将 60 名大学生分成三组，如实验组 A，B，C，按照被试分组的随机化原则，每一个被试分配到实验组 A，B，C 中的概率应该是相等的；进而，按照实验处理的随机化原则，每一个实验组学习某种颜色书写的单词的概率也应该是相等的。在这层意义上，被试分组的随机化和实验处理的随机化是一致的。此外，一个实验处理通常由一系列因素组成，如该例中，书写单词所用的不同颜色作为实验处理，每一个实验处理由一定数量的单词组成，那么这些单词的出现顺序也要求进行随机化处理。

随机化被试的取样、分组以及实验处理的安排是一种简单易行、没有偏差的办法。常用的抛硬币、抽签等方法就能帮助实现。如果需要样本比较大，则可以借助随机数字表来实现。但是，需要注意的是，这种随机化方法，在构成总体的个体差异不大时，用之比较有效，而在总体异质性较高时，误差较大。这种情况下，研究者就需要采取选择性取样等更能代表总体的方法。

第三节　实验法的种类

一、实验室实验与现场实验

（一）实验室实验

实验室实验是在实验室内或模拟生活环境高度控制的实验场地内操纵自变量，控制无关变量，探究自变量与因变量的关系的研究。

实验室实验可以严格控制变量，能够较为精确地探讨自变量与因变量的函数关系。但正因为实验室控制条件过于严格，而心理与教育科学本身又是极其复杂的由多因素组成的系统工程，所以多因素的交互作用很可能被抹杀了，从而影响了被试反应的真实性。

（二）现场实验

心理与教育科学研究的现场实验是在真实的教育情境中，尽可能地操纵自变量，控制无关变量，以探讨自变量与因变量的因果关系。

不同于实验室中人为的控制条件，现场实验是在自然真实的情境中进行的，其研究对象是真实的事件，所反映的实验效果也是真实的。所以，现场实验比实验室实验的外部效度更高。现场实验研究虽然在自然情境中进行，但它要严格控制操纵自变量和无关变量，比一般的观察研究具有更高的内部效度。但是，由于在现场实验中需要保持现场的自然性和真实性，这使得现场实验中的许多无关变量不可能完全被控制。所以，我们在对现场实验研究下结论的时候一定要谨慎，要注意研究结果的客观性和科学性。

二、真实验、准实验和前实验

（一）真实验

真实验主要表现在对无关因素的严格控制上，包括被试选择、被试分组的同质等，实验场所的声、光，甚至温度、湿度等凡是可能对实验结果产生影响的因素都要予以控制，以突出实验条件的影响。通俗地说，就是要使得不同实验组之间只有被操纵的实验条件是不同的，而这种不同的实验条件的性质和强度正是按研究者预期所设置的。一般来说，真实验的内部效度较高，但外部效度有些局限。许多心理与教育现象，对其发生条件进行严格的控制往往会损害其真实自然性。

（二）准实验

有些心理与教育实验，在选择被试时就受到限制，比如说没法实现随机取样，只能按照研究对象所在的自然单位取样分组；对于其他无关变量也只能实现部分控制，无法完全控制。这类实验就被称为准实验。比如实验比较两种教学方法的效果，往往很难单独抽取一些学生组成实验班和对比班。只能按照学生所在的自然班级分组，几个班为实验班，另几个班为对比班。当然我们可以尽量使实验班和对比班在原有基础上是相当的，所选择的实验班老师和对比班老师在业务上也是差不多的等等，从而实现对无关变量的部分控制。但是由于不同班级的学生、不同的老师本来就没法完全相同，学生课后的学习活动等也没法去控制，所以这种准实验设计的内部效度就大打折扣。不过，由于这类实验通常更接近于真实的生活，从而具有较高的外部效度。

（三）前实验

前实验无法随机分配被试，不能有效地控制无关变量，或者根本就没有对无关变量采取措施，其结果通常误差较高，效度低，往往不能说明因果关系。所以，严格来讲，这类研究不能算是实验，但是它具有实验研究的最基本要素——按照因果关系的逻辑设计自变量和因变量。前实验研究所揭示的关系可能在进一步的研究中被验证，许多真实验、准实验的选题可能来源于此。

第四节　实验设计

一、真实验设计

如前所述，真实验设计的本质特征在于对影响内部效度的无关变量采取了严格的控制并有效地操纵研究变量。实验设计中会综合采取随机取样、前测和设置控制组等手段。实验设计有多种类型，而且其名称也因研究者从不同角度进行分类而不同。比如根据被试如何分组，可以分为单组实验设计、随机组实验设计、随机化区组实验设计、匹配组实验设计。根据实验处理如何安排可以分为被试间设计、被试内设计以及混合设计。被试间设计是指每个被试只接受一个自变量水平或自变量水平组合的处理；被试内设计是指每个或每组被试接受所有自变量水平或自变量水平组合的处理，由于每次实验处理后一般会有测量，所以这些被试需要经过多次测量，因此又称重复测量实验设计；混合设计兼具被试间设计和被试内设计的特点。另外，也可以根据自变量的多少分为单因素实验设计和多因素实验设计（自变量有两个或两个以上）。从不同的角度划分实验设计并不是多余的，它可以引导我们从多方面来考虑实验设计。正因如此，尽管把这些按不同方法分类所得的类型放在一起会存在重叠，但在这还是会先介绍按照被试如何分组所得的实验设计类型，然后会对重复测量实验设计和多因素实验设计做些介绍，因为这两种设计方法比较经济高效。下面介绍真实验设计中几种常见的类型。

（一）单组实验设计

这种实验设计没有控制组，只有一个实验组，其基本模式见表 8－1：

表 8－1　单组实验设计模式

	前测	实验处理	后测
实验组	O_1	X	O_2

如果统计检验表明前测和后测的差异达到显著水平，则这种差异归因于实验处理的作用。例如，在一项实验中，首先让被试填写一份对吸烟行为的态度量表，然后让他们看一段关于吸烟危害性后果的宣传片，看完后，再让这批被试填写上述量表，比较前后差异，就可以看出这类宣传片对人们态度的影响。这种设计的关键在于需要确认在前测之后，除了实验处理外，没有其他因素会影响到后测的结果。正因有如此严格的控制，它才被纳入真实验的范畴。

事实上，心理学上著名的经典条件反射规律、操作条件反射规律、艾宾浩斯遗忘规律、罗森塔尔效应（专栏 8－1）等就是通过单组实验设计揭示的。其中，揭示操作条件反射规律的斯金纳更是以这种实验设计完成了他几乎所有的研究。但是，这种设计需要很强的假设，能够有十分把握确保自变量是因变量变化的唯一可能原因。在心理与教育现象中，不容易做出这种确切的假设，所以通常会将被试分组，随机组实验设计就是一个办法。

专栏 8－1

罗森塔尔效应

1968 年的一天，美国心理学家罗森塔尔和助手们来到一所小学，说要进行 7 项实验。他们从一至六年级各选了 3 个班，对这 18 个班的学生进行了“未来发展趋势测验”。之后，罗森塔尔以赞许的口吻将一份“最有发展前途者”的名单交给了校长和相关老师，并叮嘱他们务必要保密，以免影响实验的正确性。其实，罗森塔尔撒了一个“权威性谎言”，因为名单上的学生是随便挑选出来的。8 个月后，罗森塔尔和助手们对那 18 个班级的学生进行复试，结果奇迹出现了：凡是上了名单的学生，个个成绩有了较大的进步，且性格活泼开朗，自信心强，求知欲旺盛，更乐于和别人打交道。

显然，罗森塔尔的“权威性谎言”发挥了作用。这个谎言对老师产生了暗示，左右了老师对名单上的学生的能力的评价，而老师又将自己的这一心理活动通过自己的情感、语言和行为传染给学生，使学生变得更加自尊、自爱、自信、自强，从而使各方面得到了异乎寻常的进步。后来，人们把像这种由他人（特别是像老师和家长这样的“权威他人”）的期望和热爱，而使人们的行为发生与期望趋于一致的变化的情况，称为罗森塔尔效应，也称期望效应、皮格马利翁效应。

在罗森塔尔的这个实验中，自变量就是他们善意的谎言，因变量是被试的测验成绩，被试选取是随机的，也没有设置对比组，但所选被试的显著进步归因明确，可见是一个巧妙的单组实验设计。

资料来源：林崇德 等 主编，2003，891 页。

（二）随机组实验设计

随机组实验设计就是将所选被试随机分成几组，最简单的是分成两组，一组为不接受实验处理的控制组，另一组为接受实验处理的实验组，基本模式见表 8－2。例如，为了检验在被试睡眠时播放单词的录音（实验处理）能否有助于被试对这些单词的记忆，可以先选择一批记忆能力相当的被试，挑选出一些他们都不认识的单词（这就相当于前测），然后将被试随机分成两组，主试在其中一组被试睡觉时播放这些单词的录音，而另一组没有这种处理，然后让所有被试识记这些单词，以他们达到记住这些单词所需要的朗读次数为因变量（后测），比较两组在因变量上的差异就可以说明实验处理的效果。所以，这种实验设计的逻辑是很简明的——有比较才有鉴别。

表 8－2　随机组实验设计模式

	前测	实验处理	后测
实验组	O_1	X	O_2
控制组	O_3	—	O_4

当然，实际应用中实验组可以有多个，分别接受不同的实验处理。如果研究只是想比较这些实验处理的效应的话，也可不设控制组。但是设置控制组不仅能对这些实验处理做出比较，还能说明这些实验处理到底是增效的还是减效的。比如有两个激励方案，假设为表扬法和批评法，如果只设置两个实验组分别施加表扬或批评措施，而不设控制组，我们固然可以比较出表扬法和批评法孰优孰劣，但是如果设置了控制组，即未采取激励措施的一组，可能还会发现，原来只有表扬法起到预期的激励作用，批评法反而起到阻碍作用，这是需要同控制组比较才能发现的。

随机组实验设计的前提是所选被试是同质的，这里所谓的同质是指被试变量中凡是影响实验效果的特征都是相同的。例如，如果认为被试的视力可能影响实验结果，那么所选被试都应该在视力上有所要求；如果认为被试的英语水平可能影响实验结果，则在选择被试时都要求是过了英语某等级的。所以，心理与教育实验中的被试——人的同质并非是指他们完全相同，而是指他们在可能影响实验结果的相关变量上是同等的。

（三）随机化区组实验设计

随机组实验设计要求所有被试同质，这不是那么容易办到的。随机化区组实验设计的出发点是在一定程度上承认被试样本中可能存在异质性。这里“在一定程度上承认异质性”，是指被试样本总的来说是异质的，但是可以按某标准分成几个不同的小组，每个小组内部的被试都是同质的。因此，在随机化安排被试接受实验处理时，并不是像刚才介绍的随机组实验设计那样直接从被试样本内随机抽取被试，而是先将被试分成几个不同的内部同质的被试小组，再从各小组内随机抽取被试接受不同实验处理。所以，每个被试小组接受了所有的实验处理，但不是小组中的每个被试接受所有的实验处理，而是从小组中随机抽取被试去接受实验处理。另外，对于每种实验处理而言，它在不同的区组中重复的次数应该相同。这种实验设计的基本模式（以两个实验处理和两个区组为例，并假设每个小组有 6 名被试）见表 8－3。

表 8-3　　随机化区组实验设计模式

被试	实验处理	
	X_1	X_2
小组 A	a_1，a_2，a_3	a_4，a_5，a_6
小组 B	b_1，b_2，b_3	b_4，b_5，b_6

根据统计学原理，如果被试的个体差异太大，就可能模糊实验处理的效果，使实验处理之间本来存在的差异未被发现。随机化区组实验设计通过承认这种个体差异并进行量化——计算区组平方和，从而将这种个体差异从实验误差项中排除，提高了实验处理效应差异检出的敏感性。但是，将被试分成不同区组，每一个区组内应尽量同质，要做到这点，也并非易事。而且，这种从技术上重视、思想上忽视被试个体差异的做法并不经济，因为将被试个体差异排除而突出实验处理效应检验的做法还不如将个体差异考虑进去，从而得出不同实验处理因不同被试而异的结论更有价值。

（四）匹配组实验设计

匹配组实验设计的出发点也是承认被试的个体差异，这些个体差异会影响因变量且无法被消除，此外根据某标准将被试分成几个区组然后采用随机化区组实验设计的方式可能也不太可行，比如找不到合适的标准或需要分成很多区组等。这种情况下，采用匹配组实验设计是一个较好的办法。

匹配组实验设计就是在对被试分组时综合平衡考虑，将具有某特征且这些特征会影响到实验结果的被试平均分配到各组，使各被试组在可能影响实验结果的特征上平衡。这些特征中有些是定性的，如性别，这类特征比较容易处理，只要使各被试组内男女比例相同即可；有些特征，如智商、学业成就等则需要先进行定量测量，然后据此将被试匹配分组，通常此时的测量即可当作实验前测。例如，为了检验某种教学改革措施的效果，可以先对一批学生进行摸底考试（前测），然后据此优劣搭配平均分成两个班，同时确保男女比例、学生家庭背景等可能影响学业成就的因素的对等，两个班随机分配一个为实验班，一个为控制班（采用传统教学）。经过一段时间的教学，两个班再进行一次学业考试（后测），此时两个班的成绩差异就可以归结于教学方法的不同了。匹配组实验设计的基本模式（以设置一个实验组一个控制组为例）见图 8-2：

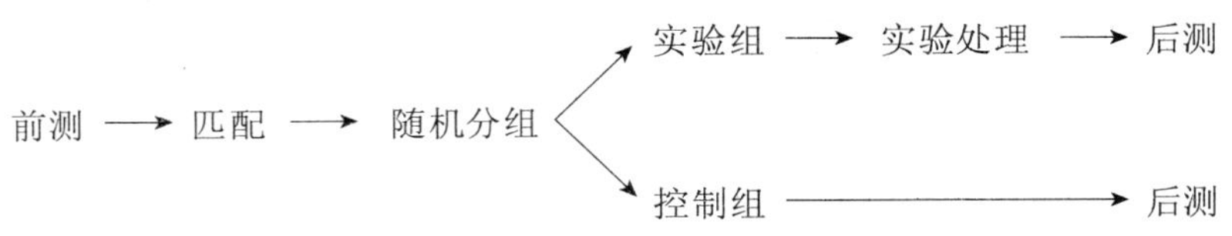

图 8-2　匹配组实验设计模式

尽管匹配组实验设计看似简单易行，但是它也有着自身难以克服的障碍。一是我们难以找到完全相同的两个人进行匹配；二是为了证明两个人可以匹配，需要测量的特征太多。当然，我们并不需要测量被试所有的特征，如前所述，只要测量那些可能会影响实验结果的被试特征即可。然而，究竟哪些被试变量会影响实验结果，我们并不清楚，可以预见，这些影响因素不在少数。

从以前测分数作为匹配的标准来看，也存在风险。比如，假设两个被试的前测分数相等，但其实这两个被试的发展趋势是不同的，一个正呈上升趋势，一个已呈下降趋势，因而对于后测结果的影响是不一样的。在前测和后测之间，被试的成熟因素、其间所发生的各类事件等都可能给实验结果带来干扰。

（五）重复测量实验设计

重复测量实验中每个或每组被试接受所有自变量水平或自变量水平组合的处理，由于接受每种实验处理后都要进行测量，这样就有多次测量，因此称为重复测量实验设计。重复测量实验设计的称谓主要是从实验处理的安排着眼的。如前所述的单组实验设计、随机区组实验设计，当涉及的实验处理不止一个时，换个角度即可称为重复测量实验设计。重复测量实验设计的基本模式见表 8-4。

表 8-4　重复测量实验设计模式

被试	实验处理			
a_1	X_1	X_2	…	X_n
a_2				
a_3				
…				

表 8-4 中的被试栏 a_1，a_2，a_3 等可以表示单个被试，也可以表示被试区组。当表示单个被试时即为单组实验设计，当表示被试区组时即为随机化区组实验设计。可以看出，重复测量实验设计可以节约被试数，且因为接受各实验处理的被试都是一样的，从而可以排除个体差异对实验处理的影响，提高实验处理的效率。

但需要注意的是，重复测量实验设计中被试需要接受多个实验处理并接受重复测量，可能导致练习效应或疲劳效应，从而影响结果的可靠性。为此，需要对各实验处理实施顺序进行平衡，常用方法有：ABBA 法，用于针对被试只需测量两次的情况，将这两次测量先后顺序在被试中平衡，比如一半被试先测 A 后测 B，另一半被试反之；全随机法，指被试先接受哪个测量后接受哪个测量完全随机安排；区内随机法，主要用于随机区组设计，通过从区组内随机抽取被试接受某实验处理，因为每个被试只接受一次测量，所以不存在练习和疲劳效应的影响；拉丁方设计，前面已有图示，此不复述。当然，在正式实验前，给被试充分的练习以达到一个稳定的操作水平，也可以使被试在正式实验时较少或不受练习的影响。

（六）多因素实验设计

自变量只有一个的实验设计被称为单因素实验设计。目前，研究者越来越多地在同一个实验中同时观测两个或两个以上的自变量的影响，以及自变量之间的交互效应，此即多因素实验设计。形成该趋势的原因有二：一个是已有研究对于许多因素单独作用时的效应有了揭示，现在需要更进一步揭示它们共同作用时的效果；另一个是，在心理与教育现象中，因果联系往往是复杂的，一果一因的现象并不多见，所以需要多因素实验设计来揭示这种复杂的关系。可以看到，当前发表的一些实验研究报告在说明其实验设计时会说是几乘几的实验，就是从这个角度来说明其实验设计的。例如，对于一个 2×3 的实验，即是指有 2 个自变量，一个自变量有 2 个水平，另一个自变量有 3 个水平，因此共有 2×3 个实验处理。至于如何安排被试来接受这些实验处理，则可参考前面所介绍的被试分组方法。

多因素实验设计不仅更符合心理与教育事实，而且具有更高的效率，这体现在它能同时检验多个效应上。例如，研究通过节食和运动的方法来减肥①，采用最简单的多因素设计可将其设计为 2×2 实验，即可以安排 4 个实验处理，分别为：(1) 节食加运动；(2) 节食无运动；(3) 运动无节食；(4) 无运动无节食。这样我们可以得到 4 个简单效应：运动条件下节食的效应、无运动条件下节食的效应、节食条件下运动的效应、无节食条件下运动的效应。如果节食（有对无）的减肥效应在运动和无运动两种条件下效应差异显著，或者运动（有对无）的减肥效应在节食和无节食两种条件下差异显著，那么就意味着运动和节食因素的交互效应显著。在交互效应显著的情况下，检验运动和节食因素的单独的主效应意义就不大了。否则，我们可以通过平均实验处理“(1) 节食加运动”和实验处理“(2) 节食无运动”的效应得出节食对减肥的主效应（一般的、笼统的效应），而平均实验处理“(1) 节食加运动”和实验处理“(3) 运动无节食”的效应得出运动对减肥的主效应。所以说，多因素实验能同时检出实验处理的简单效应、交互效应和主效应。当然，在实际统计分析中，我们的程序是：先看交互效应，如果显著，则再看简单效应；如果不显著，则看主效应。

近年来，由于心理与教育科学研究领域对被试个体差异的重视，实验设计中常常不是将被试的个体差异排除在外，而是尽可能将被试的个体差异（被试变量）设置为自变量之一。例如，性别、年级、能力水平以及个性类型等被试变量常用作自变量。从某种意义上来说，这些变量的水平并不能称为实验处理，因为主试除了在挑选被试时要对此予以考虑外，并不能或者不需要对被试变量进行处理与操作。但是将这些被试变量考虑进去从而得出这些变量与其他变量的交互效应，对于心理与教育理论与实践的意义更大（专栏 8-2）。

例如，虽然采用单因素实验设计可以研究表扬法和批评法的激励作用差异，但是，研究得出孰优孰劣的结论显得有些空洞，与用其来指导实践还有些距离。为此，可以将被试变量，比如气质类型考虑进去，构成 2×4 的多因素设计，自变量之一为激励措施，含 2 个水平，自变量之二为气质类型，含 4 个水平，分别为 4 种典型气质。这种设计就可能得出不同气质类型的人可能适合不同的激励方法，该结论显然更利于指导因材施教。

专栏 8-2

关于“与陌生人交往”影响因素的 2×2 实验

当一个人面对陌生人时是否会主动去交往？我们可能都会直觉地想到：这要看这个人的特点如何，还要看陌生人的特点如何。希尔（Hill，1991）即通过一个 2×2 的实验对此进行了研究。

---

① 真正的实验设计则需要对节食和运动进行明确的操作定义，在此为行文方便，不做详解。

希尔考虑的因素一是“陌生人”的情绪情感特征，分为“温和”与“冷漠”两个水平；因素二是一个被试变量——交往需要，分为高低两个水平。

结果发现，交往需要高的被试更倾向于选择“温和”的人交往，而不愿意与“冷漠”的人交往；但是对于交往需要低的被试，“陌生人”温和或冷漠没什么区别。

希尔的该实验设计即揭示了“陌生人”的特征和被试特征的交互效应，在此基础上得出的简单效应分析显然比只单独考虑被试或“陌生人”的特征所产生的效应更具体且有意义。

接着上例所述，我们可能想到，不同激励方法的效果除了因不同被试而异外，还可能因被试从事的作业类型（单独作业和集体作业）不同而异。所以，需要将作业类型增设为一个自变量，从而构成一个 2×4×2 的实验设计。该实验设计可能在一定程度上揭示激励措施因人因事而异的特点，其理论与实践意义显然得到更大的提升。

当然，多因素实验设计也并非因素越多越好。一般来说，设置 2 至 3 个自变量的实验比较常见，4 个以上的自变量，不仅实验处理操作比较麻烦，对结果的解释难度也很大。

二、准实验设计和前实验设计

在心理与教育研究中，真实验设计及其思想影响深远，尤其是对于心理学科的独立功不可没。但是，由于心理与教育现象的复杂性及研究过程中的伦理规则要求，我们很难对心理与教育现象进行严格的控制。因此，心理实验在使用早期被认为只能用于研究低级的心理过程和现象。后来，艾宾浩斯突破了这一禁区，采用真实验设计的方法研究了记忆这一高级心理过程，该成果极大地鼓舞了人们对心理实验的热情。迄今，许多研究者都在孜孜以求地采用真实验设计来研究记忆、思维、情绪、个性等高级心理现象与过程。当然，道路是艰辛的，影响心理与教育现象的因素的不可控性或不能控制的特点使得真实验设计举步维艰。与此同时，针对真实验设计的“严格控制”这一做法也出现越来越多的质疑：严格控制的实验情境下得出的结果在多大程度上能用于指导真实生活？也就是说，真实验设计的外部效度往往是受到损害的。因此近年来，在心理与教育研究中，准实验设计和前实验设计又引起研究者的兴趣和重视。

（一）准实验设计

准实验设计对部分干扰变量进行了控制，但是不如真实验设计对干扰变量控制得充分和广泛。比如，它通常不能实现随机取样，常常采用自然群体如某个班级、某个部门等作为被试组；多数准实验是在真实生活情境中进行的，因而对实验情境的控制也很难做到专门实验室所能达到的稳定一致。然而由于准实验贴近真实的生活，因而其结果更容易被人们接受并被用于指导实践。此外，准实验设计也可以为真实验提供课题和思路，其结果可在更严格的真实验中得到深入检验和解释。

尽管控制不严是准实验的实际状况，但是这不能成为准实验可以不考虑控制的借口。其实，准实验设计应该努力向真实验设计看齐，所以前面介绍的真实验设计的思想和技术大部分是适用于准实验设计的。不过这里我们还是要介绍几种比较有特色的准实验设计。

1. 时间序列设计

时间序列设计是指对一组非随机取样的被试实施实验处理，并在实验前后周期性地进行一系列测量，然后分析前后测量分数是否具有非连续性，从而推断实验处理的效果。如果是连续的，基本可以推断实验处理无效；如果是不连续的，即存在较显著的变化，可以推断实验处理对测量结果产生了影响。时间序列设计的可能结果如图 8－3 所示。

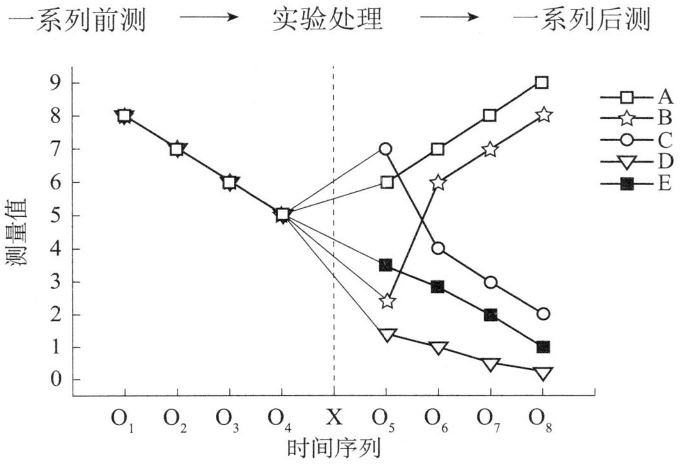

图 8－3　时间序列实验的可能结果

如图 8－3 所示，在对实验组进行一系列前测（O_1 至 O_4）后施加实验处理 X，然后再进行一系列后测（O_5 至 O_8），前后测量的结果表现出非连续性的有 4 种情况，分别为系列 A，B，C，D；表现出连续性的有 1 种情况，为系列 E。这些情况代表了实验处理对测量结果的可能影响类型。图中，系列 A 表示实验处理有稳定的正效应；系列 B 表示实验处理有短暂的负效应，然后表现出正效应；系列 C 表示有短暂的正效应，然后表现为负效应；系列 D 则表现为稳定的负效应；而连续性的系列 E 表示该实验处理无效。

由此看出，时间序列设计不仅仅要对实验处理前后的两次测量进行比较，还应注意分析实验处理前后测量分数的总趋势和变化的连续性。实验处理前的系列测验在于确定被试心理行为的稳定水平和状态，以此作为基线；实验处理后的系列测验在于描述实验处理稳定而持久的效应。时间序列设计由于采用了一系列的前测和后测，因而对于成熟因素和历史因素都有较好的控制。而且，由于一系列的前测使得被试对测验逐渐适应了，练习效应逐渐减弱或隐含于前后测量结果总的变化趋向中，成为平衡因素，从而很好地控制了测验效应。此外，研究者也可以通过设置不施加实验处理的对比组，进一步加强实验的效度检验。当然，时间序列实验中被试需要接受反复测量，也可能导致疲劳效应，影响结果的客观性。

2. 相等时间样本设计

相等时间样本设计基于这样的逻辑：如果事物 A 出现事物 B 就出现，事物 A 不出现事物 B 就不出现，那么事物 A 是事物 B 的充分必要条件，即事物 A 是事物 B 的原因。因此，该实验设计需要抽取两个相等的时间样本，前一个时间样本中出现实验变量，后一个时间样本则停止实验处理，观察、测量被试在这两个时间段内的表现差异，以确定实验处理的作用。为了验证实验的重复信度，实验处理的“一用一停”安排会重复几次。该实验设计基本模式见表 8－5：

表 8－5　相等时间样本设计模式

O_1	O_2	O_3	O_4
处理	无处理	处理	无处理

相等时间样本设计较好地控制了成熟因素和历史因素的影响，其内部效度较高，但其外部效度可能会受到霍桑效应、练习效应与疲劳效应以及取样偏差与实验处理的交互作用的影响。

在采用相等时间样本设计实验研究时，需要注意实验处理前测量到的是被试稳定的基线状态，而在处理期间测量到的也应该是实验处理稳定的效果表现，所以需要充分考虑时间取样的长度及其间可能发生的事件等因素。

3. 非等组前后测设计

如前所述，真实验设计中讲究被试组间的同质、相等，但是在许多教育实验研究中，研究者往往不能随机地分配被试或者按照匹配的原则对被试分组，控制组和实验组通常就是原来的自然班级。这些自然班级在实验之初就已经存在一些差别。因此，这类实验就属于准实验范畴。

非等组前后测设计的基本模式见表 8－6：

表 8－6　非等组前后测设计模式

	前测	实验处理	后测
实验组	O_1	X	O_2
控制组	O_3	—	O_4

表 8－6 看上去跟前面介绍的表 8－2（随机组实验设计模式）是一样的，但事实上，随机组实验设计模式由于是基于被试同质的前提，所以其前测的意义起着验证材料合适性或者两组同质性的作用。而作为准实验的非等组前后测设计，通常是将两组前后测的分数变化进行比较，即对 O_2 和 O_1 与 O_4 和 O_3 进行比较，从而估计出实验处理的效果。

（二）前实验设计

如前所述，准实验相对于真实验来说，在实验控制的严格程度上差了不少，但是它保持了实验的基本元素，即在一定控制的情况下对被试施加实验处理，然后观察被试的反应变化，从而揭示实验处理与被试反应的因果关系。然而有些情况下研究者不可能或者不方便对被试施加实验处理，也谈不上进行实验控制，但是仍旧按照因果关系的逻辑设计自变量和因变量，分析研究结果，这类设计就被称为前实验设计（也称非实验设计）。

比如，研究者希望了解独生子女和非独生子女在独立性上的差异，按照理论逻辑，可以将家庭出生（独生子女或非独生子女）设定为自变量，将以独立性测查问卷来测量的被试的独立性分数作为因变量，从而可以在一定程度上推论"是否为独生子女"对孩子"独立性"的影响。这就是一种前实验设计，在这里研究者虽然可以设定自变量，但这个自变量并不包含真正意义上的实验处理。又如，研究者希望了解焦虑对高考发挥的影响，但现实情况（家长与学校）并不允许研究者去调控学生的焦虑，而且，焦虑对学生高考发挥的影响情况并不清楚，所以研究者也不能贸然调控。因此，研究者只能采取前实验设计的方法进行研究。详见专栏 8-3。

专栏 8-3

焦虑对高考发挥的影响

1. 问题提出

已有研究认识到焦虑的动机作用，从而根据耶克斯-多德森定律提出适度的焦虑为激发个体潜能的最佳状态。但是，"适度焦虑"这一概念显得过于笼统。显然，"适度焦虑"是因人而异的。斯贝尔伯格（C. D. Spielberger）曾把焦虑分为特质焦虑（trait anxiety）和状态焦虑（state anxiety），特质焦虑是相对持久的人格特征中焦虑倾向上稳定的状态，状态焦虑是指焦虑的暂时波动状态。本研究即参照斯氏的理论，从状态焦虑和特质焦虑匹配、组合特征的角度，考察焦虑对认知作业的影响，以期对何为"适度焦虑"这一问题进行探讨。

2. 研究对象和方法

采用状态-特质焦虑量表于高考前一周在长沙市对随机抽取的某中学高三年级三个班（99 人）进行施测以了解学生的焦虑情况，将他们高考得分和平时成绩（三、四、五月月考成绩平均分）的差值作为高考发挥的指标。

由于需要根据这些学生的状态焦虑和特质焦虑匹配、组合特征进行分组，而这种分配并不是均匀的，甚至不同组的样本容量差别很大，对其分布形式也不清楚，所以本研究的差异比较检验均采用非参数检验。非参数检验虽然没有参数检验那么敏感，但对于本研究数据更为可靠。

3. 结果分析（从略）

结果表明，状态焦虑、特质焦虑水平平衡的学生高考外语的发挥显著优于不平衡组（$p<0.05$），其余几项指标没有达到统计意义上的显著性。

4. 讨论与结论（从略）

如前所述，适度焦虑被认为是个体的最佳激发状态。由以上结果说明这个"适度"不能据单一指标界定，也不能由状态焦虑和特质焦虑的均值求得。对于具体的个体来说，何时焦虑算适度，或者说何种程度的焦虑算其最佳激发水平，不仅跟任务的性质、个体的智力有关，还跟其焦虑史有关：从潜能激发角度而言，让素来焦虑的人轻松应战，以及让素来轻松的人高度重视，反而会有碍其发挥。通俗地说，"像平常一样参加考试"是最佳状态。

本研究为考察焦虑对高考发挥的影响提供了一条新思路，但由于采用的样本不大，尤其是将学生按焦虑组合特征分组后，一些组人数太少以及各组之间人数差异较大，因而只适合非参数检验，这使得一些统计效力遭到损失。因此，该研究结果还需在更大样本中进行验证。另外，本研究的着眼点主要在于学生的高考发挥，但是从心理健康意义来看，状态焦虑和特质焦虑都高的学生则是处于不良状态，这也揭示了高考心理调适不宜搞遭遇战，而应及早重视心理健康素质教育。

资料来源：蒋重清，杨志明，曹中平，唐良平，陈鸣放，2005。

前实验设计研究所揭示的关系可能会在进一步的研究中被验证，许多真实验、准实验的选题可能就来源于此。因此，这种设计被称为前实验设计。如前所述，前实验设计无法随机分配被试，不能有效地控制无关变量，或者根本就没有对无关变量采取措施，也没有研究者主动对被试施加实验处理，其结果通常误差较高，效度低，往往不能说明因果关系。所以，严格来讲，这类研究不能算是实验（故也被称为非实验）。

小　结

实验法是探索事物之间因果关系的必要途径，确切地说，实验法可以揭示事物属性之间的因果关系。事物的属性通常是可变的，在实验法中这被称为变量。实验法就是要控制一些变量（干扰变量），操纵一些变量（自变量），从而希望一些变量（因变量）产生预期的变化。关于这些变量的选择、控制、操纵、测量等是实验法的关键环节。对这些环节的执行涉及实验的信度和效度问题。实验的信度是指该实验是否可靠。尽管每一个环节都会影响实验的信度，但信度会集中体现在实验的结果是否可信、可靠上，最简单的说明是，重复此实验是否能得到同样的实验结果。实验的效度是指该实验真正地揭示所欲研究的问题的本质及其规律的程度。最常考虑的是实验的构思效度、内部效度和外部效度。根据实验在信度和效度上的差异，可以将实验设计分成真实验设计、准实验设计和前实验设计。这些实验设计在适用对象和条件上存在一定差异。最好的实验设计是适合问题实际情况的设计。

思考题

1. 实验法的特点有哪些？
2. 心理与教育实验中的自变量通常有哪些？
3. 心理与教育实验中的干扰变量通常有哪些？如何控制？
4. 如何选择和设计心理与教育实验中的因变量？
5. 如何确保心理与教育实验具有良好的信度和效度？
6. 某学校希望进行一项教改实验，目的是了解某个新的教学方法的效果及其适用对象，请你帮助做出实验设计。

推荐读物

1. 董奇．心理与教育研究方法．修订版．北京：北京师范大学出版社，2004.

2. 郭秀艳．实验心理学．2 版．北京：人民卫生出版社，2013.

3. 彭豪祥．学生心理研究技术．武汉：武汉出版社，2000.

4. 杨治良．实验心理学．杭州：浙江教育出版社，1998.

5. 朱滢．实验心理学．4 版．北京：北京大学出版社，2016.

6. 周爱保．实验心理学．北京：清华大学出版社，2016.

7. Mitchell M，Jolley J. Research design explained. 2nd ed. San Diego，CA：Harcourt Brace Jovanovich，1992.

第九章

测验法

本章要点

- 测验法的概念
- 测验法的特征
- 测验法的类型
- 测验法的功能
- 测验的编制
- 测验的应用

卡特尔为心理测验的发展做出了巨大的贡献。1890 年，他在《心理》杂志上发表了《心理测验与测量》一文，这是心理测验首次出现在正式的心理学文献中。卡特尔指出："心理学若不立足于实验和测量，绝不能够有自然科学的准确性。""心理测验如果有一个普遍的标准，其科学和实用价值将大大增加。"这为心理测验的发展奠定了坚实的基础。

1904 年，受法国教育部门的委托，比内及其协作者开始研究学校中智力落后儿童的甄别和教育。1905 年，他和西蒙在《心理学年报》上发表《诊断异常儿童的新方法》一文，其中介绍了在心理测验史上具有开创意义的智力测验，史称 1905 年量表，这是世界上第一个智力测验。

从卡特尔和比内等人开始，测验法俨然成为研究行为和心理现象的重要方法之一，此方法不仅为心理学科的发展、心理学理论的构建和完善做出了重大的贡献，同时，它也被广泛应用于人才测评、绩效评估、心理咨询等领域，成为心理学研究和应用中使用最为广泛的方法之一。

在中国，张厚粲和余嘉元（2012）在对我国心理测量发展史进行整理时发现，最早的心理测验是 1915 年外国学者为比较中美儿童的智力差异对广州 500 名小学生进行的测试。与此同时，我国学者也开始自己编制测验，"小学生毛笔书法量表"是最早的标准化教育测验。廖世承和陈鹤琴 1920 年在南京高等师范开设测验课程，出版《心理测验法》一书，正式介绍科学的心理测验。艾伟从 1925 年起致力于编制中小学不同年级和学科的测验以及能力测验，还与张耀翔编制了识字测验与阅读测验等，对我国教育测验的发展做出了很大贡献。1931 年，"中国测验学会"正式成立，并创办会刊《测验》，这有效地推动了当时测验研究的开展。1937 年"七七"事变后，研究继续进行和扩展，但受战争的影响，发展速度减慢。1949 年后，心理测验曾一度被视为禁区。"文化大革命"中，心理学被打成伪科学，心理测验更是被全盘否定。“文革”之后，心理学研究恢复。而心理测验面临着既缺人力又少资料的困难。林传鼎等三位教授于1980年春举办了第一个全国性心理测验培训班，是心理测验再生的标志。此后各高等院校逐步开设心理测量学课程，通过引进各种心理测量理论，修订外国测验和逐步向自编我国测验发展，几年中取得了良好效果。1984年中国心理学会下属的“心理测量分会”成立，1990年加入国际测验委员会（ITC）。1991年在南京举办了国内第一个心理测验国际性学术会议，其间与我国台湾学者进行交流，建立起海峡两岸心理与教育测量学术研讨会的协议。这些都对中国心理测验的发展起了积极作用。自改革开放以来，经济转型，心理测验逐渐渗入医学、教育、企业和组织管理等多个应用领域，对社会的影响不断扩大。尤其是在人力资源、心理咨询领域，心理测验发展迅速，日益兴旺。社会各界从多方面加深了对心理测量的认同，使它成为一门相当热门的应用科学。

第一节　测验法的含义与特征

一、测验法的含义

莫雷、温忠麟和陈彩琦（2007）认为，心理测验是通过观察少数有代表性的行为或心理现象，来推论和量化心理活动特点的标准化工具。测验法就是通过心理与教育测验来研究心理与教育活动规律的一种方法，即用一套标准化的题目，按规定的程序，通过测量的方式收集资料的方法。测验法与问卷法很相似，但又有很大的不同。与问卷法相比，测验法更加标准化，它不再局限于纸笔形式，可以是非文字的图画形式，也可以是操作形式。例如，在智力测验中就经常包括两种测量，言语智商主要借助文字测验来测量，而操作智商主要借助于非文字的操作题目来测量。

测验法是遵循一定的标准和程序进行的，而不是凭主观经验完成的。因此使用任何一个测验都要注意一系列问题，例如测量的理论基础是什么，测验是如何编制的，测验适合什么人群，使用测验的人应该接受哪些训练，测验实施过程中应该注意哪些题目，测验如何计分，如何转换测验结果，怎样才能对测验结果做出合理、客观的解释，等等。测验法的每一个环节都有详细的规定和注意事项。例如，使用韦克斯勒成人智力量表，就应该注意它的理论基础是斯皮尔曼的智力二因素理论；使用卡特尔16种人格因素量表（16PF）就应该知道该测验是基于因素分析编制的；使用明尼苏达多相人格调查表（MMPI）就应该知道它主要是通过经验效标法编制的；使用龚耀先修订的智力量表就应该注意它有城市版和农村版，分别适合城市和农村两个地区；使用他评测验就应该接受较为严格的培训，否则就可能严重影响测验结果；等等。

心理和教育测验测量的是人的行为，即根据客观的经过标准化的程序来测量个体的某种行为。各种测验都是由一系列能够引起个体反应的项目构成的。只有客观地测量了个体的反应才能达到测验的要求。例如，从项目构成上来看，项目的筛选有着严格的程序和客观的、数量化的指标；项目的排列也有并列直进式和混合螺旋式之分。这些程序都是测验结果客观性的重要保证。

心理和教育测验测量的样本一定是总体的良好代表。由于诸多客观条件的限制，测验经常不能测量所有需要施测的总体，而只能针对具有代表性的样本施测，随后根据样本的特点来推论总体的特征。因此为了保证测量结果的真实、可靠，就需要明确界定群体，而后科学抽样。此外，为了测量人们的某种心理特点，我们只能抽取个体能够代表这种特点的典型行为，而不能穷尽此种心理特点所涵盖的所有行为。因此测量的代表性是测验的灵魂。

二、测验法的特征

（一）间接性

测验的间接性是指人们只能通过个体对测验题目的反应来推测其心理特点，而不能直接测量人的心理活动。

测验的间接性是由测验法本身的特点决定的，因为通常我们并不能测量到需要测量的总体特征，而只能测到总体的一个代表性样本，通过样本的特点来推论总体的特征。例如，我们想测量学习困难生学习策略的特点，理论上学习困难生是可以被清晰界定的，但实际上它仍然是一个开放性的群体，我们无法穷尽。

测验法以特质论为其理论基础，特质本身是人为的构念，是抽象的产物。个体独特的特质可以通过多种行为来表达。在实施测验时我们只能抽取少量的、有代表性的行为样本来推测个体是否具有这一特质或其水平的高低。同样，我们也无法穷尽所有的行为。因此，测验法是以人类的理性推理为基础的方法。正如乐国安和王恩界（2005）所认为的，心理测验所测量的特质只是一种假定存在的特质。例如，在智力测量中，心理学史家波林认为："所谓智力只是智力测验所测的东西。"国内学者李群英（2003）也持有相同的观点，认为现有的智力测验只在理论基础上测量了基础认知能力，而这显然无法真正对智力全貌进行评估。

（二）相对性

测验的相对性是指测验结果只是表明个体在同类群体中所处的位置，而不存在一个绝对的标准。例如，如果一个学生说他考了 80 分，我们并不能准确把握它的意义。人们马上会问："你在班里排名多少？你们班别人都考了多少分？"可见，这里的 80 分是一个相对的分数，只有借助于对这些问题的回答及与别人的比较，才能更为准确地说明 80 分的含义。

测验的相对性是由心理现象自身的特点决定的，因为我们在说明一个人的心理特点时很难找到一个绝对的零点。例如，人的能力、兴趣、人生观、道德等心理现象都没有绝对的零点。正常焦虑和过敏性焦虑之间也并不是泾渭分明的。尽管如此，参照常模、标准等外在指标，借助比较等方法，还是能很好地了解人们能力的高低、态度的差异等，知道某一个人在所测量心理特质系列中的位置。

(三) 客观性

客观性是所有心理学研究方法的基本要求，但由于心理测量和物理测量有很大的不同，其研究对象极富变化性，影响因素也纷繁芜杂，因此，保证心理测量的客观性并不容易。

就测验本身而言，心理测量在测验项目的选择和编制、测验过程的实施、测验评分标准的把握、测验数据的转化和解释等方面都经过了严格的标准化。

在施测者方面，心理测量要求主试一定要按测验的要求施测，不可随意调整。对于难度较大的具有一定主观性的测验，施测者必须接受培训，做到标准统一。

在测验的环境方面，一定要注意控制无关变量的影响，一般要求测量环境要有利于被试情绪的稳定，以确保其回答客观和准确。

总之，客观性是心理测量的基本要求。为了使误差控制在可接受的范围内，心理测量要有符合统计学要求的信度和效度，要有良好的区分度和适合被试特点的难度。

三、测量的要素

测量就是依据一定的法则用数字对事物加以确定。就测量的概念而言，和很多研究方法一样，测验法实质上也是依据一定的法则用数字对心理现象加以确定的过程。心理测验的对象可以是人的心理过程，也可以是人格特征。心理测验是经过严格标准化的，这背后其实包含了其法则。就测量本身而言，它还必须具备两个要素。

(一) 参照点

参照点就是确定事物量的计算起点。只有参照点相同，测验结果之间才能进行比较。参照点有两种，一种是绝对零点，这个零点就是“没有”。例如，体重、身高等就以零点为参照点。另一种是相对零点，这种参照点是人为规定的。例如，摄氏温度就是把冰水混合物的温度作为零点、海拔高度是以海平面的高度为零点等等。

心理测验所要测量的是人的能力、气质、性格、智能、信念等心理现象，这些现象很难找到绝对零点。所以，心理测验的参照点多是人为规定的。例如，智力年龄是 0，并不表示没有智力，而是指 0 岁儿童的平均智力水平。因此，如果甲的智商是 120，乙的智商是 60，就不能说甲的智力水平是乙的 2 倍。

(二) 单位

单位即计算数量的单位。测量长度以米、厘米、毫米等为单位，测量重量以克、千克等为单位。没有单位，就无法表示数量的多少，也无法进行数量化的计算。同一种测量可以具有不同的单位，因此测量单位大小的选择要依据测量的目的确定。例如，测量人的身高一般以厘米为单位，而制造精密的仪器、仪表的测量则可能以微米甚至纳米为单位。无论单位数量大小，好的单位都必须具备两个条件：一是要有确定的意义，即同一单位在人们心目中要有确定的意义，不能引起歧义。例如 1 千克的意义是十分明确的。二是必须具有相同的价值，即单位与单位之间必须是等值的，例如 1 千克和 2 千克之间与 10 千克和

11 千克之间的距离是一样的。需要指出的是，在心理测量中，找到一个好的单位并不容易。

四、测量量表

制定量表的单位和参照点不同，量表的种类也不同。根据量表的精确程度，可以将量表由低级到高级分成四种水平，即命名量表、顺序量表、等距量表和等比量表。

（一）命名量表

命名量表又称称名量表，此种量表只是用数字来代表事物或把事物分类，例如在心理学研究中可以用 1 代表男性，用 2 代表女性。这些数字只有符号性，没有顺序性，不能进行加减乘除运算，这些数字的特征，仅具备作为符号或标志的区别属性，只能计算每一类别计数所包含的次数，测量时适合于次数统计。

（二）顺序量表

顺序量表又称等级量表，此种量表是根据某一属性的重要性程度排序而形成的。例如根据学生的考试成绩排名次。这类测量的数据具有等级性和序列性，但不具有等距性和可加性。心理和教育测验大都属于这个水平的测验。

（三）等距量表

等距量表是用间距相等的分数点对行为或心理特征进行测量的量表。它比顺序量表水平有所提高，不但具有大小关系，而且具有相等的单位，但没有绝对零点。等距量表的数据加减或乘除一个数，不会破坏原来数据之间的关系，因此经常将顺序水平的心理测验结果转换为等距量表结构，以便做进一步的数据处理。

（四）等比量表

等比量表又称比率量表。此种量表不仅能够表达某些事物之间相差多少单位，而且可以知道他们之间的比例关系，它既有绝对零点，又有相等的单位，所得数据可以做加减乘除运算，是测量的最高水平。

专栏 9－1

中国古代的心理测量思想

关于心理现象可测量的认识，孟子就曾说道：“权，然后知轻重；度，然后知长短。物皆然，心为甚。”这明确说明了心理现象和物理现象一样具有可测量的特性。早在 2 500 多年前，我国古代的教育家孔子就根据自己对学生的观察来评定他们的个别差异，提出了因材施教的教学策略。他把人分为中人、中人以上和中人以下三种：“中人以上，可以语上也；中人以下，不可以语上也。”这实际上相当于今天的命名量表和顺序量表思想的实际应用。

在三国时期，刘劭著有《人物志》一书，在此书中，刘劭将人分为圣贤、豪杰、傲荡、拘懦几种，他说："心小志大者，圣贤之伦也；心大志大者，豪杰之隽也；心大志小者，傲荡之类也；心小志小者，拘懦之人也。"刘劭还提出了心理观察的一条基本原理，即"观其感变，以审常度"。他说："何谓观其情机，以辨恕惑？夫人之情有六机：杼其所欲则喜，不杼其所能则怨，以自代历之则恶，以谦损下之则悦，驳其所乏则婟，以恶犯婟则妒。此人性之六机也。夫人情莫不欲遂其志，故：烈士乐奋力之功，善士乐督政之训，能士乐治乱之事，术士乐计策之谋，辨士乐陵讯之辞，贪者乐货财之积，幸者乐权势之尤。苟赞其志，则莫不欣然，是所谓杼其所欲则喜也。若不杼其所能，则不获其志，不获其志则戚。"南朝人刘勰在《新论·专学篇》中提道："使左手画方，右手画圆，令一时俱成。"其原因是"由心不两用，则手不并运也"。这可能是世界上最早的"分心"测验了。

此外，中国民间还有"七巧板"和"九连环"，这也是智力和创造力操作测验的早期形式。在官方，中国有持续了 1 000 多年的科举考试制度，虽然其具体实施方式在不同朝代有所不同，但其所蕴含的人才测评和选拔思想可谓非常丰富。

资料来源：戴海崎，张峰，陈雪枫 主编，1999，23－27 页。

第二节　测验法的类型与功能

一、测验法的类型

测验的种类很多，可以根据不同的标准来划分。

（一）按测验的功能划分

1. 能力测验

从测验的角度来看，能力通常分为实际能力和潜在能力两种，实际能力测验通常称为能力测验，它又进一步分为一般能力测验和特殊能力测验两种。一般能力测验就是智力测验。特殊能力测验通常用于测量在某一专业领域独特的能力，例如绘画能力、音乐能力、运动能力等。潜在能力测验又称为能力倾向性测验，主要用于预测和人才的选拔。例如高考实际上主要是一种潜在能力测验，目的是测量哪些考生更适合大学阶段的学习。常用的智力测验包括比内-西蒙量表、斯坦福-比内智力量表、韦克斯勒儿童和成人智力量表。这些量表通常能够测量言语智商、操作智商和总体智商。

2. 人格测验

人格测验主要用于测量性格、气质、兴趣、价值观、品德、动机、需要等方面的特点。人格测验主要有两种，一是标准化量表，例如 MMPI，该测验于 1943 年由明尼苏达大学哈撒韦和麦金利编制而成。它包括 566 个自我报告的题目，由 4 个效度量表、10 个临床量表和若干附加量表构成，许多分量表具有明确的数量化指标。此外，16PF 和 EPQ 也是常用的人格测验。值得注意的是，国内一些学者也尝试开发了一些适合中国人特点的人格量表。例如中国人人格评定量表（CPAI）和中国人人格调查表（QZPS）等。二是投射测验，例如罗夏墨迹测验和主题统觉测验（TAT）。这些测验是通过分析被试对标准化的测验材料的反应，来推测其人格特点的测验。此种测验主观性较强，使用者一般要接受系统的培训。

（二）按测验材料的性质划分

1. 文字测验

文字测验又称纸笔测验，其材料是一系列标准化的语言刺激项目，被试多用语言做出反应。例如 MMPI，16PF，EPQ，CPAI 和 QZPS 等都属于文字测验。此类测验更适合团体施测。

2. 操作测验

操作测验的刺激材料是非文字的，可以是图案、模型、实物、工具等，被试只需要动手操作就可以完成测验。例如，瑞文标准推理测验的所有刺激材料都是图案，被试根据图案的特点做出选择即可。韦克斯勒智力量表中的操作量表也主要是通过数字符号、图画填充、木块图、数字广度、迷津等方式来测量被试的智力。操作测验适合文盲、老人和不识字的儿童。它一般具有较高的跨文化的同质性，更适合作为跨文化比较的工具。

（三）按测验的方式划分

1. 个别测验

个别测验指在一定的时间内主试单独测量每一个被试。个别测验的优势在于对被试的反应观察机会多，分析问题及时，能有效地控制被试的反应和情绪状态。其缺点是费时、费力，在短时间内很难获得大量的资料。个别测验对主试也有较高的要求，一般需要专门的培训。例如，智力测验中的操作分量表一般通过个别施测的方式来完成。

2. 团体测验

团体测验指在同一时间内对多个被试进行施测。团体测验的优势是在短时间内可以获得大量数据资料，省时、省力。在教育中这种测验得到了广泛的应用。缺点是一些无关变量的控制较难，例如被试间的相互影响，一些特殊的回答在统计时容易被忽略，不能捕捉非言语信息。

（四）按测验的目的划分

1. 预测性测验

预测性测验用于预测将来的表现和所能达到的水平。在人才的选拔中，先需要对职位做出分析，列出某个职位所需要的基本素质，以这些基本素质为前提来考查应聘者将来是否能够胜任这一职位。例如，在选拔飞行员的考试中，可以根据视觉敏锐程度、动作速度、注意广度、运算能力、图形识别能力等基本能力要求来考查考生将来是否能够胜任飞行员的岗位。

2. 形成性测验

形成性测验用于考查被试是否掌握了某一领域的知识，形成了应该获得的技能。例如，在试验性教材和教学方法的评估中，为了更好地改进教材和教学方法，就应该先评估教材和教学方法在多大程度上促进了学生知识的获得和技能的掌握，以此为依据来改进教材，才能做到有的放矢、科学、客观。

（五）按测验的参照系划分

1. 常模参照测验

常模参照测验是把某个被试的得分与同性质群体的常模（通常是平均数）进行比较，来确定个体在群体中的位置。常模通常是对较大样本的调查结果，可以用分数分布表、年级分数、年龄分数、标准分数、百分位和百分等级等来表示。个体的测查结果一般需要经过一定的转换才能与常模进行比较。例如，MMPI 和 EPQ 的分数需要转换成 T 分数，16PF 的分数需要转换成标准十分，一般的智力测验的分数需要转换成离差智商，等等。常模参照测验的使用一定要注意所选择的常模组要与个体最接近，否则会影响对个人分数的正确解释。

2. 标准参照测验

标准参照测验不是与常模进行比较，而是把个人的得分与预先设定的目标进行比较，从而确认是否达到了所要求的水平。常模参照测验旨在了解与群体一般水平的差异，确定个体在总体中的所属位置。而标准参照测验是把被试分为两类，即合格者和未合格者，旨在确定被试是否达到了预先设定的基本要求。例如，对智商的评估经常采用的是常模参照的方法，而对教学效果的评估更多地用标准参照测验，这取决于测验的目的。

（六）按测验的要求划分

1. 最高作为测验

最高作为测验是要被试尽其所能来回答，看其到达的最高水平。智力测验、成就测验均属于最高作为测验。为了保证被试能够尽量发挥其能力，调动其答题动机非常重要，这也要求最高作为测验要有较高的表面效度。

2. 典型行为测验

典型行为测验旨在测量被试典型、习惯化的行为方式。人格测验一般都属于典型行为测验，为了避免社会赞许性，防止被试不根据自己的真实情况，而根据社会认可的行为方式来回答，典型行为测验一般要隐藏测量的真实目的，降低表面效度。

二、测验法的功能

测验法有较长的发展历史，也是心理学研究中相对成熟的方法，被广泛应用于心理学的理论研究和现实问题解决中。概括起来，主要有如下功能。

（一）人才选拔和安置

测验法的产生和发展主要是基于社会的发展和现实的需求。社会的发展对人才的选拔和安置提出了越来越高的要求，传统的仅凭主观经验的评估方式已经不能适应如此复杂的社会分工。测验法在人才的选拔和安置方面具有独特的优势，有坚实的理论基础、科学操作程序的标准化测验能够提高人才选拔的科学性，降低误选的概率，使有某方面潜质的人能够有用武之地，充分发挥人力资源优势，实现岗位和能力倾向的最佳匹配。测验法广泛应用于学业能力评估、职业倾向评估等领域。例如，比内编制的第一个智力测验就是源于特殊教育区分正常儿童和智力低下儿童的现实需要。陆军甲种和乙种测验也大大提高了军事人才选拔和安置的效率。

（二）教育和临床诊断

测验法还广泛应用于教育和临床诊断中。在教育过程中，教材的评估、教育方法的改进、教育效果的确认等方面，测验法均有广泛的应用。例如，教师教学效果评定量表是评估教师工作绩效的主要手段，能力测验、人格测验也是因材施教的依据。在心理疾患的甄别和治疗中，测验法目前仍然是应用最为广泛的方法。例如，借助于测验构建心理档案、应用量表评估心理疾患的类别和程度、使用测验评估心理疗法的疗效等等都是测验法在临床领域应用的典型代表。

（三）理论的构建和检验

心理测验有助于心理学研究工作者发现问题、提出假设和验证假设。例如在人格研究领域有广泛影响的“大五”因素模型，就是借助于自然语言的途径，通过对大量人格形容词的因素分析构建的，在研究过程中主要是借助于测验法。在“心理学研究中国化”的思潮中，许多心理学家提出具有本土特色的心理构念，对于这些构念的验证，测验法也是主要方法之一。例如，CPAI 等等。一些研究者也检验了国外测验对中国被试的适用情况，并根据民族特征，对测验内容进行调整，如邓光辉和孔克勤（1995）以中学生为被试，验证了内田-克雷佩林心理测验同样适用于中国被试。冯正直和张大均（2011）验证了 SCL-90（90 项症状清单）中国版作为精神症状测验和研究量表是可接受的。此外，有专业的研究团队对 MMPI 的中国试用版进行修订，并建立中国被试常模。

专栏 9－2

心理测验常见的分类

根据权威的美国《心理测量年鉴》，心理测验可以分为 15 种类型，涉及 1 184 个测验：

1. 成套成就测验，占 3.2%。
2. 英语测验，占 3.8%。
3. 艺术测验，占 1.5%。
4. 外语测验，占 6.2%。
5. 智力测验，占 6.5%。
6. 数学测验，占 5.4%。
7. 学科综合测验，占 13.8%。
8. 多项能力倾向测验，占 1%。
9. 人格测验，占 18.6%。

10. 阅读测验，占 9.3%。
11. 自然科学测验，占 3.7%。
12. 社会科学测验，占 3.5%。
13. 感觉运动测验，占 1.5%。
14. 拼读测验，占 4.4%。
15. 职业测验，占 17.5%。

资料来源：彭凯平，1989，30 页。

第三节　测验的编制与应用

一、测验的编制

（一）测验的目标分析

1. 施测对象分析

编制测验首先要明确的就是测验用来测什么样的群体，这个过程需要测验编制者在充分调查研究的基础上做好以下工作：确定测验对象群体的界限是否明晰；搜集测验群体的年龄、性别、文化程度、职业特点等人口学资料；整理测验群体的经历、生活和工作环境、价值取向等文化背景信息。

2. 测验用途分析

测验的用途决定着测验的取样范围、项目的选择、项目的信度和效度要求、项目的难度和区分度要求等等。例如，MMPI 主要用来甄别心理疾患的类别和程度，因此在编制测验时，编制者从临床病例、诊断记录、已经发表的成熟的量表和临床观察等方面广泛收集项目，项目选择的基本依据就是哪些题目更有利于区分心理健康者和心理障碍者，此种方法也被称为经验效标法。而 16PF 主要用来测查人格中的根源特质，因此在编制测验时，编制者主要应用了因素分析的方法发现和确认了 16 个根源特质。

3. 测验的行为取样分析

在明确了测验的对象和目的后，测验编制者的重要任务是确定什么行为是实现测验目的的代表性行为样本，即测验应该测量哪些行为。因此，编制测验时要明确界定测量的行为，即给概念下操作性定义。这个过程并不容易，它不仅要求定义的内涵和外延要能很好地表达科学概念的范畴，更重要的是操作定义一定要具有可操作性，要有利于明确具体测验应该从哪些方面实施。例如，学习策略可以界定为学习者为了提高学习效率和学习质量，有目的、有意识地制定的有关学习过程的复杂方案。那么，学习策略可以从哪些方面测量呢？根据学习策略所包含成分的不同，可以把学习策略分为认知策略、元认知策略和资源管理策略。认知策略是加工信息的一些方法和技术，有助于有效地从记忆中提取信息。元认知策略是学习者对自己认知过程的监督和调节，包括对自己认知过程的了解、体验和控制，是学习者保持高效率和高质量学习的重要条件。资源管理策略是学习者管理自己和环境中各种可利用资源的技巧和策略，能够帮助学习者自觉、主动地适应环境的特点，充分利用自身和环境中有助于提高学习效率和保证学习效果的各种资源。

4. 制订编题计划

制订编题计划即制订双向细目表。双向细目表要详细说明测验内容、测验目标及其权重。表 9-1 是最为常见的双向细目表，此表的教学目标是根据布鲁姆对认知领域的教学目标的 4 种分类确定的。具体的教学内容分为 6 个方面，表中的数据则说明了各部分的权重。

表 9-1　植物学（上）的命题双向细目表

内容	认知与记忆（A）	理解与判断（B）	掌握与应用（C）	分析与综合（D）	合计
植物细胞与组织	2	4	2	2	10
植物的营养器官	2	4	6	8	20
营养器官的变态	2	3	3	2	10
植物的繁殖器官	5	5	5	5	20
专业英语名词	5	5	0	0	10
口试	6	6	11	7	30
合计	22	27	27	24	100

资料来源：李煌祥，1995，103 页。

（二）测验题目的编制

1. 题目的来源

测验题目主要有如下来源：已经出版的量表，如 MMPI-2 保留了第一版 394 个项目，有 66 个经过了语法和修辞方面的修改，90 个项目被删除，新增加了 107 个项目；临床观察，如 MMPI 的项目来自诊断病历、观察记录等；开放式问卷调查，通过设定一些开放式问题，让被试来回答，根据编码频次可以发现某些心理学概念的基本维度和出现频次较高的项目。

2. 测验题目形式的选择

测验用的题目形式主要包括选择题、是非题、问答题、操作题。前两种形式便于采用计算机测量，而后两种形式采用人机对话的形式，其实施相对困难。

选择题一般由题干和选项构成。在编制时应注意选项应该简明扼要；题目要明确具体，不能有歧义。选择题的优势是数据统计处理方便、简洁、客观。不足是容易受猜测等因素的影响，不过，应用多项选择可以显著降低猜测的干扰，增加测题的难度也是避免猜测的一种策略。如 16PF 就是采用有 3 个选项的选择题形式。

是非题是要被试来判断某些表述是否正确或是否符合自己的特点。是非题的题干可以是一些论点，也可以是一些关于心理特质的描述。在编制论点式题干时要注意，论点必须是被广泛认可的事实、原理，不能有争议。在编制心理特质描述式题干时则应该注意，所描述的行为要有典型性，是答题者能够容易辨识的。例如，MMPI 采用的就是是非题的形式，具体作答时有手册式和卡片式两种：手册式即让答题者根据题目手册在答题纸上做出回答；卡片式即把所有题目分别印在小卡片上，回答时分别投入标有“是”或“否”的箱子里即可。

问答题可以采用完形填空的形式，也可以是完全由答题者提供答案。编制问答题的关键是事先确定好科学、客观的答案及评分标准，评分时要注意避免主观因素的干扰。智力测验中的类同、常识等都属于问答题形式。例如，韦克斯勒儿童智力量表第四版（中文版）中类同分测验中有一道题目要求指出“衬衫和鞋”有什么相似的地方，评分手册中明确规定了如何评分：都是衣物、服装、服饰，都可以穿戴等，2 分；都是身上用品、生活用品等，1 分；都穿上舒服，都在一个地方买等，0 分。

操作题是采用图形、迷津、拼凑物体、指出缺失部位等方式来考察被试心理特点的题目形式。编制操作题是很难的，最主要的难点是如何确认题目是否考察了预先设定的目标、指导语的标准化以及如何确定是否成功的标准。在智力测验中，音体美和机械能力等特殊能力的评估等也常借助于操作题的形式。例如，在韦克斯勒儿童智力测验中积木、拼图、译码等分测验，均对被试的操作有明确的评定和计分标准。

3. 测验题目的编排和组织

任何标准化的测验其题目的编排和组织都不是随意的，一般要遵循由易到难、区分归类的原则。具体编排主要有两种方式：并列直进式，又称专车式。此种测验是先把测验归类，在每一个分测验内部题目由易到难，逐步递进。例如韦克斯勒系列智力量表都是按此种方式排列的。混合螺旋式，又称公共汽车式。此种测验是先区分测题的难度层次，而后把不同性质的题目组合，做交叉式排列，难度逐步提升。这种方式有利于维持答题者的兴趣。例如，吴天敏教授修订的中国比内智力测验采用的就是这种排列形式，心算、方形分析、说反义词、语句重组分测验在整个量表中均多次出现，难度逐步增加。

（三）预测和项目分析

1. 预测

初步编制的量表要经过反复的实测、修改才能逐步完善。严格来讲，编制一个测验实际上没有终点，因为反复的预测和修改会经历很长的周期，而在这一周期中可能被试所面临的社会环境、文化特点又发生了很大的变化。目前我们使用的许多量表都是在几十年前修订的，因此现在以这些量表为工具时就应该注意其局限性。例如，韦克斯勒智力量表从幼儿、儿童到成年的版本均在不断更新，以不断提高量表的信度和效度。初步编制的量表一般在项目数量上要比正式量表多，因为经过预测和改进后很多项目可能被删除。通过预测，还要对每个项目的难度和区分度做出分析。

2. 项目的难度

所谓项目的难度是指每个题目的难易程度，难度通常用通过率来表示，即通过或答对某个题目的人数除以所有参加测验的人数，所以其分数范围为 0～1。理论上理想的难度值应该是 0.5，但是 0.5 的难度在极端情况下可能意味着一半被试得到满分，而另外一半被试则是零分，很显然这样的评定结果是不利于充分获得被试信息的。因此好的测验，应该有难题，也应该有容易的题，而总体难度接近 0.5 较好，难题更容易对水平高者做出区分，容易的题可更好地区分出水平低者。一般项目的难度主要取决于测验的目的、性质和题目的形式。例如，对于选择题而言，二选一的题目的难度应在0.75最为合适；对于四择一的题目难度在0.63最为合适。

3. 项目的区分度

项目的区分度也称鉴别力，是指每个项目在多大程度上能够把水平不同的被试区分开。区分度通常用鉴别指数来表示，其计算方法是将答题者在某一个题目上的得分由高到低排列，取得分高的27%作为高分组，得分低的27%作为低分组，分别计算高低分组的通过率，高分组的通过率减去低分组的通过率所得差额就是此项目的区分度，较高的区分度意味着这个项目能够很好地把高分者和低分者区分开。一般项目区分度达到0.4，被认为是很好的项目；0.30～0.39，项目良好，修改后更佳；0.20～0.29，尚可，必须修改；0.19以下，差，必须删除。

（四）测验信度和效度的考验

1. 信度

信度是测验稳定性的指标，通常是指同一被试在不同时间内用同一个测验重复测量所得结果的一致性。信度主要反映量表受随机误差影响的大小，因此根据随机误差来源的不同，信度可以分为重测信度、复本信度、内部一致性信度、评分者信度。

重测信度主要反映量表受时间影响的大小，较高的重测信度意味着量表在一定时间内具有相当的稳定性。重测信度的计算方法通常是用同一群被试在不同时间内施测两次，计算两次得分的相关。其时间间隔一般是2周，最好不超过6个月。重测信度的优势是有利于对相对比较稳定的心理特质做出评估，尤其是在人才选拔和安置等预测性测验中，量表跨时间的稳定性是做出正确预测的依据。其缺点是容易受练习、厌烦等因素的影响。目前在心理量表的应用中重测信度是经常应用的指标。

复本信度又称等值性系数，计算时用两个等值的测验来测量同一个群体，然后求得的其相关系数。例如在考试时采用A卷和B卷，而后求得的其相关就是复本信度。复本信度主要反映量表跨题目形式的一致性，使用良好的复本是大型考试中经常采取的策略，它可以在一定程度上避免相互抄袭可能给测量结果带来的误差，也在一定程度上降低了重测信度易受记忆和练习影响的不足，但是它并不能绝对排除这些因素的干扰。计算复本信度要建立两套性质和难度等值的量表，其难度非常大，因此在标准化的心理测量中这一指标并不常用。

内部一致性信度主要反映测验题目之间是否一致、是否都在一定程度上测量到了所要测量的特质。计算内部一致性信度常用的方法是分半法，即把测验按奇偶数分成两半，然后计算在等值的两半量表上得分的相关。分半法能比较方便地计算内部一致性信度，但由于量表的信度会受测验长度的影响，因此分半信度一般需要采用一些统计手段进行校正。

评分者信度是指多个评定者之间评分的一致性，它主要反映量表测量结果受评定者标准不一致影响的大小。例如，奥运会跳水比赛中多个裁判给同一个运动员打分后，去掉最高分和最低分之后计算平均数，就是为了尽量排除评定者主观因素的影响。为了提高评定者之间的一致性，一般采用不把评定分级过于细化、培训评定者等方式。对于需要评定者根据自己经验做出判断的相对主观的测验，评分者信度是考察评定结果是否客观的良好指标。这一指标在量表的实际使用中应用比较广泛。

2. 效度

效度是指测验测到要测量特质的程度，是反映测验打中靶子的程度或准确性的指标。常用的效度指标包括内容效度、结构效度和效标效度。

内容效度是指测验题目在多大程度上代表了所要测量的心理特质。内容效度一般没有量化指标，通常采用专家判断法来确定，即让某一领域的专家评判测验项目和测验目标间的符合程度，如果专家认为测验题目是有代表性的行为样本，则说明量表具有较好的内容效度。

结构效度是指测验测到理论上的构想或特质的程度。例如，学生在解决问题时在信息加工、形成假设的速度和准确性方面存在着差异，据此差异理论可以把学生分为冲动型和熟虑型两种。冲动型的学生在解决问题时能迅速地提出假设，他们往往根据部分信息仓促决定，缺乏对问题的深入思考，反应速度快，但容易发生错误。熟虑型的学生在解决问题时不急于做出决定，他们往往会慎重思考，深思熟虑，力图选择最佳答案，由于很谨慎，他们很少犯错误，反应速度则相对较慢。以此假设为基础，可以通过测验法来收集数据，考察数据是否支持了这个理论构想，如果数据和理论构想有较好的拟合，就说明此时采用的收集数据的测验具有良好的结构效度。

效标效度是测验的结构和某些实证的依据或常识相符合的程度。例如，儿童的智力一般会随年龄的增长而增加，那么编制的智力量表就应该能反映这一规律，否则就说明量表缺乏实效性。常见的效标效度有相容效度和区分效度：相容效度是所编制量表和同类比较成熟的量表评定结果之间的一致性，如果一致性较高，说明量表有较好的效标效度；区分效度与相容效度相反，它是所编制量表和不同性质已经成熟的量表评定结果之间的区分程度，如果区分程度较高，说明量表具有较好的效标效度。

（五）常模的制定和指导手册的编制

常模是确定测评结果的客观尺度。常模的制定需要较大的样本量，要有广泛的代表性和较高的信度和效度指标。常模可以用转换表来表示，也可以用剖面图来表示。例如，16PF 的常模是将测验分数转换成标准十分，MMPI 的常模是将测验分数转换成 *T* 分数。EPQ 可以以内外倾维度和神经质维度做剖面图。MMPI 和韦克斯勒智力量表也可以根据测评结果绘制剖面图。

测验指导手册是测验如何使用的说明。其内容包括：测验的理论基础，例如，16PF 的指导手册对特质的分类及其理论框架做了详细的说明；测验的使用对象，例如，韦克斯勒成人智力量表规定测验适合 16 岁以上的被试；测验的功能，例如，简明精神病评定量表主要用来评估精神疾患；测验编制过程，例如，MMPI 详细说明了项目的来源、信度和效度指标的评估过程等等；测验的使用方法，例如，韦克斯勒智力量表规定其一般使用顺序是先言语类分测验，后操作类分测验；测验的常模资料，此部分要详细说明常模的取样、表示方法等；测验的信度和效度资料，此部分要详细说明信度和效度的计算方法。

二、测验的应用

（一）主试的培训

测验的使用者一般是从事心理和教育工作的专业人员，对于一些简单的测验，非专业人员也可以使用。对于专业性很强的测验，尤其是需要主试根据经验做出判断的他评量表的使用，主试必须具备相应的专业知识，并接受过相关量表使用技能的培训。例如，原湖南医学院心理学教研室制定的心理测验操作熟练程度标准，见表 9－2。

表 9－2 心理测验操作熟练程度标准

指标	初步	基本	熟练
指导语（包括方法）	可照指导语讲解方法，即照念指导语，虽然已经掌握方法，但还不很熟练。	可以照背指导语，同时对方法掌握很纯熟。	可根据不同被试用不同词语来讲解方法，而且内容不超出原指导语。
操作（呈现材料和计时等）	可以看着操作手册完成各种操作，计时大多数准确，有时间规定的动作可按规定的进行。	有时要参考操作手册才能完成各种操作，但准确无误，计时准确。	不看手册可熟练地完成各种操作，准确。计时准确，在操作的同时可观察被试的各种表现。
记录	按照回答记录无误，但没有要点。	基本上按要点记录清楚。	完全按要点记录，评分时没有困难，清楚。
评分	基本准确。一个记录中有多次不能做出正确评分，与老手的计分相比有一定的出入。	准确。只有少数回答要参照手册中的例子，反复琢磨才能评分，与老手的评分很少有出入。	准确。能迅速评定分数，除非个别回答本身难以评分。能立即评分，与老手评分的结果无出入，或只有很不明显的出入。
查表	准确无误，但比较慢。	准确无误，较快。	准确无误，很迅速。

（二）测验的选择和测验前的准备

在测验的应用中，有时同类测验有很多，这就需要做出选择。测验的选择首先要考虑测验的对象和量表是否匹配。例如，很多临床用的评定工具并不能用来评估没有心理疾患的正常人。其次，要考虑测验的功能与测验的目的是否匹配。例如，如果想给在校大学生建立心理档案，大学生人格健康调查表（UPI）就比 EPQ 更为适合。最后，要考察量表的心理测验学指标。例如，量表的信度、效度、难度或通俗性如何，量表是否有常模资料，在同类量表中哪个量表的测验指标更好，等等。

测验前的准备主要包括三个方面：一是对测验本身的准备，主试应该熟悉指导语、操作程序、注意事项、测验中用到的辅助材料。例如，韦克斯勒智力量表在使用时就需要主试自己准备画笔、秒表等。二是对测验环境的准备，环境的创设在心理测量中是非常重要的，安静、温馨的环境有益于被试认真作答。另外测验环境中不可以有妨碍被试作答的其他干扰源或线索。三是心理准备，要进行预告测验，让被试有心理准备。主试也应该做好应对突发事件的心理准备，例如被试情绪突然失控等。

（三）测验的实施

1. 指导语

指导语是测量中重要的一环，主试的陈述一定要简洁、清晰，不可任意改动，以免影响被试的作答。

2. 鼓励策略

对于一些特殊的被试采用一些鼓励策略是必要的。例如，在使用韦克斯勒儿童智力量表时，为了使儿童充分发挥自己的能力，就可以采用一些语言性鼓励策略，如“你可以试试”“有些问题不会回答也没事，你现在还小，等你长大了就会了”等等。但要注意，使用鼓励策略时不能提供答题的线索，不同被试之间也不可以存在指导语的明显差异，以免给测量带来误差。

3. 时限

有一些测验题目有时间限制，主试一定要严格遵守，因为测量主要是从准确性和速度两个方面评估被试的水平，两者缺一不可。即使是没有时限的项目也不可能让被试无限期回答。例如，联合型瑞文推理测验（CRT）的时限是 45 分钟，时间到被试必须马上停止作答，能回答多少就回答多少。

4. 记录

记录是日后评分的依据，还能为解释测验结果提供很多线索。主试的记录一定要清楚、准确、客观、全面。主试记录的内容除了测试项目本身的分数信息外，还应尽可能地包括被试的行为状态、现场情况等外部边缘信息。这对于日后全面立体呈现和分析测试结果具有重要参考意义。

5. 无关变量的控制

测验实施过程中，会有许多因素影响测验结果。对这些变量的控制是测验使用过程中最难的。概括地讲，可以把影响测验结果的无关变量分为主观方面和客观方面。主观方面包括紧张焦虑、恐惧害怕等因素，主试要注意被试的情绪反应，及时调整。客观方面主要是环境因素，包括灯光、噪声、施测现场有无关人员等。王昭、郭庆科和岳艳（2007）认为，在测验完成后，可以通过个人拟合方法对心理测验中的偏差行为进行鉴别，分析该测验结果是否真实地反映了被试的相关特征，以检验对无关变量的控制程度。

（四）测验的评分和结果报告

测验题目有主观题和客观题之分。客观题的计分相对比较简单，对主观题的评分除了要事先制定评分标准外，还要注意培训评分者，力求评分标准一致、准确。由被试的回答得到的分数被称作量表分或粗分，仅凭这一分数不能很好地反映被试的水平及其在群体中的位置，还必须将其转化为各种标准分数，这一分数主要是通过查表获得。不同的量表表示常模的指标体系是有差异的，百分位、百分等级、标准分、离差智商、T 分数等都是常用的常模分数，这些分数的意义差别很大。

对于临床使用的测验，被试的测评结果主试必须严守保密的原则，这是测验的基本要求，也是测验使用者的职业道德。向当事人报告测验结果时，要注意可能给被试带来的影响。详细说明测验的信度、效度及其参照的群体。测验结果的汇报还可以采用报告的形式。测验报告一般包括测验的目的、使用测验的名称和特点、测评结果及解释、测验的信度和效度等内容。在测验的使用中，有时会采用人机对话的形式，计算机能够直接输出结果甚至包括对结果的解释，对于这些结果的使用，应该注意弄清楚它们生成的过程和依据。否则机械的解释往往不能正确反映测评结果。

对于测验结果的报告，主试一方面要注意将重点放在对结果的解释上，另一方面要注意考虑其他因素对测验结果的影响。姜立利和周家骥（2003）认为，心理测验只是一种鉴别被试心理特点的手段，为后续的决策提供依据而不应成为最终目的，不应当把这种结果直接告诉被测验者或其他人员，而应该告知他们对测验结果的解释。苏永华（1998）认为，结果解释语应该严格按照要素定义的内涵与外延来写，不可扩大或缩小，更不能望文生义。乐国安和王恩界（2005）认为，在对结果进行解释时，主试必须要清楚地认识到：心理测验的评估分数可能会受到被测者即时状态的影响，例如疲劳、焦虑或压力都有可能影响被测者的表现；另外，心理测验的评估分数还与其他一些因素有关，例如人格混乱或脑功能障碍等。由于存在着这些变化的、外在的不可控因素，所以，心理测验的结果应该结合被测者的日常行为及其生活史信息来加以解释，实施测验的心理学家不应该脱离以上信息孤立地理解心理测验的分数。

正如王信琳（2002）所总结的，我们在应用心理测验时，必须做到：首先，测验的使用者要具备一定的资格，包括掌握心理学理论知识，接受过专门训练，懂得有关规则，有能力、守道德等；其次，要慎重选择测验量表，了解它的信度和效度，注意它的适用范围和年龄范围，注意测验者的实际情况和真实水平；再次，要正确解释和应用测验结果，不机械，懂解释，要保密，只供心理评估参考。

专栏 9－3

中国心理学会《心理测验管理条例（试行）》

心理测验是心理科学的一项重要专业性工作，历史悠久，近年来在我国发展迅速，已越来越引起各有关部门的重视。为了正确引导本项专业性工作在我国正常健康的发展，中国心理学会经过认真讨论，广泛听取意见，起草了心理测验工作者的道德准则及心理测验管理条例。希望我会会员认真执行。心理测验指在鉴别智力、因材施教、人才选拔、就业指导、临床诊断等方面具有咨询、鉴定和预测功能的测量工具。凡从事研制、使用和出售心理测验的中国心理学会会员个人或所属机构，有责任维护心理测验工作健康发展。在从事心理测验工作中须遵循本条例：

一、测验的登记注册

1. 凡中国心理学会会员个人或集体所编制、修订、发行与出售的心理测验，都必须到中国心理学会心理测量专业委员会申请登记注册。（非会员也可申请登记。）

2. 心理测量专业委员会只认可那些经科学论证程序审核鉴定的标准化测验，并予以登记注册。凡经过登记注册的心理测验，均给予统一分类编号，并定期在中国心理学会主办的《心理学报》公布。

二、测验使用人员的资格认定

1. 心理专业的本科以上毕业生或在心理测量专家的指导下，具有两年以上测验使用经验者，可获得测验使用资格。

2. 凡在心理测量专业委员会备案并获得认可的心理测量培训班，由本专业委员会颁发测验使用人员的资格认定书。

3. 凡经过心理测量培训班的专门训练并获得资格认定书者，具有使用测验的资格。测验使用人员的资格认定书分为两种：单项测验使用资格认定书与多项测验使用资格认定书。

三、测验的控制使用与保管

1. 任何心理测验必须对该测验的使用范围、实施程序以及测验使用者的资格加以明确规定，并在该测验手册中做出详尽描述。

2. 具有测验使用资格者，可凭测验使用资格认定书购买和使用相应的心理测验器材，并负责对测验器材的妥善保管。

3. 测验使用者必须严格按照测验指导手册的规定使用测验。在使用心理测验作为诊断或取舍决定等重要决策的参考依据时，测验使用者必须选择适当的测验，并要采取一定的检查措施；测验使用的记录及书面报告应保存备查。

4. 凡中国心理学会会员个人或机构在修订与出售他人所编制的心理测验时，必须首先征得该测验的主管单位或作者的同意。印制、发行与出售心理测验器材的机构应该到心理测量专业委员会登记，并只能将测验器材售予具有测验使用资格者。

5. 为保证测验的科学性与实用价值，标准化测验的内容与器材不得在各类非专业刊物上发表。

6. 本条例自中国心理学会批准之日起生效，其修订与解释权归中国心理学会心理测量专业委员会。

资料来源：戴海崎，张峰，陈雪枫 主编，1999，348 页。

小　　结

测验法是心理学研究中很常用的方法之一，具有使用方便、信息量和样本量大等特点，广泛应用于人才的选拔和安置、教育和心理问题的诊断、理论的建构和检验等方面。本章主要介绍了测验法的一些基础知识，包括测验法的内涵、特征、分类、功能、编制和使用。对于一些相关的统计方法本章并未过多涉及，读者可以参考相关的统计书目。

思考题

1. 什么叫测验法？测验法有什么特征？
2. 测验法主要应用在哪些领域？有哪些优点和不足？

3. 信度和效度的指标都有哪些?
4. 编制测验有哪些基本过程?
5. 使用测验法应该注意哪些问题?

推荐读物

1. 董奇. 心理与教育研究方法. 修订版. 北京：北京师范大学出版社，2004.
2. 王重鸣. 心理学研究方法. 北京：人民教育出版社，1990.
3. 萨克斯，牛顿. 教育和心理的测量与评价原理. 4 版. 王海昌，等译. 南京：江苏教育出版社，2002.
4. 张厚粲，徐建平. 现代心理与教育统计学. 4 版. 北京：北京师范大学出版社，2015.

第十章 统计分析法

本章要点

- 统计分析法的含义与作用
- t 检验
- 相关分析
- 方差分析
- 回归分析
- 中介调节模型

研究者使用工具收集大量研究数据之后，就需要对这些数据结果进行定性和定量的分析。定性分析是对研究结果“质”的分析，对研究所获资料进行思维加工，从而认识心理与教育科学中的心理现象和行为的本质，揭示其发生的规律，为研究结果的解释和理论的构建提供依据。而定量分析可以帮助研究者从复杂纷乱的数据中抽出规律性的结论和信息，进而使研究者能深刻地理解、全面地描述、准确地推断和预测研究对象及其发展变化，使之成为研究者提出或验证假设、建构理论的依据。可见，研究结果的定量分析是心理与教育科学研究中非常重要、不可或缺的环节（董奇，2004）。

本章简要介绍统计分析法的含义、分类及统计分析的作用与局限；着重介绍统计分析中常用的分析方法，包括 t 检验、相关分析、方差分析、回归分析及中介分析的相关内容。

第一节　统计分析法的含义与作用

一、统计分析的含义及内容

（一）统计分析法的含义

统计学是收集、整理、分析由实验或调查所取得的数据资料，并根据这些资料所传递的信息进行科学推断，揭示心理与教育活动的一门学科。教育与心理科学研究中的统计分析法，就是依据数理统计的原理和方法，对由观察、调查、测验和实验等研究方法所收集到的数据资料进行整理与概括、运算与分析、统计检验与推论，最后得出结论的研究方法。

（二）统计分析法的内容

心理与教育科学研究中的统计分析法主要涉及描述统计分析、推论统计分析和实验设计方法三部分内容。

描述统计分析主要用于整理、分类和简化由实验或调查得来的大量数据，描述数据的全貌以表明研究对象的性质。描述统计的内容包括数据的整理与呈现，数据集中、离散趋势的度量，数据在数组中的相对地位和数据间相关程度的度量等，其目的在于使研究对象的各种纷繁数据变得更加清晰、直观和概括。

推论统计分析主要是利用局部的（样本）数据资料信息，推论全局（总体）的情形，其内容主要包括总体参数估计和假设检验两大部分。推论统计是统计学中的重点、难点内容，也是应用较为广泛的内容之一。

统计分析中的实验设计方法，从狭义的角度可以理解为与实施实验处理的计划方案有关的统计分析方法。通过制定实验方案，可以高效率、低误差地进行统计分析。为了使实验研究能得出正确的结论，实验设计必然要建立在统计学原理的基础之上，二者密不可分。研究的质量主要取决于研究者的实验设计及统计学知识，它保证了研究结果的可靠性和研究结论的合理性。

统计分析的各领域内容相互密切联系，描述统计是推论统计的基础，推论统计离不开描述统计所计算出的各种统计量，二者又都有赖于良好的研究设计所获得的数据。当然，良好的实验设计也必须符合统计分析方法的要求。

二、统计分析的作用

将数学方法向所有学科渗透已成为现代科学的一个显著特点。科学发展的历史昭示我们，能否在一门学科的研究中用数据说明问题，关乎其科学水平的高低。早在一百多年以前，马克思对科学研究的数学方法就给予了很高的评价，认为一门科学只有在成功地运用了数学之后，才算达到了完善的地步。费孝通也曾说过："怎样运用数据和我们的科学水平有关。停留在用生动和突出的事件来说明问题这样的水平是危险的。"因此，要提高心理与教育领域内的科学研究水平，提高科学预见的可能性和精确度，定量的统计分析应受到重视。

（一）统计分析是心理与教育科学研究的重要工具

教育与心理科学发展的早期阶段，定量分析很少用于研究之中，许多研究者仅是从个人的经验出发，用哲学、逻辑思辨的方法获得研究结论。随着数学和统计科学的蓬勃发展，当今数学已开始向综合分析的方向发展，模糊数学、图像识别、聚类分析等数学领域的知识与方法逐渐被引入心理与教育领域，心理与教育统计分析为心理与教育研究的现代化、科学化和数量化提供了重要的工具。近年来，随着计算机科学和系统科学观的发展，心理与教育科学中大样本、多因素、多变量的研究成为可能；计算机统计软件包 SPSS（社会科学统计软件包）的开发和使用，更加使科学研究中的多元统计分析功能得到充分发挥。目前，统计分析已成为心理与教育科学研究中的重要工具。

统计处理作为数据的分析工具，可以更清楚地描绘数据的真实含义。例如，某 4 岁儿童的体检结果：身高 109 厘米，体重 19.6 千克。那么，该儿童的身体发育是否符合正常标准呢？运用统计分析的方法，可以将该儿童的身高和体重与同年龄儿童的标准身高和体重的相关统计量进行比较。假设 4 岁儿童的平均身高为 102.1 厘米，身高的标准差为 4.2 厘米；平均体重为 15.6 千克，体重的标准差为 1.75 千克，就可以得出该儿童的身高与体重在同龄儿童组中所在的位置如何，即标准分数的大小（$z_{身高}=1.64$；$z_{体重}=2.29$），从而判断出身高和体重是否符合标准或低于、超出标准。根据幼儿园对儿童身体达标的控制规定，儿童生长发育在±2 个标准差之内为符合正常标准，超出±2 个标准差为发育异常，就可推断该儿童的身高符合标准，体重超过标准。可见，统计分析可以使分析问题更清晰、科学和准确。

（二）统计分析是进行解释和科学预测的重要方法

毛泽东曾经说，胸中有“数”，就是对情况和问题一定要注意到它们的数量方面，要有基本的数量分析。任何质量都表现为一定的数量，没有数量也就没有质量。统计分析通过对数据进行整理、描述和分析，寻找变量之间的关系或规律性，确定变量之间的相关或因果关系类型，达到对教育与心理现象做出科学解释的目的。研究者也可以借助统计分析，并结合逻辑思维方法，对未来的教育与心理发展趋势做出估计和判断，发现和预测直觉难以悟察的规律。对教育和心理现象的描述、解释、预测和控制是教育与心理科学研究的目的，而这些目的必须借助定量的统计分析方法才能达到。

（三）统计分析有助于研究者科学研究能力的发展

统计分析有助于训练研究者科学的思维方法和习惯，从而养成严谨、认真的科学态度。同时，运用统计方法处理研究资料，遵从学术研究规范，不仅使研究结果容易被学术界所接受，而且有利于与国外科研接轨与交流。因此，现代心理与教育科学研究的结果通常以统计分析的方式呈现出来。研究者如不懂统计分析方法，不仅难以理解他人的研究设计及进展，而且无法及时获悉当前的最新研究成果。这种局面将大大限制研究者的科研水平，使研究者在现代科学研究中面临“科技文盲”的新挑战。

三、统计分析的局限

（一）尽管统计分析方法是心理与教育科学研究的重要工具，但是不能以工具来代替研究，产生“统计万能”的错误思想

统计分析必须以心理与教育的科学理论和定性分析为依据，只有在正确理论和观点指导下的统计分析才是有用的。因为统计分析所揭示的是数据的特征与规律性，这种定量分

析的方向、范围必须要由心理与教育科学的相关理论知识来规定，而不能随意进行。脱离了理论指导和定性分析的统计分析结果，只能是在数据上绕圈子，玩数字游戏，而不具有任何意义。

（二）科学研究也不能以是否运用了统计分析作为评价其科学价值的绝对标准

统计分析作为研究工具，它本身并不能决定研究的科学价值。一方面，高水平、有创造性的研究离不开适当的统计分析方法的辅助，正确使用统计分析方法，可以使研究结果更加精确、可靠。但另一方面，单纯只有"好"的统计分析方法，也无法提升较差的研究的水平与科学价值。

（三）统计分析往往是对真实总体进行概率估计，因而允许有一定的误差范围，并非绝对精确

在对实例进行统计检验过程中，例如，在 0.05 水平下，某幼儿园两个大班（一个为实验班，一个为控制班）儿童的自信心水平之间存在显著差异，这也同时表明：两个总体之间实际上不存在差异的可能性还有 5%，即表明实验班儿童自信心水平优于控制班的结论，其错误的可能性为 5%。

（四）统计意义上的显著性，有时并不能真正代表心理与教育科学意义上的显著性

实验研究者大多希望得到显著性差异的结果，说明实验条件产生了有意义的结果，而不显著的结果则说明实验无效。这里所谓的显著性差异，意味着在统计意义上承认差异的存在。但由于在一些具体研究中，研究的内部效度低下，所测量的东西不能真正揭示研究现象的本质，或由于统计分析本身的检验能力不够理想，这种统计意义上的显著性差异，便不能等同于心理或教育意义上的实际差异。因此，正确认识统计分析法的作用与局限，二者同等重要。

专栏 10－1

影响统计分析方法选择的因素

1. 研究课题的性质

心理与教育科学研究的课题性质一般有描述性和解释性两类。从研究结果的统计分析来看，则可以分为描述性课题和推论性课题两大类。由于课题性质的不同，在选择统计方法时也应具体问题具体分析。要求使用描述性统计的课题，不加分析地进行推论统计则是对时间的浪费；对于推论性课题，只运用描述性统计，则又不能达到研究的目的。

2. 数据的类型

心理与教育研究的数据根据测量工具的不同可以分为四种类型。研究中运用的测量量表有称名量表、顺序量表、等距量表和等比量表四种，由这四种量表所得的数据分别为计数数据、顺序数据、等距数据和等比数据。因此在进行统计分析前，要先确定好数据的类型。

3. 数据的分布

数据的分布也是影响统计方法选择的因素之一。例如，对数据集中趋势的度量可以用算术平均数、中数和众数三种集中量数。当数据呈正态分布时，选择算术平均数最好；当数据呈偏态分布时，选择众数最佳。

4. 研究设计

研究设计也是影响统计方法选择的重要因素。在选择统计方法之前要先分析研究设计的合理性，即所得的数据是否适合用某种统计分析方法处理。如果研究设计并不适合于定量分析，那进行统计处理就是毫无意义的。

资料来源：董奇，2004，358-361页。

第二节　t 检验

一、t 检验概述

t 检验，亦称学生 t 检验（Student's t test），它是用 t 分布理论来推论差异发生的概率，从而比较两个平均数的差异是否显著的检验，与 z 检验、卡方检验并列（张厚粲，徐建平，2015）。t 检验分为单样本 t 检验和双样本 t 检验。

单样本 t 检验可用于检验一个样本平均数与一个已知的总体平均数之间的差异是否显著。也就是说，如果总体方差未知，总体均值已知，那么，样本均值与总体均值之间的差异显著性检验就属于单样本 t 检验。t 值的计算公式是：

$$t=\frac{\bar{x}-\mu_0}{S_{\bar{x}}} \qquad \text{（公式 10-1）}$$

式中，$\bar{x}$ 为样本均值，μ_0 为总体均值，$S_{\bar{x}}$（$S/\sqrt{n}$）为样本的标准误，S 为样本的标准差。如果差异显著，则说明样本与总体之间的差异不是由随机误差造成的，该样本不能代表总体；如果差异不显著，则表示该样本能够代表总体（张奇 主编，2009）。

双样本 t 检验用于检验两个样本平均数各自所代表的总体的差异是否显著。双样本 t 检验又分为两种情况，一是独立样本 t 检验，二是配对样本 t 检验。当两组观测值来自两个相互独立的样本时，要采用独立样本 t 检验。当两组观测值来自两个相关的样本或同一个样本时，则采用配对样本 t 检验（张奇 主编，2009）。

t 检验适用于总体标准差未知的小样本均数的假设检验。当样本量较大时，t 检验与 z 检验可以等同使用。t 检验的应用条件是：当样本含量较小时，理论上要求样本为来自正态分布总体的随机样本；当比较两个小样本均数时，要求两个总体方差相等（即方差齐性）。不过在实际工作中，即使上述条件略有偏离，仍可进行 t 检验分析（张厚粲，徐建平，2015）。

二、独立样本 t 检验及典型案例

（一）独立样本 t 检验

独立样本 t 检验就是根据样本数据对两个样本所在的两个独立总体的均值是否有显著差异进行推断（辛涛 等 编著，2010）。例如，实验组与对照组、老年组与青年组等。独立样本 t 检验要求两个样本均来自呈正态分布的总体，并且在进行 t 检验之前，首先要进行方差齐性检验。两个样本方差齐与不齐时所使用的 t 值计算公式不同。

方差齐时的计算公式：

$$t=\frac{|\bar{x}_1-\bar{x}_2|}{\sqrt{\left(\frac{1}{n_1}+\frac{1}{n_2}\right)S_c^2}} \qquad \text{（公式 10－2）}$$

式中，$\bar{x}_1$ 和 $\bar{x}_2$ 分别代表两个样本的均值，n_1 和 n_2 分别代表两个样本的数量，S_c^2 代表合并方差，其计算公式是：

$$S_c^2=\frac{(n_1-1)\sum(x_1-\bar{x}_1)+(n_2-1)\sum(x_2-\bar{x}_2)}{n_1+n_2-2} \qquad \text{（公式 10－3）}$$

方差不齐时需要进行校正，其计算公式：

$$t=\frac{|\bar{x}_1-\bar{x}_2|}{\sqrt{\left(\frac{S_1^2}{n_1}+\frac{S_2^2}{n_2}\right)S_c^2}} \qquad \text{（公式 10－4）}$$

式中，S_1^2 和 S_2^2 分别代表两个样本的方差。

独立样本 t 检验的数据要求：（1）正态性，即两个样本均来自呈正态分布的总体；（2）方差齐性，即两个样本所在总体的方差相等；（3）独立性，即两组数据之间是相互独立的，不能相互影响（张奇 主编，2009）。

（二）典型案例

案例一：

邱方晖、罗跃嘉和贾世伟（2016）研究了个体攻击性对愤怒表情类别知觉的影响，他们使用独立样本 t 检验考察高、低攻击组被试在攻击性上的差异，结果发现两组被试的攻击问卷得分差异显著，高攻击组得分（$M=55.72$，$SD=8.35$）显著大于低攻击组（$M=4.60$，$SD=2.64$），$t(52)=29.34$，$p<0.001$，Cohen's $d=8.16$。识别任务中 41 名有效被试的攻击得分差异显著，高攻击组得分（$M=55.14$，$SD=6.88$）显著大于低攻击组（$M=4.64$，$SD=2.75$），$t(39)=32.16$，$p<0.001$，Cohen's $d=10.38$；辨别任务中 53 名有效被试的攻击得分差异也显著，高攻击组得分（$M=55.59$，$SD=8.48$）显著大于低攻击组（$M=4.60$，$SD=2.64$），$t(51)=28.83$，$p<0.001$，Cohen's $d=8.09$。

上述案例中高攻击组与低攻击组攻击问卷得分是相互独立的两组样本数据，检验两组被试间的攻击性得分是否存在差异时，要用独立样本 t 检验。

案例二：

李松泽等（2017）对高功能孤独症幼儿的空间工作记忆加工水平进行了研究，他们选取在生理年龄、言语智力、非言语智力这三方面均与高功能孤独症幼儿相匹配的被试作为健康对照组，具体匹配结果见表 10－1。

表 10－1　被试样本的基本特征

基本特征	高功能孤独症幼儿（$n=15$）	健康幼儿（$n=18$）	t	p
生理年龄（月）	71.60±5.78	66.67±7.99	1.995	0.055
言语智力	84.92±20.71	93.87±14.41	－1.82	0.075
瑞文推理智力	31.36±10.66	36.50±11.50	－1.71	0.094

资料来源：李松泽 等，634 页。

如表 10－1 所示，高功能孤独症幼儿与健康幼儿分别属于彼此独立的两个组，对两组被试的生理年龄、言语智力和瑞文推理智力进行差异检验时，要用独立样本 t 检验。

案例三：

刘庆奇、牛更枫、范翠英和周宗奎（2017）探讨了被动性社交网站使用与自尊和自我概念清晰性之间的关系，对男女被试的自尊水平进行独立样本 t 检验，结果表明自尊存在性别差异（$t=-2.17$，$p<0.05$），女生的自尊水平稍高于男生。

该案例中男女分别属于相互独立的两个组，对两组被试的自尊水平进行 t 检验时，应该用独立样本 t 检验。

三、配对样本 t 检验及典型案例

（一）配对样本 t 检验

配对样本指两个样本的数据之间彼此有关联。例如，对同一组被试的前测与后测成绩或者同一组被试接受不同实验处理后得到的两组数据所做的 t 检验都是配对样本 t 检验。配对样本 t 检验用于检验两个相关样本的均值差异（辛涛 等 编著，2010）。其检验过程是：首先求出每对数据的差值，然后求出差值的均值（$\overline{x}$）。其 t 值计算公式为：

$$t=\frac{\overline{x}}{S_{\overline{x}}} \qquad \text{（公式 10－5）}$$

式中，$S_{\overline{x}}$是差值均值的标准误，其计算公式是：$S_{\overline{x}}=S/\sqrt{n}$。

（二）典型案例

案例一：

杨丽珠、李晓溪和高雯（2013）为探讨女大学生减肥行动阶段中应对计划、情绪调节和理想体型对减肥效果的影响，采用问卷法调查了 201 名女大学生，其中对她们的理想体型与实际体型进行配对样本 t 检验发现，理想体型与实际体型的差异极其显著，$t(200)=-16.21$，$p<0.001$。

该案例中被试为同一组被试，理想体型与实际体型间存在相关，因此在这里要用配对样本 t 检验。

案例二：

李文辉、蒋重清、李婵、刘颖和刘富斌（2015）以自我参照加工任务为范式，采用事件相关电位（ERP）技术，探讨了自我参照加工中符合判断和不符合判断加工的时间进程的大脑神经机制。行为结果表明，符合自我判断平均反应时为784.37±216.61ms，不符合自我判断平均反应时为837.19±232.45ms，对两者进行配对样本 t 检验的结果显示，两者差异不显著，$t=-1.37$，$p=0.185$，Cohen's $d=0.286$。

该研究选取了60个双字人格特质词，实验通过呈现句子“我这个人很××”增强自我相关性。实验任务是判断句子描述是否符合自己，并尽快按键反应。实验中同一批被试要做不同的反应，可以看作他们接受了不同的实验处理，因此要用配对样本 t 检验。

案例三：

章鹏、张琪涵、彭国慧、宋星和白学军（2016）以汉语双字真词与假词为实验材料，以22名大学生为被试，考察被试在完成词汇判断任务时的大脑激活模式，探索汉语双字词在心理词典中的表征方式。对行为数据结果中真词、假词判断的正确率和反应时进行配对样本 t 检验，结果表明：与判断真词相比，判断假词的反应时明显要长，但在正确率上两者无显著差异。具体结果如表10－2所示：

表10－2　词汇判断任务中真词、假词判断反应时和正确率比较结果

刺激	反应时（ms）		比较结果			正确率（%）		比较结果		
类型	M	SD	t	p	Cohen's d	M	SD	t	p	Cohen's d
真词	613	51	－12.48	0.000	2.66	92.5	0.04	1.78	0.089	0.38
假词	694	45				90.4	0.05			

资料来源：章鹏，张琪涵，彭国慧，宋星，白学军，2016，851页。

该研究中也是同组被试对两种实验任务作反应，符合配对样本 t 检验的条件，因此对被试真词、假词判断的反应时和正确率的差异检验要用配对样本 t 检验。

专栏10－2

t 检验注意事项

1. 选用的检验方法必须符合其适用条件（注意 t 检验的前提：样本来自正态分布总体；样本是随机选取的；当对两个样本均数进行比较时，要求两个总体方差相等，即具有方差齐性）。不过，在实际研究中若上述条件略有偏差，仍可进行 t 检验分析。

2. 区分单侧检验和双侧检验。对于同一资料，当取同一显著水平时，单侧检验更容易拒绝 H_0。因此，应该用单侧检验的问题，若使用双侧检验，Ⅱ类错误会增大。然而，当本应该使用双侧检验而误用单侧检验时，Ⅱ类错误虽减小了，但无方向性的问题人为地成为单方向问题，也有悖于研究目的。

3. 假设检验的结论不能绝对化。假设检验是带有概率性质的，无论是接受还是拒绝 H_0，都有犯错误的可能。

4. 正确理解差异显著。经过检验，如果所得差异超过了统计学规定的某一误差限度，则这个差异就不属于抽样误差，而是总体上存在的差异，这种情况叫作差异显著，或者说差异具有统计学意义。反之，若所得差异未达到规定限度，则该差异来源于抽样误差，这种情况叫作差异不显著。需要注意的是假设检验中的“显著”与实际问题中效果的“显著”有一定的区别。前者是统计学概念而后者是专业上常用的术语。当统计学意义说“存在显著性差异”时，实际上的“显著效果”还要根据专业标准而定。就是说，统计结论“显著”并不意味着实际效果“显著”。

5. 涉及多组间比较时，慎用 t 检验。

资料来源：张厚粲，徐建平，2015，225-240 页。

第三节 相关分析

一、相关分析概述

事物总是相互联系的，它们之间的关系多种多样。大致可分为三种情况，分别为因果关系、共变关系和相关关系。相关关系即两类现象在发展变化的方向与大小方面存在一定的联系，但不是前面两种关系，不能确定这两类现象之间哪个是因，哪个是果；也有理由认为这两者并不同时受第三因素的影响，即不存在共变关系。具有相关关系的两种现象之间的关系是比较复杂的，甚至可能出现包含有暂时尚未认识的因果关系及共变关系在内。例如，同一组学生的数学成绩和物理成绩的关系，就属于相关关系。

统计学中所讲的相关是指具有相关关系的不同现象之间的关系程度，前提是事物之间的这种联系又不能直接做出因果关系的解释。有时，相关被解释为两种特征相伴随的变化。

相关的种类在方向上可分为正相关、负相关和零相关。正相关是指两列变量变动方向相同的情况，即“同增共减”，当一个变量值增大（或减小），另一个变量值也随之增大（或减小），如身高与体重。负相关是指两列变量变动方向相反的情况，即“此增彼减”，当一个变量值增大（或减小），另一个变量值随之减小（或增大）。如学习开车的人，练习次数越多，出错越少。零相关，即无相关关系，二者都是独立的随机变量，如相貌与天气环境。相关在形状上可分为直线相关和曲线相关，直线相关其散点图呈长轴状或椭圆形，曲线相关其散点图呈弯月状或曲线形。

按相关程度相关可分为完全相关、强相关、弱相关和无相关。完全相关是指两列变量之间的关系是一一对应的、完全确定的关系，在坐标图上表示为一条直线。强相关又称高度相关，即当一列变量变化时，与之相应的另一列变量增大（或减小）的可能性非常大，在坐标图上表现为散点图较为集中在某条直线周围。弱相关又称低度相关，即当一列变量变化时，与之相应的另一列变量增大或减小的可能性非常小，在坐标图表现为散点比较分散地分布在某条直线周围。无相关就是当一列变量变动时，另一列变量可能不变动，也可能变动，而且变动无规律（张厚粲，徐建平，2015）。

相关系数是用来描述两个变量相互之间变化方向及密切程度的统计指标，通常用 r 来表示，下面的表达式描述了相关系数的取值情况：

$$-1.00 \leqslant r \leqslant 1.00$$

(1) $0<r<1$，则两个变量为正相关，其值越接近 1，相关程度越密切，其值越接近 0，相关程度越低；

(2) $-1<r<0$，则两个变量为负相关，其值越接近 -1，相关程度越密切，其值越接近 0，相关程度越低；

(3) $r=0$，则两个变量不存在相关关系；

(4) $r=1$，则两个变量存在完全正相关的关系；

(5) $r=-1$，则两个变量存在完全负相关的关系。

一般来说，相关分析包括简单相关分析和偏相关分析。

二、简单相关分析及典型案例

当只对两个变量的数据做相关分析时，采用简单相关分析方法。简单相关分析包括两个连续变量之间的积差相关和两个等级变量之间的等级相关。具体选择哪种分析方法要看具体的适用条件（张厚粲，徐建平，2015）。

（一）皮尔逊积差相关及典型案例

皮尔逊积差相关是英国统计学家皮尔逊于 20 世纪初提出的一种计算相关的方法，简称皮尔逊相关。

1. 适用条件

它的适用条件是两列变量值为连续的等间隔即等距或者等比的数据，且两列变量各自总体的分布都是正态。等距数据如成绩、电压、智商这类具有相等间距但没有绝对零点的数据，等比数据如身高、体重、年收入这类既具有相等间距又有绝对零点的数据。

2. 皮尔逊相关系数的计算公式

皮尔逊相关系数的计算公式为：

$$r_{xy}=\frac{\sum_{i=1}^{n}(x_i-\bar{x})(y_i-\bar{y})}{\sqrt{\sum_{i=1}^{n}(x_i-\bar{x})^2\sum_{i=1}^{n}(y_i-\bar{y})^2}} \qquad \text{（公式 10-6）}$$

式中，$\bar{x}$ 和 $\bar{y}$ 分别是变量 x 和 y 的均值，x_i 与 y_i 分别是变量 x 和 y 的第 i 个观测值。

3. 皮尔逊相关研究实例

案例一：

在钱莹莹、王福兴、段朝辉和周宗奎（2016）对动画速度和学习者经验对多媒体学习的影响的研究中，他们采用皮尔逊相关对两位评分者对被试的评分进行了相关分析。选用的动画材料为介绍核电站工作原理的视频。经过筛选有效被试为 90 人，在被试看完视频后要对被试进行学习测验。90 名被试的所有测验成绩由两名经过培训的评分者独立评定，这是因为只让一个人评分可能会因个人喜好等因素导致结果不太可信，因此至少找两名评分者进行专业评分。但这时不能直接取他们的平均数作为被试的最后得分，还要对两名评分者在各测验的评分作皮尔逊相关分析，确保两人对同一被试的评分没有出现很大偏差，也就是当结果为两组评分显著相关，这时便可以取两名评分者的平均数作为被试的最终测验成绩。这里，测验成绩为连续的等距数据，且它们总体呈正态分布，因此这种相关分析适合采用皮尔逊相关系数。

案例二：

李文辉、李婵、沈悦和但菲（2015）选取辽宁省某高校选修课程学生 273 名，要求他们完成中文版人际反应指针量表、神经质人格问卷、幸福感指数量表和大学生利他行为问卷，以此探究大学生共情、幸福感和神经质对利他行为的影响。由于问卷分数均为连续的等距数据，因此符合皮尔逊积差相关分析的条件。相关分析表明，利他行为与共情、幸福感分别呈显著正相关，和神经质则呈显著负相关；神经质和共情呈显著正相关，和幸福感则呈显著负相关；共情和幸福感之间相关性则未达到显著水平（表 10－3）。

表 10－3　共情、利他行为、幸福感和神经质之间的相关性（n=273）

项目	$M \pm SD$	共情	利他行为	幸福感	神经质
共情	52.97±9.01	—			
利他行为	119.16±11.59	0.33**	—		
幸福感	11.05±2.11	0.06	0.23**	—	
神经质	22.97±5.60	0.26**	−0.35**	−0.32**	—

** $p<0.01$.

资料来源：李文辉，李婵，沈悦，但菲，2015，573 页。

（二）斯皮尔曼等级相关及典型案例

斯皮尔曼等级相关是英国心理学家、统计学家斯皮尔曼根据积差相关的概念推导出来的，其相关系数常用符号 r_R 或 r_s 表示。

1. 适用条件

它的适用条件是只有两列变量，并且属于等级变量性质的具有线性关系的资料，主要用于解决称名数据和顺序数据的相关问题。或者得到的数据是等距或等比的连续数据，但是它的总体分布不是正态分布，可按其取值大小赋予等级顺序，然后计算等级相关。等级顺序的数据如很好、好、中、差这类各个水平可以排序的数据。

2. 斯皮尔曼相关系数的计算公式

斯皮尔曼相关系数的计算公式为（$n<30$）：

$$r_R = 1 - \frac{6\sum D^2}{n(n^2-1)} \quad \text{（公式 10－7）}$$

式中，n 为等级个数，D 指二列成对变量的等级差数（张厚粲，徐建平，2015）。

3. 斯皮尔曼相关的研究实例

案例一：

庄丽月、杨群和张积家（2016）以中国台湾道教、佛教和基督教的 633 名宗教信徒为研究对象，在进行宗教对信徒颜色认知的影响及作用机制的研究中，对三类宗教之间的基本颜色词的语义空间维度进行相关分析，以此来分析三类宗教对颜色认知的影响是否存在差别，以及有什么样的差别。研究材料选用包含 11 个基本颜色词的问卷，让被试在下方空白处对颜色词自由分类并填写分类理由。回收问卷后，利用多维标度法分析，得到 11 个基本颜色词的语义空间的不同维度的解、压力值和颜色词在不同维度上的坐标值。对中国台湾佛教徒、道教徒和基督徒的基本颜色词的语义空间维度进行斯皮尔曼相关分析，结果发现中国台湾三大宗教信徒基本颜色词语义空间的维度的坐标值相关很高且显著：在维度 1，$r_{佛道}=0.98$，$r_{佛基督}=0.95$，$r_{道基督}=0.98$，$ps<0.05$；在维度 2，$r_{佛道}=0.87$，$r_{佛基督}=0.95$，$r_{道基督}=0.94$，$ps<0.05$。

在这里，语义空间维度坐标值虽然是等距数据，但由于事先并不了解它的分布情况，因而这里使用斯皮尔曼相关分析。

案例二：

在杨丽珠、李晓溪和高雯（2013）探讨女大学生减肥行动阶段中应对计划、情绪调节和理想体型对减肥效果影响的研究中，他们采用问卷法调查了 201 名女大学生。研究主要想探讨这几个变量之间的相关关系，以此预测女大学生最后的减肥效果受什么影响较多。因此，这个研究实例属于非常典型的采用斯皮尔曼相关对变量之间的相关关系进行分析的案例。斯皮尔曼相关分析发现（见表 10-4），应对计划、情绪调节和减肥效果三者均存在显著的相关（$ps<0.01$），说明三者之间可能存在预测关系，需要进行进一步检验。

在这里，应对计划、情绪调节以及减肥效果三个变量都属于具有等级顺序的测量数据，符合使用斯皮尔曼相关分析的适用条件，因此在这项研究中使用斯皮尔曼相关分析是非常适合的。

表 10-4　各因素相关表（$n=201$）

	M	SD	减肥效果	应对计划	情绪调节
减肥效果（kcal）	−900.00	950.09	—		
应对计划	2.43	0.68	−0.19**	—	
情绪调节	2.79	0.71	−0.29**	0.60**	—
理想体型	2.69	0.70	−0.15*	0.01	−0.05

* $p<0.05$，** $p<0.01$.

资料来源：杨丽珠，李晓溪，高雯，2013，321 页。

三、偏相关分析及典型案例

（一）适用条件

简单相关分析是通过分析两个变量之间线性关系的程度来计算两个变量之间的相关系数。但是，在现实情况中，往往两个变量的相关还要受到其他一个或多个变量的间接影响，这时，我们就需要应用偏相关分析将这些变量排除后看这两个变量之间的纯净相关。因此，偏相关也叫纯相关或净相关，用符号 $r_{12|3}$ 和 $r_{12|34}$ 等表示，是指在对三个或者三个以上的变量作相关分析时，每对其中两个变量进行相关分析都要把其他变量控制起来，消除其他变量带来的影响。

（二）偏相关系数的计算公式

偏相关系数的计算公式如下：

$$r_{(12|3)}=\frac{r_{12}-r_{13}r_{23}}{\sqrt{(1-r_{13}^2)(1-r_{23}^2)}} \quad \text{（公式 10-8）}$$

$$r_{(12|34)}=\frac{r_{(12|3)}-r_{(14|3)}r_{(24|3)}}{\sqrt{[1-r_{(14|3)}^2][1-r_{(24|3)}^2]}} \quad \text{（公式 10-9）}$$

公式 10－8 为控制了变量 3，计算变量 1 和变量 2 之间偏相关系数的公式；公式 10－9 为控制了变量 3 和变量 4，计算变量 1 和变量 2 之间偏相关系数的公式（张厚粲，徐建平，2015）。

（三）偏相关的研究实例

案例一：

刘文和彭菲菲（2010）在研究幼儿自我调节能力的发展及其与气质的关系时从执行功能的角度入手，采用实验法和问卷法对 90 名 3～5 岁的幼儿进行研究，通过创设难度递进的冲突情境来考察儿童在两种不一致规则中的转换能力。由于各任务的难度与项目数不同，为了便于任务间的比较，她们将每个任务上的百分比转化为标准 z 分数，并根据难度将权重系数确定为 1/7，2/7，4/7，计算任务总分。两两相关的计算结果见表 10－5。

表 10－5　自我调节任务之间的相关与偏相关

	任务 1	任务 2	任务 3	任务总分
任务 1	1.00			
任务 2	0.76** (0.67***)	1.00		
任务 3	0.72*** (0.62***)	0.70* (0.60***)	1.00	
任务总分	0.84** (0.77***)	0.87** (0.82***)	0.96** (0.94***)	1.00

* $p<0.05$，** $p<0.01$，*** $p<0.001$.

注：括号内数值为控制了年龄、性别之后的偏相关系数。

资料来源：刘文，彭菲菲，2010，247 页。

从表 10－5 我们可以看出各任务间是显著相关的，三个任务的分数与总分间有显著相关。为进一步排除年龄、性别因素可能存在的影响，进行偏相关分析，发现各任务之间仍保持了显著的相关，表明年龄和性别不是造成它们之间相关的原因。因此，用三个任务来考察 3～5 岁幼儿的自我调节能力是适当的。在这里，研究者先使用了简单相关分析验证了变量之间的相关关系，然后为了排除无关变量的干扰，用偏相关分析进行了进一步的验证。这是我们在做相关分析时，保证实验效度的一种很好的方法。

四、相关分析小结

相关分析用于分析两类现象在发展变化的方向与大小方面存在的一定的联系，这种联系既不是因果关系也不是共变关系，我们不能确定这两类现象中哪个是因，哪个是果，也有理由认为这两者并不同时受其他因素的影响。因此，相关分析是一种描述性的统计方法，而不是一种假设检验统计的方法。所以，直接利用相关分析的研究是很少的，但是在研究当中我们仍然需要使用相关分析来确定变量之间的相关程度，从而为进一步的验证性分析做准备。

专栏 10－3

相关分析与 SPSS

SPSS 的相关分析功能集中在 Analyze 菜单的 Correlate 子菜单中，包括以下三个过程。

1. Bivariate（两两相关分析过程）。此过程用于两个或多个变量之间的参数与非参数相关分析。如果是对多个变量的分析，将给出它们之间两两相关分析的结果。这是 Correlate 子菜单中最为常用的一个过程。

2. Partial（偏相关分析过程）。如果进行相关分析的两个变量取值均受到其他变量的影响，就可以利用偏相关分析对所谓的其他变量进行控制。这种方法的思想和协方差分析比较类似。

3. Distances（距离分析过程）。此过程可以在观测记录之间或者不同变量之间进行相似性和不相似性分析。相似性分析可用于检测观测值的接近程度，不相似性分析常用于考察各变量的内在联系和结构。该过程一般不单独使用，而是作为因子分析、聚类分析和多维尺度分析等的预分析过程，以帮助使用者了解复杂数据集的内在结构，为进一步的分析做准备。

在 SPSS 中，不同类型的相关的分析方法也不同。

1. 计算皮尔逊积差相关、斯皮尔曼等级相关和肯德尔等级相关时，依次点击 Analyze→Correlate→Bivariate，出现 Bivariate Correlation 对话框，在 Correlation Coefficients 框中选择相关系数的类型。

2. 进行偏相关分析时，依次点击 Analyze→Correlate→Partial，在 Partial Correlations 对话框中，从变量列表中选择有关变量进入 Variables 框，选择要控制的变量进入 Controlling for 框中，就可得到偏相关系数。

资料来源：杜强，贾丽艳，严先锋 编著，2014，263－268 页。

第四节　方差分析

一、方差分析概述

（一）方差分析概念

在科学实验中常常要探讨不同实验条件或处理方法对实验结果的影响。通常是比较不同实验条件下样本均值间的差异，方差分析就是检验多组样本均值间的差异是否具有统计意义的一种方法。

（二）方差分析基本原理

1. 不同处理组的均值间差异基本来源

（1）随机误差，如测量误差造成的差异或个体间的差异，称为组内差异，用变量在各组的均值与该组内变量值之偏差平方和的总和表示，记作 SS_W，组内自由度用 df_W 表示。公式如下：

$$SS_W=\sum\sum X^2-\sum\frac{(\sum X)^2}{n}$$

$$df_W=k(n-1) \qquad \text{（公式 10－10）}$$

（2）实验条件，即不同的处理造成的差异，称为组间差异。用变量在各组的均值与总均值之偏差平方和表示，记作 SS_B，组间自由度用 df_B 表示。公式如下：

$$SS_B=\sum\frac{(\sum X)^2}{n}-\frac{(\sum\sum X)^2}{nk}$$

$$df_B=k-1 \qquad \text{（公式 10－11）}$$

其中 SS_W 加上 SS_B 为总偏差平方和 SS_T，df_W 加上 df_B 为总自由度 df_T。公式如下：

$$SS_T=\sum\sum X^2-\frac{(\sum\sum X)^2}{nk}$$

$$df_T=df_W+df_B=nk-1 \qquad \text{（公式 10－12）}$$

式中，n 表示每组人数，k 表示有几种实验处理。

SS_W 和 SS_B 除以各自的自由度 [$df_W=k$（$n-1$），$df_B=k-1$]，可得到其均方 MS_W 和 MS_B。一种情况是处理没有作用，即各组样本均来自同一总体，那么，$MS_B/MS_W\approx1$；另一种情况是处理确实有作用，那么，MS_B 远远大于 MS_W。MS_B/MS_W 比值构成 F 分布，用 F 值与其临界值比较，可推断各样本是否来自相同的总体（张厚粲，徐建平，2015）。

2. 方差分析的假设检验

方差分析的实验研究采用的是多组设计，需要检验的是“任何一对平均数”之间是否有显著差异。为此，设定虚无假设为，样本所归属的所有总体的平均数都相等，一般把这一假设称为“综合虚无假设”。同样，组间的虚无假设就称为“部分虚无假设”。譬如某个实验设计中有三个实验组，综合虚无假设就可表述为：H_0：$\mu_1=\mu_2=\mu_3$。综合虚无假设和部分虚无假设差异很大。检验综合虚无假设是方差分析的主要任务。当综合虚无假设被拒绝，紧接着要确定究竟哪两个组的平均数之间存在显著性差异时，需要运用事后检验方法（张厚粲，徐建平，2015）。

3. 方差分析的基本假定

（1）总体呈正态分布：要求样本来自正态总体。

（2）变异的相互独立性：总变异可以分解成几个不同部分，这几个部分变异的来源在意义上必须明确，而且彼此要相互独立。

（3）各实验处理内的方差要一致：实验处理内的方差彼此应该无显著差异，这是方差分析中最为重要的基本假定（张厚粲，徐建平，2015）。

二、重复测量方差分析及典型案例

（一）基本原理

当因变量被重复测量的次数大于或等于3时，就要采用一般线性模型（general linear model）做重复测量的方差分析。这种重复测量，既可以在同一种实验条件下（同一种处理水平）下进行，也可以分别在不同的实验条件（不同处理水平）下进行。当在同一种实验条件下进行重复测量时，重复测量的方差分析是检验几次重复测量结果的均值之间差异是否显著；当在不同实验条件下（几种不同的处理水平）分别对同一个因变量进行重复测量时，重复测量的方差分析既检验几次重复测量结果均值之间的差异是否显著，也检验在不同处理水平之间的重复测量结果均值的差异是否显著，还检验不同处理水平与重复测量次数之间的组合对因变量的交互作用（张奇 主编，2009）。

（二）适用条件

（1）因变量之间存在相互关系。

（2）因变量的均值向量服从多元正态分布。

（3）对于自变量的各取值水平组合而言，因变量的方差协方差阵相等（张文彤 主编，2004）。

（三）典型案例

案例一：

陈晓宇、王美馨、高雅婷和蒋重清（2016）要求被试判断同时呈现的视听信息情绪效价的关系，以考察视听情绪信息整合加工的特点。此研究分别以反应时和正确率为指标，对实验结果进行2（面孔效价）×2（音容一致性）的重复测量方差分析。实验结果表明，在反应时指标上，面孔效价主效应显著，$F(1, 42)=18.39$，$p<0.001$，$\eta_p^2=0.31$，面孔效价为积极时被试的反应时显著短于面孔效价为消极时；音容一致性主效应显著，$F(1, 42)=37.63$，$p<0.001$，$\eta_p^2=0.47$，音容一致时被试的反应时显著短于音容不一致时；面孔效价与音容一致性的交互作用不显著，$F(1, 42)=0.96$，$p>0.05$。在正确率指标上，面孔效价主效应显著，$F(1, 42)=15.41$，$p<0.001$，$\eta_p^2=0.27$，面孔效价为积极时被试的正确率显著高于面孔效价为消极时；音容一致性主效应显著，$F(1, 42)=21.80$，$p<0.001$，$\eta_p^2=0.34$，音容一致时被试的正确率显著高于音容不一致时；面孔效价与音容一致性的交互作用不显著，$F(1, 42)=0.12$，$p>0.05$。

研究在保证声音信息与图片信息的性别一致的条件下，将声音信息与图片信息进行完全随机组合，形成120个声音-面孔对（其中男女各半，积极表情消极表情各半，一致不一致各半）。实验采用2（音容一致性：一致对不一致）×2（面孔情绪效价：积极对消极）二因素被试内设计。实验将43名被试作为一个单位，每个被试都随机接受相同次数实验处理，对同一因变量（反应时和正确率）进行重复测量，因此本实验采用重复测量方差分析。

案例二：

白学军、高晓雪、高蕾和王永胜（2017）在藏语阅读知觉广度的眼动研究中首先以窗口条件为被试内变量，对 5 个眼动指标（平均注视时间、总注视次数、总注视时间、阅读速度和向右眼跳幅度）进行重复测量方差分析，以确定窗口主效应是否显著，这是确定阅读知觉广度的首要条件。对 5 个眼动指标进行单因素重复测量方差分析，结果表明，各眼动指标上窗口的主效应均显著：（1）平均注视时间，F_1（6，198）＝19.63，$\eta_p^2=0.37$，$p<0.001$；F_2（6，330）＝32.94，$\eta_p^2=0.38$，$p<0.001$。（2）总注视次数，F_1（6，198）＝19.93，$\eta_p^2=0.38$，$p<0.001$；F_2（6，330）＝29.85，$\eta_p^2=0.35$，$p<0.001$。（3）总注视时间，F_1（6，198）＝19.87，$\eta_p^2=0.38$，$p<0.001$；F_2（6，330）＝52.77，$\eta_p^2=0.49$，$p<0.001$。（4）阅读速度，F_1（6，198）＝18.80，$\eta_p^2=0.36$，$p<0.001$；F_2（6，330）＝44.79，$\eta_p^2=0.45$，$p<0.001$。（5）向右眼跳幅度，F_1（6，198）＝25.09，$\eta_p^2=0.43$，$p<0.001$；F_2（6，330）＝38.28，$\eta_p^2=0.41$，$p<0.001$。

该研究以窗口条件为被试内变量，对 5 个眼动指标进行重复测量方差分析，以确定窗口主效应是否显著，其中自变量为窗口条件，分为 7 个水平，因变量为 5 个眼动指标，分为平均注视时间、总注视次数、总注视时间、阅读速度和向右眼跳幅度。因此该研究采用了重复测量方差分析，考察窗口条件对眼动指标的影响，从而确定窗口主效应是否显著。

三、多因素方差分析及典型案例

（一）基本原理

多因素方差分析是检验两个或两个以上因素（自变量）的不同水平在一个（或几个相互独立的）因变量上是否存在显著差异或变化的分析方法。多因素方差分析的数据是多因素实验获得的数据，即在实验中，要有两个或两个以上的自变量。多因素方差分析的目的是分析各个自变量的独立作用、各个自变量之间的交互作用和其他的随机变量对观测变量（因变量）的影响（张奇 主编，2009）。

（二）典型案例

案例一：

徐敏和杨丽珠（2013）在小学生友谊质量结构及其发展特点研究中基于国内外研究，运用问卷法探讨小学生友谊质量的结构，形成小学生友谊质量的测评工具，进而考察小学生友谊质量的发展特点。以友谊质量的总分为因变量，采用 3（年级：低、中、高）×2（性别：男生、女生）多因素方差分析。结果表明：性别与年级的交互作用不显著，$F(2, 694)=0.675$，$p>0.05$。性别主效应显著，$F(1, 694)=5.630$，$p<0.05$，且女生得分显著高于男生。

研究采用 2 因素（年级和性别）、6 水平（3×2），探究性别、年级的主效应以及性别与年级的交互作用对友谊质量的影响，因此采用多因素方差分析对实验数据进行分析。

案例二：

刘文、毛晶晶、俞睿玮和李凤杰（2014）在青少年恋爱关系内隐倾向发展特点及其与依恋的关系研究中考察了青少年恋爱关系发展特点，探讨了内隐态度、父母依恋及同伴依恋对青少年恋爱关系倾向的预测作用。研究对青少年恋爱关系发生倾向进行比较：根据内隐关系评估程序（IRAP）测验的统计要求，在去除 4 名被试的无效数据后，对青少年恋爱状态的 D-IRAP 分数进行 2（性别）×6（年级组）两因素方差分析，所得结果见表 10－6。

表 10－6　青少年恋爱关系发生倾向的两因素方差分析（n=200）

变异来源	平方和	自由度	均方	F	p	η_p^2
性别	0.006	1	0.006	0.094	0.759	
年级组	1.094	5	0.219	3.328**	0.007	0.088
性别×年级组	0.435	5	0.087	1.323	0.257	
误差	11.310	172	0.066			

** $p<0.01$.

资料来源：刘文，毛晶晶，俞睿玮，李凤杰，2014，596 页。

研究采用 2 因素（性别，年级组）、12 水平（2×6），探究性别、年级组的主效应，以及性别与年级组的交互作用对恋爱关系发生倾向的影响，因此采用多因素方差分析对实验数据进行分析。

四、多元方差分析及典型案例

（一）基本原理

多元方差分析是首先将因变量的变异进行分解：一部分为组间变异（组别因素的效应）；一部分为组内变异（随机误差）。然后对这两部分的变异进行比较，看是否组间变异大于组内变异。多元方差分析与单个反应变量的方差分析一样，也是单侧检验。所不同的是，后者是对组间均方与组内均方进行比较，而前者是对组间方差协方差矩阵与组内方差协方差矩阵进行比较（张文彤 主编，2004）。

（二）适用条件

（1）各因变量服从正态分布。

（2）各个观测对象之间相互独立。

（3）各组观察对象因变量的方差、协方差矩阵相等。

（4）各因变量间的确存在一定的关联，这可以从专业或研究目的角度予以判断。

需要指出的是，多元方差分析对于方差齐性要求较高，分析结果对于方差齐性较为敏感。它还对样本量有一定要求，不仅总样本量要较大，各单元格中的样本量也应较大，否则检验效能偏低，容易得到阴性结果，增大犯Ⅱ类错误的概率（张文彤 主编，2004）。

（三）典型案例

案例一：

赵景欣、杨萍、马金玲和黄翠翠（2016）考察了歧视知觉与两类留守儿童积极/消极情绪的关系，并探讨了亲子亲合对二者关系的调节作用及其性别差异。研究以留守类别与性别为自变量，分别以亲子亲合、积极/消极情绪为因变量，进行多元方差分析。结果表明，在亲子亲合上，留守类别主效应 [$F(2, 1\ 176)=10.63$，$p<0.001$，$\eta_p^2=0.02$]、性别主效应 [$F(2, 1\ 176)=19.25$，$p<0.001$，$\eta_p^2=0.03$]、留守类别与性别的交互作用 [$F(2, 1\ 176)=10.22$，$p<0.001$，$\eta_p^2=0.02$] 均显著。实验将因变量的变异（亲子亲合、积极/消极情绪）进行分解，一部分为组间变异（留守类别），一部分为组内变异（性别），然后对组间方差协方差矩阵和组内方差协方差矩阵进行比较，以此来探究性别、留守类别的主效应以及它们的交互作用对亲子亲合与积极/消极情绪的影响。此外，亲子亲合与积极/消极情绪之间的确存在一定的相关，因此该研究采用多元方差分析的方法对数据进行分析。

案例二：

舒曾、贺琼、李晓敏、张晶、张月寒和方晓义（2016）考察了母亲养育压力对幼儿创造性人格的影响，以及教养方式在其中的中介作用。如表 10－7 所示，幼儿创造性人格各维度得分从高到低依次为好奇心、冒险性、挑战性和想象力，Bonferroni 校正后的两两配对检验均十分显著（$ps<0.001$）：好奇心得分最高，冒险性得分其次，挑战性得分再次，想象力得分最低。研究对幼儿创造性各维度（好奇心、冒险性、挑战性和想象力）在幼儿性别、幼儿园类型和年级上进行多元方差分析。多元方差分析表明，幼儿创造性各维度在幼儿性别、幼儿园类型和年级上的差异均不显著（$ps>0.05$），但在冒险性 [$F(1, 267)=3.95$，$p<0.05$，$\eta_p^2=0.017$] 和好奇心 [$F(1, 267)=5.05$，$p<0.05$，$\eta_p^2=0.024$] 两个维度上幼儿园类型和年级存在显著的交互作用，在好奇心上幼儿园类型和性别存在显著的交互作用 [$F(1, 267)=4.29$，$p<0.05$，$\eta_p^2=0.015$]。

表 10－7　幼儿创造性人格在不同幼儿性别、幼儿园类型和年级上的差异比较（$n=331$）

		冒险性	好奇心	想象力	挑战性
幼儿性别	男	2.14±0.31	2.30±0.29	1.88±0.29	2.04±0.32
	女	2.15±0.27	2.27±0.26	1.90±0.28	2.06±0.31
	F	0.27	1.52	0.20	0.20
年级	中班	2.13±0.30	2.26±0.29	1.89±0.30	2.05±0.32
	大班	2.16±0.27	2.31±0.25	1.90±0.28	2.06±0.30
	F	1.01	1.94	0.01	0.01
幼儿园类别	公立园	2.12±0.28	2.27±0.29	1.88±0.29	2.04±0.31
	私立园	2.17±0.30	2.29±0.27	1.91±0.29	2.07±0.31
	F	1.64	0.47	0.89	0.89
总体情况		2.14±0.229	2.28±0.28	1.89±0.29	2.05±0.31

资料来源：舒曾，贺琼，李晓敏，张晶，张月寒，方晓义，2016，279 页。

实验将因变量的变异（冒险性、好奇心、想象力和挑战性）进行分解，一部分为组间变异（幼儿园类型），一部分为组内变异（年级和性别），对组间方差协方差矩阵和组内方差协方差矩阵进行比较，以此来探究性别、年级、幼儿园类型的主效应以及它们的交互效应对创造性人格（冒险性、好奇心、想象力和挑战性）的影响。此外，冒险性、好奇心、想象力以及挑战性同属创造性人格的组成成分，存在一定的相关，因此研究采用多元方差分析对数据进行分析。

专栏 10－4

方差分析以及事后检验和 t 检验之间的关系

方差分析的最大优势（与 t 检验相比）是在有多于两个处理条件的时候，允许研究者检验平均数差异。方差分析通过在一个检验中同时比较所有的单独平均数的差异来达到这一优势。不幸的是，把多个平均数差异合并成一个统计检验的过程使得解释检验结果变得困难。特别是当得到一个显著的 F 值（拒绝 H_0）时，只表明在所有的平均数差异中至少有一个比由偶然引起的差异大。换句话说，总的 F 值只是表明了显著差异的存在，并没有表明到底哪些平均数是显著不同的和哪些平均数不是显著不同的。而事后检验的目的就是回答这些问题。事后检验在方差分析之后进行，更明确一点，这些检验在下列情形出现时进行：

1. 拒绝 H_0。

2. 有 3 个或更多的处理（$k \geqslant 3$）。

拒绝 H_0，表明至少有一个差异存在于处理之间。当 $k=3$ 或更大时，问题就是找出差异的存在。

目前，关于事后检验的方法有很多种，如 Scheffe 检验法、Newman-Keuls 检验法、Duncan 多距检验法、Tukey 真实显著差异检验法、Fisher 最小显著差异法等。在这里主要介绍 Tukey 真实显著差异检验法。

Tukey 真实显著差异检验法在心理研究中非常常用。它可以计算出一个数值来决定组间差异达到显著水平所需的最小差异。这个数值被称为真实显著差异或 HSD，用于比较任何两个处理条件。Tukey 真实显著差异检验的公式是：

$$HSD = q\sqrt{\frac{MS_{\mathrm{W}}}{n}}$$

式中，MS_{W} 是方差分析中的处理内方差，n 是每个处理内的数据个数。Tukey 检验要求所有处理的样本大小（n）相等。为了确定合适的 q 值，就必须知道总的实验中处理的个数（k）、MS_{W}的自由度，并选定一个 α 水平。

方差分析和 t 检验之间的关系：

t 检验要求对样本平均数间的差异（分子）与由偶然（误差）引起的期望差异（分母）进行比较。

$$t = \frac{\text{样本平均数间的差异}}{\text{由偶然(误差)引起的期望差异}}$$

方差分析也对样本间的平均数差异与由偶然（误差）引起的期望差异进行比较。但是，F 分数的分子和分母是方差。因此，F 分数的表达如下：

$$F=\frac{\text{样本平均数间的差异}^2}{\text{由偶然(误差)引起的期望差异}^2}$$

由上述两式可推知，$F=t^2$。

资料来源：格雷维特，瓦尔诺，2006/2008，385－390 页。

第五节　回归分析

一、回归分析概要

（一）回归分析的概念

回归分析是探讨变量间数量关系的一种常用统计方法。它通过建立变量间的数学模型对变量进行预测和控制（张厚粲，徐建平，2015）。用于找出一组数据的最佳拟合直线的统计技术被称为回归，作为结果的直线被称为回归线。回归的目的是找出一组数据的最佳拟合直线（格雷维特，瓦尔诺，2006/2008）。

（二）回归分析的种类

回归分析的应用十分广泛，根据不同的情况，回归分析可以分为不同的种类。按照自变量和因变量之间的关系类型，可分为线性回归分析和非线性回归分析。如果变量间具有直线相关关系并以直线方程进行回归分析，则称为线性回归；如果变量间具有曲线相关关系并以曲线方程进行回归分析，则称为非线性回归分析。按照回归分析所涉及的自变量的多少，可分为一元回归分析和多元回归分析。如果在回归分析中，只包含一个自变量和一个因变量，且二者的关系可用一条直线近似表示，这种回归分析就称为一元线性回归分析；如果回归分析中包含两个或两个以上的自变量，且因变量和自变量之间是线性关系，这种回归分析就称为多元线性回归分析（陈世平 编著，2011）。

（三）回归分析与相关分析的联系与区别

回归分析与相关分析是既有联系又有区别的两种分析方法。它们不仅具有共同的研究对象，而且在具体应用时，常常必须相互补充。变量之间存在相关是回归分析的基础，变量之间相关愈高，则通过回归分析由一个变量预测另一个变量的准确性愈高；变量之间相关愈低，则预测的准确性愈低；当变量之间相关为零时，则完全无法预测。但是，相关分析只能考察变量间的双向的相互关系，包括变量之间是否相关以及相关的程度和方向，一般不区别自变量和因变量，不能指出变量间的因果关系；而回归分析则是单向的，通过规定因变量和自变量来确定变量之间的因果关系，建立回归模型，根据一个变量的变化情况对另一个变量的变化进行推测。回归分析是在相关分析的基础上，用数学模型近似地表达变量间的因果关系，并据此进行推算和估计。通过回归分析，可以将相关变量之间不确定、不规则的数量关系一般化和规范化，从而可以根据自变量的某一个给定值推断出因变量的估计值（陈世平 编著，2011）。

（四）回归分析的应用

1. 描述两个变量间的依存关系

通过对回归系数的假设检验，若认为两个变量间存在着线性回归关系，则可用线性回归方程来描述。

2. 利用回归方程进行预测

这是回归方程的重要应用方面。所谓预测就是把预报因子（自变量 X）代入回归方程对预报量（因变量 Y）进行估计，其波动范围可按求个体 Y 值容许区间的方法计算。如我们知道学生的高考成绩（Y）往往与其模拟考的成绩（X）有比较高的相关，通过建立 Y 对 X 的回归方程，就可以利用学生的模拟考成绩预测其高考的可能成绩（周达生，戴梅竞 主编，2004）。

二、线性回归分析及典型案例

（一）一元线性回归分析概述

1. 线性回归分析的概念

通过大量的观测数据，可以发现变量之间存在的统计规律性，并用一定的数学模型表示出来，这种用一定模型来表达变量相关关系的方法就称为回归分析。对于线性关系（linear relationship）的回归分析叫作线性回归（张厚粲，徐建平，2015）。

适用条件：自变量与因变量都应该是数值型变量，因变量应为呈正态分布的随机变量。如果是分类变量，应重新编码为虚拟变量或者其他类型的对比变量。此外，因变量和每一个自变量之间的关系必须是线性的，所有的观测量必须是彼此独立的（张奇 主编，2009）。

2. 线性回归分析的基本假设

（1）线性关系假设：X 与 Y 在总体上具有线性相关，这是一条最基本的假设。

（2）正态性假设：回归分析中的 Y 服从正态分布，误差项 e 也应呈正态分布。

（3）独立性假设：独立性假设有两个意思，一个是指与某一个 X 值对应的一组 Y 值和与另一个 X 值对应的一组 Y 值之间没有关系，彼此独立。另一个是指误差项独立，即不同的 X 所产生的误差之间相互独立，无自相关（non-autocorrelation），而误差项也需要与自变量 X 相互独立。

（4）误差等分散性假设：特定 X 水平的误差，除了应服从正态分布，其变异量也应相等，称为误差等分散性。当研究数据中有极端值或非线性关系存在时，误差变异量的问题就容易出现。违反该假设时，对于参数的估计检验力就会变得不足（张厚粲，徐建平，2015）。

3. 一元线性回归模型的建立

（1）一元线性回归模型。

最简单的一次函数就可表示一个自变量与一个因变量之间的线性关系，它的标准形式可写成：

$$\hat{Y} = a + bX \quad \text{（公式 10-13）}$$

式中，a 和 b 都是常数项，分别为直线的截距和斜率。当 a 和 b 的值确定时，X 每取一个值，就有一个确定的 Y 值与之对应，做出的图是一条直线。但在心理学、教育学等许多领域的实际研究中，由于个体差异、测量方法、环境变量以及其他潜在因素的影响，两个变量之间的关系往往只能表现出某种线性趋势而不是严格的函数关系（张奇 主编，2009）。

（2）最小二乘法。

若想得到比较精确的回归方程，通常采用最小二乘法。简单地讲就是使该直线与各点的纵向垂直距离最小，即实测值 Y 与预测值 $\hat{Y}$ 之差的平方和（误差平方和）$\sum(Y-\hat{Y})^2$ 达到最小。因此，建立回归方程 $\hat{Y}=a+bX$，就是求当 $\sum(Y-\hat{Y})^2$ 达到最小时的 a 值和 b 值（张奇 主编，2009）。根据数学上的最小二乘法原理，可推导出 a 和 b 的计算公式（张厚粲，徐建平，2015）：

$$b=\frac{\sum(X-\bar{X})(Y-\bar{Y})}{\sum(X-\bar{X})^2} \quad \text{（公式 10-14）}$$

$$a = \bar{Y} - b\bar{X} \quad \text{（公式 10-15）}$$

（3）注意事项。

① 预测值 $\hat{Y}$ 不是百分之百准确的（除非 X 与 Y 完全相关，即 $r=\pm1.0$）。从散点图中的数据点和回归线上我们也可以注意到，回归线仅仅是一条最佳拟合线，即数据点和回归线之间误差的平方和最小的直线，并不是所有的数据点都在回归线上。

② 回归方程不能对 X 值范围之外的数据进行预测。

③ 在建立回归方程之前最好能够画出散点图（甘怡群，张铁文，邹玲 编著，2005）。

4. 一元线性回归方程的检验

（1）一元线性回归方程的拟合度检验。

所谓拟合度，指样本观测值聚集在回归线周围的紧密程度，它反映了回归方程对因变量的解释程度。判断回归方程拟合度最常用的指标是判定系数 R^2，它是在线性回归中，回归平方和在总平方中所占的比率，计算公式为：

$$R^2=\frac{\sum(\hat{Y}-\bar{Y})^2}{\sum(Y-\bar{Y})^2} \quad \text{（公式 10-16）}$$

即判定系数被定为回归平方和所占的比率，这个比率越大，回归效果越好。若这个比率达到 1，此时总平方和全部可由回归平方和解释，回归效果极佳，没有误差（这时回归方程变成函数关系式）。若比率为零，则回归平方和是零，即回归效果是零。假如 $R^2=0.68$，则变量 Y 的变异中有 68%是由变量 X 的变异引起的。所以，回归方程的拟合度评价指标实际上就是回归方程对观测数据的解释率。

（2）一元线性回归方程的显著性检验。

回归方程的显著性检验用于检验因变量与自变量之间的线性关系是否达到重复出现概

率的显著性水平，其实质是判断回归平方和与残差平方和比值的大小问题。可通过方差分析来进行检验。

$$SS_T = SS_R + SS_E \qquad \text{（公式 10－17）}$$

式中，SS_T 为所有 Y 值的平方和，其自由度 $df_T=n-1$，SS_R 为回归平方和，反映了自变量 X 的重要程度，其自由度 $df_R=1$；SS_E 为残差平方和，反映了实验误差和其他因素对实验结果的影响，其自由度 $df_E=n-2$。这两部分除以各自的自由度，可得到它们的均方。所以，方差分析的公式为：

$$F=\frac{\text{回归均方}}{\text{残差均方}}=\frac{\sum(\hat{Y}-\bar{Y})^2/p}{\sum(Y-\bar{Y})^2/\ (n-p-1)} \qquad \text{（公式 10－18）}$$

查 F 分布表可得到 F_α，若 $F > F_\alpha$，则回归方程显著。

（3）回归系数和截距的显著性检验。

① 对回归系数检验的假设是，总体回归系数 $b=0$。检验该假设的 t 值计算公式为：

$$t=\frac{b}{SE_b} \qquad \text{（公式 10－19）}$$

式中，SE_b 是回归系数（斜率）的标准误。

② 对截距检验的假设是，总体回归方程截距 $a=0$。检验该假设的 t 值计算公式为：

$$t=\frac{b}{SE_a} \qquad \text{（公式 10－20）}$$

式中，SE_a 是截距的标准误。

（4）误差的独立性检验。

这是考察因变量 Y 的取值是否相互独立。回归方程中的误差项不独立，即误差项存在序列相关，可能导致最小二乘法估计方差增大、回归系数 t 检验失效等问题。

公式为：

$$DW=\frac{\sum_{i=2}^{n}(e_i-e_i-1)^2}{i=\sum_{i=2}^{n}e_i^2} \qquad \text{（公式 10－21）}$$

DW 的取值范围是 $0<DW<4$，统计学意义如下：

① 当 $DW\approx2$ 时，残差与自变量互为独立；

② 当 $DW<2$ 时，相邻两点的残差为正相关；

③ 当 $DW>2$ 时，相邻两点的残差为负相关；

④ 当 $DW=2$ 时，相邻两点的残差毫不相关（张奇 主编，2009）。

（二）一元线性回归分析的典型案例

案例一：

刘岩、刘静和王敏楠（2016）在探讨青年早期情景记忆对情景预见的直接效应和自我连续性对情景预见的中介效应的研究中，采用了两步一元线性回归分析和一步二元线性回归分析。研究者在辽宁省的一所高中和一所高校选取高二、大一和大三 3 个年级 91 名学生，在每个年级分层随机取样。被试先完成心理时间旅行（情景记忆、情景预见）的访谈，休息之后再完成自我定义记忆（自我连续性）的访谈。心理时间旅行指的是个体主观地将自我定位到曾经经历过的事件来重新体验自己的过去（情景记忆），或者将自我定位到未来预先体验某个事件（情景预见）。该研究中自变量为情景记忆，中介变量为自我连续性（中介变量详见下一节内容），因变量为情景预见。

分析步骤：第一步，以情景记忆为预测变量（x）对结果变量情景预见（y）进行回归分析。第二步，以情景记忆为预测变量（x）对中介变量自我连续性（m）进行回归分析。以上两个步骤中都只有一个自变量和一个因变量，且自变量与因变量存在线性关系，因此采用一元线性回归方程进行分析。第三步，以预测变量情景记忆（x）和中介变量自我连续性（m）同时对结果变量情景预见（y）进行回归分析。由于有两个自变量和一个因变量，且自变量与因变量存在线性关系，因此采用二元线性回归方程进行分析。结果表明，依次检验（前面的 3 个 t 检验）都是显著的，所以自我连续性的中介效应显著，由于第 4 个 t 检验也显著，因此是部分中介效应，直接效应也存在（中介调节模型详见下节内容），结果见表 10－8。

表 10－8　　自我连续性（m）中介效应的依次检验

	标准化回归方程	回归系数检验
第一步	$y=0.64x$	$SE=0.081$，$t=7.85^{***}$
第二步	$m=0.21x$	$SE=0.104$，$t=2.04^{*}$
第三步	$y=0.23m$	$SE=0.080$，$t=2.88^{**}$
	$0.59x$	$SE=0.080$，$t=7.37^{***}$

$^{*}p<0.05$，$^{**}p<0.01$，$^{***}p<0.001$.

资料来源：刘岩，刘静，王敏楠，2016，22 页。

案例二：

刘岩、杨丽珠和邓晨曦（2012）在探究心理理论能力是否通过抑制控制这一中介变量对预见能力产生间接的影响的研究中，同样采用了两步一元线性回归分析和一步二元线性回归分析。研究者选取 87 名 4～6 岁幼儿，完成鸭/猴任务（抑制控制）、意外地点任务（心理理论）、心理时间旅行任务（情景记忆、情景预见）。

分析步骤：第一步，验证预测变量心理理论（x）对结果变量预见能力（y）的直接效应。第二步，验证自变量心理理论（x）对中介变量抑制控制（w）的预测效应。以上两步中均只有一个自变量和因变量，且自变量与因变量存在线性关系，因此采用一元线性回归方程进行分析。第三步，以预测变量心理理论（x）、中介变量抑制控制（w）同时对结果变量预见得分（y）进行回归分析。第三步由于有两个自变量和一个因变量，且自变量与因变量存在线性关系，因此采用二元线性回归分析。结果表明，依次检验（前面的 3 个 t 检验）都是显著的，所以抑制控制的中介效应显著，由于第 4 个 t 检验不显著，因此是完全中介效应，也就是说，心理理论通过抑制控制对预见能力间接发挥作用（中介效应详见下节内容），结果见表 10－9。

表 10－9　　抑制控制（w）中介效应的依次检验

	标准化回归方程	回归系数检验
第一步	$y=0.276x$	$SE=0.083$，$t=2.31^{*}$
第二步	$w=0.336x$	$SE=0.203$，$t=2.87^{**}$

续前表

	标准化回归方程	回归系数检验
第三步	$y=0.309w$	$SE=0.047$，$t=2.62^{*}$
	$0.194x$	$SE=0.086$，$t=1.56$

$^{*}p<0.05$，$^{**}p<0.01$

资料来源：刘岩，杨丽珠，邓晨曦，2012，6 页。

三、多元线性回归分析及典型案例

（一）多元线性回归分析概述

1. 多元线性回归分析的概念

多元线性回归分析用于探索多个自变量与一个因变量之间的线性关系，并用多元线性回归方程来表达这种关系。现实中一种现象常常是与多种其他现象相联系的。由多个自变量的最优组合来共同预测因变量，比只用一个自变量进行预测更有效，也更符合实际。因此，多元线性回归分析比一元线性回归分析的实际意义更大。多元线性回归分析的方程为：

$$\hat{Y}=a+b_1X_1+b_2X_2+\cdots+b_nX_n+e \qquad \text{（公式 10 - 22）}$$

式中，n 个自变量共同作用于因变量 Y，其中 $\hat{Y}$ 是因变量 Y 的预测值；a 为常数；b_1，b_2，…，b_n 为 Y 对 X_1，X_2，…，X_n 的偏回归系数。偏回归系数表示其他自变量不变时，某一个自变量的变化引起的因变量变化的比率。e 是去除 n 个自变量对 Y 的影响后的随机误差，也称为残差。建立多元线性回归方程实际上就是求出有效的，而且解释率最高的 a，b_1，b_2，…，b_n 的过程（张奇 主编，2009）。

与一元线性回归分析相同，求参数 a，b_1，b_2，…，b_n 的方法仍用最小二乘法，即求出能使估计值 $\hat{Y}$ 和实际观察值 Y 的误差平方和 $\sum(X-\hat{Y})^2$ 为最小值的一组回归系数 b_1，b_2，…，b_n（陈世平 编著，2011）。

2. 多元回归的数据要求和统计前提

（1）连续型变量。

在回归分析当中，因变量必须为等距或等比变量。

（2）自变量和因变量的线性关系。

在回归分析中，因变量与自变量的关系应为线性关系，如果不满足这一前提的话，我们所得到的回归分析结果可能会过低地估计变量之间的关系。因此，在分析之前通过散点图等方式考察变量之间的关系是十分必要的。

（3）多重共线性问题。

当自变量彼此间高度相关时，在回归过程中彼此会削弱各自对于因变量的影响，导致出现回归方程整体显著，但每一个自变量回归系数都不显著的现象，我们将其称为多重共线性问题。当自变量之间彼此不独立的时候，回归分析就无法实现控制其他自变量不变，考察某特定自变量对因变量影响的目的。此时，我们所得到的各个变量的回归系数通常是不可靠的，研究结果将被严重歪曲。因此，回归分析应避免严重的多重共线性问题。

（4）分析变量的选择。

在回归分析之前应当以理论基础作为指导，建立恰当构想模型，从而有针对性地纳入变量。交互验证可以帮助我们克服过分纳入变量的影响：先抽取一部分数据建立回归模型，随后用剩余的数据考察 R^2 的稳定性。

（5）样本容量。

在回归分析中，所选用的被试数目与自变量数目的比率通常为 10∶1（根据不同情况可在 20∶1 至 5∶1 的范围中选取），同时被试数目至少 100 以上。

（6）正态性和方差同质。

对于任何一个自变量或者其线性组合，因变量都应该服从正态分布，其方差应该符合同质性要求（甘怡群，张铁文，邹玲 编著，2005）。

3. 多元线性回归分析的检验

（1）多元回归方程的拟合度评价。

在一元线性回归分析中采用 R^2 判定的情况下，R^2 会随着方程中引入的自变量数量的增多而增大，而且增加自变量数量所引起的 R^2 值的增大与方程拟合的好坏无关。因此，在自变量数量不同的方程之间比较拟合度时，R^2 就不是一个合适的指标了。为了消除自变量数量增多所导致的 R^2 的增大，校正 R^2 系数被引入作为判断回归方程拟合度的指标。校正 R^2 的公式为：

$$\text{校正 } R^2 = 1 - \frac{\sum (Y-\hat{Y})^2 / (n-k-1)}{\sum (Y-\bar{Y})^2 / (n-1)} \qquad \text{（公式 10-23）}$$

式中，k 为自变量的数量，n 为样本数量。

（2）复相关系数。

R 表示因变量与所有自变量之间的线性相关的程度。其取值范围为 0～1，其值愈接近 1，表明线性关系越密切；愈接近 0，则表明线性关系愈差。

（3）回归方程的显著性检验。

使用 F 检验，其原理与一元线性回归的方差分析原理相同。

（4）回归系数的显著性检验。

经检验具有显著意义的回归方程，只是对 n 个自变量这一整体而言的，还不能说明每个自变量对因变量的影响都显著。这时就要对每个回归系数的有效性进行检验，以便确定哪些自变量的影响是显著的，哪些自变量的影响是不显著的，并从方程中剔除那些影响不显著的自变量。多元线性回归系数的显著性检验方法与一元线性回归分析的检验方法相同。

（5）方差齐性检验。

方差齐性是指残差的分布是常数，与自变量或因变量无关。一般采用绘制因变量预测值与学生氏残差的散点图进行检验。

（6）残差的正态性检验。

这是为了考察因变量 Y 是否服从正态分布。残差呈非正态分布的原因很多，如方程缺乏代表性、方差不齐等。因而，需要对残差进行正态性检验。其中最切实易行的方法是画出残差的直方图和累计概率图。

（7）多重共线性检验。

“多重共线性”是指线性回归模型中的自变量之间存在较高的相关使模型估计失真或难以估计准确。在多元线性回归方程中，虽然各自变量对因变量都是有意义的，但由于某些自变量之间存在相关，这会给自变量的贡献评价带来困难，因此，需要对回归方程中的自变量进行共线性诊断。常用的诊断参数有：容许度、方差膨胀因子、条件指数、方差比例、特征值（张奇 主编，2009）。

4. 多元线性回归分析应注意的问题

（1）自变量之间互不相关。

（2）随机误差项均值为零。

（3）随机误差项不随变量取值的改变而改变，即具有方差齐性。

（4）随机误差项无自相关。

（5）自变量与随机误差项不相关。

（6）随机误差项满足正态分布（陈世平 编著，2011）。

5. 多元回归模型与方差分析的关系

以前一般认为，回归分析是在相关分析的基础上建立数学表达式，来确定变量之间的关系模型。回归分析可以得到变量之间的相关，但不能做出因果解释。以前大多数关于回归分析和方差分析的讨论更多地强调它们在探讨自变量和因变量关系上存在的差异。实际上，方差分析是回归分析的一种特例，与实验设计相结合的回归分析也可以在一定程度上探讨因果关系。重要的问题在于实验设计。实验研究中探讨变量间因果关系时的核心问题是操纵、改变自变量，并观察其对因变量的影响。因此，与方差分析类似，如果实验中没有操纵、改变自变量，或自变量均为不可操纵的因素，如年龄、性别等，回归分析探讨的就是相关关系。但是，如果在研究中包含了自变量的操纵，回归分析也是可以探讨因果关系的。

在一个方差分析研究情境下，实验者对在何种程度上一个或多个定量的或定性的自变量的变异可以解释定量的因变量的变异感兴趣。在方差分析的实验研究中，自变量是事先确定的，每个自变量水平或者是被操纵的，或者是事先选择的。然而，在方差分析中，虽然自变量水平可以是定量的，但是实际上，由于方差分析特点的限定，实验设计时定量的自变量会被转化为分类的变量，因此不能做出有关定量自变量与因变量之间关系的实质的假设。或者说，方差分析方法忽略了自变量水平之间量的差异的大小，以及自变量水平与因变量变异之间关系的实质。回归分析在探讨定量自变量水平与因变量变异之间的关系上有一定的优势。

回归分析有预测和解释两种功能：预测功能主要关心自变量对因变量的预测程度；解释功能主要关心由实验处理引起的因变量变化的百分数与误差引起的因变量变化相比是否差异显著，其思想与在方差分析中平方和分解的思想是一致的（舒华，张亚旭，2008）。

（二）多元回归分析的典型案例

案例一：

刘岩、杨丽珠和邓晨曦（2012）在探究幼儿预见能力的发展与抑制控制、心理理论的关系的研究中，以 4～6 岁幼儿为研究对象，考察了预见能力与抑制控制和心理理论能力的关系。

因为 4 岁组和 5 岁组之间预见得分差异不显著，于是下面将这两个年龄组合并进行讨论分析。

分析步骤：第一步，对自变量与因变量的相关性进行显著性检验。对 4～5 岁幼儿的预见能力（因变量）与抑制控制、心理理论、语言理解能力（三者均为自变量）做相关分析，结果显示预见能力与抑制控制、心理理论与语言理解能力均存在显著相关。为了排除语言在这两种心理能力中可能的作用，研究者随后将语言理解作为控制变量。第二步，将与因变量显著相关的自变量纳入回归分析。以抑制控制、心理理论和语言理解测验的成绩为自变量，以预见得分为因变量进行回归分析（逐步回归）。由于有三个自变量和一个因变量，且自变量与因变量存在线性关系，因此采用多元线性回归分析。结果表明，抑制控制进入了回归方程，能够显著地预测幼儿预见得分的变异（$\beta=0.31$，$p<0.05$），而心理理论则没能进入回归方程。也就是说抑制控制对预见能力有直接的预测效力，而心理理论则没有体现出这种直接的作用。当然，还有另一种可能，就是心理理论能力通过抑制控制为中介变量，对预见能力产生间接的影响。因此，研究者还探讨了抑制控制是不是心理理论与预见能力之间的中介因素（详见一元线性回归分析的案例二）。

案例二：

刘文、毛晶晶、俞睿玮和李凤杰（2014）在探究青少年恋爱关系内隐倾向发展特点及其与依恋的关系的研究中，从某市三所普通中学随机选取青少年 204 名，探讨青少年恋爱关系发生倾向的发展特点与相关因素对其的预测作用。研究一，考察青少年恋爱关系发展特点。研究二，探讨青少年恋爱关系内隐态度、父亲依恋、母亲依恋及同伴依恋对青少年恋爱关系倾向的预测作用。该研究中自变量为青少年恋爱关系内隐态度、父亲依恋、母亲依恋及同伴依恋，因变量为恋爱关系发生倾向。

分析步骤：第一步，对自变量与因变量的相关性进行显著性检验。对青少年恋爱关系内隐态度、父母及同伴依恋（四个自变量）与恋爱关系发生倾向（因变量）进行相关分析。结果显示，青少年的恋爱关系发生倾向与母亲依恋、同伴依恋呈显著负相关（$p<0.001$），对母亲及同伴的依恋程度越强，其恋爱关系发生倾向就越低。而内隐态度、父亲依恋与青少年恋爱关系发生倾向之间的相关未达到显著性水平。第二步，将与因变量显著相关的自变量纳入回归分析。将母亲与同伴依恋程度作为自变量，恋爱关系发生倾向作为因变量，进行多元逐步回归分析，以考察母亲依恋和同伴依恋对青少年恋爱关系发生倾向的预测作用。结果见表 10－10。

表 10－10　青少年恋爱关系发生倾向的多元回归分析（$n=184$）

变量	R^2	ΔR^2	F	B	β	t
母亲依恋	0.318	0.315	84.969***	－1.06E－02	－0.564	－9.218***

*** $p<0.001$.

资料来源：刘文，毛晶晶，俞睿玮，李凤杰，2014，597 页。

根据表 10－10 可以得知，母亲依恋是青少年恋爱倾向的主要预测变量，$F(1,183)=84.969$，$p<0.001$，$\Delta R^2=0.315$。同伴依恋最终并未进入回归方程。用 Y 表示青少年恋爱

关系发生倾向，用 X 表示母亲依恋，则统计结果得到的回归方程为 $Y=-1.06\text{E}-02X+1.100$。结果显示，只有母亲依恋这个变量进入回归方程中，表明母亲依恋是青少年恋爱倾向的主要预测变量。

专栏 10－5

解释回归方程预测作用的注意事项

利用回归方程进行预测，这是回归方程的重要应用方面。所谓预测就是把预报因子（自变量 X）代入回归方程对预报量（因变量 Y）进行估计，其波动范围可按求个体值容许区间的方法计算（周达生，戴梅竞 主编，2004）。

下表显示了 $n=5$ 的样本的 X 值与 Y 值。这些数据被用于演示确定预测 Y 的线性回归方程的过程。

$n=5$ 的样本的 X 值、Y 值表

X	Y	$X-\bar{X}$	$Y-\bar{Y}$	$(X-\bar{X})(Y-\bar{Y})$	$(X-\bar{X})^2$
7	11	2	5	10	4
4	3	−1	−3	3	1
6	5	1	−1	−1	1
3	4	−2	−2	4	4
5	7	0	1	0	0
				$\sum(X-\bar{X})(Y-\bar{Y})=16$	$\sum(X-\bar{X})^2=10$

对于这些数据，$\sum X=25$，因此 $\bar{X}=5$。另外，$\sum Y=30$，因此 $\bar{Y}=6$。由上表可以得知，$\sum(X-\bar{X})(Y-\bar{Y})=16$，$\sum(X-\bar{X})^2=10$。我们的目的是找出线性方程中的 b 与 a 的值，由此得到这些数据的最佳拟合直线。使用公式 10－14 和公式 10－15，得出 b 与 a 的值分别为：$b=1.6$，$a=-2$。

因此上述数据得到的回归方程 $\hat{Y}=1.6X-2$

回归方程的一个重要作用是预测。对于任意已知的 X 值，可以使用公式计算 Y 的预测值。对于上表中得到的方程，可以预测一个 $X=5$ 的个体将有的 Y 值：

$$\hat{Y}=1.6X-2=1.6\times5-2=6$$

虽然回归方程可以被用于预测，但是在解释预测值时，需要注意下面两点：

1. 预测值不是绝对准确的（除非 $R=+1.00$ 或 -1.00）。通常，预测值（在直线上）与实际的数据之间会存在一些误差。虽然不同数据点的误差不同，但平均起来误差与相关的大小有直接关系。当相关接近 1.00（或－1.00）时，数据点通常接近于直线（小误差），但是，当相关趋近 0 时，误差将增加。

2. 回归方程不应该被用于 X 值超出原始数据范围外时的预测。对于上表，X 的值域是从 $X=3$ 到 $X=7$，回归方程在这个值域内计算最佳拟合线。因为没有在这个值域范围外的关于 X 和 Y 关系的信息，这个公式不应该被用于预测 X 小于 3 或大于 7 时所对应的 Y 值。

资料来源：周达生，戴梅竞 主编，2004，140 页；格雷维特，瓦尔诺，2006/2008，519－521 页。

第六节　中介调节模型

一、中介变量检验及典型案例

（一）中介变量的定义

考虑自变量 X 对因变量 Y 的影响，如果 X 通过影响变量 M 而对 Y 产生影响，则称 M 为中介变量。例如，教师期望影响师生关系，进而影响幼儿自我认知的积极偏向，其中，师生关系是中介变量（杨丽珠，李淼，陈靖涵，沈悦，2016）。假设所有变量都已经中心化，可用下列方程来说明变量之间的关系：

$$Y=cX+e_1 \quad （公式 10-24）$$

$$M=aX+e_2 \quad （公式 10-25）$$

$$Y=c'X+bM+e_3 \quad （公式 10-26）$$

其中公式 10－24 的系数 c 为自变量 X 对因变量 Y 的总效应；公式 10－25 的系数 a 为自变量 X 对中介变量 M 的效应；公式 10－26 的系数 b 是在控制了自变量 X 的影响后，中介变量 M 对因变量 Y 的效应；系数 c' 是在控制了中介变量 M 的影响后，自变量 X 对因变量 Y 的直接效应；e_1，e_2，e_3 是回归残差。对于这样的简单中介模型，中介效应等于间接效应，即等于系数乘积 ab，它与总效应和直接效应有如下关系：

$$c=c'+ab \quad （公式 10-27）$$

（二）中介效应检验方法

检验中介效应最常用的方法是逐步检验回归系数，即通常说的逐步法：（1）检验公式 10－24 的系数 c（即检验 H_0：$c=0$）；（2）依次检验公式 10－25 的系数 a（即检验 H_0：$a=0$）和公式 10－26 的系数 b（即检验 H_0：$b=0$）。如果系数 c 显著，系数 a 和 b 都显著，则中介效应显著。如果是完全中介过程，则还要加上公式 10－26 的系数 c' 不显著。

温忠麟、张雷、侯杰泰和刘红云（2004）在传统的中介检验方法上又发展出了新的中介效应检验流程，检验程序如图 10－1，步骤如下：

第一步，检验公式 10－24 的系数 c，如果显著，按中介效应立论，否则按遮掩效应立论。但无论是否显著，都进行后续检验。

第二步，依次检验公式 10－25 的系数 a 和公式 10－26 的系数 b，如果两个都显著，则间接效应显著，转到第四步；如果至少有一个不显著，进行第三步。

第三步，用 Bootstrap 法直接检验 H_0：$ab=0$。如果显著，则间接效应显著，进行第四步；否则间接效应不显著，停止分析。

第四步，检验公式 10－26 的系数 c'，如果不显著，即直接效应不显著，说明只有中介效应。如果显著，即直接效应显著，进行第五步。

第五步，比较 ab 和 c' 的符号，如果同号，属于部分中介效应，报告中介效应占总效应的比例 ab/c；如果异号，属于遮掩效应，报告间接效应与直接效应的比例的绝对值 $|ab/c'|$。

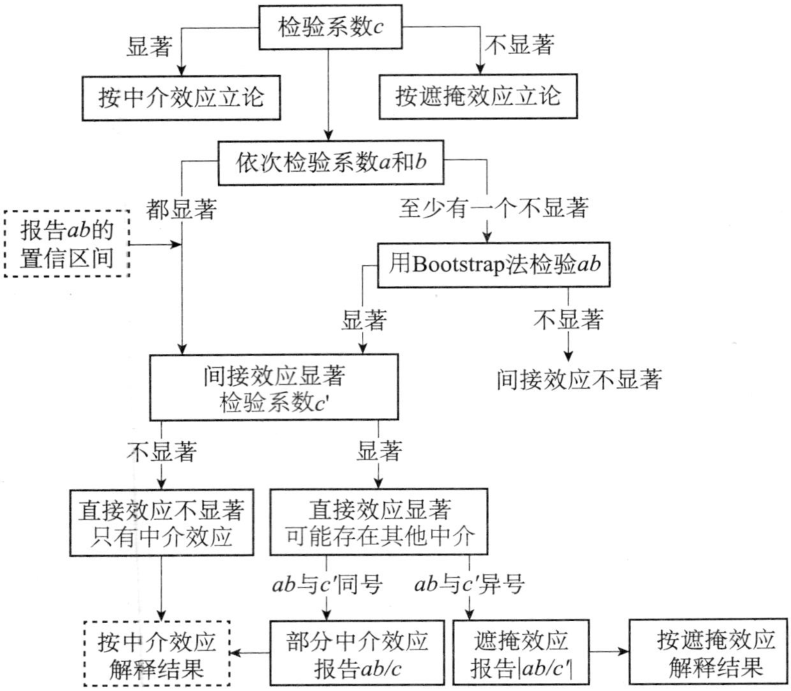

图 10－1　中介效应检验程序

资料来源：温忠麟，叶宝娟，2014b，738 页。

（三）中介效应和间接效应

中介效应都是间接效应，但间接效应不一定是中介效应，这两个概念存在区别。首先，当中介变量不止一个时，中介效应要明确是哪个中介变量的中介效应，而间接效应既可以指经过某个特定中介变量的间接效应，也可以指部分或所有中介效应的和。其次，在只有一个中介变量的情形下，虽然中介效应等于间接效应，但两者还是不等同。中介效应的大前提是自变量与因变量相关显著，否则就认为不存在中介变量。但即使自变量与因变量相关系数是 0，仍然可能有间接效应（温忠麟，刘红云，侯杰泰，2012）。

（四）中介效应解释

对于检验结果显著的中介效应，要区分是完全中介效应还是部分中介效应。如果是完全中介效应，则说明自变量 X 对因变量 Y 的影响完全通过中介变量 M 而起作用，此时 X 对 Y 没有直接影响。如果是部分中介效应，则说明自变量 X 对因变量 Y 的影响有一部分是通过中介变量 M 而起作用，应当报告中介效应占总效应的比例，或者报告中介效应与直接效应之比（温忠麟，刘红云，侯杰泰，2012）。

（五）典型案例

案例一：

杨丽珠和徐敏（2015）通过测量教师期望、师生关系和自我认知积极偏向，探讨了师生关系在教师期望对幼儿自我认知积极偏向影响中的作用。该研究选取某市三所幼儿园的400名4～6岁儿童，采用问卷法（幼儿教师期望教师评定问卷、师生关系问卷、幼儿自我认知教师评定问卷以及幼儿自我认知自评问卷）进行测量。下面对该研究中的中介效应检验流程进行简述。

对幼儿自我认知积极偏向进行研究，需要先检验幼儿是否存在自我认知积极偏向。采用 t 检验比较“幼儿自我认知自评问卷”中文修订版与“幼儿自我认知教师评定问卷”相应维度上得分的差异，考察幼儿对自我的认知是否高于教师评定，检验幼儿在自我认知过程中是否存在自我认知积极偏向。如果发现幼儿确实存在自我认知积极偏向，则进行下一步的检验。

为了考察教师期望、师生关系与自我认知积极偏向之间的关系，首先对教师期望和师生关系这两个因素以及其中各个维度与自我认知积极偏向是否具有相关关系进行检验，结果发现师生之间的关系质量越好，幼儿的自我认知积极偏向越小。做完上述检验后，依据中介效应检验程序，对师生关系在教师期望对自我认知积极偏向的影响中起中介作用这一理论模型进行检验。第一步，以教师期望为预测变量（x）对因变量自我认知积极偏向（y）进行回归分析；第二步，以教师期望为预测变量（x）对中介变量师生关系（w）进行回归分析；第三步，以预测变量教师期望（x）、中介变量师生关系（w）同时对因变量自我认知积极偏向（y）进行回归分析。结果表明，依次检验（路径 c，a，b）前 3 个 t 值都是显著的，所以，师生关系的中介效应是显著的。中介效应检验步骤见表 10－11。

表 10－11　师生关系在教师期望对自我认知积极偏向影响中的中介效应检验

	标准化回归方程	回归系数检验
第一步	$y=-0.369x$	$SE=0.047$，$t=-7.913^{***}$
第二步	$w=0.341x$	$SE=0.047$，$t=7.240^{***}$
第三步	$y=-0.104w$	$SE=0.049$，$t=-2.111^{*}$
	$-0.333x$	$SE=0.049$，$t=-6.751^{***}$

$^{*}p<0.05$，$^{***}p<0.001$.

资料来源：杨丽珠，徐敏，2015，623 页。

该研究得出如下结论：（1）教师期望对幼儿自我认知积极偏向有直接的预测作用；（2）幼儿师生关系在教师期望对幼儿自我认知积极偏向的影响中存在中介效应。

案例二：

杨丽珠和张华（2012）采用问卷法探讨了小学教师期望对人格的影响，以及学生知觉在教师期望对人格影响中的中介效应。研究随机选取某市 4 所小学的有效学生被试 1260 人、班主任老师 48 人，采用教师期望评定表、小学生知觉教师期望问卷、小学人格发展教师评定问卷进行评定。中介效应检验的流程如下。

首先对教师期望及其各维度与人格各维度之间进行相关分析，发现教师期望与人格之间存在密切关系。为了进一步了解教师期望各维度对小学生人格哪些方面更有预测力，再对教师期望各维度与人格各维度进行多元逐步回归分析，结果发现，在人格的智能特征、外倾性和情绪稳定性方面，学业期望对其预测作用最大；在认真自控方面，品行期望对其预测作用最大；在亲社会性方面，纪律期望对其预测作用最大。结果如表 10－12 所示。

表 10－12　教师期望与人格的回归分析

因变量	进入回归方程的自变量	B	SE	β	t
智能特征	学业期望	0.246	0.027	0.246	8.955**
认真自控	品行期望	0.220	0.028	0.220	7.987**
外倾性	学业期望	0.128	0.028	0.128	4.566**
亲社会性	纪律期望	0.163	0.028	0.163	5.844**
情绪稳定性	学业期望	0.066	0.028	0.066	2.335**

** $p<0.01$.

资料来源：杨丽珠，张华，2012，163 页。

接下来，按照依次检验程序对学生知觉在教师期望对人格各维度影响中的中介效应进行检验。在学生知觉在教师期望对人格智能特征、认真自控、外倾性和亲社会性影响中的中介效应检验中，其中的结果是标准化解，用小写字母代表相应变量的标准化变量。由于依次检验（路径 c，a，b）都是显著的，所以学生知觉的中介效应显著。由于路径 c′显著，所以是部分中介效应，各中介效应占总效应的比例分别为 4.084%，5.571%，16.753%，14.039%。而在学生知觉在教师期望对人格情绪稳定性影响中的中介效应检验中，第一步即检验教师期望对人格情绪稳定性的回归系数时发现，$t=1.905$，$p>0.05$，回归系数不显著，因此不存在中介效应，终止检验。学生知觉在教师期望对人格各维度影响中的中介作用路径见图 10－2。

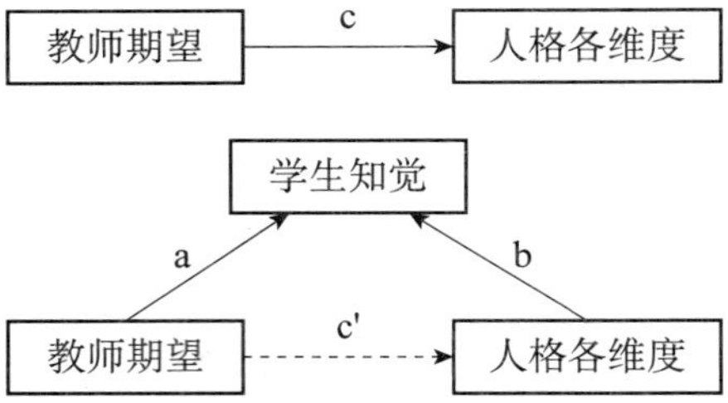

图 10－2　学生知觉在教师期望对人格各维度影响中的中介作用路径

资料来源：杨丽珠，张华，2012，163 页。

该研究得出如下结论：(1) 教师期望各维度与人格的智能特征、认真自控、外倾性和亲社会性均呈显著正相关关系，品行期望和纪律期望维度与情绪稳定性相关不显著。(2) 在人格的智能特征、外倾性和情绪稳定性方面，学业期望对其预测作用最大；在认真自控方面，品行期望对其预测作用最大；在亲社会性方面，纪律期望对其预测作用最大。(3) 学生知觉在教师期望对人格的智能特征、认真自控、外倾性、亲社会性的影响中起部分中介作用，在教师期望对人格情绪稳定性的影响中不存在中介效应。

二、调节变量检验及典型案例

（一）调节变量的定义

如果变量 Y 与变量 X 的关系是变量 M 的函数，则称 M 为调节变量。也就是说，Y 与 X 的关系受到第三个变量 M 的影响，这种有调节变量的模型一般可以用图 10－3 示意。调节变量可以是定性的（如性别、种族、学校类型等），也可以是定量的（如年龄、受教育年限、刺激次数等），它影响因变量和自变量之间关系的方向（正或负）和强弱。如学生的学习成绩和学习方法之间的关系，往往受到学生性格的影响：一种学习方法对某类学生很有效，对另一类学生却没有效，即“学生性格”是调节变量（温忠麟，刘红云，侯杰泰，2012）。

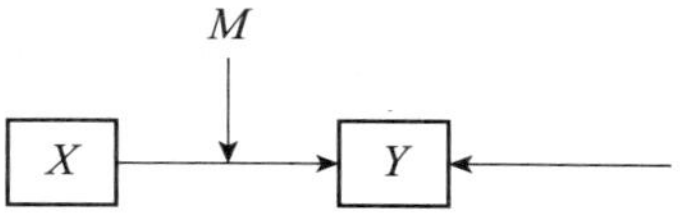

$Y=f(X,M)+e$

图 10－3　调节变量示意图

资料来源：温忠麟，侯杰泰，张雷，2005，268 页。

（二）调节效应分析方法

我们将调节效应分成两类进行讨论：显变量的调节效应分析方法和潜变量的调节效应分析方法。

1. 显变量调节效应分析方法

调节效应分析方法根据自变量和调节变量的测量级别而定。变量可分为两类，一类是类别变量，包括定类和定序变量，另一类是连续变量，包括定距和定比变量。定序变量的取值比较多且间隔比较均匀时，也可以近似作为连续变量处理。

当自变量和调节变量都是类别变量时，做方差分析。当自变量和调节变量都是连续变量时，用带有乘积项的回归模型，做层次回归分析：（1）做 Y 对 X 和 M 的回归，得测定系数 R_{21}。（2）做 Y 对 X，M 和 XM 的回归，得 R_{22}。若 R_{22} 显著高于 R_{21}，则调节效应显著；或者，做 X 和 M 的偏回归系数检验，若显著，则调节效应显著。

当调节变量是类别变量、自变量是连续变量时，做分组回归分析。但当自变量是类别变量、调节变量是连续变量时，不能做分组回归分析，而是将自变量重新编码成为伪变量，用带有乘积项的回归模型，做层次回归分析。

需要说明的是，除非已知 X 和 M 不相关（即相关系数为零），否则调节效应模型不能看标准化解。这是因为，即使 X 和 M 的均值都是零，XM 的均值一般说来也不是零（温忠麟，刘红云，侯杰泰，2012）。

2. 潜变量调节效应分析方法

如果涉及的变量中至少有一个是潜变量，应当使用潜变量调节效应分析方法。对潜变量的测量会带来测量误差，所以考虑潜变量时都假设其是连续变量。有潜变量的调节效应模型通常考虑两种情形：一是调节变量是类别变量，自变量是潜变量；二是调节变量和自变量都是潜变量。

当调节变量是类别变量时，做多组结构方程分析。当调节变量和自变量都是潜变量时，有中心化乘积指标分析方法、广义乘积指标法、无约束模型分析法等（温忠麟，侯杰泰，张雷，2005）。

（三）调节效应和交互效应

调节效应与交互效应在某种意义上是同义词，但也存在差异。在交互效应分析中，两个自变量的地位可以是对称的，其中任何一个都可以解释为调节变量；也可以是不对称的，只要其中一个起到了调节变量的作用，交互效应就存在。但在调节效应中，哪个是自变量和哪个是调节变量，是很明确的，在一个确定的模型中两者不能互换（温忠麟，刘红云，侯杰泰，2012）。

（四）典型案例

张金荣、刘宁和冷珊（2010）采用分层回归和调节效应检验程序，探讨了情绪特质和心境与创造性思维之间的关系。研究者分层随机选取2所小学1～6年级学生251人，并采用艾森克人格问卷（EPQ）少年版、Lundquist心境量表中文版、创造性思维实验（包括问与猜、产品改进和不寻常用途）进行研究。该研究的调节效应检验流程如下。

首先，分别对创造性思维总分及各维度进行年级和性别的多因素方差分析，以考察小学生创造性思维发展的特点。结果表明，创造性思维总分的年级主效应极其显著，性别差异不显著；流畅性的年级主效应极其显著，性别差异不显著；灵活性的年级主效应极其显著，性别差异不显著。之后对情绪特质、心境与创造性思维总分进行相关分析，发现创造性思维总分与外倾性和任务定向呈显著正相关，与神经质和非注意定向呈显著负相关，这说明两种情绪特质和积极、消极心境都会影响小学生的创造性思维，但对于作为稳定倾向性的情绪特质和完成任务时的暂时心境是如何影响创造性思维的，情绪特质的影响作用是否会受到心境的调节，需进一步采用回归分析检验。在控制年级、性别影响的基础上，以神经质和外倾性为自变量，以创造性思维总分为因变量，进行多元回归分析，结果发现，外倾性和神经质进入回归方程，表明情绪特质可以有效预测小学生的创造性思维。

为进一步检验情绪特质和心境对创造性思维的影响机制，研究者通过分层回归分别验证心境在情绪特质对创造性思维影响中是否具有调节效应，结果发现，任务定向对神经质具有调节作用，非注意定向对外倾性和神经质均有调节效应。

该研究得出如下结论：小学生外倾性对创造性思维具有正向预测作用，神经质起阻碍作用；任务定向即积极心境，如聚精会神、有兴趣、专心等与创造性思维呈正相关，而非注意定向即消极心境，如心神不宁、坐立不安、心情紧张等与创造性思维呈负相关；情绪特质对创造性思维的影响受到心境的调节。

三、调节变量与中介变量的关系

调节变量与中介变量经常被人混淆使用，主要存在如下问题：

（1）术语混用或换用。

两个概念不加区分，经常既使用调节过程的术语，又使用中介过程的术语。

（2）术语和概念不一致。

有时研究的是调节过程，却使用中介过程的术语。

（3）术语和统计分析不一致。

如使用了中介变量的术语，却没有做相应的统计分析（温忠麟，刘红云，侯杰泰，2012）。

在明确了调节变量和中介变量的定义后，区别它们并非难事，表 10－13 从不同角度对这两种变量进行了区分。

表 10－13　　调节变量与中介变量的比较

	调节变量	中介变量 M
研究目的	X 何时影响 Y 或何时影响较大	X 如何影响 Y
关联概念	调节效应、交互效应	中介效应、间接效应
什么情况下考虑	X 对 Y 的影响时强时弱	X 对 Y 的影响较强且稳定
典型模型	$Y=aM+bM+cXM+e$	$M=aX+e_2$；$Y=c'X+bM+e_3$
模型中 M 的位置	X 和 M 在 Y 前面，M 可以在 X 前面	M 在 X 之后、Y 之前
M 的功能	影响 Y 和 X 之间关系的方向（正或负）和强弱	代表一种机制，X 通过它影响 Y
M 与 X 和 Y 的关系	M 与 X 和 Y 的相关可以显著或不显著（后者较理想）	M 与 X 和 Y 的相关都显著
效应	回归系数 c	回归系数乘积 ab
效应估计	$\hat{c}$	$\hat{a}\hat{b}$
效应检验	c 是否等于零	ab 是否等于零
检验策略	做层次回归分析，检验偏回归系数 c 的显著性（t 检验）；或者检验测定系数的变化（F 检验）	做依次检验，必要时做 Sobel 检验
其他分析	调节效应量大小（即调节项的额外平方和）	中介效应占总效应的比例、中介效应与直接效应之比

资料来源：温忠麟，侯杰泰，张雷，2005，271 页。

如果一个变量与自变量或因变量相关不大，它不可能成为中介变量，但有可能成为调节变量。理想的调节变量与自变量和因变量的相关都不大。有的变量，如性别、年龄等，由于不受自变量的影响，自然不能成为中介变量，但许多时候都可以考虑为调节变量。对于给定的自变量和因变量，有的变量做调节变量和中介变量都是合适的，从理论上都可以做出合理的解释。

尽管有许多信息可以区分调节变量和中介变量，但误用、换用、混用的情况时有出现。因此，在考虑将一个变量作为调节变量或中介变量进行分析之前，要确保能够从学科理论和经验常识的角度解释得通。

四、有中介的调节效应检验及典型案例

（一）有中介的调节模型

如果一个模型包含不止三个变量（可能同时包含调节变量和中介变量），那么这些变量在模型中的位置和作用不同会产生不同的模型。有中介的调节模型，就是同时包含调节

变量和中介变量的一种常见模型。有中介的调节模型意味着自变量对因变量的效应受到调节变量的影响，而调节效应（至少部分地）通过中介变量而起作用（温忠麟，刘红云，侯杰泰，2012；温忠麟，张雷，侯杰泰，2006）。

假设要研究学生行为（X）对同伴关系（Y）的影响。根据有关理论建立的模型如图 10－4 所示。教师的管教方式（U）是调节变量，教师对学生的喜欢程度（W）是中介变量。UX 是调节效应项，如果它影响 W，而 W 影响 Y，说明调节效应（至少部分地）通过中介变量 W 而起作用，称这样的调节效应是有中介的调节。

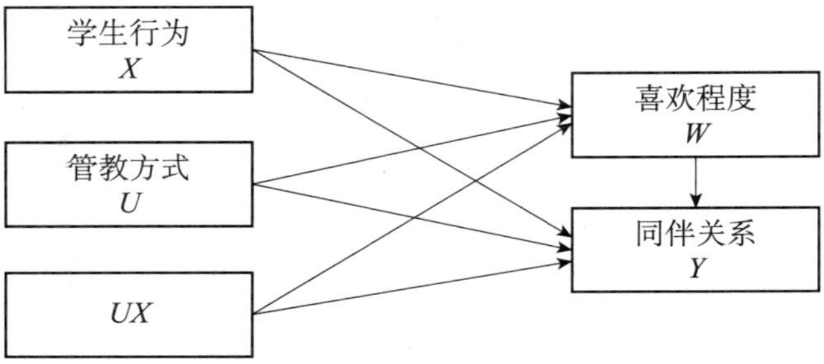

图 10－4　有中介的调节模型

资料来源：温忠麟，张雷，侯杰泰，2006，449 页。

有中介的调节模型检验方法主要有依次检验、中介效应的直接检验、总效应和直接效应差异的检验、以基本中介模型为基础的检验等几种方法（叶宝娟，温忠麟，2013）。以依次检验为例，有中介的调节效应显著意味着：（1）做 Y 对 X，U 和 UX 的回归，即 $Y=c_0+c_1X+c_2U+c_3UX+e_1$，$UX$ 的系数 c_3 显著，这一步说明了 U 对 Y 与 X 关系的调节效应显著；（2）做 W 对 X，U 和 UX 的回归，即 $W=a_0+a_1X+a_2U+a_3UX+e_2$，$UX$ 的系数 a_3 显著；（3）做 Y 对 X，U，UX 和 W 的回归，即 $Y=c_0'+c_1'X+c_2'U+c_3'UX+bW+e_3$，$W$ 的系数 b 显著。如果在第（3）步中 UX 的系数 c_3' 不显著，则 U 的调节效应完全通过中介变量 W 而起作用。因此在检验有中介的调节效应时，应先检验调节效应，之后再检验中介效应。

（二）典型案例

邹盛奇、伍新春和刘畅（2016）探讨了父亲关于自身教养价值的态度对其教养投入行为的影响机制，研究通过方便取样的方式在全国 27 个省市区共选取了 364 对 3～7 岁儿童的父母，采用父亲教养投入问卷、父亲教养价值态度问卷、协同教养问卷进行测查，试图探讨以下三个核心主题：（1）父亲态度对其教养投入的预测作用；（2）母亲态度在父亲态度与其教养投入关系中的调节效应；（3）父亲协同教养在母亲态度调节父亲态度影响其教养投入过程中的中介效应。该研究的检验流程如下。

先将所有的变量进行中心化处理，通过分层回归的方法对数据进行分析处理，将省区市发展指数、城乡类型、儿童年龄、儿童性别等变量纳入每一个模型的第一层，以控制其对父亲教养投入与父亲协同教养的影响。所有预测变量方差膨胀因素均不高于 2.5，因此不存在多重共线性的问题。

根据有中介的调节模型的检验步骤，如果满足以下三个条件，则表明有中介的调节效应存在：(1) 母亲态度对父亲态度与父亲教养投入关系的调节效应显著；(2) 母亲态度对父亲态度与父亲协同教养关系的调节效应显著；(3) 在控制了父亲态度与母亲态度及其交互项的影响后，父亲协同教养对其教养投入的效应显著。如果条件 1 满足而条件 2 或条件 3 不满足，则使用偏差校正的百分位 Bootstrap 法计算中介效应的 95%置信区间，即使置信区间不包括 0，有中介的调节模型同样成立。

结果显示，方程 1 中（表 10 - 14）父亲态度与母亲态度对父亲教养投入均有正向预测作用，父亲态度与母亲态度的交互项对父亲教养投入同样具有正向的预测作用，满足条件 1 的要求。在检验条件 2 时，分别以父亲协同教养的 4 个维度为因变量进行分析，结果显示，父亲态度对其协同教养的 4 个维度均有预测作用，母亲态度仅对协同教养的团结与一致维度有正向的预测作用，对冲突与贬低维度的预测作用不显著，更重要的是，父亲态度与母亲态度的交互项仅对父亲协同教养一致性有显著预测作用（表 10 - 14 方程 2）。为了检验条件 3，研究者纳入了父亲态度与母亲态度的交互项以及其低阶形式，即主效应，并根据条件 2 的检验结果将父亲协同教养的一致维度纳入方程。结果表明（表 10 - 14 方程 3），父亲协同教养的一致维度对父亲教养投入有正向预测作用，父亲态度与母亲态度的交互项对父亲教养投入的预测作用不显著，即母亲态度调节父亲态度与其教养投入关系的效应，完全通过父亲协同教养的中介作用对父亲教养投入产生影响。

综合以上结果，父亲态度与母亲态度对父亲教养投入的主效应均显著；母亲态度在父亲态度与其教养投入关系中具有调节效应；这一调节效应通过父亲协同教养的一致性起中介作用，即父亲态度、母亲态度影响父亲教养投入的有中介的调节模型成立。

该研究得出如下结论：(1) 母亲关于父亲教养价值的态度是父亲教养投入的促进性因子，在父亲关于自身教养价值态度影响其教养投入的过程中具有调节效应。(2) 父亲协同教养的一致性在母亲关于父亲教养价值态度调节父亲关于自身教养价值态度影响其教养投入的过程中具有中介效应。

表 10 - 14　　有中介的调节模型检验

变量	方程 1（因变量：父亲教养投入）			方程 2（因变量：协同教养一致性）			方程 3（因变量：父亲教养投入）		
	B	β	t	B	β	t	B	β	t
省区市发展指数	0.03	0.05	1.07	−0.10	−0.10	−1.65	0.05	0.08	1.74
城乡类型	−0.10	−0.14	−2.77	−0.09	−0.06	−1.13	−0.09	−0.12	−2.52
儿童年龄	−0.01	−0.03	−0.60	0.02	0.02	0.43	−0.01	−0.03	0.80
儿童性格	0.01	0.01	0.24	−0.05	−0.02	−0.44	0.02	0.02	0.42
父亲态度（X）	0.40	0.52	11.14***	0.52	0.33	6.29***	0.32	0.42	9.05***
母亲态度（U）	0.08	0.10	2.28*	0.17	0.10	1.94	0.06	0.08	1.70
XU	0.10	0.11	2.42*	0.21	0.11	2.18*	0.07	0.07	1.76
协同教养一致性							0.15	0.31	6.97***
校正 R^2		0.32			0.15			0.40	
F		25.60***			10.45***			31.46***	

* $p<0.05$，*** $p<0.001$.

资料来源：邹盛奇，伍新春，刘畅，2016，170 页。

五、有调节的中介效应检验及典型案例

（一）有调节的中介模型

如果一个模型包含的变量多于三个（可能同时包含中介变量和调节变量），那么这些变量在模型中的位置和作用不同会产生不同的模型。有调节的中介模型就是同时包含中介变量和调节变量的一种常见模型，这种模型意味着自变量通过中介变量对因变量产生影响，而中介过程受到调节变量的调节（温忠麟，刘红云，侯杰泰，2012；温忠麟，张雷，侯杰泰，2006）。

有调节的中介模型检验方法包括依次检验、系数乘积的区间检验和中介效应差异检验三种方法。与有中介的调节模型不同的是乘积项 UX 换成了 UW（见图 10-5）。考虑 X 对 Y 的影响时，W 仍然是中介变量。但 U 不是 Y 与 X 关系的调节变量，而是 Y 与 W 关系的调节变量。也就是说，经过 W 的中介效应受到 U 的影响，所以称 W 为有调节的中介。以依次检验为例，有调节的中介效应显著意味着：(1) 做 Y 对 X 和 U 的回归，即 $Y=c_0+c_1X+c_2U+e_1$，X 的系数 c_1 显著；(2) 做 W 对 X 和 U 的回归，即 $W=a_0+a_1X+a_2U+e_2$，X 的系数 a_1 显著；(3) 做 Y 对 X，U 和 W 的回归，即 $Y=c'_0+c'_1X+c'_2U+bW+e_3$，$W$ 的系数 b 显著，此时可以说明 W 的中介效应显著；(4) 做 Y 对 X，U，W 和 UW 的回归，即 $Y=c''_0+c''_1X+c''_2U+b'W+dUW+e_4$，$UW$ 的系数 d 显著。

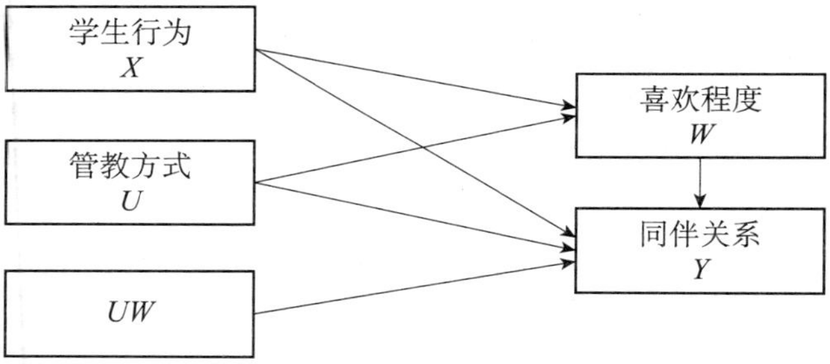

图 10-5　有调节的中介模型

资料来源：温忠麟，张雷，侯杰泰，2006，449 页。

以上是关于依次检验方法的简述，这几种方法中检验力最高的是中介效应差异检验（温忠麟，叶宝娟，2014a）。那么我们进行选择的时候，是不是选择检验力最高的中介效应差异检验就可以了呢？实际情况并非如此。面对有调节的中介模型，建议先做依次检验，如果不显著，再做系数乘积的区间检验，如果还不显著，最后做中介效应差异检验。如果前面的检验已经表明显著，后面的检验就不需要做了，除非研究者有特别的用意。这样做是因为：首先从三个检验方法得到的显著性结果看，依次检验的最强，中介效应差异检验的最弱；其次从显著性结果包含的信息看，依次检验的最丰富，中介效应差异检验的最少；再次从显著性结果的解释看，依次检验的最清晰，中介效应差异检验的最含糊；最后从检验的难易程度和方便性看，依次检验最简单方便，中介效应差异检验最麻烦。

（二）典型案例

案例一：

孙岩、刘沙和杨丽珠（2016）以 2 150 名小学生为被试，采用问卷法（小学生父母教养方式问卷、同伴提名问卷、学生知觉教师期望评定问卷、小学生人格发展教师评定量表）探讨了父母教养方式、同伴接纳、学生知觉教师期望与小学生人格发展的关系。研究采用哈曼单因素检验方法证明并不存在严重的共同方法偏差问题。该模型的检验流程简述如下。

检验有调节的中介效应需对三个回归方程的参数进行估计：方程 1 估计调节变量对自变量与因变量之间关系的调节效应；方程 2 估计调节变量对自变量和中介变量之间关系的调节效应；方程 3 估计调节变量对中介变量与因变量之间关系的调节效应以及自变量对因变量残余效应的调节效应。研究者对模型中所有路径系数进行检验后发现，父母教养方式民主性对人格外倾性和亲社会性具有预测作用，以人格外倾性（见表 10－15）和亲社会性（见表 10－16）为因变量进行有调节的中介效应检验，结果发现，父母教养方式是小学生人格发展的重要影响因素之一，父母教养方式民主性影响同伴接纳水平，同时同伴接纳水平影响小学生人格外倾性与亲社会性的发展，学生知觉教师期望消极反馈对父母教养方式民主性与同伴接纳的关系起调节作用。

表 10－15　　人格外倾性模型检验

变量	方程 1（效标：人格外倾性）			方程 2（效标：同伴接纳）			方程 3（效标：人格外倾性）		
	β	SE	t	β	SE	t	β	SE	t
民主性	0.09	0.02	4.01***	0.10	0.03	2.93**	0.08	0.02	3.81***
消极反馈	−0.10	0.02	−4.66**	−0.22	0.33	−6.64***	−0.08	0.02	−0.83***
民主性×消极反馈	0.00	0.02	0.10	−0.07	0.03	−2.10**	0.01	0.02	0.24
同伴接纳							0.06	0.04	4.40***
消极反馈×同伴接纳							−0.02	0.01	−1.50

** $p < 0.01$，*** $p < 0.001$.

资料来源：孙岩，刘沙，杨丽珠，2016，346 页。

表 10－16　　人格亲社会性模型检验

变量	方程 1（效标：人格亲社会性）			方程 2（效标：同伴接纳）			方程 3（效标：人格亲社会性）		
	β	SE	t	β	SE	t	β	SE	t
民主性	0.08	0.02	3.90***	0.10	0.03	2.93**	0.07	0.02	3.32***
消极反馈	−0.10	0.02	−4.78**	−0.22	0.33	−6.64***	−0.08	0.02	−3.62***
民主性×消极反馈	0.00	0.02	0.10	−0.07	0.03	−2.10**	0.01	0.02	0.47
同伴接纳							0.13	0.01	9.21***
消极反馈×同伴接纳							0.02	0.01	1.19

** $p < 0.01$，*** $p < 0.001$.

资料来源：孙岩，刘沙，杨丽珠，2016，346 页。

案例二：

孙岩、马亚楠和杨丽珠（2015）通过随机取样的方法选取某市三所幼儿园553名3～6岁幼儿为测查对象，采用问卷方式（幼儿家长教育价值观调查问卷、幼儿父母教养方式调查问卷、儿童气质教师评定问卷、中国儿童人格发展教师评定问卷）探讨了家长教育价值观、父母教养方式、儿童气质以及儿童人格之间的关系，考察了包含教养方式的中介作用和儿童气质调节作用的有调节的中介效应模型。该模型的检验流程简述如下。

首先进行以智能特征为因变量的有调节的中介模型检验。采用极大似然估计的方法对假设模型（图10-6）进行检验，模型的各项拟合指数如下：$\chi^2/df=0.570$，$NFI=0.983$，$CFI=1.000$，$TLI=1.074$，$RMSEA=0.000$，其中三项相对拟合指数均大于0.90，$RMSEA$小于0.05，拟合指标都在良好的范围之内，因此，数据与模型拟合较好。之后进一步考察模型中的各项路径系数（图10-7），发现教育价值观的关系性维度对教养方式的不一致性维度的影响路径系数显著，不一致性对智能特征的影响路径系数显著，表明教养方式不一致性在教育价值观关系性与智能特征之间的关系中起中介作用；气质的情绪性维度对教养方式的不一致性维度与智能特征之间的关系具有调节作用。然后以情绪稳定性为因变量进行有调节的中介模型检验（图10-8），发现教养方式溺爱性在教育价值观好行为与情绪稳定性之间的关系中具有中介作用，气质的反应性维度对教育价值观的好行为维度与教养方式的溺爱性维度之间的关系具有调节作用。综合研究结果发现，教养方式在教育价值观与儿童人格之间起中介作用，儿童自身气质水平调节了这一中介效应。

该研究得出了如下结论：

（1）教育价值观关系性维度能正向预测儿童人格智能特征，教育价值观好行为维度能正向预测儿童人格情绪稳定性。

（2）教养方式不一致性维度在关系性与智能特征之间的关系中起中介作用，教养方式溺爱性维度在好行为与情绪稳定性之间的关系中起中介作用。

（3）气质的情绪性维度和反应性维度能分别调节教养方式不一致性和溺爱性的中介作用。

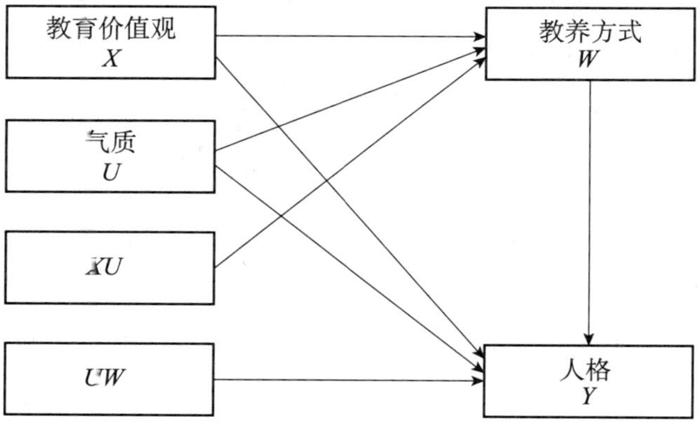

图10-6　拟检验的假设模型

资料来源：孙岩，马亚楠，杨丽珠，2015，523页。

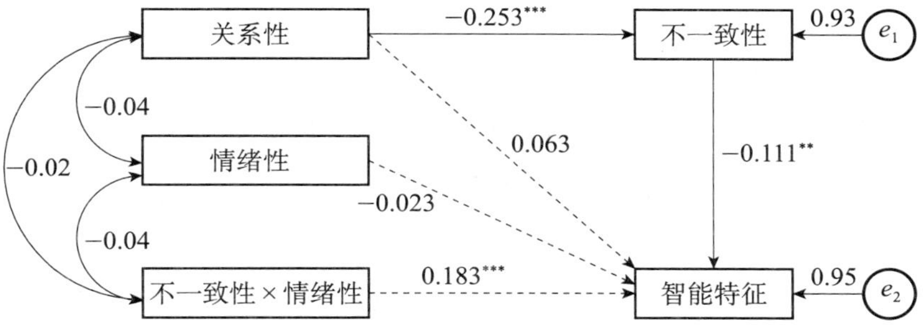

图 10-7　教育价值观、教养方式、气质对智能特征的影响模型

$^{**}p<0.01$, $^{***}p<0.001$.

资料来源：孙岩，马亚楠，杨丽珠，2015，525 页。

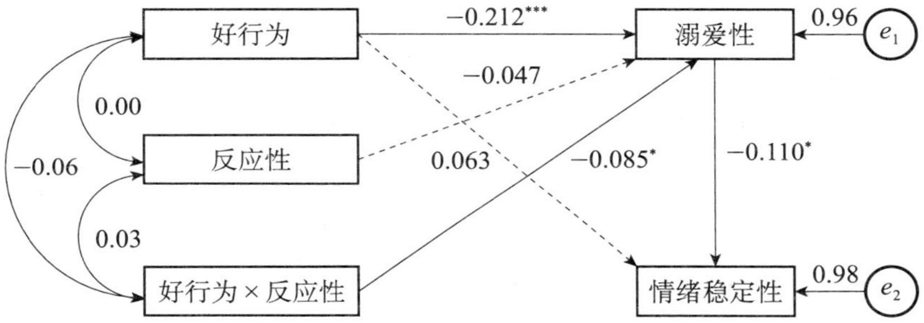

图 10-8　教育价值观、教养方式、气质对情绪稳定性的影响模型

$^{*}p<0.05$, $^{***}p<0.001$.

资料来源：孙岩，马亚楠，杨丽珠，2015，527 页。

专栏 10-6

有中介的调节模型的补充

对于在有中介的调节模型中的中介效应环节的检验，如果依次检验都不显著，温忠麟等（2004）建议用 Sobel 法进一步检验中介效应。根据新近的研究成果和统计软件的发展，这里建议用偏差校正的百分位 Bootstrap 法或者 MCMC 法（Mplus 容易实现），计算系数乘积的置信区间来检验有中介的调节模型中的中介效应，以取代 Sobel 检验。下文给出了用偏差校正的百分位 Bootstrap 法的 Mplus 程序和 MCMC 法的 Mplus 程序，有需要的时候，应用工作者可以套用这些程序计算所要的置信区间。

值得注意的是，如果研究者是用 LISREL 软件中的极大似然法分析带交互项的模型，要对估计的标准误进行校正，用校正后的 t 值来检验才比较准确（温忠麟等，刘红云，侯杰泰，2012；Wen et al.，2010）。

1. 用偏差校正的百分位 Bootstrap 法检验有中介的调节模型的 Mplus 程序。

```
DATA: FILE IS p. dat;    ! Bootstrap 法需要原始数据
VARIABLE: NAMES ARE Y W X U UX UW;
ANALYSIS: Bootstrap=1000;    ! Bootstrap 法抽样 1 000 次
```

```
MODEL:
Y on W (b1)
    X U UX
    UW (b2);   ! 做 Y 对 W, X, U, UX, UW 的回归，将 Y 对 W 和 UW 的
                 回归系数命名为 b1 和 b2
W on X (a1)
    U
    UX (a3);   ! 做 W 对 X, U, UX 的回归，将 W 对 X 和 UX 的回归系数
                 命名为 a1 和 a3
MODEL CONSTRAINT:
new (H1 - H3);
H1=a3 * b1;   ! 中介效应值 a3b1 的估计
H2=a3 * b2;   ! 中介效应值 a3b2 的估计
H3=a1 * b2;   ! 中介效应值 a1b2 的估计
OUTPUT: cinterval (bcbootstrap);   ! 输出偏差校正的百分位 Bootstrap 计算
                                     的中介效应置信区间
```

2. 用贝叶斯方法检验有中介的调节模型的 MPLUS 程序。

```
DATA: FILE IS p. dat;   ! MCMC 法需要原始数据
VARIABLE: NAMES ARE Y W X U UX UW;
ANALYSIS:
estimator=bayes;   ! 贝叶斯估计，默认采用 Markov 链进行 Gibbs 抽样
chain=2;   ! 使用 2 条 Markov 链
process=2;   ! 同时运算 2 条 Markov 链
fbiter=20000;   ! 每一条 Markov 链都迭代 20 000 次
MODEL:
Y on W (b1)
    X U UX
    UW (b2);   ! 做 Y 对 W, X, U, UX, UW 的回归，将 Y 对 W 和 UW
                 的回归系数命名为 b1 和 b2
W on X (a1)
    U
    UX (a3);   ! 做 W 对 X, U, UX 的回归，将 W 对 X 和 UX 的回归系数
                 命名为 a1 和 a3
MODEL PRIORS:
b1~n (g, h);   ! 设定 b1 的先验分布为正态，均值为 g，方差为 h
b2~n (j, k);
a1~n (o, p);
a3~n (s, t);
```

```
MODEL CONSTRAINT:
new (H1 - H3);
H1=a3 * b1;
H2=a3 * b2;
H3=a1 * b2;
OUTPUT:
```

注释：本程序假定 b_1，b_2，a_1 和 a_3 的分布为正态分布，如果为其他分布，可相应修改程序。

资料来源：叶宝娟，温忠麟，2013，1057，1059－1060 页。

小 结

本章简要介绍统计分析法的含义、分类及统计分析的作用与局限；着重介绍统计分析中常用的分析方法，包括 t 检验、相关分析、方差分析、回归分析及中介分析的相关内容。

1. 心理与教育科学研究中的统计分析法，就是依据数理统计的原理和方法，对由观察、调查、测验和实验等所收集到的数据资料进行整理与概括、运算与分析、统计检验与推论，最后得出结论的研究方法。它主要涉及描述统计分析、推论统计分析和实验设计方法三部分内容。它是心理与教育科学的重要工具，是进行解释和科学预测的重要方法，有助于研究者科学研究能力的发展。但它也有局限性：虽然它是重要工具，但不能以工具来代替研究，产生“统计万能”的错误思想；科学研究也不能以是否运用了统计分析作为评价其科学价值的绝对标准；统计分析往往是对真实总体进行的概率估计，因而允许有一定的误差范围，并不是绝对精确的；统计意义上的显著性，有时并不能真正代表心理与教育科学意义上的显著性。

2. 独立样本 t 检验就是根据样本数据对两个样本所在的两个独立总体的均值是否有显著差异进行推断。独立样本 t 检验的数据要求：(1) 正态性，各个样本均来自呈正态分布的总体；(2) 方差齐性，各个样本所在总体的方差相等；(3) 独立性，两组数据之间是相互独立的，不能相互影响。配对样本指两个样本的数据之间彼此有关联。配对样本 t 检验在本质上与独立样本 t 检验相同，因此，它对数据的要求也与独立样本 t 检验相同。

3. 相关分析用于分析两类现象在发展变化的方向与大小方面存在的一定的联系，这种联系既不是因果关系也不是共变关系，我们不能确定这两类现象中哪个是因，哪个是果，也有理由认为这两者并不同时受其他因素的影响。因此，相关分析是一种描述性的统计方法，而不是一种假设检验统计的方法。所以，直接利用相关分析的研究是很少的，但是在研究当中我们仍然需要使用相关分析来确定变量之间的相关程度，为进一步的验证性分析做准备。

4. 方差分析是检验多组样本均值间的差异是否具有统计意义的一种方法。当因变量被重复测量的次数大于或等于 3 时，就要采用一般线性模型做重复测量的方差分析。这种重复测量，既可以在同一种实验条件（同一种处理水平）下进行，也可以分别在不同的实验条件（不同处理水平）下进行。多因素方差分析是检验两个或两个以上因素（自变量）的不同水平是否给一个（或几个相互独立的）因变量造成了显著的差异或变化的分析方法。多元方差分析是将因变量的变异进行分解：一部分为组间变异（组别因素的效应）；一部分为组内变异（随机误差）。然后对这两部分的变异进行比较，看是否组间变异大于组内变异，从而得到研究结论。

5. 回归分析是对具有统计相关关系的两个或两个以上变量之间的数量关系进行测定，确定一个相应的数学表达式来反映它们之间的依存关系，以便从一个已知量推测另一个未知量，为预测和估计提供一个重要的方法。回归分析可以描述两个变量间的依存关系，利用回归方程进行预测。

6. 考虑自变量 X 对因变量 Y 的影响：如果 X 通过影响变量 M 而对 Y 产生影响，则称 M 为中介变量；如果变量 Y 与变量 X 的关系是变量 M 的函数，称 M 为调节变量。也就是说，Y 与 X 的关系受到第三个变量 M 的影响。如果一个模型包含不止三个变量（可能同时包含调节变量和中介变量），那么这些变量在模型中的位置和作用不同会产生不同的模型。有中介的调节模型意味着自变量对因变量的效应受到调节变量的影响，而调节效应（至少部分地）通过中介变量而起作用。有调节的中介模型就是同时包含中介变量和调节变量的一种常见模型，这种模型意味着自变量通过中介变量对因变量产生影响，而中介过程受到调节变量的调节。

思考题

1. 如何选择统计分析方法？
2. t 检验的使用条件是什么？
3. 解释相关系数时应注意什么？
4. 如何选择检验相关的方法？
5. 下表是两次考试的成绩，假设其分布为正态，分别用积差相关与等级相关方法计算相关系数，并回答这份资料用哪种相关法更恰当？

被试	1	2	3	4	5	6	7	8
A	13	5	12	11	9	14	8	8
B	5	4	13	11	10	13	8	6

6. 当实验包括三个或更多处理条件时，应该选用什么方法来检验这些处理条件之间的平均数差异是否显著？
7. 研究者评估回归方程的显著性，有一个预测变量，得到的 F 分数的 $df=1$，18。数据中有多少对 X 与 Y？
8. 下表中的 8 对数据是为确定 A 和 B 之间的关系而做的研究的结果。假设两者呈线性关系，试建立其回归方程并对其回归方程进行方差分析。

被试	1	2	3	4	5	6	7	8
A	2	1	3	3	4	5	7	8
B	3	0	4	5	4	2	3	5

9. 简述调节变量与中介变量的关系。

10. 简述中介效应、有中介的调节模型和有调节的中介模型的检验方法。

推荐读物

1. 李文辉，蒋重清，李婵，等．人脑加工自我参照任务的时空特点：来自 ERP 的证据．心理学探新，2015，35（2）：147－152.

2. 钱莹莹，王福兴，段朝辉，等．动画速度和学习者经验对多媒体学习的影响．心理发展与教育，2016，32（2）：191－197.

3. 徐敏，杨丽珠．小学生友谊质量结构及其发展特点研究．心理学探新，2013，33（4）：361－367.

4. 温忠麟，侯杰泰，张雷．调节效应与中介效应的比较和应用．心理学报，2005，37（2）：268－274.

5. 温忠麟，叶宝娟．中介效应分析：方法和模型发展．心理科学进展，2014，22（5）：731－745.

6. 叶宝娟，温忠麟．有中介的调节模型检验方法：甄别和整合．心理学报，2013，45（9）：1050－1060.

7. 邱方晖，罗跃嘉，贾世伟．个体攻击性对愤怒表情类别知觉的影响．心理学报，2016，48（8）：946－956.

8. 李松泽，胡金生，李骋诗，等．高功能孤独症幼儿空间工作记忆的组块加工缺陷．心理学报，2017，49（5）：631－642.

9. 刘庆奇，牛更枫，范翠英，等．被动性社交网站使用与自尊和自我概念清晰性：有调节的中介模型．心理学报，2017，49（1）：60－71.

10. 白学军，高晓雷，高蕾，等．藏语阅读知觉广度的眼动研究．心理学报，2017，49（5）：569－576.

第十一章

研究结果的分析与呈现

本章要点

- 研究资料的整理与分析
- 如何撰写研究报告
- APA 研究报告撰写格式
- 研究报告的分析与评价

从心理与教育研究过程来说，研究结果的分析与呈现似乎是最后阶段，但事实上，该部分工作并非在研究最后阶段才进行。初学者常常出现这样一种情况，先囫囵吞枣似的收集一大堆资料，然后面对这一堆材料一筹莫展，只好四处求人帮忙分析，要么由于别人对其研究思路等并不了解，要么因为该收集的资料没收集、该注意的事项没有注意等原因，最后白白辛苦一场，做些无用功。所以，研究结果的分析与呈现绝非水到渠成那么简单。从另一方面来说，对于同样的研究结果或同样的研究资料，有的人只能停留在表面现象的罗列，在呈现结果时像开个杂货铺，让读者一头雾水；有的人则能挖掘出更有价值的信息，乃至有重大发现。所以，如何分析和呈现研究结果，是心理与教育科学研究的重要环节。

第一节　资料整理与结果分析

一、整理资料

（一）整理资料的目的

我们在实际研究中会收集到大量的材料和数据，但这些材料可能是松散的，没有一定秩序，或许还有不符合事实的，因此不能拿过来就进行分析使用，必须要将收集的资料进行整理，以保证材料的可靠性，便于进一步的分析研究。具体来说，整理资料的目的包括以下几个方面。

1. 促成资料沿着研究主导方向系统化

我们在研究中获取了各方面的资料，有些资料与研究课题有密切关系，有些资料则和研究课题关系不大。为了突出重要的、有意义的、与研究课题相关的材料，资料整理的第一步是去粗存精：放弃与研究课题关系不大的资料，去掉不完整的、有缺陷的、有错误的资料。例如，某问卷包含有 70 题，但是某调查对象只回答了其中 50 题，除非能联系上该调查对象以补齐问卷，否则该答卷只能作废，以保证研究资料的有效性。进而，将那些与研究课题研究密切相关又完整的资料进行资料编码，将性质相同的放在一起，以使资料系统化，有助于进一步研究分析。

2. 审核材料的可靠性

在实际中收集的资料是否真实可靠，我们必须通过对资料进行整理方可清楚，这一步可称为去伪存真。检查材料的真实可靠性，主要方法有运用测谎题看问卷的真实性，再运用信度检验检测研究的可靠性，运用效度检验检测研究的准确性。如果我们发现谎值超过一定限度，发现信度和效度都很低，这样的研究资料就不可靠，进一步分析研究的价值就不大。

3. 整体把握研究资料，初步发现规律

通过对研究资料的整理过程，研究者可以对研究材料形成系统的、完整的、直接的印象，并初步发现规律，这对于获取进一步的研究思路和具体方法都能起到很好的启发作用。这一过程对于研究者积累研究经验也是很有价值的。

（二）整理资料的步骤

1. 资料审核

资料审核就是对收集的原始资料进行检查，核实其真伪，将不合格的资料删除，有缺漏的资料（如性别、年龄等未填的）补填清楚，然后清点全部资料总数，如有不足，需收集资料，给以补充，以保证资料真实、可信、有效、完整、合格，从而为进一步整理分析打下基础。资料审核包括计量审核和逻辑审核。计量审核是核查资料是否符合计量关系。例如，部分之和应当等于整体，数据统计单位应当一致，否则应加以纠正。逻辑审核是核查资料是否符合逻辑关系。如果发现资料前后矛盾，或违背事物发展的逻辑，就要找出问题所在，剔除不符合事实的材料。例如，在向小学生家长了解家长对孩子的态度时，设计以下题目：

你们家父亲和母亲哪一位对孩子严厉？

1. 父亲很严厉　　　　2. 母亲很严厉
3. 父母都严厉　　　　4. 父母都很亲切

有的人选择 1 和 4，即“父亲很严厉”“父母都很亲切”，这显然是自相矛盾，此材料只能作废。

资料的审核工作，一部分是在收集资料的过程中进行的，边收集边审核，这叫作实地审核；一部分是在资料收集完毕后集中进行的，这称为系统审核。对于访谈和观察资料，实地审核特别重要，一方面是因为可以防止遗忘，而且在发现错误、遗漏和矛盾时能就地补充和改正，及时弥补准确性和适用性上出现的问题，对于新发现的问题和新线索也能就地及时收集相关资料；另一方面是因为，在收集资料的过程中，访谈者通过对被访者的考察，观察者通过对观察现场的考察，以及通过相互讨论等实地审核的方式，进一步对影响资料的各种因素进行分析和控制，对资料的信度和效度也能做出更好的评估。

2. 资料分类

原始资料经审核、评定后，需要进一步条理化和系统化，这就需要进行分类整理。分类的关键在于选择和确定分类标准。分类标准一经选定，必然突出在此标准下的性质差异，而将其他标准下的差异掩盖起来。分类标准的选择往往是基于某种假设或理论，同时必须遵循下述原则。

(1) 互斥性原则：同一级分类标准下的类别应当互斥，以使同一条资料只能归于一类。例如，根据被试的考试焦虑测试的得分将被试分成几类，那么，各类被试的焦虑得分范围应该各不相同，这样才不会出现某一个被试可同属几类的情况。

(2) 完备性原则：分类标准确定后每一份资料应当都有所归属。比如上例中，根据被试的考试焦虑测试的得分将被试分成高、中、低三类，这三类的分数范围应该囊括该量表可能的分数范围（零分至满分），某一个被试的得分不管是多少，都能归入高、中、低的某一类。

(3) 每次分类所得的项目应处于一个水平层次。如上，我们根据被试的考试焦虑测试的得分将被试分成高、中、低三类，这三类都是处于定量分析这个层面的，但如果除了以上三类外，还加入“适度”这个类别，则违反了分类的该项原则，因为考试焦虑的“适度”类别可能包含了考试焦虑的“中”“低”两个类别。

资料分类有两种方法，即前分类和后分类。前分类指收集资料前就已定下分类标准，然后按分类指标收集和整理资料。后分类指在资料收集完成后，再根据资料的性质、内容和特征分类。定量资料通常采用前分类，而定性资料则一般采用后分类。而且定性资料的分类工作通常与编码工作结合起来，将每一类别用一个特定的编码表示。

3. 资料汇总、编辑

分类标准选定后，就要将资料归类，并按一定的逻辑结果进行编排，即汇总和编辑。为了对分类资料进行汇总和编辑，首先应根据研究的目的、要求和客观情况，确定合理的逻辑结构，使汇总和编辑后的资料既能反映客观情况，又能说明研究问题。汇总和编辑资料的基本要求是：(1) 完整和系统，大小类要井井有条，层次分明，能系统完整地反映研究对象的全貌；(2) 简明集中，要使用尽可能简洁、清晰的语言，集中说明研究对象的客观情况，并注明资料的来源和出处。

汇总的结果通常用汇总表的形式给出，表 11-1 是一份汇总表的例子。

表 11-1　大学新生对心理咨询的态度调查的汇总表

姓名	性别	……	您去过心理咨询吗？	……	如果你去心理咨询，你会选择什么样的心理咨询室？	……
张三						
李四						
……						

制作汇总表时，一般前几列记录被访对象的人口学资料，如姓名、性别、年龄等，调查问题通常采取自左至右由封闭式问题向开放式问题排列的顺序。

现在，借助计算机的帮助，资料整理过程变得容易些了，但是在资料审核、分类、编码过程中最好由两个人同时进行，以便进行一致性检验，或者在资料整理中对于两个人有分歧的地方请第三人加入进行讨论，达成一致。经整理完毕的资料，我们需要对其进行更深入的加工，即定性与定量分析。

二、定性分析

（一）定义和作用

在已有文献中，定性分析一词至少在两个层面上应用过：一是作为研究方法范畴，定性分析或定性研究被界定为包括参与观察法、深入访谈法、个案法之类的研究方法。另外，则是指作为对研究结果的分析手段。定性分析是运用哲学分析法和逻辑的分析方法，对研究所收集的资料进行质的分析，从而揭示心理与教育的本质与规律，为研究结果的解释和理论的构建提供依据。后者是我们在此处讨论的定性分析的含义。

如观察记录、访谈记录这类数量化水平较低甚至没有数量化的结果材料，大多是纷繁芜杂的，而前面所说到的审核、分类、汇总过程就是定性分析过程，但定性分析还得继续，着重从这种描述性的、流水账似的现象记录中揭示其深层意义。

定性分析不仅是针对上述定性材料而运用，它也是定量分析手段不可缺少的成分。定量分析前需要定性分析的准备和方向提示，定量分析后需要定性分析做出理论解释和提升。

（二）方法

在定性分析中常用的逻辑分析方法有如下几种。

1. 比较与分类

比较是指根据一定的标准，确定事物或现象之间的异同及相互关系，从而找出事物的普遍性规律及特殊性规律。在心理与教育科学研究中，既要探索人类心理与行为的共性，又要充分研究人们的个体差异，所以，比较是常用的方法。

在心理与教育科学研究中，常常进行纵向和横向比较。纵向比较是指对研究对象的心理和行为在不同发展时期的具体特点进行比较，它是动态研究分析的基础。有关心理发展的年龄特征研究、教育改革的进程研究等，都适合运用纵向比较的分析方法。例如，对儿童各年龄阶段的情绪稳定性及其所包含特质进行测量，结果显示在 6～7 岁间发展最快，7～8.5 岁发展较快，8.5～10.5 岁间变化不大，10.5 岁后开始下降（杨丽珠，张金荣，刘红云，孙岩，2015）。横向比较是指根据一定的标准对同时存在的不同事物或现象进行比较分析。比如对同龄的男女生心理与行为现象进行比较（唐卫海，张晓沛，唐乐，李楠，刘希平，2017）、对同一个人的听觉记忆与视觉记忆进行比较（毛伟宾，2012；李毕琴，Parmentier，王爱君，胡艳梅，张明，2013）等，从而增进对被比较双方的理解。

比较的目的是区分事物，也就是分类。比较是分类的前提，分类是比较的结果。

2. 归纳与演绎

在心理与教育科学研究中，研究者在收集到大量事实材料后需要对其进行概括或推论，以揭示某一类事物、现象所具有的某种属性，进而提出理论或检验假设，这就需要运用归纳的方法。演绎法则是从一般性前提推出个别性结论的逻辑方法。在进行文献研究时，研究人员经常需要根据文献中介绍的理论进行推演，提出新的假设和结论。归纳与演绎是两个相互补充、相互促进的过程。

3. 分析与综合

分析是指把复杂的研究对象分成简单的部分，进行单独考察，从而认识各部分的性质和特点。如研究人的品德心理（赖文龙，2009），可以从道德认知、道德情感、道德意志、道德行为四个方面进行分析；研究情绪对认知的影响（蒋重清，杨丽珠，刘颖，Bel-Bahar，2011；王振宏，刘亚，蒋长好，2013；严磊，佐斌，吴漾，2016），可以从情绪对认知效率和认知方向的影响两个方面进行考察。这种分析的办法有利于对问题研究的深入。但是，分析离不开综合。综合是指根据分析的结果，在已经认识到的事物本质的基础上，将事物各方面的本质联合成为一个整体，从而使人们对研究对象的认识更全面、完整。综合不是将各部分简单相加，综合各部分成为整体的时候会有新的发现，而且研究对象通常是作为一个整体与人、其他事物相互作用的，这就说明了综合认识方法的重要性。在对材料分部分分析之后进行综合之时，经常遇到部分之间似乎没有关系甚至矛盾的现象，此时不能忽视、回避，而应深入思考，在各方面资料无误的情况下，这种貌似无关甚至矛盾的情况可能正蕴藏着常人没有发现的规律。

4. 抽象与具体

从研究对象具体的外在表现中抽象出本质和规律，再将抽象所得在具体事物现象中验证，或用于指导对事物具体表现的预测。这就是抽象与具体的辩证统一过程。

（三）步骤

定性分析的过程一般包括三个阶段，首先根据研究目的确定定性分析的目标，进而根据定性分析的目标整理收集到的原始资料，最后用逻辑的比较与分类、归纳与推理、分析与综合、抽象与具体考察已整理后的资料，探索变量之间的关系，揭示其规律和特点。

三、定量分析

（一）定义和作用

定量分析就是以统计方法为工具，从复杂繁多的数据中抽出规律性的结论。

（二）步骤

我们对原始资料进行审核、评定、分类之后，就要对分类登记的数据进行统计分析了。其步骤如下。

1. 数据处理

选择合适的统计方法，对所得数据进行统计分析。每一种统计方法都有其适用条件，这是需要特别注意的。

2. 结果呈现

通过绘制图表等形式表达统计分析的结果。

定量分析在本书的第十章有详述，在此不作重复。

第二节　撰写研究报告

一、撰写研究报告的程序

（一）确定类型

我们撰写研究报告，首先要考虑用什么形式表达研究成果，确定研究报告的类型。研究报告的类型有学位论文、实验报告、调查报告和研究工作报告等。有的是为了学业考核，有的是为了上报有关部门，有的是为了论文发表。如果是为了投稿，就要根据杂志办刊的指导思想、征稿的类型与要求及刊物对象与读者兴趣等，来确定写作的方式与篇幅。比如《教育研究》《心理学报》等杂志，理论性强，科学性高。有些科普杂志，则更偏重于实践应用，此类文章篇幅不宜过长。确定投稿杂志后，还要认真研读本杂志已发表的文章，分析文章的特点，有的放矢地撰写研究报告，成功率会更高些。

（二）草拟提纲

写研究报告前，需要全面构思，整体安排，反复琢磨，通盘考虑，理出头绪，避免返工。草拟写作提纲首先要考虑用什么形式表达研究成果，研究报告的层次、顺序安排，每一部分主要写什么问题。例如写研究目的部分，就要考虑如何回顾以往研究，选取哪些有代表性的研究资料，如何阐述。再如写结果与讨论部分，就要考虑本研究得到了哪些有价值的结果，先写哪个，后写哪个，如何解释这些结果。此外，还要考虑写作的文风，这主要看读者对象的特点。对于科普报告，语言要大众化；对于理论性研究报告，要用书面语言，措辞要严谨。

（三）写作初稿

撰写研究报告要以正确思想作指导，呈现出来的学术观点、研究成果应当具有准确性、客观性、公正性和可读性。应按照研究报告的基本格式和写作提纲，从头写起，全文写完以后再写摘要。

（四）修改定稿

任何文章写完后都应该修改，修改的方式有两种，即请专家修改和自己修改。那么，如何修改呢？大致可从以下三方面着手。

1. 修改内容

修改前应进一步查阅文献，看一下引文是否全面、客观、恰当、可靠；理论构建是否正确；方法使用是否得当，数据处理是否客观科学；研究结果是否新颖、一目了然；分析讨论是否深刻。

2. 修改结构

从文章结构的角度进行修改，看一下总体布局如何，层次结构是否清晰、合理，详略是否得当。

3. 修改语言

仔细检查全文用词是否确切，句法是否有误，尽量删繁就简，用科学、准确的语言表达研究结果。

二、研究报告的格式与内容

（一）研究报告的一般撰写格式

一般来说，实证研究通常按如下格式报告：（1）标题；（2）作者和单位；（3）摘要；（4）关键词；（5）引言；（6）研究方法；（7）研究结果；（8）讨论；（9）结论；（10）参考文献和附录。

以上各部分的写作都很有讲究，值得反复推敲斟酌。下面分别介绍各部分的特点和要求。

1. 标题

我们拿到一本杂志的时候，通常会先翻翻目录，这就说明了论文标题的重要性。标题是对研究报告的高度概括，它反映了研究的问题。首先，标题要求准确、恰如其分，概括和推论不能超出被试等因素的限制。例如，研究某一个城市小学儿童的学习习惯问题，却以“中国小学生……”为题，这是不恰当的，而应实事求是地写成“××城市小学儿童……”。其次，标题用词要求简洁、明了、一目了然。所以，一些实验研究报告就以自变量和因变量的关系为题，因为这样可以表达研究的重要信息。例如，“大小判断任务中正负号及其异同对 SNARC 效应的影响”（韩萌，毛新瑞，蔡梦彤，贾茜，郭春彦，2017）。不少杂志对论文标题的字数及措辞也有限制，比如不超过 20 个字，在题目中尽量不使用“研究”等无实质性信息的词等。因此，对于标题“3～9 岁儿童自信心发展特点研究”就可以将其中“研究”二字去掉，直接改为“3～9 岁儿童自信心发展特点”就可以了。另外，如果该论文得到某研究基金（比如国家自然科学基金、国家社会科学基金等）的资助，则可以在标题上标注“*”号，采用插入脚注的方式予以注明。

2. 作者和单位

标题下面通常需要署上作者姓名和作者所在单位，署名的顺序一般是按照对本研究的贡献大小安排，第一作者是本项研究的主要负责人、主要贡献者。通讯作者是能对本研究做出比较全面解释的作者，当读者就本论文讨论和质疑时，通讯作者能予以答复。现在不少刊物都要求作者在投稿时随信附上所有署名作者亲笔签名同意书，以避免不必要的署名纠纷：或者是该署名的没有写上，或者是没有征得某人本人同意而将其名字写上作为作者之一。所以，署名是要认真对待的。署名的准则是，所有直接参加研究和撰写论文的、对主要理论观点及观点形成过程中起决定性作用的人都应该列为论文的作者。有时参加研究的人员很多，不便一一署名，则可以署“××课题组”“××课题协作组”等，然后做一小注，注明参加课题研究的人员或单位、研究报告的执笔者。如果是对具体的、技术上的问题提供了信息和建议，则可以在鸣谢中适当表达。

3. 摘要

该部分是对研究报告重要内容的概括和总结，许多刊物对此有固定的内容和格式要求，即需要交代研究目的、研究方法、研究结果与研究结论，通常为200至300字。由于一些数据库通常只收录论文摘要，所以，论文摘要的撰写更应字字珠玑，去掉一切空话、套话。国内核心杂志往往要求有中、英文摘要。

4. 关键词

关键词应能反映研究的内容、领域和角度，通常为3～5个词。因为关键词常常是读者检索文献时的一个依据，所以在选择关键词时应该换位思考：当别人根据关键词检索到你的这篇论文时，是否正是他们要找的？

5. 引言

本部分有时还可以写成导言、绪论、问题提出、研究目的等，有时也可以没有以上的小标题，直接写出说明以上标题的内容。本部分应交代以下几个方面：（1）研究问题的性质，赋予研究问题的操作定义，说明研究的内容及其理论意义和实践意义。（2）文献综述，即对以往研究的回顾，主要从研究内容、研究对象、研究方法三方面进行梳理分析，使人们清楚认识到以往研究的状况、尚存在的问题、未开垦的处女地以及以往研究与本次研究的内在逻辑关系。对以往文献的评论要严谨，不要轻易说什么填补空白。选择文献要有针对性、选择性和批判性。（3）研究的假设和本研究要解决的问题。该部分主要体现作者阅读理解文献、观察分析生活的功夫。《心理学报》等刊物强调这一部分需要详细充实，作为学位论文的一部分，要求也是如此。事实上，这一部分就是作者在着手实证研究之前的文献研究、理论思考的成果，相当于一篇理论性论文。当然，有些刊物由于篇幅有限，该部分可以略写，主要明确研究选题的产生、界定和意义即可。

6. 研究方法

对于实验报告、调查报告之类的研究报告，研究方法部分是体现本研究科学性的主要部分。本部分要交代的内容有：（1）被试或调查对象，包括被试群体的人数、性别分布和其他可能影响研究结果的构成因素，如研究大学生就业问题，则大学生所在学校、专业等是需要交代清楚的，而对于许多采用认知神经科学技术来研究语言等问题的实验来说，被试的左右利手情况、视力情况等则是要说明的。（2）具体的研究方法，如调查法、实验法等。（3）材料与研究工具，包括两类，一类是已有研究中使用过、被证明有效的定型的仪器、设备，标准化的测验、量表或其他声像材料等。对于这一类材料或工具，只要注明出处并对其做简单介绍即可。另外一部分材料与研究工具则可能是作者根据研究目的自行设计制作的，对于这一类材料或工具，则需要比较详细地介绍其设计、制造过程，让读者能够了解其信度和效度。通俗地说，就是能表明所设计制作的工具、材料的科学性。用于心理与教育研究的工具与材料的设计制作非常讲究，设计制作出一套科学有效、标准化的材料工具本身就是一个很大的成就，完全值得独立成文予以报告。（4）研究设计与实施程序，说明研究设计的类型、主试的资格、被试的分组、研究实施的具体步骤与要求，包括指导语的内容与表达、无关变量等干扰因素的控制等。(5) 结果记录标准与统计方法，说明如何记录研究对象的行为反应，如果原始记录是文字，则是说明对原始文字记录如何编码、如何定量化等；如果所用材料和工具已经可以直接将研究对象的行为反应定量化记录，则说明这种定量的标准和意义。比如使用了标准化的问卷，说明该问卷是如何计分的；如果记录的是被试的反应时等，说明有效反应时的取值是如何规定的，是否包括被试错误反应下的反应时，是否排除了极端值，极端值的标准是什么。这些都要详细说明。此外，也可以在此部分说明对研究结果采用何种统计方法、何种统计软件，比如 SPSS，SAS，LISREL 等。总之，研究方法部分就是要写到读者看了以后能够将该研究重复出来为止。当然，有的刊物由于篇幅所限，不要求该部分详写则另当别论。

7. 研究结果

本部分要写明经定性、定量分析所得到的结果。有些作者在“研究方法”部分将“统计方法”的说明省略，而放在结果部分来说明，也是可取的。在进行差异检验统计前通常先报告描述统计结果。比如需要比较不同组别的被试行为差异时，则通常先报告这些组别被试行为指标的平均值和标准差，这样便于读者对该结果的验证等。为了直观地表达结果，通常辅以图表，以不超过五个为宜，过多过大的图表反而不利于说明问题。同时还要注意，图表是为了配合说明统计结果的。例如，蒋重清、杨丽珠和刘颖（2007）的一项研究采用 5 岁和 6 岁儿童在哭表情刺激和中性表情刺激干扰下的颜色命名任务，以考察他们认知活动受情绪刺激的干扰情况。根据他们在不同情绪刺激干扰条件下的反应时可以做出图 11－1或图 11－2。

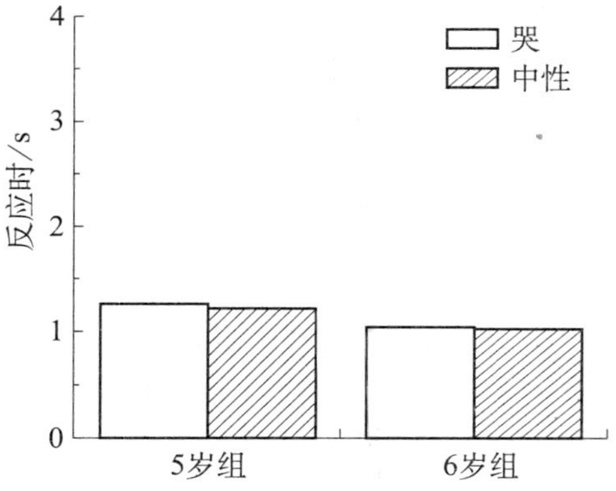

图 11－1　5 岁和 6 岁儿童在不同情绪刺激干扰条件下的反应时（一）

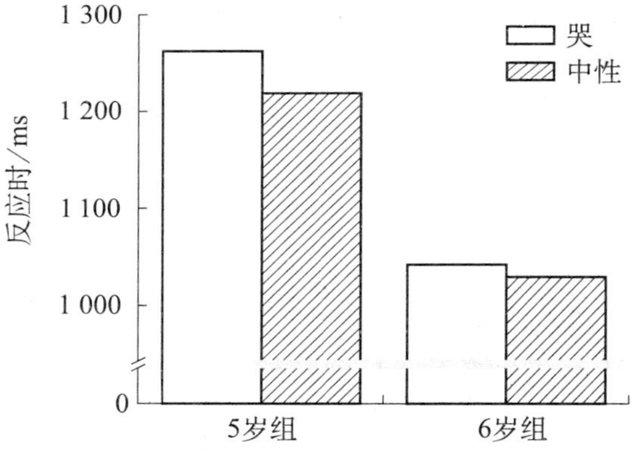

图 11－2　5 岁和 6 岁儿童在不同情绪刺激干扰条件下的反应时（二）

从图 11－1 中可以看出，不管是 5 岁组儿童还是 6 岁组儿童，他们在哭表情刺激和中性表情刺激干扰下的颜色命名反应时几乎没有差别。但是图 11－2 显示他们在哭表情刺激和中性表情刺激干扰下的颜色命名反应时存在差别，尤其是 5 岁组儿童在哭表情刺激干扰下的反应时明显慢于在中性表情刺激干扰下的反应时。这两个图都是基于数据正确绘制的，不同之处在于它们的纵坐标处理。图 11－1 采用秒（s）为单位计算反应时，而图 11－2采用的是毫秒（ms），并且为了扩大差距，纵坐标刻度是断开的，从 1 000ms 开始。究竟应该选用哪一个图呢？看看统计检验结果，5 岁组中哭表情刺激和中性表情刺激干扰下的颜色命名反应时差异显著；6 岁组中哭表情刺激和中性表情刺激干扰下的颜色命名反应时差异不显著。由此得出，图 11－2 更能体现统计结果，因而是更佳选择。

8. 讨论

这一部分包括对研究结果的解释、推论以及研究展望等，所以被认为是最能反映作者功底的一部分。具体来说，讨论部分的功能有以下几个方面。

（1）解释研究结果，推出一般性结论。经过定性、定量分析，获得了研究的结果，为什么会产生这样的结果，就需要讨论说明。

（2）建立与验证理论。讨论部分是对研究假设、研究结果的升华，只有上升到理论高度，研究的意义才能得到提升。

（3）指出应用价值。科学研究的最终目的是应用，当然有些基础研究的应用前景相对来说目前还不是很清楚，但是大多数心理与教育研究有很强的实践意义，作者对于自己研究的实践价值的关注，在讨论时予以指出，也是对社会的回报。

（4）提出研究的不足。一项研究不可能包罗万象，十全十美。讨论应指出本次研究解决了哪些问题，有什么不足之处，还存在什么问题，以及在研究过程中发现了什么新问题、新线索，进一步的研究设想是什么，等等。

对于学位论文来说，通常包括几个相互联系的子研究。有些投稿论文也是由几个子研究组成的，比如一组实验系列。对于这种研究报告，通常的做法是除了对每一个子研究进行分别讨论外，最后还需要有一个总的讨论。总的讨论是一个非常重要的部分，它不是要对子研究的讨论再作一次重复，而是对整合子研究结果后的发现进行讨论，从各个子研究的关系角度加以阐述。整体不是部分的简单相加，研究整体中存在由各部分简单相加所不能揭示的现象和特点，总讨论应着重对此予以着笔。

9. 结论

结论要简明扼要地说明研究的全部结果，使其具有客观性和概括性。需要注意的是，结论应该确实是基于自己的研究结果而得出的，也不是对结果的复述，应具有一定的理论概括性，并且要求观点明确，不能模棱两可。

10. 参考文献

参考文献是指在研究过程中所参考引用的主要文献资料。文后列出参考文献，一方面表明尊重文献作者的劳动，有利于读者开阔思路，查询所引用文献的原作；另一方面也表明研究者对本课题研究领域进展状况的掌握程度，有利于读者对此文的认可。许多刊物对于参考文献的格式有统一的要求。

11. 附录

附录主要包括研究中实际用过的图片、文字材料等，不少刊物在征稿时有这方面的要求。附上这些材料也是提高研究的可证实性、可重复性的办法。

（二）APA 研究报告撰写格式

所谓 APA 格式是指美国心理学会（American Psychological Association）所出版的《出版手册》（*Publication Manual*）中有关投稿该学会旗下期刊时必须遵守的规定。该手册详细规定了文稿的架构、文字、图表、数字、符号等的格式，通称为 APA 格式（APA style)。《APA 出版手册》自 1944 年出版以来，至 2010 年是第 6 版。接下来，我们即对第 6 版提出的格式要求进行介绍。

1. 文章结构

依据 APA 的格式，文章的结构包括封面、摘要、正文、参考文献、附录及作者注记六部分。

封面部分依次包括报告题目、作者姓名、作者单位及页首小标题（running head）四部分。题目要能确切反映研究的变量或主要问题，避免不必要的赘词；作者姓名之后不加任何头衔（如教授）及学位名称（如博士）；页首小标题旨在方便读者查阅，以 50 个字母为高限。

摘要部分依文章性质，分别规定了不同的摘要内容。实证性文章摘要的内容包括：研究问题、研究对象、研究方法、研究结果（含显著性水平）、结论与建议。评论性文章或理论性文章摘要的内容包括：分析的主题和目的、数据的来源、最后的结论。以 120 字为上限，重要内容先叙述，次重要者次之，不分段落，有数字时，除前缀外全部采用阿拉伯数字。摘要的撰写宜力求忠实反映本文内容，用词精简明确，且不添加作者本身的意见，叙述而非罗列。

正文部分包括绪论、研究方法、研究结果、结论与建议。绪论部分包括：研究问题与背景、研究变量的定义、研究目的与假设。研究方法部分包括：研究对象、研究工具、实施程序。研究结果部分须忠实呈现资料分析的结果。结论与建议部分应先指出研究结果是否支持研究假设，其次依据研究结果的一致性及差异性，以及相关文献引出结论，再依据结论提出建议，其中也可略述研究的限制。

参考文献部分所列的每一篇文献必须均在本文中引用过。在本文中呈现容易使读者分心离题，但确又有助于读者了解本研究的数据，可收于附录部分。例如自行设计的计算机软件、未出版的测验、复杂的数学证明、实验材料或器具等。作者注记部分，包括介绍每一作者的工作单位，注明协助完成本研究的单位或人员，以及写上通讯作者的联系方式。

2. 资料引用

资料引用包括文献引用（reference citations）与参考文献（reference list）两部分。APA 格式对此有严格细致的规定，详见专栏 11-1。

专栏 11-1

APA 格式对于资料引用的排列顺序与格式的要求

一、文献引用（在文中的标注）

APA 文献引用的格式主要有 11 种，分述如下：

（一）基本格式：同一作者在同一段中重复被引用时，第一次须写出日期，第二次以后则日期可省略。

（二）作者为一个人时，格式为：姓氏（出版或发表年代）或（姓氏，出版或发表年代）。例如：

Porter (2001) . . 或 … (Porter, 2001)

（三）作者为二人以上时，必须依据以下原则撰写：

原则一：作者为两人时，两人的姓氏（名）全列。

原则二：作者为三至五人时，第一次所有作者均列出，第二次以后仅写出第一位作者并加“et al.（等）”。

原则三：作者为六人以上时，每次仅列第一位作者并加“et al.（等）”。

原则四：二位以上作者时，文中引用时作者之间用“and（和）”连接，在括号内以及参考文献中用“&”连接。

（四）作者为组织或团体时，依下列原则撰写：

1. 易生混淆之单位，每次均用全名。

2. 简单且广为人知的单位，第一次加注其缩写方式，第二次以后可用缩写，但在参考文献中一律要写出全名。

（五）未标明作者（如法令、报纸社论）或作者为“无名氏”（anonymous）时，依据下列原则撰写：

1. 未标明作者的文章，把引用文章的篇名或章名当作作者，在文中用斜体显示，在括号中则用双引号显示。例如：

Educational Leadership（1994）… 或 …（“Educational Leadership,” 1994）

2. 作者署名为无名氏（anonymous）时，以“无名氏”当作作者。例如：

…（Anonymous，1998）

（六）外文作者姓氏相同时，相同姓氏之作者于文中引用时均引用全名，以避免混淆。例如：

R. D. Luce（1995）and G. E. Luce（1988）…

（七）括号内同时包括多篇文献时，依姓氏字母（笔画）、年代、印制中等顺序排列，不同作者之间用“;”分开，相同作者不同年代之文献用“,”分开。例如：

…（Pautler，1992；Razik & Swanson，1993a，1993b，in press-a，in press-b）

（八）引用无年代记载或古典文献时，

1. 若知道作者姓氏，不知年代，以无日期（n. d.）代替年代。

2. 若知道作者姓氏，不知原始年代，但知道翻译版年代，引用译版年代并于其前加“trans（译）”。

3. 若知道作者姓氏，不知原始年代，但知现用版本年代，引用现用版本年代，并于其后注明版本类别，古典文献不必列入参考文献中，文中仅说明引用章节。例如：

Aristotle（n. d.）… 或 …（Aristotle，trans. 1945）或 …（Aristotle，1842/1945）

（九）引用特定文献时，如资料来自特定章、节、图、表、公式，要一一标明特定出处，如引用整段原文献资料，要加注页码。例如：

…（Shujaa，1992，chap. 8）或 …（Lomotey，1990，p. 125）或（Lomotey，1990）…（p. 125）

（十）引用的个人或通讯记录如书信、日记、笔记、电子邮件等，不必列入参考文献中，但引用时要注明作者、记录类别以及详细日期。例如：

…（T. A. Razik，Diary，May 1，1993）

（十一）引用翻译著作时，要同时注明原出版年与翻译本出版年。例如：

…（Laplace，1814/1951）

二、参考文献（在文后的标注）

APA 参考文献的格式与其他写作格式比较，虽然比较单纯但也相当复杂，以下先介绍文献的排列顺序，然后介绍几种常用文献的格式。

必须注意的是，参考文献部分与文献引用部分息息相关，引用过的文献必须出现在参考文献中，而且参考文献中的每一篇文献都要被引用过，两者的作者姓氏（名）以及年代也必须完全一致。另外，在引用英文文献时，仅写出作者姓氏，但在参考文献中则须同时写出姓氏以及名字（前缀），中文文献则写出全名。

（一）参考文献的排列顺序。

参考文献的排列顺序如为中文文献，以作者姓名笔画为依据，大致上不会有什么问题，如为英文文献，则较复杂。英文文献的排列顺序有 9 个标准：

1. 依作者姓氏字母顺序排列，如以文章篇名或书名当作者，而该篇名或书名是以数字开头时，以相应的非数字之字母顺序比较，如“21st century education”是以“Twenty-first century education”作为比较的基准。

2. 第一位作者姓名相同时，如为同一作者，依年代先后顺序排列。例如：

Hewlett，L. S.（1996）
Hewlett，L. S.（1999）

3. 一位作者永远排在多位作者之前。例如：

Razik，T. A.（1991）
Razik，T. A.，& Lin，T.-Y.（1995）

4. 当有多位作者必须比较时，依序由第二或第三、第四……作者姓氏字母顺序排列。例如：

Gosling，J. R.，Jerald，K.，& Belfar，S. F.（2000）
Gosling，J. Y.，& Tevlin，D. F.（1996）

5. 相同作者且相同年代，则依（去除“A”“The”等冠词之后）篇名或书名字母顺序排列，并于年代之后附“a”“b”“c”等注记。例如：

Razik，T. A.，& Lin，T.-Y.（1990a）. Fundamental concepts…
Razik，T. A.，& Lin，T.-Y.（1990b）. Human relations…

6. 作者姓氏相同，名字不同时，依名字字母顺序排列。例如：

Liu，C.-R.（1993）
Liu，M.-C.（1990）

7. 作者为机关团体时，以机关团体全名字母作为比较的基础，当作者为机关团体的附属团体时，全名要以“主团体先，附属团体后”来呈现。例如：

State University of New York at Buffalo, Department of Educational Organization, Administration, and Policy. (1994)

不可写为：

Department of Educational Organization, Administration, and Policy, State University of New York at Buffalo. (1994)

8. 作者署名为“Anonymous”，以“Anonymous”来比较。

9. 没有作者时，把（去除冠词之后的）篇名或书名视为作者来比较。

（二）参考文献的格式。

《APA 出版手册》把参考文献分为 9 类，每一类文献的格式都不一样，举例说明如下。

1. 期刊、杂志、新闻、摘要文献：

（1）英文期刊格式 A：

Author, A. A., Author, B. B., & Author, C. C. (1999). Title of article. *Title of Periodical*, ××(××), ×××-×××.

例如：

Powers, J. M., & Cookson, P. W. Jr. (1999). The politics of school choice research. *Educational Policy*, *13* (1), 104－122.

（2）英文期刊格式 B（作者超过 7 人）：

Author, A. A., Author, B. B., Author, C. C., Author, D. D., Author, E. E., Author, F. F., …Author (the final one), ×. ×. (2000). Title of article. *Title of Periodical*, ××(××), ×××-×××.

例如：

Miller, F. H., Choi, M. J., Angeli, L. L., Harland, A. A., Stamos, J. A., Thomas, S. T., …Rubin, L. H. (2009). Web site usability for the blind and low-vision user. *Technical Communication*, *57* (1), 323－335.

（3）英文期刊格式 C（文章已获同意刊登，但尚未出版）：

Author, A. A., Author, B. B., & Author, C. C. (in press). Title of article. *Title of Periodical*.

例如：

Zuckerman, M., & Kieffer, S. C. (in press). Race differences in face-ism. *Journal of Personality and Social Psychology*.

(4) 英文杂志格式：

Author, A. A., & Author, B. B. (2000, November 10). Article title. *Magazine Title*, ×××, ××-××.

例如：

Henry, W. A., Ⅲ. (1990, April 9). Making the grade in today's schools. *Time*, *135*, 28-31.

(5) 英文报纸格式 A：

Author, A. A. (1993, September 30). Article title. *Newspaper Title*, pp. ××-××.

例如：

Schwartz, J. (1993, September 30). Obesity affects economic, social status. *The Washington Post*, pp. A1, A4.

(6) 英文报纸格式 B (无作者)：

Article title. (1993, July 15). *Newspaper Title*, p. ××.

例如：

New drug appears to sharply cut risk of death from heart failure. (1993, July 15). *The Washington Post*, p. A12.

(7) 英文摘要格式 A：

Author, A. A., Author, B. B., & Author, C. C. (1999). Title of article [Abstract]. *Title of Periodical*, ××(××), ×××-×××.

例如：

Woolf, N. J., Young, S. L., Fanselow, M. S., & Butcher, L. L. (1991). Map-2 expression in cholinoceptive pyramid cells of rodent cortex and hippocampus is altered by Pavlovian conditioning [Abstract]. *Society for Neuroscience Abstracts*, *17*, 480.

(8) 英文摘要格式 B (二手资料)：

Author, A. A., Author, B. B., & Author, C. C. (1999). Title of article. *Title of Periodical*, ××(××), ×××-×××. Abstract obtained from Secondary Source.

例如：

Nakazato, K., Shimonaka, Y., & Homma, A. (1992). Cognitive functions of centenarians: The Tokyo Metropolitan Centenarian Study. *Japanese Journal of developmental Psychology*，*3*，9－16. Abstract obtained from PsycSCAN：Neuro-psychology，1993，2，Abstract No. 604.

2. 书籍、手册、书的一章：

(1) 英文书籍格式 A：

Author，A. A.（1993）. *Book title*. Location：Publisher.

例如：

Barnard，C. I.（1971）. *The functions of the executive*. Cambridge，MA：Harvard University Press.

(2) 英文书籍格式 B（注明版别）：

Author，A. A.（1993）. *Book title*（2nd ed.）. Location：Publisher.

例如：

Rosenthal，R.（1987）. *Meta-analytic procedures for social research*（2nd ed.）. Newbury Park，CA：Sage.

(3) 英文书籍格式 C（作者及出版者均为组织或团体）：

Institute.（1991）. *Book title*（No. ×××）. Location：Author.

例如：

Australian Bureau of Statistics.（1991）. *Estimated resident population by age and sex in statistical local areas*，New South Wales，June 1990（No. 3209. 1）. Canberra，Australian Capital Territory：Author.

(4) 英文书籍格式 D（无作者或无编辑者）：

Book title.（1993）. Location：Publisher.

例如：

Merriam-Webster's collegiate dictionary（10th ed.）.（1993）. Spring-field，MA：Merriam-Webster.

(5) 英文书文集格式 A（多位作者，并有主编）：

Author，A. A.（Ed.）.（1991）. *Book title*. Location：Publisher.

例如：

Gibbs，T. J.（Ed.）.（1991）. *Children of color*. San Francisco：Jossey-Bass.

(6) 英文书文集格式 B（主编二位以上）：

Author，A. A.，& Author，B. B.（Eds.）.（1991）. *Book title*. Location：Publisher.

例如：

Gibbs, J. T., & Huang, L. N. (Eds.). (1991). *Children of color: Psychological interventions with minority youth*. San Francisco: Jossey-Bass.

(7) 英文百科全书或辞书格式：

Author, A. A. (Ed.). (1980). *Title* (6th ed., Vols. 1 – 20). Location: Publisher.

例如：

Sadie, S. (Ed.). (1980). *The new Grove dictionary of music and musicians* (6th ed., Vols. 1 – 20). London: Macmillian.

(8) 英文翻译书格式（注明翻译者及原著出版年）：

Author, A. A. (1951). *Book title* (B. Author, Trans.). Location: Publisher. (Original work published 1814)

例如：

Laplace, P. -S. (1951). *A philosophical essay on probabilities* (F. W. Truscott & F. L. Emory, Trans.). New York: Dover. (Original work published 1814)

(9) 英文书文集文章格式 A（文集中的一篇文章，注明页码）：

Author, A. A. (1993). Article title. In B. B. Author (Ed.), *Book title* (pp. ××-××). Location: Publisher.

例如：

Bjork, R. A. (1989). Retrieval inhibition as an adaptive mechanism in human memory. In H. L. Roediger Ⅲ & F. I. M. Craik (Eds.), *Varieties of memory & consciousness* (pp. 309 – 330). Hillsdale, NJ: Erlbaum.

3. 研究报告：

(1) 英文报告格式 A（作者为组织或团体）：

Institute. (1990). *Report title* (Rep. No.). Location: Publisher.

例如：

National Institute of Mental Health. (1990). *Clinical training in serious mental illness* (DHHS Publication No. ADM 90 – 1679). Washington, DC: U. S. Government Printing Office.

(2) 英文报告格式 B（作者为个人）：

Author, A. A. (1991). *Report title* (Rep. No.). Location: Publisher.

例如：

Broadhurst，R. G.，& Maller，R. A.（1991）. *Sex offending and recidivism*（Tech. Rep. No. 3）. Nedlands，Western Australia：University of Western Australia，Crime Research Centre.

（3）ERIC 报告格式：

Author，A. A.（1995）. *Report title*（Report No. ××××-××××××××××）. Location：Research Center.（ERIC Document Reproduction Service No. ED ××××××）

例如：

Mead，J. V.（1992）. *Looking at old photographs：Investigating the teacher tales that novice teachers bring with them*（Report No. NCRTL-RR-92-4）. East Lansing，MI：National Center for Research on Teacher Learning.（ERIC Document Reproduction Service No. ED346082）

4. 会议专刊或专题研讨会论文：

（1）已出版之会议专刊文章格式：依性质分别与书文集或期刊格式相同。

（2）英文专题研讨会文章格式：

Author，A. A.（1990，June）. *Report title*. In B. B. Author（Chair），Symposium topic. Symposium title，Place.

例如：

Lichstein，K. L.，Johnson，R. S.，Womack，T. D.，Dean，J. E.，& Childers，C. K.（1990，June）. *Relaxation therapy for polypharmacy use in elderly insomniacs and noninsomniacs*. In T. L. Rosenthal（Chair），Reducing medication in geriatric populations. Symposium conducted at the meeting of the First International Congress of Behavioral Medicine，Uppsala，Sweden.

（3）英文会议发表论文格式：

Author，A. A.（1995，April）. *Paper title*. Paper presented at the Meeting Title，Place.

例如：

Lanktree，C.，& Briere，J.（1991，January）. *Early data on the Trauma Symptom Checklist for Children（TSC-C）*. Paper presented at the meeting of American Professional Society on the Abuse of Children，San Diego，CA.

（4）英文会议海报发表格式：

Author，A. A.，& Author，B. B.（1992，June）. *Paper title*. Poster session presented at the Meeting title，Place.

例如：

Ruby，J.，& Fulton，C.（1993，June）. *Beyond redlining：Editing soft-ware that works*. Poster session presented at the annual meeting of the Society for Scholarly Publishing，Washington，DC.

5. 学位论文：

（1）英文未出版学位论文 A：

Author，A. A.（1986）. *Dissertation title*. Unpublished doctoral dissertation，University Name，Place.

例如：

Hungerford，N. L.（1986）. *Factors perceived by teachers and administrators as stimulative and supportive of professional growth*. Unpublished doctoral dissertation，State University of Michigan，East Lansing，Michigan.

（2）英文未出版学位论文 B（美国以外之欧美语系国家）：

Author，A. A.（1995）. *Dissertation title*. Unpublished doctoral dissertation，University Name，Place，Country.

例如：

Almeida，D. M.（1990）. *Fathers' participation in family work：Consequences for fathers' stress and father-child relations*. Unpublished master's thesis，University of Victoria，Victoria，British Columbia，Canada.

6. 未出版之原始资料：

英文未出版统计数据格式（用中括号注明内容性质）：

Author，A. A.，& Author，B. B.（1993）.［Description of content］. Unpublished raw data.

例如：

Bordi，F.，& LeDoux，J. E.（1993）.［Auditory response latencies in rat auditory cortex］. Unpublished raw data.

7. 视听媒体数据：

（1）英文影片格式 A（注明不同国别之影片）：

Producer（Producer），& Director（Director）.（2000）. *Movie title*［Motion picture］. Picture's country origin：Movie studio.

例如：

Scorsese，M.（Producer），& Lonergan，K.（Writer/Director）.（2000）. *You can count on me*［Motion picture］. United States：Paramount Picture.

(2) 英文影片格式 B（注明详细取得来源）：

Producer (Producer), & Director (Director). (1992). *Movie title* [Motion picture]. (Available from Company Name, Address)

例如：

Harrison, J. (Producer), & Schmiechen, R. (Director). (1992). *Changing our minds: The story of Evelyn Hooker* [Motion picture]. (Available from Changing Our Minds, Inc., 170 West End Avenue, Suite 25R, New York, NY 10023)

(3) 英文电视广播节目格式：

Executive Producer. (Executive Producer). (1993, October 11). *Program title* [Television broadcast]. Place: Television Company.

例如：

Crystal, L. (Executive Producer). (1993, October 11). *The MacNell/Lehrer news hour* [Television broadcast]. New York and Washington, DC: Public Broadcasting Service.

(4) 英文电视连续剧格式：

Producer. (Producer). (1989). *Program title* [Television series]. Place: Television Company.

例如：

Miller, R. (Producer). (1989). *The mind* [Television series]. New York: WNET.

(5) 英文音乐 CD 格式 A：

Writer (1992). Music title. On *CD title* [CD]. Location: Label.

例如：

Shocked, M. (1992). Over the waterfall. On *Arkansas traveler* [CD]. New York: PolyGram Music.

(6) 英文音乐 CD 格式 B（非原著者录制，注明最新录制日期）：

Writer (1982). Music title [Recorded by Recorder]. On *CD title* [CD]. Location: Label. (1990)

例如：

Goodenough, J. B. (1982). Tails and trotters [Recorded by G. Bok, A. Mayor, & E. Trickett]. On *And so will we yet* [CD]. Sharon, CT: Folk-Legacy Records. (1990)

8. 网络等电子化数据：

(1) 文章来自具有数字对象标识（Digital Object Identifier，DOI）的网络期刊：

Author，A. A.，& Author，B. B.（Date of publication）. Title of article. *Title of Journal*，*volume number*，page range. doi：0000000/000000000000 or http：//dx. doi. org/10. 0000/0000

例如：

Brownlie，D.（2007）. Toward effective poster presentations：An annotated bibliography. *European Journal of Marketing*，*41*，1245－1283. doi：10. 1108/03090560710821161

(2) 文章来自没有数字对象标识（Digital Object Identifier，DOI）的网络期刊：

Author，A. A.，& Author，B. B.（Date of publication）. Title of article. *Title of Journal*，*volume number*. Retrieved from http：//www. journalhomepage. com/full/url/

例如：

Kenneth，I. A.（2000）. A Buddhist response to the nature of human rights. *Journal of Buddhist Ethics*，*8*. Retrieved from http：//www. cac. psu. edu/jbe/twocont. html

9. 法令：

(1) 英文法院判例格式：

Name vs. Name，Volume Source Page (Court Date).

例如：

Lessard vs. Schmidt，349F. Supp. 1078 (E. D. Wis. 1972)

(2) 英文法令格式：

Name of Act，Volume Source §××× (Year).

例如：

Mental Health Systems Act，42 U. S. C. §9401 (1988).

此外，英文参考文献还牵涉到缩写的规定，如“chap.”“ed.”“Ed.”“Eds.”“Trans.”“p.”“pp.”“Rep.”等，以及美国各州及特区之缩写，如“AL”“CA”“IL”“MI”“NY”“TX”“WI”“DC”等。

资料来源：Paiz et al.，2018，February 21.

3. 图表制作

在 APA 格式中，由于研究论文或报告中表多于图，因此目次之后，先表次再图次。以下先简介表格的制作，然后介绍图的制作。

（1）表格的制作。

将数据绘制成表格，一方面可以节省空间，另一方面可方便数据的比较。因此，太简单的数据无须绘制成表格。绘制表格时，应把握下列原则：

第一，呈现在表格中的数据，能显现某种一致趋势或特殊事例。

第二，表格的安排，能使读者易于掌握重要的资料，且通常文字解释先于图表。

第三，APA 格式因供期刊论文之用，通常在表格内不画纵向直线。

第四，APA 格式要求复杂统计数据之呈现以简要为原则，如方差分析摘要表仅需摘要自由度 df 及 F 值，而回归分析仅需摘要未标准化回归系数 B 及其标准误 SE，以及标准化回归系数 β 即可。

表格结构均包括标题、内容及注记三个部分，格式如下：

● 表格标题的格式：

Table 1. *Table Title* 或 Table 1. 1. *Table Title*（标题置于表格之上）

例如：

Table 1. *Error Rates of Older and Younger Groups*

● 表格内容的格式：

第一，单元格内如无适当的数据，以空白方式处理。

第二，单元格内如有资料，但无须列出，则画上"—"号。

第三，相关系数列连表的对角线一律画上"—"号。

第四，列数可酌予增加，但行数愈少愈好。

第五，小数点后保留的位数在一个表中保持一致。

● 表格注记的格式：

第一项写总表的批注，于表格下方靠左对齐第一个字起。

第二项另起一行写特定行或列的批注，如 $n_1=25$，$n_2=32$。

第三项另起一行写概率的批注，如 $^{**}p<.05$，$^{**}p<.01$，$^{**}p<.001$；一般属于双侧（two-tailed）检验，但如同一表格内既有单侧（one-tailed）又有双侧检验，则可用"*"批注双侧检验而用"$^{+}$"批注单侧检验，如 $^{**}p<.05$，two-tailed. $^{++}p<.01$，one-tailed. 。

● 表格数据来源的格式 A（来自期刊文章类）：

Note. From "Title of Article," by A. A. Author, 1995, *Title of Journal*, ××(××), p. ××. Copyright 1993 by the Name of Copyright Holder. Reprinted [or Adapted] with permission.

例如：

Note. From "Relationship of Personal-Social Variables to Belief in Paternalism in

Parent Caregiving Situations," by V. G. Cicirelli, 1990, *Psychology and Aging*, *5*, 436. Copyright 1990 by the American Psychological Association. Adapted with permission of the author.

● 英文表格数据来源的格式B（来自书籍类）：

Note. From *Title of Book* (p. ×××), by A. A. Author, 1995, Place: Publisher. Copyright 1993 by the Name of Copyright Holder. Reprinted [or Adapted] with permission.

例如：

Note. From *The functions of the executive* (p. 26), by C. I. Barnard, 1971, Cambridge, MA: Harvard University Press. Reprinted with permission of the author.

（2）图的制作。

图形可以清楚地显示某种趋势，尤其可以呈现变量之间交叉或互动的关系，但绘制图形费时费力，所以图形通常只用来呈现必要而且重要的数据。图形绘制的原则是：简明、扼要、易懂。

图形的种类众多，不论何种图形均包括标题、内容、注记三部分，格式如下：

● 标题的格式：*Figure* 1. Figure title. 或 *Figure* 1. 1. Figure title.（置于图形下方）。

● 图形内容的格式：纵坐标本身的单位要一致，横坐标本身的单位也要一致，而且不论纵坐标或横坐标，都要有明确的标题，并且要在图形中标出不同形式的图形代表何种变量。

● 图形注记的格式：同表格的注记格式。

每一图表的大小以不超过一页为原则，如超过，须在后表表号之后注明"(continued)"，但无须重现标题，如"Table 1 (continued)"。

4. 数字与统计符号

在撰写研究报告时，尤其是实证研究报告，通常需要用到许多统计数字与统计符号，以下介绍常用的几种格式。

（1）小数点之前0的使用格式：

● 一般情形之下，纯小数的小数点之前要加0，如0.12，0.96等。

● 但当某些特定数字不可能大于1时（如相关系数、比率、概率），小数点之前的0要去掉，如 r (24) =.26，p=.03等。

（2）小数的格式：

● 小数点后保留位数的多寡要以能准确反映其数值为准，如0.00015和0.00011两数如只取三位小数，无法反映其间的差异，就可以考虑增加位数。

● 一般的原则是，依据原始分数的小数位，再加取两位小数位。

● 相关系数以及比率须取两位小数，百分比须取整数。

● 推论统计的数据取两位小数。

(3) 千位数字以上，逗号的使用格式：

原则上整数部分，每三位数字用逗号分开，但小数位不用，如 1,002.1324。自由度、页数、二进制、流水号、温度、频率等一律不必分隔。

(4) 统计数据的撰写格式：

统计符号为斜体，但 ANOVA（方差分析）等缩写不使用斜体；推论统计数据，要标明自由度。

5. 其他常用格式

除以上所述各项格式之外，编页也有一定的格式。依据 APA 格式，从封面到最后一页，都要依序编页，正文以后用阿拉伯数字、正文以前用小写罗马数字编页。

虽然 APA 格式的要求对于初次从事学术研究工作者而言颇为烦琐，从而给论文撰写者带来困扰，但是规格一致的结果却给读者及其他有关人员带来极大的方便。格式的建立不仅可以使初学者了解学术性文章应有的架构及内涵，而且也可让论文阅读者参照既定格式，按图索骥，快速取得想要了解的内容，有助于学者之学术研究。

（三）撰写研究报告应注意的几个问题

(1) 观点和材料要结合，通俗性和科学性要结合。研究报告一定要有具体材料，要重事实，从事实中引出观点。

(2) 要重视研究方法和结果的阐述，研究的价值是以方法的科学性和结果的可靠性为条件的。材料不够确切的、没有经过核实的不能采用作为证据。方法部分要讲得清楚，交代得具体，条理分明。结果部分要形象吸引人，说服力强。有图有表有说明，图文并茂，使人一目了然。

(3) 分析讨论时要用辩证的观点，避免偏激和绝对；论述时实事求是，加强理论的探索，提高研究报告的理论水平。

(4) 研究报告撰写可以与研究本身同时进行，比如选题阶段就可以进行文献综述的撰写，材料制作、研究实施阶段就可以将这些过程写入研究报告。

(5) 研究报告的文字要写得精确、明白、易懂、扼要。所用图表及其排序、符号等要标准化，许多刊物对此有严格的规定。我们在投稿时常常发现文章中存在被误解的地方。为此，我们要具备这样的态度：凡是出现被误解的地方，总是由于我们表达不清。

第三节　研究报告的分析与评价

一、对前言的分析评价

在这一部分，研究者会陈述问题及说明选题意义。研究以问题为诱因和起点，评价一篇科研论文，首先要判断研究者对研究问题的陈述是否明晰和具体。这表现在研究者是否能清晰认识问题的重点、关键和难点，明确问题的突破口。如果涉及几个研究问题，这些问题的组合和排序要显示一定的逻辑结构和理论框架，应具备完整性和严密性。另外，研究问题的提出，角度要新，要有深度、有启发性，有进一步思考和探索的价值。选题的水平，主要表现在课题的社会实践意义和理论价值两方面。

具体来说，评价前言部分，我们可以问如下几个问题：

（1）作者援引的文献是否有限或有误？

（2）问题的提出以及作者对该问题的预测是否可以合乎逻辑地从已有研究与理论中得出？

（3）作者对问题的预测能否可以通过研究得以验证？

（4）作者对于所选择的测量方法的原因等是否有合理的解释？

二、对研究方法的分析评价

研究方法的适合性和科学性涉及该研究的成败关键。一般来说，研究报告会对此部分有较详细的叙述。研究方法部分通常会报告三方面的内容，我们据此可以对该研究的每一个环节仔细考察。

（一）关于被试取样、分组环节的分析评价

在这一个环节中，需要质疑的有：

（1）被试的取样、分组是否随机？或者，不同组被试在实验前是否同质？

（2）被试之间的反应是否独立？比如，是否有因为私下交流等原因而使得一个被试的反应影响到另一个被试？

（3）被试的流失情况如何？比如，在实验组与控制组中被试流失的数量、原因等差异如何？

（4）每一种实验条件下被试的数量是否足够？这些被试的同质性如何？

（5）该次实验结果能否在其他被试身上得到验证？

（6）被试来源如何？比如，若被试来源于心理学专业的学生，则可能猜测出研究假设，从而会影响实验的构想效度等。

（二）关于研究实施环节的分析评价

研究实施环节最容易对研究的构想效度产生影响。对其评价，首先，要从被试的角度设身处地思考：

（1）该研究的假设是否很容易被猜测到？

（2）实验任务能否吸引人，而不是让被试"身在曹营心在汉"？

（3）控制组被试是否因为没有接受任何实验处理而知道自己是控制组的一员？

（4）是否采用了双盲测试？

（5）实施程序是否标准化而不受主试偏见的影响？

（6）因变量的记录是否会打断被试的正常反应？

（7）前测、实验处理的不同水平的设置等是否会透露实验假设？

（8）研究者是否对被试在实验期间的真实想法加以了解？

（9）为了掩饰实验假设，是否采用了表面借口？表面借口是否能让被试相信？

（10）是否采取了措施要求参加实验后的被试对实验内容保密？

实验处理的设置不当是影响研究构想效度的重要原因。尽管没有一个实验处理能达到完美无缺的水平，但是研究者在采取某实验处理时应知晓它的真正意义、优势与不足。为此，研究者在报告中应该说明实验处理的原理，比如说其理论根据或者在已有研究中的使用情况，读者据此可以对其科学性做出评价；进而，也可以从被试角度考虑实验处理是否会被误读。比如研究者本来希望操纵的是图片的情绪信息，但被试却更关注了图片的美感，使得研究者关于实验处理的设想落空。另外，对于研究者设置的实验处理对照条件，需要评价其是否具有对等性。比如在情绪 Stroop 实验中，如果情绪刺激选择了含积极/消极意义的词汇，中性刺激并不是选择一些中性词汇，而是选择了无意义字母组合或者中性意义的图片如家具等，这就会影响该实验的构想效度：不能很好地说明被试因靶刺激的情绪意义不同而有不同的反应，因为情绪条件和中性条件之间的差异不仅仅只有情绪意义的差别，还有其他差异，比如说是文字和图片的差异。

如果实验研究中结合采用了测验法和问卷法，比如为了了解被试的智力（卢家楣等，2017）以便分类，先要进行智力测验。由此涉及的对测验或问卷的信度、效度评价，请参看有关专门章节。

对于研究实施环节分析评价的第二个方面则是考虑其外部效度——该研究接近现实生活的程度如何？当然，有些研究显得与现实生活相差甚远，但是仍具有良好的外部效度。可能更为关键的是，该研究情境是否缺少真实生活中必有的特征，从而使得该研究结果在现实生活中难以复现。例如，对于人格研究，不考虑被试的性别、年龄等因素几乎是不现实的。

对于研究实施环节分析评价的第三个方面是考虑其内部效度。从这一部分，可以了解到被试的反应是否独立，主试是否采取了适当措施处理了干扰变量，比如采取固定干扰变量的方法，或者采取随机化安排从而杜绝干扰变量带来的系统误差，或者对干扰变量进行平衡处理等。假设某研究中的实验组由一个主试在固定时间固定地点施测，而控制组则由另一名主试在另一个固定时间固定地点施测，这就会带来一些系统误差。

（三）关于研究设计的分析评价

我们从一个研究报告关于研究设计的介绍中首先可以评价它的内部效度如何。假设某研究并未采用实验的方法，却欲研究变量之间的因果关系，其内部效度就值得质疑。如果采用了实验的方法并安排了对比组或对比条件，分析其对比组或对比条件是否充分、得当。比如有人研究某种药物对大白鼠迷津学习的影响，实验组注射了该药物，而对比组不予注射。对比组的这种安排就会损害该实验的构想效度，即两组学习行为的差异就不一定是如研究者所设想那样因为药物的效应，也可能是由于实验组受了注射的刺激而对比组没有受到注射的刺激而带来的效应。

对于实验研究设计最难评价的是其采取的被试内设计（重复测量设计）或被试间设计是否合适。这两类设计各有软肋，关键是看研究者是否对此有清晰的认识并采取了防范措施。表 11－2 和表 11－3 分别列出了两类设计可能出现的问题，这也是我们分析评价的着眼点。

表 11-2　被试间设计容易出现的问题

问题	问题来源
因果结论错误	1. 被试没有采用随机化分组； 2. 被试间反应不独立，即存在相互影响； 3. 被试流失； 4. 统计上的Ⅰ类错误。
检验效力不足	1. 被试太少； 2. 被试个体差异太大； 3. 因变量不敏感； 4. 自变量太弱。
缺乏外部效度	1. 被试完全同质； 2. 采用了非常简单而又控制严格的实验情境； 3. 采用了过强的人为的实验处理； 4. 个体在现实生活中接触到的并不是单一的实验处理或者实验处理的一个水平。
缺乏构想效度	1. 使用的是空对比组（比如没有施加类似安慰剂的实验处理）； 2. 被试对实验任务没有心理投入； 3. 因变量的测量容易受到被试偏见的影响。
统计分析失误	1. 将统计上未达显著的结果视为实验处理无效的证据； 2. 尽管统计检验结果不显著，仍将两个平均值不同视为真实的差异； 3. 尽管总效应不显著，仍旧继续进行事后检验； 4. 有多个实验组，未经事后检验即确定某两组存在显著差异； 5. 有多个实验组，未经事后趋势检验即描述出函数关系； 6. 因天花板效应或者地板效应而造成的交互效应； 7. 忽视某些统计方法使用的前提条件。

资料来源：Mitchell & Jollely，1992，pp. 355-356.

表 11-3　被试内设计容易出现的问题

问题	问题来源
因果结论错误	1. 不同顺序的实验处理安排没有在被试间随机化，因而练习效应和疲劳效应混在实验处理效应之中； 2. 不同实验处理效应之间存在迁移； 3. 统计上的Ⅰ类错误。
检验效力不足	1. 实验处理的顺序效应太强； 2. 因变量不敏感； 3. 自变量太弱。
缺乏外部效度	1. 被试完全同质； 2. 采用了非常简单而又控制严格的实验情境； 3. 采用了过强的人为的实验处理； 4. 个体在现实生活中接触到的并不是单一的实验处理或者实验处理的一个水平。
缺乏构想效度	1. 因为多次接受实验处理和多次测量而导致被试过度敏感； 2. 被试对实验任务没有心理投入； 3. 因变量的测量容易受到被试偏见的影响。

续前表

问题	问题来源
统计分析失误	1. 将统计上未达显著的结果视为实验处理无效的证据； 2. 尽管统计检验结果不显著，仍将两个平均值不同视为真实的差异； 3. 尽管总效应不显著，仍旧继续进行事后检验； 4. 有多个实验组，未经事后检验即确定某两组存在显著差异； 5. 有多个实验组，未经事后趋势检验即描述出函数关系； 6. 因天花板效应或者地板效应而造成的交互效应。

资料来源：Mitchell & Jolley，1992，pp. 355 - 356.

三、对结果部分的分析评价

对于结果部分，最为基本的就是要看统计结论是否有效。为此，可以从以下几个问题着手分析：

（1）研究数据是否符合所用统计检验方法需要的前提条件？

（2）统计结论犯Ⅰ类错误或Ⅱ类错误的可能性如何？

（3）分析比较所选择的不同条件是否恰当？

（4）统计运算是否正确？

（5）是否进行了合适的事后检验？

（6）结果解释是否正确？

不过，结果部分最先暴露的可能是其构想效度方面的问题。一般来说，如果采取的是通过对被试的观察而赋分，结果部分就需要报告观察者间信度；如果采用了测量问卷，就需要报告其信度和效度；如果是自创的实验控制，就需要报告控制效果核查结果。从这些报告中我们可以评价该研究是否真正实现了研究者的构想。

了解到数据是有效的后，则可以分析数据分布和类型。从数据分布情况可考虑两个问题：首先，检查是否出现了天花板或地板效应。假设需要被试去记忆 10 个单词，结果被试的平均记忆结果均达到 10 个单词，此即发生了天花板效应；如果要求被试进行的是奥林匹克数学竞赛题的测试，结果可能被试得分普遍很低甚至都得了零分，此即发生了地板效应。这两类效应可能导致实验处理无效或存在交互效应的错误结论。其次，了解了数据的分布情况，可以判断其采用的统计检验方法是否得当。比如，t 检验要求数据呈正态分布，如果数据达不到这个要求，那就要采用非参数检验。此外，像 t 检验和方差分析，要求数据应该是比率数据或等距数据，如果数据只是表示名义或顺序的，则不适合使用这类统计方法。

接下来我们要分析作者所进行的统计检验是否有充分的理由。如果研究者所用的统计检验方法很复杂或者在已有文献中并不多见，那么在研究报告中需要补充说明该统计方法对于此研究数据的适宜性，比如引用某些教材对该统计方法的介绍作为佐证，或者是其他作者对于类似的数据采用了同样的处理方法。本书对于一些统计方法的适用条件有专门章节进行讨论，在此不作重复。

相对而言，读者比较容易发现研究报告中因误用统计方法而造成Ⅰ类错误的情况，但该类错误也可能是作者对进行了过多的统计检验这一情况警惕不够所致。进行多少次统计检验算过多呢？通常可以询问两个问题：

首先，作者进行的统计检验是否与其原有的研究假设并无关系？如果没有关系，说明作者采取的是“撒大网”捕捉显著效应的策略。当然，碰运气也可能发现显著效应，但却是违背科学要求的。这就很可能会犯Ⅰ类错误，即事实上原本没有差异的，统计结果却报告了显著差异。

其次，作者是否进行了大量的统计检验？如果是这样，需要注意 100 次统计检验中完全可能因为偶然事件而有 5 次达到显著水平。所以，如果计算了 100 多个相关系数，从中发现有几个是显著的，这就不足为证。以脑电数据为例更是如此，因为数据庞大，如果不加选择地全面检验，发现几个表现出显著效应的结果是很有可能的。如果信以为真，就可能犯Ⅰ类错误。

结果报告部分除了可能因统计检验过多而导致错误外，过少的统计使用，尤其是缺少必要的统计也是容易犯的错误之一。比如，如果研究假设是“被试组 A 的成绩会优于被试组 B 的成绩”，那么就应该直接将这两组的成绩进行比较，而不是采用间接的比较方法，比如报告被试组 A 的成绩显著高于某个数值，而被试组 B 的成绩显著低于某个数值，所以，被试组 A 成绩优于被试组 B 的成绩。这种间接比较是没必要的，而且会增加犯错误的概率。

当有多组比较时，类似的错误更易发生。比如，某实验研究设置了 4 个实验组，通过方差分析发现这 4 个实验组的结果之间有显著差异。从各实验组的平均值来看，实验组 1 的结果确实比实验组 3 的结果大，那么能否就此得出“实验组 1 的结果显著高于实验组 3 的结果”这一结论呢？答案是否定的。该结论只能在比较实验组 1 和实验组 3 后才可能得出。实际上，如果研究者在研究假设中就已经预期实验组 1 和实验组 3 存在显著差异，在统计分析时则直接比较这两组即可；而如果开始并无此类假设，则要通过事后检验才能具体确定是哪两组存在显著差异。像这种没有实施必要的统计检验便做出结论的情况并不少见。例如，可能在研究报告中有关于两个变量之间存在某函数关系的结论，但是在之前并没有对该趋势进行过统计检验分析；也有可能并没有对交互效应进行统计检验，却报告了交互效应——结论中有类似“某条件的效应因另一条件的作用而不同”的语句。

相对于统计方法的误用、统计检验的多用或少用这类方向性错误，要检验作者在统计时是否存在计算等错误更为困难。尽管并不一定要对作者的统计部分复核一次，但是通常来说，可以从以下三方面着眼检查。

第一，看其描述统计是否与推论统计结果存在矛盾。比如从描述统计来看，某实验处理下的各组的平均数几乎相等，但统计检验却报告了显著效应，而另一个实验处理下的各组的平均数差别很大，但统计检验报告差异不显著。那么就有可能是因为作者在标记两个实验处理时弄混淆了。

第二，看报告的统计自由度是否正确。这可以从该研究所用的被试数和设计的实验处理数得到验证。自由度的计算请参看有关统计的章节。

第三，看是否出现了极端数据。比如，在方差分析中出现负的 F 值，或者出现大于 1 的相关系数，这就意味着数据处理某个环节可能发生了问题。

如果统计方法使用得当，计算也没有错，最后需要考察研究报告对于统计结果的解释是否正确。通常要看看平均数，以确认统计得出的显著效应是否与作者期望的方向一致。比如，研究者可能预期某教学措施会提高学生的成绩，统计结果显示了该教学措施的效应显著。经历了艰苦的研究过程，对研究假设满怀期待，研究者在见到统计上的显著结果后容易“理所当然”地以为实验假设得到了证实。然而，核查实验组和控制组的平均成绩，可能发现该教育措施实际上不但没有提高学生的学习，反而有损学生学习成绩，这与研究者的研究假设是背道而驰的。这类错误往往是由于研究者疏忽造成的。

同样由于研究者的期望心理，可能出现将 F 值或 t 值与 p 值混淆的疏忽。比如当 F 值或 t 值小于 0.05 时，误以为达到了统计上的显著水平。事实上当 F 值或 t 值几近于零，意味着这个结果的出现具有很大偶然性，此时的 p 值是很大的。p 值表示的是因为偶然机会得到该结果的概率。所以，真正的显著效应需要 p 值很小（如小于 0.05），这就意味着该结果的出现并非偶然（偶然性很小）。

对于达到显著水平的交互效应的解释也是容易出错的。比如，当教学方法与学生原有基础交互效应达到显著水平，教学方法含 A 和 B 两种，学生原有基础分为高、中、低三级，这种情况下由于数据较多，比较容易弄混不同基础的学生究竟适合何种教学方法。读者通过对相应的平均数的核查可以初步判断作者对交互效应的解释是否正确。此外，对于报告的交互效应，读者还可以通过数据的分布情况看该交互效应是不是“天花板”或“地板”效应造成的，以核查所报告的交互效应的真实意义。

尽管对达到显著水平的效应的解释容易出错，但研究报告中更容易出现的结果解释错误是当统计检验发现实验效应不显著的时候。这时候容易出现两种错误倾向，一种是不顾统计检验结果不显著，仍然无所顾忌地大谈两个或几个平均数之间存在差异。事实上，因为该差异没有达到统计上的显著水平，它可能源于偶然因素，而非真实的差异。另一种倾向是因为结果不显著，从而直接认为实验处理没有效果。这种情况，首先要看是不是“天花板”或“地板”效应造成的，然后质疑该研究的效力。比如，是否采用了强有力的统计方法（如参数统计比非参数统计更能发现差异）？根据作者描述统计呈现的平均数的差异，试问如果采用了更强有力的设计是否能带来达到显著水平的差异？同时，结合研究报告的方法部分，追问以下问题：

（1）自变量包含的各条件间的差异是否足够大？

（2）因变量的测量是否敏感？

（3）研究是否标准化？

（4）是否使用了足够的被试？

（5）被试是否足够同质而不至于因被试间的个体差异掩盖了不同条件的真实差异？

（6）研究设计是否敏感？

四、对研究报告讨论、结论部分的分析评价

对于该部分的分析评价需要更加仔细。这部分因为允许作者进行一定的猜测推论，所以容易使读者混淆文中的事实和推测。而且，这部分不像研究方法和结果部分可以从某个客观的正误标准来衡量。但是，我们还是可以从两方面着眼分析评价。

（一）所得结论是否有数据支持

首先要看的是作者是否准确地描述了结果，这需要仔细地与结果部分对照。研究报告中比较容易犯夸大结果的毛病，比如，本来没有达到统计显著水平的结果，但是在讨论时却被当作有真实的显著效应来对待。或者是作者在讨论中认为自己的研究假设得到了充分证实，而事实上只有部分结果支持原有假设；有些研究报告中包含几个子研究，可能有的支持研究假设，而有的没有支持，作者可能会忽视这一事实，没有对此进行讨论。

除了讨论、结论部分可能会出现与结果部分前后矛盾的错误外，另一种常见问题是"无中生有"，也就是说讨论、结论部分可能会出现一些论断，这些论断在结果部分没有得到相应的报告。比如，作者可能会说条件1比条件3对被试的认知效率干扰更大，但是，在结果部分并未见对这两种条件产生的效应的直接比较；又如，作者可能做出儿童的自控能力与其社会交往能力的相关程度大于与其记忆能力的相关程度的结论，但是，在结果部分，也没有看到作者对这两个相关系进行过差异性比较。所以，对于讨论与结论部分，凡是涉及比较的论断，都需要再回过头去看看结果部分，是否有相应的比较统计检验。

（二）是否可以另作解释

当研究报告中的推论都有结果中的数据支持时，还需要考虑这一推论是不是唯一的、最佳的解释。事实上，通常情况并非如此，可能还存在其他合理解释。这有两个基本原因，一个是由于方法问题，一个是因为其他理论或假设的竞争。

例如，如果研究采用的是相关研究，但是却做出了因果关系的结论，这就很容易引起可作其他解释的纷争。以老年人的主观幸福感和寿龄的相关为例。假设它们之间的正相关达到显著水平，可以推论它们之间存在密切的正向关系，但是这不足以说明它们之间是否存在因果关系及怎样的因果关系。可能是因为主观幸福感高，利于身心健康，所以长寿；也可能是因为长寿，很是满足，也更能见证时代的进步等等，所以主观幸福感高；还有可能主观幸福感和寿龄都是结果，共同的原因在于其生活和医疗条件。

研究报告中不当的因果推论是比较容易被发现的。另一个容易被发现但也并不少见的错误是作者对虚无假设的接受。比如，研究报告中可能会出现"实验处理没有效果"的论断。事实上，我们的结果只能拒绝虚无假设，或者是不足以拒绝虚无假设，但并不能因为统计检验结果不显著而接受虚无假设。这是由于统计检验结果不显著仅仅可能反映了该研究缺乏效力。如果采用了更敏感的测量、更多的被试、更同质的被试，实验处理具有更高的强度，实验程序更加标准化，显著的结果可能就会出现。因此，当研究报告讨论没有达到统计上显著水平的结果时，要看看作者是否对于研究效力进行了探讨，也就是说是否考虑了该结果犯Ⅱ类错误的可能性——原本有差异，但是该研究没有揭示出来。

除了统计等方法方面的原因使得结果的解释可能另有他说外，还有研究报告中没有提及的其他理论与假说可能也是该研究结果的合理解释。比如，被试的行为反应表现为没有正确再认，原因可能是被试的编码、保持、提取的任一环节或多个环节出错；被试的学习成绩提升可能是因为学习策略调整，也可能是因为学习动机适度，还可能是因为教学方法得当等；被试反应错误可能是注意资源竞争所致，也可以按照弗洛伊德的理论解释为无意识的拒绝。诸如此类，当研究报告认为其对结果的解释是唯一正确的之时，读者需要进行批判性分析评价，看看是否可作其他解释。

在对研究报告中提及的内容进行分析评价后，还要注意是否存在作者应该提及而没有提及的内容。这通常包括两方面的内容：

一是作者可能没有对其研究质量进行合理评价。没有研究是十全十美的，尽管研究者对自己研究中存在的不足并不一定有所察觉，但在某种程度上来说，研究者本人对于该研究是最熟悉的，研究者应该具有这种自我批评的态度和意识，指出该研究的不足，为后继的研究起到警示和铺垫的作用。

二是作者可能没有对那些复杂的或矛盾的结果进行解释。科学是在不断积累中进步的，这种积累有些表现为对已有研究的证实，有些表现为对已有研究的证伪，如果作者忽视了自己的研究与已有研究的联系，这就是很大的失误。所以，这也是读者分析评价一篇研究报告要加以注意的，比如试问：该研究报告对于哪些显著的结果没做解释？如果作者的解释是正确的，那么应该还能得出其他哪些结果？这些结果是否被揭示了？

最后，看看作者在讨论部分提到的其不能解释的结果。试着分析各种原因和可能进一步研究的途径。

所以，概括地说，在分析评价研究报告的讨论、结论时，要看其对现象的描述是否准确，对事件的评价是否恰如其分，对观点的论述是否有理有据。而且不仅仅停留在描述水平上，在分析讨论时，应该有理论的升华。

五、对研究报告的总体评价

通过以上逐个部分的分析评价后，最后就可以比较方便地对全文进行总体分析评价了。在这里主要集中在两个方面，一方面是该研究的创新性，另一方面是该文的行文表达等形式方面的内容。

论文的创新性是评价一篇论文水平高低的核心和重点。对于实证研究，可以从三个方面体现其创新性：研究内容、研究方法、研究对象。研究内容的创新主要体现在问题提出的独到而又有价值以及新发现的研究结果对人们认识的修正、深化或拓展上；研究方法的创新包括研究思路的另辟蹊径与具体研究方法科学性的进一步提升；研究对象的创新主要是指涉及新的未被研究的人群。

学术论文的行文表达首要要求是准确，比如，论文题目是否恰如其分、所有数据是否正确无误等；其次，学术论文要体现出严密清晰的逻辑性，让读者能够最容易、最方便地把握文章脉络。

以上对于研究报告的分析评价是根据研究报告的体系而展开的，或者说按照我们阅读一篇研究报告的自然顺序而展开的。尽管我们对于一篇研究报告不同部分的分析评价会各有侧重，但是所有的工作都是围绕反映该研究的质量的四个方面进行的。这四个方面就是一个研究的结构效度、外部效度、内部效度和研究效力。详见专栏 11－2。

专栏 11－2

对一个研究需要分析评价的四个方面

结构效度、外部效度、内部效度和研究效力是反映一个研究质量高低的四个主要方面。对于每一个指标，我们有一系列问题需要考察与思考：

1. 关于研究的构想效度

（1）实验处理有效吗？

（2）测量有效吗？

（3）被试迎合了研究假设吗？

a. 实验是否显得很假？

b. 是否采用了空对比组（未施加“安慰剂”的对比组）？

c. 研究有没有采用双盲设计？

d. 是否因为缺乏标准化而使研究结果很容易受研究者的偏见影响？

e. 因变量的测量是否过于强人所难？

f. 因变量是否为等级变量？

g. 研究过程中是否存在使被试对研究假设敏感的环节？

h. 是否采用了虚假故事（cover story）？

i. 被试是否已从已完成实验的被试那儿了解了该研究？

2. 关于研究的外部效度

（1）研究结果能否推广到一般人群？

a. 采用的是否为人类被试？

b. 所用被试是否具有某种特殊性？

c. 是否存在某种原因而使得该结果不能推广到其他人群中去？

（2）研究结果能否推广到其他情境？

a. 研究是否在实验室完成？

b. 研究是否具有生活真实性？

c. 是否因为该研究与现实生活存在某种难以调和的差异，而使得该研究不能在真实生活中推广？

（3）研究结果能否由其他水平的研究处理得来？

a. 该研究中的实验处理包含了哪些层次？

b. 该研究中的实验处理排除了哪些层次？

c. 该研究使用了多少层次的实验处理？

3. 关于研究的内部效度

（1）如果采用了实验设计，需要注意的是：

a. 自变量的建立与维持如何？

b. 是否存在被试流失问题？

c. 如果采用了被试内设计，实验处理的顺序效应如何？

（2）如果采用的是非实验设计，需要注意研究者是否对于历史事件、成熟因素、被试流失、研究工具、取样、统计回归效应等做出了合理的说明。

4. 关于研究效力

如果得到的是零结果（null result），需要注意：

a. 测量是否足够敏感？

b. 研究是否足够标准化?
c. 是否有足够的被试?
d. 不同条件之间是否有足够的差异?
e. 被试是否足够同质?
f. 实验设计是否足够敏感?
g. 实验处理与测量之间的时间长度是否恰当?

资料来源：Mitchell & Jolley，1992，pp. 355-356.

小　结

研究资料收集上来之后，首先要进行整理，审核其可靠性，并通过分类、汇总等方法，促成资料沿着研究主导方向系统化，从而从整体上对资料有一个初步的把握。在进一步的分析中，要综合运用定量与定性分析的方法，挖掘资料蕴含的事物本质和规律。良好的研究设计，有意义的研究结果，并不等于一定就有一个好的研究报告。作为学术研究报告，措辞讲究准确、简洁，格式常常有固定的要求，尽管不同的刊物对研究报告的格式可能会有所不同，但目的都是方便读者阅读、查找、评价。对于一个研究报告的评价则是全方位的，其中涉及一个研究质量高低的评价主要在于结构效度、外部效度、内部效度和研究效力四个主要方面，当然这些是最为关键的，但对一个研究报告的评价不拘于此，还包括对其创新性、行文表达等多方面的评价。最后还要强调的是，从性质上来说，分析与呈现研究结果好比收获阶段。当然这并不是说要在最后才能进行：分析结果的方法不是在收集完数据才考虑，而是在研究设计时就要想到；资料整理不是等资料全部收齐才整理，可以边收集边整理；研究报告的写作也不是等到最后才动笔，而是可以在研究进展到哪一步就写到哪一步。

思考题

1. 如何整理研究资料?
2. 定量分析和定性分析的关系如何?
3. 评价一篇研究报告通常从哪些方面着眼?

推荐读物

1. Mitchell M，Jolley J. Research design explained. 2nd ed. San Diego，CA：Harcourt Brace Jovanovich，1992.

2. 董奇．心理与教育科学研究方法．修订版．北京：北京师范大学出版社，2004.

3. 刘电芝．教育与心理研究方法．2 版．重庆：西南师范大学出版社，2013.
4. 彭豪祥．学生心理研究技术．武汉：武汉出版社，2000.
5. 杨丽珠．教育科学研究方法．大连：辽宁师范大学出版社，1995.
6. 袁方．社会研究方法教程．重排本．北京：北京大学出版社，2013.
7. 中国心理学会．心理学论文写作规范．2 版．北京：科学出版社，2016.

第十二章

现代化手段在心理与教育科学研究中的应用

本章要点

- 心理与教育科学研究中常用仪器简介
- 高科技神经生理技术简介
- 现代化研究手段的优势与不足

技术的进步既是科学进步的结果，又是科学进步的原因。这在自然科学领域更是显而易见。科学技术的进步突出表现为工具的进步。工具是人类器官的延伸与加强，所以它常常决定人类认识所能触及的界限。对于某学科，尤其是自然科学而言，我们甚至可以从它所采取的研究手段看出它发展所及的水平。心理与教育科学，尤其是心理科学，作为一个自然科学和社会科学的交叉领域，积极吸取所有科学发展的成果，是其得以兴旺发达、日趋成熟的根本途径。心理与教育科学对于已有文明成果的吸取，主要包括理论与方法两个方面。方法中物的因素即为研究工具，含仪器、材料等。杨治良（1984）曾经统计分析了美国的四种杂志（《实验心理学杂志》《美国心理学杂志》《心理学杂志》和《普通心理学杂志》）从1960年至1982年所发表的文章，发现其中明确提到使用仪器的有4 966篇，占总数的49.7%。由此可见仪器在心理学研究中的巨大作用。因此，接下来我们要了解的是目前心理与教育科学研究所用的仪器。

第一节　心理与教育科学研究的常用仪器、设备及其功能

一、认知类

（一）大小常性测量器

大小常性测量器（perception constancy tester）乃是用匹配法原理测定大小常性的仪器，也可用于制作心理量表。此仪器一般有两件，每一件都有一个可调面积的等边三角形被放在立柱上，立柱的高矮可以调节（见图12-1）。三角形的高可以从仪器背面的刻度上

读出来，调节范围在 65～165 毫米之间。测定大小常性时，主试把一个三角形放在远处，把三角形的高调到一定的尺寸，要求被试调节近处三角形面积，使之与远处三角形的面积看起来相等，然后根据两个三角形的高之差，计算大小常性系数。

（二）深度知觉仪

这种仪器外形为一个长方体的箱子，箱内有几根直棒。左右两侧固定的直棒是标准刺激，中间一根可以前后移的直棒是比较刺激；箱子顶部有一只照明灯，在箱子前端有一个供被试用的观察窗（见图 12－2）。被试在 2 米距离外通过观察窗观察并遥控调节可移动的直棒，使它与标准刺激看起来在同一距离上。在这种条件下，除了双眼视差起作用外，其他深度知觉的线索都被排除了。它可以被广泛地应用于对飞行员、炮手、运动员、汽车驾驶员以及其他与深度知觉有关的工作人员的测试和选拔。

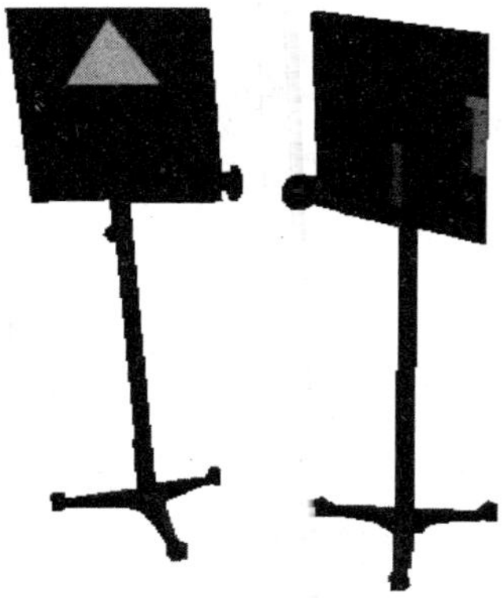

图 12－1　大小常性测量器

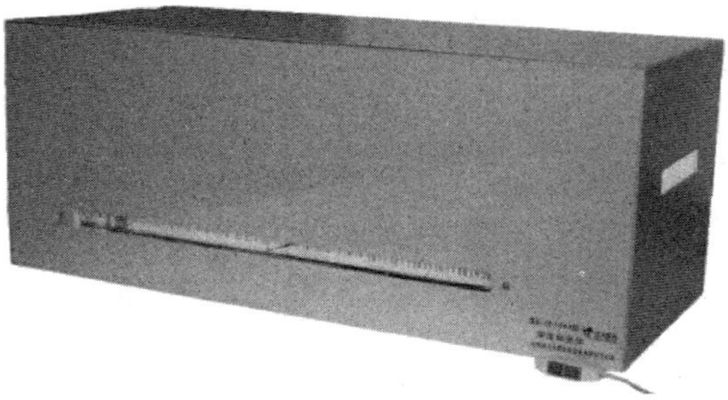

图 12－2　深度知觉仪

（三）长度估计测量器

长度估计测量器是一种能调整白背景上的黑色水平线长度的仪器。它分左右两半，各有一条水平线，并各有一个可以活动的套子在表面上。通过套子来回移动可以调整露出黑线的长度，通过背面的刻度可读出露出的长度是多少毫米，实验时可固定任何一边黑线的长度作标准刺激，以另一边的长度作变异刺激，被试可移动这边的套子，改变该黑线的长度，以便把它调整得在感觉上与标准刺激相等。

（四）复合器、警戒仪

复合器主要是演示在感知同时呈现的视、听刺激时的注意优先现象，进行对不同种类刺激物的复合实验。被试面是一个有一百个刻度的圆环，每一个刻度都对应一个光刺激，该刺激能按高、中、低三种速度，顺时针逐一呈现。在呈现某一个设定的光刺激的同时发出声刺激，被试感觉声音响时的光刺激位置与实际的差异多少，可表示被试在应付不同种类刺激的同时，达到注意分配的程度和个体特性。

警戒仪是测定个体警戒状态的仪器。警戒作业的绩效受多种因素的影响，随持续时间延长而下降。信号出现的频率较高时易为人们察觉，信号出现频率较低时则容易被漏检，但过高的信号出现频率同样也会引起察觉效率下降。信号的某些特性，如刺激维度、强度及信噪化、预告信号的设置和信号呈现的位置安排等都会影响“作业”的绩效。

复合器和警戒仪可以合二为一，如图 12－3 所示。

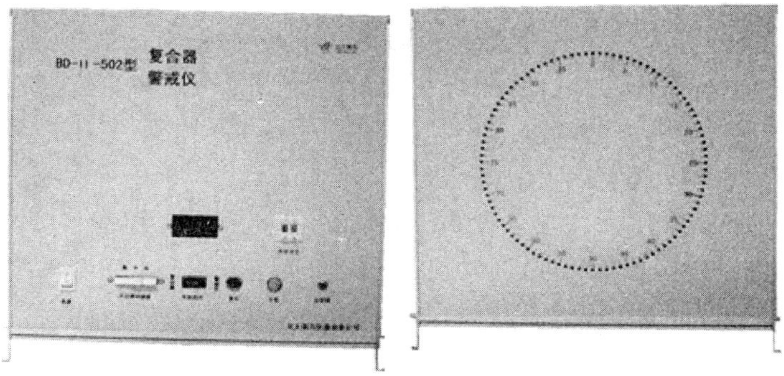

图 12－3 复合器、警戒仪（左：主试面；右：被试面）

（五）注意集中能力测定仪

注意集中能力测定仪是用于测定注意集中的仪器。它可以用来进行视觉动作学习，这在体育运动心理训练的实践中得到应用，它可以培养运动员的注意集中能力，从而增强运动员抵抗外界干扰的能力。在科研中，这种仪器可以被用来研究和测定各种职业人员的注意集中水平。仪器由一个可换不同测试板的转盘及控制、计时、计数系统组成（见图 12－4）。转盘转动使测试板透明图案产生运动光斑，用测试棒追踪光斑，注意力集中能力的不同将反映在追踪正确的时间及出错次数上。在测试过程中，该仪器能记录在预定时间内被测试人员动作失败（离靶）的次数，还能记录总的在靶时间，同时可以根据需要制造各种干扰因素，以测定在各种干扰环境下被测试人员的抗干扰能力。被试第一次用光笔跟踪到接收靶时，仪器正式开始计时、计次，同时发出“嘀嘀”声。实验结束时，仪器再次发出“嘀嘀”声。实验的定时及转速由主试在实验前按定时定速键组的按钮进行设定。

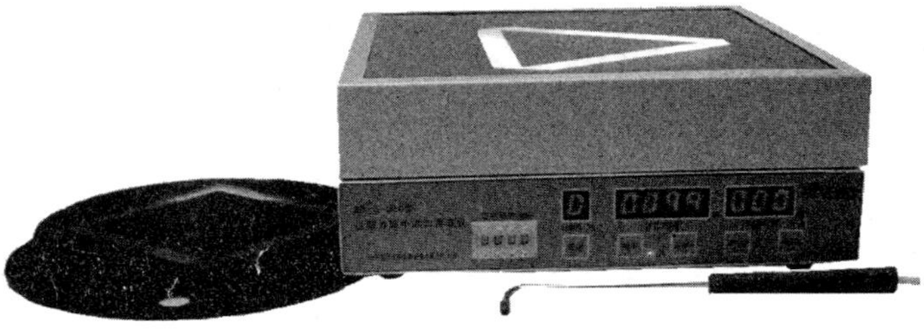

图 12－4 注意集中能力测定仪

（六）速示器

速示器是一种在学习、记忆、注意、知觉等实验中呈现短时间刺激的仪器（见图 12－5）。在实验中，经常要用该仪器将视觉刺激物在极短时间内呈现给被试，以记录他们的反应。现代心理学创始人冯特曾经指出，一个良好的速示器应该主要具备以下几个特点：时间很短，能避免眼动；呈现前被试应能明确刺激呈现的位置，并能控制呈现前的照明条件；全部刺激物应尽可能全部同时呈现。1859 年，福尔克曼（A. W. Volkmann）最先把短时呈现视觉刺激的仪器叫速示器。1983 年，戈德沙伊德（A. Goldscheider）与缪勒（R. F. Müller）把转盘原理用于速示器的装置。在电子技术还未发达之前，这些机械控制法是制造速示器的主要原则。一百多年来，速示器经历了多次重大的改进。早期的速示器一般为“落体式”速示器，后来发展为“快门式”速示器，继后又出现了电子控制的速示器。随着认知心理学的迅速发展，20 世纪 80 年代出现了多视野速示器。实验过程中既可半自动换片，也可手动换片。刺激呈现的时间最短可以达到 1 毫秒。由于还可以使计算机与反应时系统联机使用，这样就把认知过程的研究提高到了一个崭新的水平。

（七）记忆鼓

记忆鼓（memory drum）是心理学在记忆及学习实验中常用的仪器（见图 12－6）。记忆材料放在转盘上，转盘由电机带动，转盘上方盖有一个窗口呈现视觉刺激，电机不同的速度表现为不同的呈现时间。

图 12－5　速示器

图 12－6　记忆鼓

（八）节拍器

节拍器是按一定频率发出有规律的响声的仪器，主要用于测试对不同节拍的反应阈值，也可以用于计时或控制其他实验仪器等。将它和记忆鼓连在一起，可以作为测定数字或字词的记忆广度的器材。节拍器的频率范围一般在 40～208 次/分钟之间。过去心理学实验中主要使用带发条的机械节拍器。随着现代电子技术的发展，目前电子节拍器已逐步取代了机械节拍器。

（九）色轮

色轮又称混色轮，它是一种混合颜色的装置。仪器由色轮转盘、变速控制器和各种纸盘组成（见图 12－7）。变速控制器控制电机转速，并实时测定，数字显示转盘转动速度。使用时两个或更多个不同颜色的圆纸板组成 360 度整圆。当转速超过闪光融合临界频率时，就可以产生一个平稳的混合色。这种混合色是色光混合的结果。从色纸反射到眼睛中的不同色光实际上并没有真正混合，而是由于不同色光交替刺激网膜，由一扇色光引起的兴奋在另一扇色光到来时尚未停止，因此产生了融合过程，使观察者看到色彩均匀的表面。色轮除了用于颜色混合实验以外，还可用于彩色对比、螺旋后效、诱导色、马赫带现象、似动现象、闪烁临界频率、色调绝对阈限和明度阈限的测定等。

图 12－7　色轮

（十）闪光融合频率计

一个频率较低的闪光刺激会产生忽明忽暗的感觉，称为光的闪烁。随着光的频率不断增加，闪烁感觉就会逐渐消失，最后变成一个稳定的光，这称为光的融合。感到光的融合时闪光的最低频率和感到光闪烁时闪光的最高频率的平均数叫作闪光融合临界频率。

闪光融合频率计又称亮点闪烁仪（见图 12－8），可以测量闪光融合临界频率，确定辨别闪光能力的水平，即视觉时间的视敏度。它还可以检验闪光的色调、强度、亮黑比以及背景光的强度发生变化时对闪光融合临界频率的影响。

视敏度可作为视觉疲劳及精神疲劳的一种指标。不同状态的人，闪光融合频率的差异较大。闪光融合频率越高，表示大脑意识水准也越高。人体疲劳时，闪光融合频率降低。因此，测定人的闪光融合频率是测量人体疲劳的一种常用方法。一般常用闪光融合频率的日间和周间变化率作为疲劳指标。

闪光融合频率计是心理学实验及人员选材方面常备的仪器。仪器频率控制采用计算机技术，闪烁频率精度高、稳定性好、操作方便。采用一体设计，结构简单。

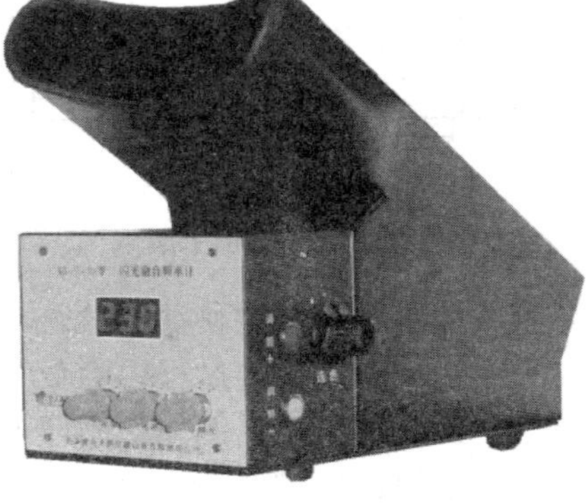

图 12－8　闪光融合频率计

（十一）明度实验仪

明度实验仪是一种用来测定人眼对亮度刺激感受性的仪器，常用来测量人的明度差别感受阈限。它有左右两个观察窗，用来观察明度。每个观察窗有一个对应的调节旋钮和刻度盘。调节旋钮，可以改变光源的亮度，亮度大小可从刻度盘上读出。实验时，主试调节左旋钮确定左观察窗的亮度（标准刺激）。然后被试调节右旋钮，直到他认为左右观察窗的刻度一样为止。通过两个刻度盘读数的差异，可知道不同个体的明度感受性。

（十二）动觉计

动觉计（kinesthesiometer）是一种用于测定动觉感受性的仪器，也可测定关节活动方位控制能力。常用的动觉计一般用于测定前臂位移的动觉感受性，它备有放前臂的鞍座，以便被试的前臂能保持在适宜的位置上。鞍座一端放在一个半圆仪圆心处的轴上。鞍座可随意地沿着一个半圆的轨迹摆动，摆动的幅度可从半圆仪上的刻度上读出来。仪器还备有制止器。制止器可以随时安放和移去，使用制止器的目的是排除视觉的被试能感觉到前臂摆动的幅度，以便复制。动觉计对于主动和被动的前摆动都是适用的，也可以用来测量练习对动觉感受性提高的作用。实验时，主试任选一高度做标准刺激，让被试认真地体会各种关节所处部位，接着要求被试复制，尽量做到每次误差角度越小越好。然后重复多次，按心理物理法处理实验结果，求出动觉感受性。

（十三）河内塔

河内塔是心理学思维实验中常用的仪器，主要测试被试解决问题的能力及思维活动的过程，即思维方向与运用策略。河内塔由八个不同直径的圆盘与三个直立的小柱组成。圆盘中心是空的，可以放在小柱上。圆盘从大到小依次放在左侧的一个柱上，似塔形。实验要求圆盘移到右侧的小柱上。移动过程中，只有顶部的一个圆盘可以移动，并且要求总是大圆盘在下，小圆盘在上。图 12－9 左边表示初始状态，八个圆盘在 A 号小柱，通过每次移动一个圆盘要求达到右边的目标状态，即八个圆盘在 C 号柱。

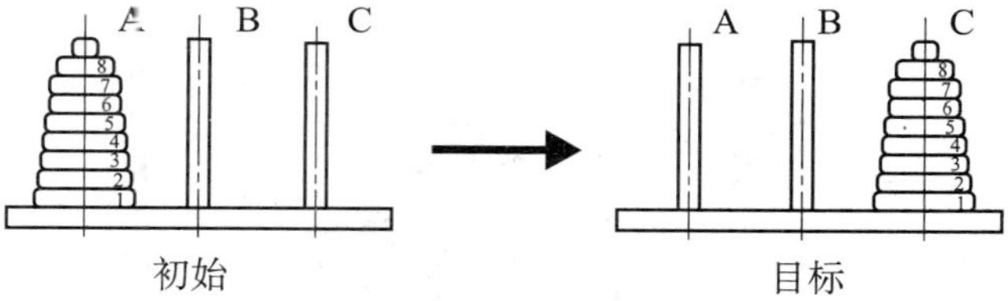

图 12－9　河内塔

在用河内塔进行实验时，常常要求被试一边移动圆盘，一边报告内心的考虑，主试根据被试的口头报告就可以获得在解决问题时思维过程中隐蔽的有用信息；通过对这些信息的分析，还可进一步分析被试解决问题的策略，例如，循环子目标策略。

在实验过程中，操作常常会出现错误，进展是不稳定的，有时甚至会出现许多次操作以后，又返回到初始状态的情形，这反映了对差别的确认不正确，即对问题的理解不正确。实验可以记录下实验中移动圆盘的次数与实验的时间。圆盘愈多，愈容易出错，实验难度也愈大，因此实验可以根据要求，先确定圆盘的数目。

（十四）眼动仪

眼动仪是通过测试人眼活动情况以研究有关心理过程的专用仪器（见图 12－10）。人在进行无意注意或者有意注意时，眼睛的视线总是对准知觉对象的某一点，这一点成为眼睛的注视点，并且以跳动的方式不断地转动着视线转换注意的目标。眼动仪就是用来记录眼球运动的轨迹以帮助分析信息加工过程的某些特点的。

早期的眼运动记录方法有观察法、机械记录法、光学记录法和照相法等。但是，这些方法的记录速度和精度都不能满足心理与教育科学研究的需要，尤其是许多早期方法在实验中对被试进行麻醉和在眼球上安装附加装置，会使被试感到不适，从而影响正常的眼动。后来出现的角膜反光法，不仅使记录的精确度提高了，而且可以在不附加任何研究附着物的情况下记录眼动，使实验更趋自然。

角膜能反射落在它表面的光，这就是角膜反光。由于角膜是从眼球表面凸出的，因此当眼球运动时，光在变化的角度上射到角膜，会得到不同方向的反光。这种变化是分析眼动特征的一种精确变量。

眼动仪被广泛应用于行为研究、工效学研究、精神涣散评价、人的因素分析、模式识别、商业心理、航空心理和文字阅读等许多领域。

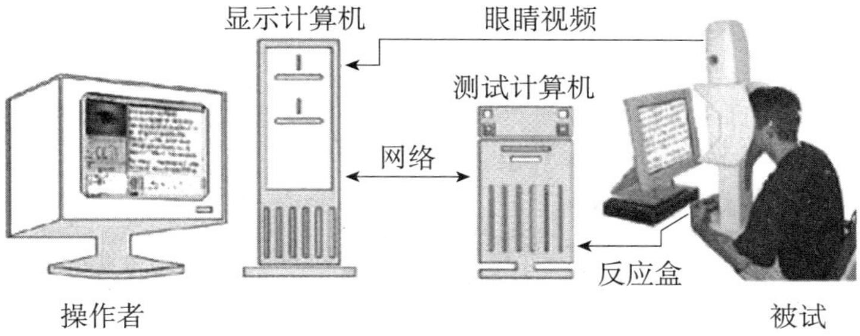

图 12－10　眼动仪

二、情绪类

（一）皮肤电反应仪

皮肤电反应仪（psychologalvanometer）是通过显示或以曲线波纹形式记录皮肤电反应变化的仪器（见图 12－11）。皮肤电反应的机理是：在情绪状态时，皮肤内血管的舒张和收缩以及汗腺分泌等变化，能引起皮肤电阻的变化。皮肤电反应仪就是以此来测定自主神经系统的情绪反应。最早研究这一现象的是费利

图 12－11　皮肤点反应仪

(C. Fère)，他把两个电极接到前臂上，并把它与弱电流及一个电流计串联。他发现当被试接受声音、气味等刺激时，电流计会迅速偏转，后人称之为费利现象。以后皮肤电反应即被广泛应用。

（二）钾离子测痛仪

1979 年，国际疼痛研究协会把痛觉定义为一种与实际的或潜在的组织损伤相联系或用这种损伤来描述的不舒适感觉和情绪体验。这个定义显然考虑到了两个因素：痛觉与机体的组织损伤相联系（与身体器官的物理、化学损伤或病变造成的结果有关）；此外，痛觉与某种心理状态相联系（痛觉是一种感觉，同时又是一种不舒服、不愉快的情绪反应）。钾离子测痛仪（K^+ pain threshold tester）是采用直流钾离子透入法致痛，以研究痛觉感受性的仪器。用直流钾离子透入法进行刺激时，主要是使用好仪器输出的两根导线电极：一根为正极，一根为负极。实验前，首先选定被试的测痛部位，然后，在其周围涂上导电膏，并加以摩擦，使皮肤电阻值降低，以增加皮肤的渗透性。随后，取 5×10 厘米的镀银铜片作无关电极（即负极），下垫盐水纱布，裹于被试小腿下端，另用有机玻璃制成的测痛头作为有关电极（即正极），在有机玻璃测痛头中心的小孔内，注入氯化钾导电液，将其置于被试测痛部位上。当仪器启动后，痛刺激从无到有，从小到大，逐渐增强，当被试报告“受不了”时，记录此时的电流毫安数，作为耐痛阈。

三、技能类

（一）镜画仪

镜画仪（mirror tracer）是分析动作技巧形成过程的心理学常用仪器（见图 12－12）。实验时，要求被试将下颌放在遮板上方，使其不能直接看到板下图形。被试手握描绘笔。当描绘笔接触图形板下方起止位金属中心时，实验开始，计时计数器开始计时，要求被试注视平面镜内的图形，用描绘笔尽快正确地学习画下图形板上图形，即描绘笔沿着图形的顺时针或逆时针一个方向移动。由于图形与镜子中看到的前后方向相反，因此必须注意动作的技巧。当描绘笔离开图形与金属底板接触，为一次失败，并可有声音反馈。描绘笔沿着图形移动一周后，回到起止位金属中心，实验结束，计时停止。计时计数器显示实验所用时间及失败的次数。

（二）动作稳定器

动作稳定器（见图 12－13）既能用于测定手的动作稳定程度，也可以间接测量情绪波动的程度。该仪器测试面是一块包含多孔、曲线槽、楔形槽的金属板，配套一根插入洞孔、槽的电笔。电笔的笔尖是一根直径 1.5 毫米的金属棒，金属棒的上端是绝缘把手，电线从绝缘把手上穿出，与仪器主体相连。仪器

图 12－12　镜画仪

箱内，电线依次把电笔笔尖、蜂鸣器、指示灯、金属板、底板、电源连接起来，只要底板笔尖碰到九洞金属板，蜂鸣器就会发出声响。该仪器可进行如下测试。

1. 九洞测试

令被试手握测试针，悬肘，悬腕，将金属针垂直插入最大直径的洞内直至中隔板，灯亮后再将棒拔出。然后按大小顺序重复以上动作。插入和拔出金属针时，均不允许接触洞的边缘，一经接触蜂鸣器即发出声音，表示试验失败，只有在插入和拔出时皆未碰边才算通过。九洞测验以通过最小洞的直径之倒数作为被试手臂稳定性的指标。

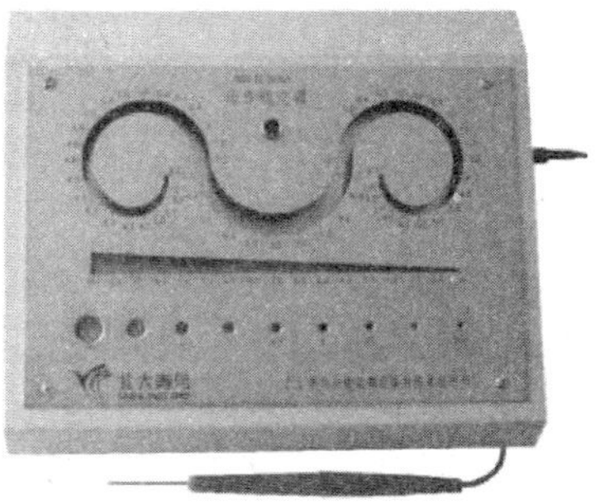

图 12－13　动作稳定器

2. 曲线或楔形槽测试

将金属针插入楔形槽左侧最大宽度处或曲线槽中央最大宽度处（必须插到与中隔板接触）。然后悬臂，悬腕，垂直地将针沿槽向宽度减小的方向平移，至最小宽度处为止，移动时不与中隔板接触。此过程中均不允许针接触槽的边缘，如有接触发生，则蜂鸣器会发出声音。以不碰边时的最小宽度值之倒数作为被试手臂稳定性的指标。

（三）迷宫

该仪器（见图 12－14）用来研究运动学习，可以研究一般的学习进程，也可比较学习速度和所犯错误次数的个体差异。实验时要求被试以最快的速度和最少的错误达到终点。迷宫中路线包括通路、转折、支路和盲巷，从起点到终点只有一条通路。起点与终点位置有光电开关，能自动开始、停止计时。盲巷位置有光电开关，测试棒到达盲巷巷尾能自动记录下失败次数，并声响提示。

图 12－14　迷宫

四、人格类：棒框仪

本仪器（见图 12－15）可测量一个倾斜的框对判断一根棒的垂直性影响的程度。被试越受倾斜的框的影响，说明周围环境条件的变化对他的影响越大，因此本仪器也可以通过被试的认知风格是场独立性还是场依存性来测量人格特性。它的主要特点是：在一个暗视场背景上，提供一个亮度均匀的亮的框和棒，棒在框的内部，两者都可以单独作顺时针或逆时针调节，并且有读数盘随时将框和棒的倾斜角度用指针显示出来。仪器无需电源条件。

场依存性的人，根据框主轴来判断垂直；而场独立性的人往往利用感觉到的身体位置，把棒调成接近于垂直。

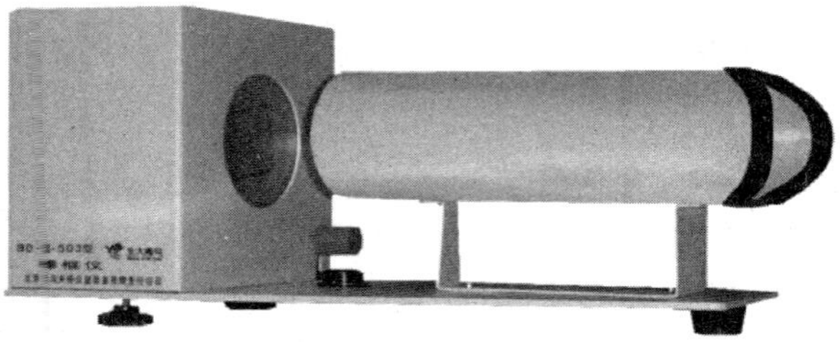

图 12-15　棒框仪

五、高科技神经生理技术

近些年来，心理学研究中采用高智能、高科技、无创伤的神经生理技术成为一大亮点和热点，从而更有利于深入地、整体地研究心理、生理及二者的关系。它们不能简单地被归于上述认知类、技能类等某一类别中，而更多地依赖于研究者的实验设计，从另一个角度而言，研究者对这些技术手段的采用更具主观能动性，或者说有更多的人机互动。

（一）脑电技术

自 1929 年汉斯·伯格（Hans Berger）首先发表关于脑的自发电位（即脑电图，electroencephalogram，EEG）的论文以来，科学家对于通过 EEG 揭示脑的心理功能奥秘寄予厚望。EEG 的研究到了 20 世纪 50 年代借助计算机技术有了蓬勃发展，尤为重要的是，新开创的事件相关电位（event-related potentials，ERP）的研究使得脑电技术在心理学研究中得到广泛的应用。

人脑的 EEG 是人的生命指征之一，在没有接受明显刺激的情况下，人脑也会不断产生 EEG，所以称之为自发电位。ERP 通常比 EEG 小，被湮没在 EEG 中难以观察，因而要采用计算机叠加技术才能将这种信号从 EEG 中提取出来。由于 ERP 是刺激事件引起的脑电真实的实时波形，时间分辨率可精确至微秒级。

用于收集处理 EEG-ERP 的脑电仪基本上可以分成三个部分：脑电收集装置（如电极帽）、脑电放大装置、脑电处理装置（硬件即为性能较高的计算机）。现在生产设计脑电仪的厂家不少，都是围绕以上三部分设计创新，主要目的都是使脑电记录更为便捷和可靠。

EEG 信号的研究历史可以追溯到 18 世纪末期。在 EEG 被发现之前，人们只能通过观察末梢神经对刺激的反应来了解中枢神经的机能状态。到了 20 世纪 70 年代，美国的雅克·维达尔（Jacques Vidal）博士等用一个由 EEG 信号驱动的简单通信系统实现了人脑直接控制计算机光标作两维运动，自此 EEG 信号采集系统得到了迅速的发展。

EEG 信号包含了丰富的大脑信息，反映着人的精神状态、情绪状态和警觉度等各方面的内容。近年来，EEG 采集技术、EEG 信号处理技术和机器学习飞速发展，也让 EEG 的应用从医疗、康复领域逐渐向驾驶等日常领域发展，并在神经科学、心理学和认知科学领域发展迅速（曹洋，唐宏伟，马艳妮，吕宝粮，王国兴，2015）。

（二）功能性磁共振成像技术

磁共振成像（magnetic resonance image，MRI）是获得脑结构的极好技术，它能用来观察大脑的解剖结构。在此基础发展而来的功能性磁共振成像（functional MRI，fMRI）（相应设备见图 12 - 16）还能用于观察大脑活动的动态过程。目前应用最多的是血氧水平依赖功能性磁共振成像法（blood oxygenation level-dependent fMRI，BOLD-fMRI）。该成像机制是由贝尔实验室的小川（Seiji Ogawa）等人在 1990 年提出来的。BOLD-fMRI 的原理是：人脑在内外刺激作用下，处于功能活动状态，神经活动兴奋性水平增强，局部脑组织血流、血容积及血氧消耗增加。这导致脑激活区静脉中血氧浓度增高，脱氧血红蛋白相对减少。脱氧血红蛋白是顺磁物质，氧合血红蛋白是逆磁物质。将磁性物质的相对增减记录下来，就能反映相关脑区的激活状态（冯涛，张进辅，2006；骆姚星，唐一源，宋鹤山，2003）。

自 20 世纪 90 年代以来，fMRI 技术已被广泛应用于脑功能的临床和基础研究。fMRI 结合了功能、解剖和影像三方面的因素，为临床磁共振诊断从单一形态学研究到与功能相结合的系统研究提供了强有力的技术支持。该技术具有无创伤性、无放射性、可重复性、较高的时间和空间分辨率、可准确定位脑功能区等特点，为脑神经科学提供了广阔的应用前景（邱纪方，高振梅，2008）。

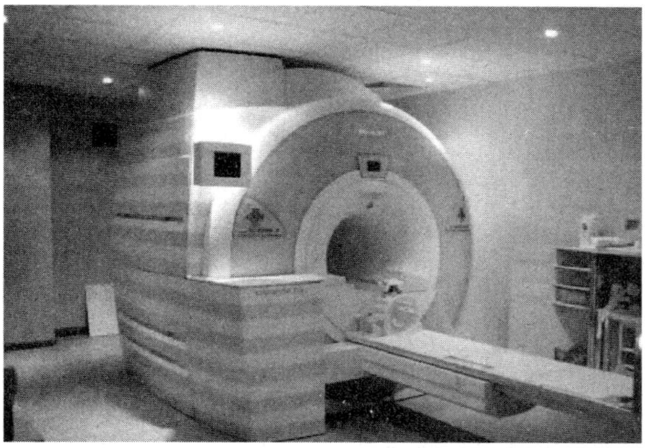

图 12 - 16　功能性磁共振成像设备

（三）正电子发射断层扫描技术

正电子发射断层扫描技术（positron emission tomography，PET）是一种通过扫描放射性示踪剂在人体内的运动来获取细胞活动或代谢的信息，并用以成像的核医学手段。它能测定大脑中不同区域葡萄糖的吸收率和血流量。实验前给被试注入一定量释放正电子的示踪剂。被试进行认知活动时，相关脑区随神经细胞活动，血流发生变化，血液中所含示踪剂释放的正电子数量就与周围脑区显示出差异，这种差异通过探测系统得到检测并描记。单光子发射计算机断层扫描技术（single photon emission computed tomography，SPECT）的原理与 PET 相似。但 SPECT 无须价格昂贵的回旋加速器产生放射性核素，核素的半衰期较 PET 所用长，所以 SPECT 价格较低，实施检查方便。

（四）经颅磁刺激系统

经颅磁刺激（transcranial magnetic stimulation，TMS）系统由标准的快速磁刺激系统和图像引导的定位系统两部分组成（见图 12－17）。该系统的主要功能是在被试进行某种认知任务的过程中，将短暂的强磁信号作用到被试大脑的特定区域上，进而通过观察被试对当前认知任务的完成情况来研究该区域在认知活动中的时间进程和功能。这种技术具有高时间分辨率、高空间分辨率和高功能分辨率等特点，同时又易于和脑电技术以及磁共振技术相结合，因此最近几年来成为研究人脑认知功能的新兴手段。该系统能够结合磁共振高空间分辨的精细结构像，通过图像引导的定位系统来进行实时精确的操作。同时该系统还能够根据磁共振实验得到的功能结果直接进行大脑区域的功能定位刺激。

图 12－17　经颅磁刺激设备

（五）脑磁图技术

20 世纪 60 年代末，美国麻省理工学院的大卫·柯恩（David Cohen）首次使用超导技术在屏蔽室内测量磁场，并用超导量子干涉仪（SQVID）作为传感器完成了人们脑磁场测量，成为脑磁图（magnetoencephalograph，MEG）技术的开拓者。历经计算机和信息技术的迅速发展以及人们对 MEG 的深入研发，到 20 世纪 80 年代已由单通道发展至 37～64通道传感器装置，并被应用于癫痫的功能检查和诊断。80 年代中期，MEG 与 MRI 叠加产生了磁源性成像（MSI），90 年代初期，成功研制出现代全头型（128～248 个探头）MEG，只需一次检查即可采集到全头的脑磁信号，检查时间缩短到 1 小时，资料分析缩短至 2 小时，并且提高了抗外界磁场干扰的能力。而且与 MRI 叠加后形成的 MSI 更加准确，同时与计算机导航手术系统相融合，从而能瞬时准确反映解剖学定位、脑功能和传导路径变化，为神经科学、神经外科和精神科学的基础研究和临床应用开辟了新纪元。

MEG 系统结构甚为复杂，是多学科共同协作的结果。它包括特殊的屏蔽装置、低温传感器、降噪装置等，涉及电子学、低温学、软件流程、信息数据处理及编译、计算机系统设计和极为精密的机械加工工程技术（相应设备如图 12－18 所示）。MEG 内含 EEG 检测采样装置、三维数字化定位仪，以及视觉刺激、体感刺激、手指运动触发和视听监护系统。其中最关键的传感器——超导量子干涉仪（SQVID）需在－269℃下工作。传感器采取的磁场信号由电缆线传出，在室温下经过 SQVID 放大器及转换处理后和 EEG 检测信号一并被传送至屏蔽室外的主机控制台，并在计算机软件对 SQVID 电路的控制下，同时对其进行加权调整和通道设置。计算机对主机所采取的数据进行放大、滤波、去除漂移、叠加等处理后再将其传送至显示器和存储器。另外，MEG 还包含由计算机控制的多种刺激系统，如听觉、视觉、体感等不同刺激和触发信号以及 EEG 放大、显示和记录系统。屏蔽室内外设有摄像、对讲、激光打印及添加液氮等系统装置。脑电磁场尽管十分微弱，但 MEG 具有极高的时间和空间分辨率，分别为 1 毫秒和 2 毫米。国内 MEG 多用于临床医学的脑功能研究。国外已有研究者用 MEG 来研究情绪、认知刺激在大脑中活动过程的时间特点及瞬间遗忘的特点等（常义，刘宏毅，2006）。

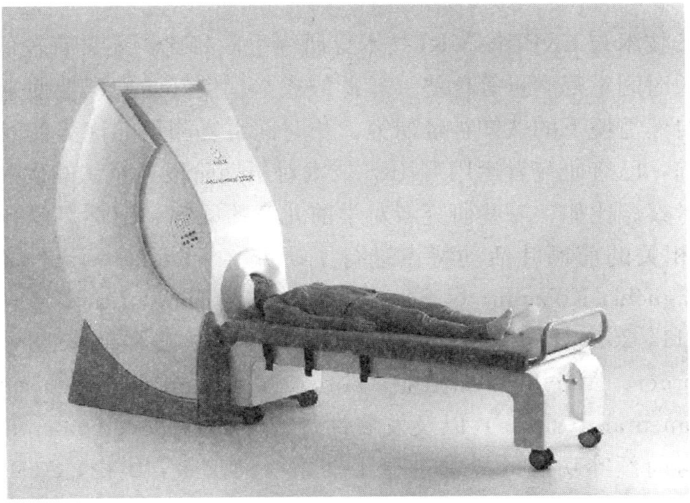

图 12－18　脑磁图设备

（六）功能性近红外光谱成像技术

20 世纪 90 年代以来，功能性近红外光谱成像技术（functional near-infrared spectroscopy，fNIRS）逐渐被引入神经影像研究领域，几十年来不断发展改进使得其应用越来越广泛（邹雨晨，李燕芳，丁颖，2015）。fNIRS 是基于将近红外线的不同波长用于表示氧合血红蛋白和脱氧血红蛋白的浓度变化，得到大脑区域神经皮层的反应情况，从而对个体的认知活动进行探究。当神经皮层发生反应时，血红蛋白的表现为：总的血红蛋白和氧合血红蛋白的浓度增加，脱氧血红蛋白的浓度降低（Ferrari & Quaresima，2012；Minagawa-Kawai，Mori，Hebden，& Dupoux，2008）。作为新兴的神经影像学技术，对比其他传统神经学研究手段，fNIRS 技术有自己独特的优势（相应设备如图 12－19 所示）。

首先，由于幼小儿童身心发育尚不成熟，自我控制能力差，对头动有较高要求的 ERP 和 fMRI 等技术难以实施。而 fNIRS 具有较高的非侵害性，并且对实验中被试的头动容忍度较高。这使得其适用于研究任何年龄、任何状态的个体（Nagamitsu，Yamashita，Tanaka，& Matsuishi，2012），特别是幼小儿童、老年人，甚至是发展障碍儿童等特殊群体。出生后的几年是个体发展最关键的阶段，也是各种认知能力发展最敏感的阶段，对这一阶段儿童的研究能够帮助我们认识个体生命之初的认知发展与脑发育的关系，拓展和延伸发展认知神经科学研究的年龄范围。

其次，fNIRS 具有较高的时间分辨率和空间分辨率。时间分辨率和空间分辨率在现有的脑成像技术中几乎都存在矛盾。而fNIRS的空间分辨率比ERP高，时间分辨率比fMRI高，可以满足研究者在同一实验中同时获得大脑活动的时间进程和空间定位两方面的基本信息（刘宝根，周兢，李菲菲，2011；Gervain et al.，2011）。并且，fNIRS技术在空间定位上主要涉及前额叶及其周围一些区域，因此，在探测与前额叶相关的认知能力的神经机制上有极大优势。

最后，fNIRS技术与ERP和fMRI技术等研究手段相比，还具有较低的成本、良好的便携性，并且可长时间重复测量等优势。较低的成本、良好的便携性使它能适用于各种实验条件，特别是自然情境下的认知神经研究。长时间重复测量的优势使其被广泛运用于纵向追踪研究。目前，已有研究者运用fNIRS技术对早期阶段儿童认知发展与前额叶功能发育的关系进行了考察。比如，一些研究者对学前儿童的语言、记忆、面孔识别、执行功能等高级认知能力相关的前额叶活动特点进行了研究（Hidaka et al.，2012；Tsujimoto，Yamamoto，Kawaguchi，Koizumi，& Sawaguchi，2004；Ding，Fu，& Lee，2013；Moriguchi & Hiraki，2011，2013）。另外，也有研究者对注意缺陷多动障碍（attention deficit hyperactivity disorder，ADHD）、孤独症（autism spectrum disorders，ASD）、发展性阅读障碍（developmental dyslexia）以及发展性计算障碍（developmental dyscalculia）等认知与行为紊乱与前额叶功能的异常进行了探索（吴汉荣，姚彬，2004；Negoro et al.，2010；Kita et al.，2011；Zhu，Fan，Guo，Huang，& He，2013）。

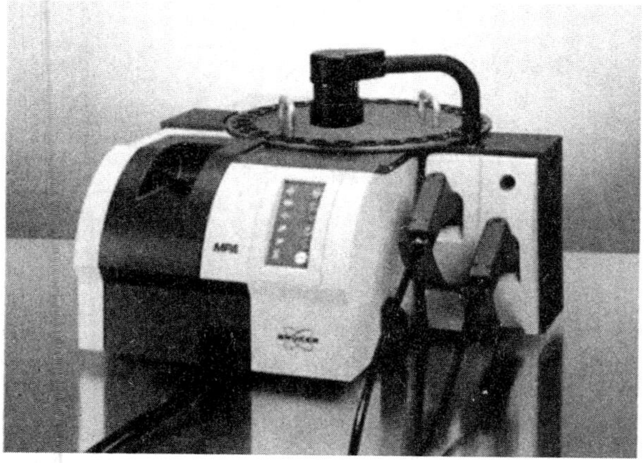

图12-19　功能性近红外光谱成像设备

由于以上技术手段在时间和空间定位上各有优劣，所以在一个研究中整合利用这些技术手段顺理成章地成了研究者们的追求。图12-20即为示意图。最为理想的当然是在被试完成实验任务时能同时采集时空信息。比如说，让被试戴上电极帽同时接受fMRI扫描，这样就能将EEG-ERP的高时间分辨率和fMRI的高空间分辨率的优势结合起来。一些生产厂家已为此做出了宝贵的贡献。当然，这种实时结合对于技术设备以及实验设计的要求都很高。所以，不少研究者不得不采取让被试在一种设备的监测下完成实验任务后，再在另一种设备的监测下完成同样的实验任务的方式。当然，这种实验设计会带来新的干扰变量，导致出现难以克服的局限。

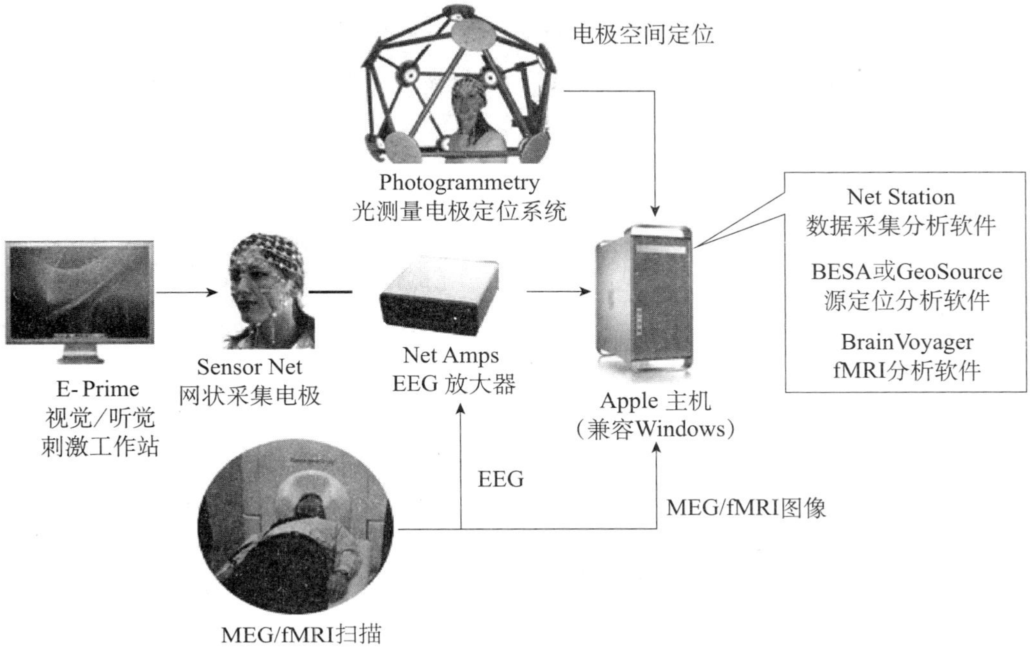

图 12－20　脑高级功能时空综合分析手段示意图

专栏 12－1

脑电信号的提取

脑电（electroencephalogram，EEG）是通过电极记录下来的细胞群节律性、自发性电活动，由不同幅值、不同形态和不同频率的脑电波所组成，脑电图的特征与大脑皮层的活动程度存在着很大关系。沃尔特（W. Gray Walter）将与脑电活动相关的脑电波频率范围划分成五种类型，频率由低到高，依次为 δ 波、θ 波、α 波、β 波和 γ 波。脑电图作为一种复杂而特殊的生物电信号，是由脑内亿万神经元活动而引起的头皮表面电位变化，反映了大脑的功能状态，检测这些电位的变化对研究大脑的功能状态非常重要。随着数字信号处理技术的不断发展，借助于计算机来分析研究脑电信号不断取得进步。目前对于脑电信号的分析，主要从脑电时域和频域上提取有效特征。时域特征主要包括过幅度、方差、相关性和峰值等，提取时域特征的方法是时域分析法，即直接提取 EEG 波形的特征。由脑电信号的产生机理可知，脑电图是一组随时间变化的电位波形，可以直接从时域上观察到，多用于临床上癫痫疾病的诊断。时域分析法直观性强，物理意义比较明确，因此至今仍被广泛应用，但对医生或研究者具有较高的专业要求。频域特征较为突出，主要包括频率、功率等，提取频域特征的方法是频域分析法。其中最常用的是功率谱估计法，分为经典谱估计与现代谱估计方法，即把幅度随时间变化的脑电波变换为脑电功率随频率变化的频谱图，通过频谱图可直观地观察到 EEG 中脑电节律的分布与变化情况。脑电信号是一种典型的非平稳信号，频域法需要在假定 EEG 信号具有平稳特性的前提下进行，而且只考虑信号的频域信息，损失信号的时间信息，无法有效提取 EEG 的重要特征。也可以利用时频分析法同时提取脑电信号时域和频域上的特征。从神经科学和脑科学的角度，时频特征的结合将更有利于EEG信号的识别。实际上脑电作为一种非平稳信号，单纯采用频域或时域方法无法有效表征EEG特征，所以只有从频率和时间上同时描述能量或其强度的转换，才能准确有效地提取非平稳性脑电信号的特征信息。时频分析法主要包括Wigner分布、Gabor变换、小波变换（wavelet transform）和多分辨率时频分析（MIHFA）等方法，其中应用最广泛的是小波变换。

小波变换是新发展起来的一种信号处理技术，提出了变化的时间窗，时间窗的面积保持不变，但形状可变，它克服了傅里叶分析的局限性，它对信号的自适应性对于处理脑电信号非常有效，因此适合用于分析处理具有较强随机性和非平稳非线性的微弱生物电信号。而且由于EEG信号具有节律性，它可以直接提取感兴趣频段的小波系数作为脑电特征。

资料来源：高佳，2015；李芳，邱天爽，马征，2010。

第二节　在心理与教育科学研究中应用现代化手段的优点与缺点

一、应用现代化手段的优点

确切地说，心理与教育科学研究对现代化手段的应用实际表现为仪器的现代化。用实验法探讨心理与教育科研问题，仪器是不可或缺的工具。在心理与教育实验中，研究者借助于仪器以呈现刺激，施加实验处理；对于无关刺激也常常借助于仪器加以控制、排除，以免干扰实验结果。此外，仪器还可以帮助研究者观测、记录及对数据进行统计处理。即使用其他方法进行研究，仪器也是有益的辅助工具。概括起来，利用现代化仪器进行心理与教育科学研究有不少优点。

（1）可以排除研究者的某些主观因素的影响，使呈现刺激和记录反应更加客观、准确、精密。例如，通过计算机的辅助，可以将刺激呈现时间和被试反应时间的计量单位精确到毫秒；对于被试的具体反应行为，计算机能够很轻易地做到客观如实记录，而且即使被试没有外显行为或者被试有意地掩饰其行为，通过脑成像技术也能记录到被试真实的生理心理进程。

（2）可以同时长时间地搜集多种资料。例如，借助多导记录仪可以同时记录被试的脉搏、心跳、呼吸、皮肤电反应和脑电波变化等多种心理生理指标，综合被试的行为指标，从而可以很好地理解被试身心互动系统的特征。

（3）可用于数量浩大、复杂的数据处理。计算机统计软件包的进一步开发，将在心理与教育科学研究中得到广泛的应用。

（4）可用于对人的心理和行为的模拟实验。通过多媒体等高科技手段设置虚拟环境实验室、情境模拟实验室和用户界面实验室能够进一步提高实验的外部效度。同时，通过计算机等手段对我们已有的心理与行为研究结果进行模拟，不仅是检验我们研究结果的有效手段，而且是将我们研究结果在高科技层面上予以应用的途径，比如为人工智能提供原型与思路等。

二、应用现代化手段的缺点

尽管心理与教育科学研究在手段上紧跟现代化是大势所趋，但是作为研究者除了应该积极掌握和采纳现代化手段外，还需要对现代化手段的局限性有清醒的认识。概括起来，在心理与教育科学研究中应用现代化手段存在以下不足之处。

在心理与教育实验中，现代化仪器的采用会产生新的无关变量，仪器本身会干扰正在被研究的心理和行为的表现。因为仪器也是一种刺激，并有暗示实验目的的某些知觉线索，被试可能会感受到这些线索的意义而做出符合实验情境的预期行为或产生不自然的行为。此外，许多现代化仪器都要求比较严格的使用环境，比如暗室、屏蔽室等。因此，借助仪器所得出的实验结果往往外在效度低，与人们在日常生活中的心理表现有一定的距离。

当前心理与教育研究的现代化手段的采用主要表现为神经生理技术的应用，这对于揭示身心关系意义重大。但是由于生理指标的间接性与影响因素的复杂性，研究者对心理行为的理解可能会被误导。

许多现代化手段要求研究者具有比较全面而深厚的综合学科知识，涉及心理学、生理学、计算机科学、物理学等，仪器本身的使用也较复杂，这让研究者需要花大量的时间去掌握这类现代化技术，从而限制了研究者能用于专业学习钻研的时间和精力。而如果知其一而不知其二，贸然使用，则可能得到错误的结果结论。

现代化手段造成研究者的过分依赖，从而使得研究者在选择一些课题时不是从问题出发，而是从工具出发，甚至一些研究只是新瓶装旧酒，重复以前采用简单手段就证明过的问题。

当然，如同现代化手段在心理与教育科学研究中的优点不是绝对的一样，它的缺点也不是绝对的，是可以通过人们的努力加以克服的。而且，目前这些现代化手段的缺点也许只有通过进一步现代化才能克服。

专栏 12－2

脑功能成像的新方法——功能性近红外光谱成像技术（fNIRS）

鉴于脑功能成像技术的重要作用，目前心理学各个领域的研究者已经开始越来越多地使用它来为其研究服务。由于对伪迹敏感、造价昂贵、仪器庞大等原因，现有的脑功能成像技术如功能性磁共振成像（fMRI）不适用于以儿童尤其是婴幼儿、老年人以及特殊人群为对象的脑功能成像研究，亦不适用于日常生活、工作等自然情境下的认知神经科学研究。功能性近红外光谱技术（functional near-infrared spectroscopy，fNIRS），被认为是一种能满足以上要求的脑功能成像技术，同时也被认为是一种具有良好前景、能为认知神经科学研究提供新研究视角的技术。

其生理学原理是：

大脑通过血液的新陈代谢为神经元活动提供所需的氧，而氧的消耗又刺激大脑局部血管的舒张，促使毛细血管血流量增加，导致局部脑血流（rCBF）和脑血容（CBV）的增加，表现为大脑血氧水平的迅速提高，这就是神经与血管匹配的机制。在这个机制的作用下，在认知神经活动过程中，大脑神经活动区域增加的脑血流所携带的氧将大大超过大脑活动所需的氧，而氧通过血液中的血红蛋白进行传输，故而在认知活动过程中，大脑活动区域会出现血液中氧合血红蛋白（oxy-Hb）浓度的上升，脱氧血红蛋白（deoxy-Hb）浓度的下降。fMRI 正是利用认知活动中血红蛋白浓度的变化导致的磁性变化，从而获得信号的。

大脑组织活动时，血氧水平不仅会影响其磁性变化，同时也会影响其光学特性。生理组织对光有两种反应，一是吸收，二是散射。血液的主要成分（水、氧合血红蛋白和脱氧血红蛋白）对 600～900nm 的近红外光的吸收非常少，具有良好的散射性，因此 600～900nm 的近红外光也被称为光谱窗，在这个光谱窗内，760nm 左右和 850nm 左右的近红外光对氧合血红蛋白和脱氧血红蛋白的敏感性是不同的，前者对脱氧状态敏感，后者对氧合状态敏感。因为头部不同皮层内散射的数量不会因为神经活动而变化，皮层组织散射导致的衰减被认为是恒定的。因此，认知活动中测量到的衰减的变化就被认为是由于吸收的变化，而这个变化又是大脑活动组织中氧合血红蛋白和脱氧血红蛋白的变化所致。因而通过测定大脑活动区域脑皮层散射光的强度，可以推知该区域血氧和血容量的变化。这样就可以得到在进行认知活动时脑内氧合血红蛋白和脱氧血红蛋白的相对浓度变化，从而推测认知活动相关的脑区及各脑区之间的相互关系。由此，研究者可以采用 fNIRS 获得大脑活动时血氧水平的变化，进而研究认知活动过程的神经机制。

资料来源：刘宝根，周兢婀，李菲菲，2011，943－944 页。

小　结

心理与教育科学研究的进步离不开现代化手段的运用。所谓现代化手段，主要体现为现代化仪器的使用。这些仪器可以根据其常用的领域分成认知类、情绪类、技能类和个性类，实际使用时，仪器并不局限于这种分类。在当代心理与教育研究中，计算机扮演着越来越重要的作用，或者说已经成为基本工具，类似于以前研究中的纸与笔。以计算机为基础，脑成像技术在心理研究中成为可能，目前是方兴未艾。这么多的现代化手段不可能被一个研究者所掌握，但是只有尽可能地多了解一些研究手段，才不至于成为手中只有锤子的工匠——把什么问题都看成钉子。而且，除了了解这些现代化研究手段的优势外，还要清醒地认识到它们的不足，才更利于得出合理的研究结论。

思考题

1. 列举几项高科技神经生理技术，说明其技术特点。
2. 如何辩证地看待现代化手段在心理与教育科学研究中的应用？
3. 试分析心理与教育科学研究中仪器发展的趋势。

推荐读物

1. 薛婷，陈浩，赖凯声，等．心理信息学：网络信息时代下的心理学新发展．心理科学进展，2015，23（2）：325－337.

2. 曹洋，唐宏伟，马艳妮，等．脑电采集系统的发展及其现代化应用．新技术新工艺，2015（11）：83－89.

3. 邹雨晨，李燕芳，丁颖．早期高级认知发展与前额叶功能发育的 fNIRS 研究．心理发展与教育，2015，31（6）：761－768.

4. 蒋波，章菁华．1980—2009 年国内眼动研究的文献计量分析．心理科学，2011（1）：235－239.

5. 李晓航．心理学研究工具与心理学的发展．心理科学，2010（1）：250－252.

6. 邱纪方，高振梅．功能性磁共振在脑卒中康复中的应用．中华物理医学与康复杂志，2008，30（7）：501－502.

7. 沈德立，杨治良．心理学研究工具刍议．心理科学，2007，30（2）：258－263.

8. 冯涛，张进辅．认知心理生理学与无创性脑功能成像技术．心理科学，2006，29（1）：151－153.

9. 阎克乐，唐一源，张月娟，等．核医学检测手段及其在心理研究中的应用．心理科学，2003，26（6）：1101－1102.

10. 魏景汉，罗跃嘉．认知事件相关脑电位教程．北京：经济日报出版社，2002.

11. 坎特威茨，罗迪格，埃尔姆斯．实验心理学．9 版．郭秀艳，等译．上海：华东师范大学出版社，2010.

12. 杨治良．实验心理学．杭州：浙江教育出版社，1998.

参考文献

埃萨.(2011). *幼儿问题行为的识别与应对*. 王玲艳，张凤，刘昊 译. 北京：中国轻工业出版社.

艾森克，基恩.(2009). *认知心理学*. 5版. 高定国，何凌南 等 译. 上海：华东师范大学出版社.

安秋玲，陈国鹏.(2004). 儿童应对权威的矛盾解决策略研究. *心理科学，29*(5)，1069-1072.

白学军，高晓雷，高蕾，王永胜.(2017). 藏语阅读知觉广度的眼动研究. *心理学报，49*(5)，569-576.

曹洋，唐宏伟，马艳妮，吕宝粮，王国兴.(2015). 脑电采集系统的发展及其现代化应用. *新技术新工艺，11*，83-89.

常义，刘宏毅.(2006). 脑磁图在神经外科领域的应用. *临床神经外科杂志，3*(1)，40-41.

陈会昌.(2004). *道德发展心理学*. 合肥：安徽教育出版社.

陈会昌，王令望.(1983). 幼儿园兴趣游戏活动对儿童智力发展的影响的实验研究. *心理学报，15*(2)，169-177.

陈世平（编著）.(2011). *心理统计学*. 天津：南开大学出版社.

陈向明.(2000). *质的研究方法与社会科学研究*. 北京：教育科学出版社.

陈晓宇，王美馨，高雅婷，蒋重清.(2016). 视觉与听觉情绪信息关系判断中的交互作用. *心理科学，39*(4)，842-848.

陈英和，赵笑梅.(2007). 小学三～五年级儿童类比问题解决及策略运用发展. *心理发展与教育，23*(2)，18-22.

陈正根，张雨青，刘寅，张宁，吴坎坎.(2011). 不同民族创伤后应激反应模式比较的质性研究：汶川地震后对羌汉幸存者的访谈分析. *中国临床心理学杂志，19*(4)，503-511.

程开明，章雅婷.(2015). 回归效应：不可忽视的统计现象. *中国统计，1*，45-47.

崔丽霞，郑日昌.(2001). 20年来我国心理学研究方法的回顾与反思. *心理学报，33*(6)，564-570.

达克沃思.(2017). *坚毅：释放激情与坚持的力量*. 安妮 译. 北京：中信出版社.

戴海崎，张峰，陈雪枫（主编）.(1999). *心理与教育测量*. 广州：暨南大学出版社.

但菲，杨丽珠，冯璐.(2005). 在游戏中培养幼儿自我控制能力的实验研究. *学前教育研究，11*，13-15.

邓光辉，孔克勤.(1995). 内田-克雷佩林心理测验在我国的试用研究. *心理科学，18*(4)，230-233.

董奇.(1990). 如何提出研究假设. *心理科学，6*(1)，28-30.

董奇.(2004). *心理与教育研究方法*. 修订版. 北京：北京师范大学出版社.

董奇，申继亮.(2005). *心理与教育研究法*. 杭州：浙江教育出版社.

董旭花，韩冰川，刘霞 等.(2015). *幼儿园自主游戏观察与记录*. 北京：中国轻工业出版社.

杜强，贾丽艳，严先锋（编著）.(2014). *SPSS统计分析从入门到精通*. 2版. 北京：人民邮政出版社.

儿童道德发展研究协作组.(1981). 国内18个地区5～11岁儿童道德判断发展调查. *心理科学通讯，1*，24-28.

樊香娥，樊建.(2017). 论多元文化论与跨文化心理学的发展. *中外交流，30*，36.

方富熹，方格，凯勒.(1994). 对友谊关系社会认知发展的跨文化比较研究. *心理学报，26*(1)，44-50.

风笑天.(1987). 这样的调查能不能反映客观现实？——对一次大型社会调查的质疑. *社会，5*，10-11.

冯涛，张进辅.(2006). 认知心理生理学与无创性脑功能成像技术. *心理科学，29*(1)，151-153.

冯正直，张大均.(2001). 中国版 SCL-90 的效度研究. *第三军医大学学报，23*(4)，481-483.

弗林克尔，瓦伦.(2004). *教育研究的设计与评估*.4 版. 蔡永红 等 译. 北京：华夏出版社.

高兵.(2010). *跨文化心理学研究*. 北京：中央民族大学出版社.

高尔，博格，高尔. *教育研究方法导论*.6 版. 许庆豫 等 译. 南京：江苏教育出版社，2012.

高佳.(2015). *基于 EEG 的运动训练对脑功能网络的影响*(硕士学位论文). 南京师范大学，南京.

高淇，刘希平.(2016). 熟练中韩双语者同形词的词汇通达机制. *心理科学，39*(4)，820-826.

甘怡群，张轶文，邹玲（编著）.(2005). *心理与行为科学统计*. 北京：北京大学出版社.

格雷维特，瓦尔诺.(2008). *行为科学统计*.7 版. 王爱民，李悦 等 译. 北京：中国轻工业出版社.

郭伯良，张雷.(2003). 儿童攻击和同伴关系的相关：20 年研究的元分析. *心理科学，26*(5)，843-846.

韩进之，魏华忠.(1985). 我国中、小学生自我意识发展调查研究. *心理发展与教育，1*(1)，11-18.

韩进之，魏华忠，杨丽珠.(1991). 大陆儿童与青少年自我意识发展研究. 见高尚仁，杨中芳（编）. *大陆中国人·中国心：发展与教学篇*. 台北：远流出版事业公司.

韩进之，杨丽珠，魏华忠.(1987). 我国大学生自我意识发展特点研究. *心理发展与教育，3*(4)，1-7.

韩萌，毛新瑞，蔡梦彤，贾茜，郭春彦.(2017). 大小判断任务中正负号及其异同对 SNARC 效应的影响. *心理学报，49*(8)，995-1008.

韩玉昌，任桂琴.(2006). 儿童自我延迟满足的视觉认知过程. *心理学报，38*(1)，79-84.

胡乐乐.(2017). 美国最佳教师的卓越特质及对我国教师的重要启示：基于对 2009—2016 年 7 位美国“国家年度教师”的访谈质性研究. *福建师范大学学报（哲学社会科学版），2*，149-157.

黄静静，刘岩，邓春婷.(2017). 受艾滋病影响青年的心理弹性与创伤后成长. *中国心理卫生杂志，31*(9)，739-744.

黄希庭，张志杰（主编）.(2010). *心理学研究方法*.2 版. 北京：高等教育出版社.

姜立利，周家骥.(2003). 心理测验应用中的几个问题. *宁波大学学报（教育科学版），25*(1)，18-20.

蒋重清，杨丽珠.(2006). 情绪易感性辨析. *心理科学，29*(3)，668-670.

蒋重清，杨丽珠，刘颖.(2007). 阈下情绪 Stroop 效应发展特点. *心理学报，39*(2)，242-248.

蒋重清，杨丽珠，刘颖，Bel-Bahar T.(2010). 阈下负性情绪引起儿童和成人相反的判断偏向. *心理发展与教育，26*(1)，9-13.

蒋重清，杨志明，曹中平，唐良平，陈鸣放.(2005). 焦虑对高考发挥的影响. *中国健康心理学杂志，13*(5)，377-379.

金翊翔，罗跃嘉.(2011). 中性词和负性词的纯粹接触效应. *心理学报，43*(7)，739-748.

苛费尔，布林克曼.(2013). *质性研究访谈*.2 版. 范丽恒 译. 北京：世界图书出版公司北京公司.

赖文龙.(2009). 大学生品德发展研究. *心理科学，32*(4)，1006-1008.

李毕琴，Parmentier R B R，王爱君，胡艳梅，张明.(2013). 视觉工作记忆负载对听觉偏差干扰效应的调控：来自不同外周提示线索的证据. *心理学报，45*(3)，263-275.

李春萍（主编）.(2001). *教育研究方法*. 长春：东北师范大学出版社.

李芳，邱天爽，马征.(2010). 脑电信号的小波特征提取及半监督识别方法的研究. *中国生物医学工程学报，29*(5)，648-653.

李煌祥.(1995). 应用“命题双向细目表”的体会. *华南师范大学学报（社会科学版），5*，102-105.

李惠桐，李世棣.(1980). 三岁前集体儿童动作发展的调查. 见中国心理学会发展心理教育心理专门委员会（编）. *发展心理教育心理论文选*. 北京：人民教育出版社.

李理，刘畅，康俊峰，肖亚平.(2015). 基于格式塔心理学的工业产品渐消面设计研究．*包装工程，36*(14)，46－49.
李群英.(2003). 当今智力测验面临的问题与争论．*山东师范大学学报（人文社会科学版），48*(2)，129－131.
李松泽，胡金生，李骋诗，王琦，何建青，王妍，杨翠萍.(2017). 高功能孤独症幼儿空间工作记忆的组块加工缺陷．*心理学报，49*(5)，631－642.
李甦，李文馥，杨玉芳.(2006). 3～6岁儿童图画讲述能力的发展特点．*心理科学，29*(1)，25－29.
李伟强，郭本禹，郑剑锋，王伟伟.(2013). 学校道德氛围知觉对道德发展影响的教育干预实验．*心理科学，36*(2)，390－394.
李文辉，蒋重清，李婵，刘颖，刘富斌.(2015). 人脑加工自我参照任务的时空特点：来自ERP的证据．*心理学探新，35*(2)，147－152.
李文辉，李婵，沈悦，但菲.(2015). 大学生共情对利他行为的影响：一个有调节的中介模型．*心理发展与教育，31*(5)，571－577.
梁觉，周帆.(2010). 跨文化研究方法的回顾及展望．*心理学报，2*(1)，41－47.
林崇德.(1989). *品德发展心理学*. 上海：上海教育出版社．
林崇德 等（主编).(2003). *心理学大辞典*. 上海：上海教育出版社．
林仲贤，张增慧，张家英.(1994). 儿童、中青年和老年人敲击动作速度的比较实验．*心理发展与教育，2*，15－17.
刘宝根，周兢，李菲菲.(2011). 脑功能成像的新方法：功能性近红外光谱技术（fNIRS)．*心理科学，34*(4)，943－949.
刘传军，辛勇，张富洪，冯春，陈幼平.(2016). 躯体运动促进空间更新的环境依赖效应. *心理学报，48*(6)，648－657.
刘电芝（主编).(2013). *教育与心理研究方法*. 2版．重庆：西南师范大学出版社．
刘电芝，黄希庭.(2008). 简算策略教学提高小学四年级儿童的计算水平及延迟效应．*心理学报，40*(1)，47－53.
刘庆奇，牛更枫，范翠英，周宗奎.(2017). 被动性社交网站使用与自尊和自我概念清晰性：有调节的中介模型．*心理学报，49*(1)，60－71.
刘嵩晗，杨丽珠.(2016). 当代初中生健全人格培养目标体系的构建．*教育科学，32*(2)，66－72.
刘文（主编).(2007). *创造性人格与儿童气质研究*. 北京：中国大地出版社．
刘文，李沿颖，温国旗.(2013). 1～3岁婴儿气质问卷的编制及信效度检验．*心理研究. 23*(4)，58－63.
刘文，毛晶晶，俞睿玮，李凤杰.(2014). 青少年恋爱关系内隐倾向发展特点及其与依恋的关系．*心理科学，37*(3)，593－600.
刘文，彭菲菲.(2010). 幼儿自我调节能力的发展及与气质的关系．*心理发展与教育，3*(14)，245－250.
刘文，齐璐.(2008). 幼儿的创造性人格结构研究．*心理研究，1*(2)，21－26.
刘文，夏明珠.(2007). 3～5岁儿童气质活动性与父母教养方式的关系．*心理与行为研究，5*(1)，1－5.
刘文，杨丽珠.(2005). 基于教师评定的3～9岁儿童气质结构．*心理学报，37*(1)，67－72.
刘文，朱琳，张雪，张玉，刘颖.(2015). 2～3岁儿童在分配情境下的公平敏感性．*心理学报，47*(11)，1341－1348.
刘岩，刘静，王敏楠．(2016). 心理时间旅行与自我：发展中关系模式的转换．*心理发展与教育，32*(1)，17－25.
刘岩，杨丽珠，邓晨曦.(2012). 幼儿预见能力的发展及与抑制控制、心理理论的关系．*心理发展与教育，28*(1)，1－8.
刘阳美，杨丽珠.(2000). 大连市幼儿教师素质现状分析及其教育对策．*教育科学，1*，50－53.

楼必生，屠美如.（1997）. *学前儿童艺术综合教育研究*. 北京：北京师范大学出版社.

卢家楣，陈念劬，徐雷，陈叶梓，吴洁，王荣……张萍.（2017）. 中国当代研究生情绪智力现状及其影响因素研究. *心理科学，40*（4），770－776.

卢俊，陈浩，乐国安.（2017）. 松-紧文化：跨文化心理学研究的新维度. *心理科学进展，25*（5），887－902.

骆姚星，唐一源，宋鹤山.（2003）. 脑高级功能的功能磁共振成像研究. *医学影像学杂志，13*（3），200－201.

吕勇，张伟娜，沈德立.（2010）. 不同愉悦度面孔阈下情绪启动效应：来自 ERP 的证据. *心理学报，42*（9），929－938.

马世超.（2016）. *我国儿童青少年人格特征：全国常模制定、等值跨阶段发展特点及人格类型划分*（博士学位论文）. 辽宁师范大学，大连.

毛良斌，郑全全.（2005）. 元分析的特点、方法及其应用的现状分析. *应用心理学，11*（4），354－359.

毛伟宾.（2012）. 跨视听通道的相继错误记忆效应. *心理科学，35*（3），574－580.

莫雷等.（2012）. *学习过程与机制研究：我国学习双机制理论与实验*. 北京：经济科学出版社.

莫雷，温忠麟，陈彩琦.（2007）. *心理学研究方法*. 广州：广东高等教育出版社.

彭凯平（编著）.（1989）. *心理测验：原理与实践*. 北京：华夏出版社.

齐晓栋，张大均，邵景进，王佳宁，龚玲.（2012）. 气质性乐观与心理健康关系的元分析. *心理发展与教育，28*（4），392－404.

钱莹莹，王福兴，段朝辉，周宗奎.（2016）. 动画速度和学习者经验对多媒体学习的影响. *心理发展与教育，32*（2），191－197.

邱方晖，罗跃嘉，贾世伟.（2016）. 个体攻击性对愤怒表情类别知觉的影响. *心理学报，48*（8），946－956.

邱纪方，高振梅.（2008）. 功能性磁共振在脑卒中康复中的应用. *中华物理医学与康复杂志，30*（7），501－502.

任俊，李倩.（2014）. 积极心理学：当前的困扰与未来的走向. *上海师范大学学报（哲学社会科学版），43*（2），140－146.

萨尔金德. *心理学研究方法精要*. 7 版. 童辉杰 等 译. 北京：中国人民大学出版社，2011.

申继亮，陈英和（主编）.（2014）. *中国教育心理测评手册*. 北京：高等教育出版社.

沈悦，杨丽珠，方乐乐.（2015）. 3～6 岁儿童自我控制发展特点及其教育建议. *教育科学，31*（1），68－74.

师保国，王黎静，徐丽，刘霞.（2016）. 师生关系对小学生创造性的作用：一个有调节的中介模型. *心理发展与教育，32*（2），175－182.

施国春，张丽华，范会勇.（2017）. 攻击性和自尊关系的元分析. *心理科学进展，25*（8），1274－1288.

施铁如.（1998）. *学校教育科学研究*. 广州：广东高等教育出版社.

舒华，张亚旭.（2008）. *心理学研究方法：实验设计和数据分析*. 北京：人民教育出版社.

舒曾，贺琼，李晓敏，张晶，张月寒，方晓义.（2016）. 母亲养育压力对幼儿创造性人格的影响：教养方式的中介作用. *心理发展与教育，32*（3），276－284.

苏永华.（1998）. 关于心理测验编制中的几个问题. *教育研究与实验，2*，49－52.

孙岩，金芳，何明影，沈悦，杨丽珠.（2015）. 游戏训练提高幼儿自我控制能力：来自 ERP 的证据. *心理科学，38*（5），1109－1115.

孙岩，金芳，杨丽珠.（2017）. *3～6 岁幼儿健全人格培养研究*. 大连：大连海事大学出版社.

孙岩，刘沙，杨丽珠.（2016）. 父母教养方式、同伴接纳和教师期望对小学生人格的影响. *心理科学，39*（2），343－349.

孙岩，马亚楠，杨丽珠.(2015). 父母教育价值观对儿童人格的影响：有调节的中介模型. *心理发展与教育，31*(5)，522-530.
孙远刚，刘嵩晗，杨丽珠.(2017). *12～15岁初中生健全人格培养研究*. 大连：大连海事大学出版社.
唐卫海，张晓沛，唐厅，李楠，刘希平.(2017). 同龄效应的类别化-个体化模型. *心理科学，40*(3)，540-546.
佟德.(2006). 提出研究假设的方法. *教育科学研究，12*(8)，59-60.
万明钢，赵国军，杨俊龙.(2007). 我国少数民族心理研究的文献计量分析2000—2005. *心理科学进展，15*(1)：185-191
王贝.(2016). 透过"课堂六步教学法"谈魏书生语文教学思想. *教材教法，18*，39.
王凡.(2008). 现场实验的内部和外部效度：兼与实验室实验的效度比较. *心理科学，31*(4)，932-935.
王信琳.(2002). 心理测验在人才选择中的应用价值. *探求，6*，52-53.
王昭，郭庆科，岳艳.(2007). 心理测验中个人拟合研究的回顾与展望. *心理科学进展，15*(3)，559-566.
王振宏，刘亚，蒋长好.(2013). 不同趋近动机强度积极情绪对认知控制的影响. *心理学报，45*(5)，546-555.
位东涛，蒙杰，李亚丹，张庆林，邱江.(2015). 基于个体差异的大样本脑影像数据在心理学研究中的应用. *科学通报，60*(11)，976-985.
温恒福.(2001). 全面掌握教育科研方法. *黑龙江教育：高教研究与评估，9*，28-30.
温忠麟.(2017). 实证研究中的因果推理与分析. *心理科学，40*(1)，200-208.
温忠麟，侯杰泰，张雷.(2005). 调节效应与中介效应的比较和应用. *心理学报，37*(2)，268-274.
温忠麟，刘红云，侯杰泰.(2012). *调节效应和中介效应分析*. 北京：教育科学出版社.
温忠麟，叶宝娟.(2014a). 有调节的中介模型检验方法：竞争还是替补. *心理学报，46*(5)，714-726.
温忠麟，叶宝娟.(2014b). 中介效应分析：方法和模型发展. *心理科学进展，22*(5)，731-745.
温忠麟，张雷，侯杰泰.(2006). 有中介的调节变量和有调节的中介变量. *心理学报，38*(3)，448-452.
温忠麟，张雷，侯杰泰，刘红云.(2004). 中介效应检验程序及其应用. *心理学报，36*(5)，614-620.
吴放，邹泓.(1994). 儿童依恋行为分类卡片中文版的修订. *心理发展与教育，10*(2)，18-24.
吴汉荣，姚彬.(2004). 汉语阅读障碍儿童视觉编码和词语成分加工机制的功能性近红外光学成像研究. *中国学校卫生，25*(1)，4-7.
吴天敏，许政援.(1979). 初生到三岁儿童言语发展记录的初步分析. *心理学报，37*(2)，153-165.
夏婧.(2003). 轶事记录法在幼儿评价中的应用. *学前教育研究，8*，50-52.
肖内西，泽克迈斯特，泽克迈斯特.(2010). *心理学研究方法*. 7版. 张明 等 译. 北京：人民邮电出版社.
谢春风，时俊卿（主编）.(2004). *新课程下的教育研究方法与策略*. 北京：首都师范大学出版社.
辛涛 等（编著）.(2010). *心理与教育统计学*. 北京：中国人民大学出版社.
徐敏，杨丽珠.(2013). 小学生友谊质量结构及其发展特点研究. *心理学探新，33*(4)，361-367.
严磊，佐斌，吴漾.(2016). 情感一致性及其对认知加工的影响. *心理科学，39*(6)，1379-1384.
杨丽珠（主编）.(1995). *教育科学研究方法*. 大连：辽宁师范大学出版社.
杨丽珠（主编）.(2001). *儿童个性发展与培养的实验研究*. 长春：吉林人民出版社.
杨丽珠（主编）.(2002). *学前教育科学研究与论文写作*. 大连：辽宁师范大学出版社.
杨丽珠（主编）.(2008). *儿童人格发展与教育的研究*. 修订版. 大连：大连海事大学出版社.
杨丽珠（主编）.(2014). *儿童青少年人格发展与教育*. 北京：中国人民大学出版社.
杨丽珠，董光恒.(2005). 3～5岁幼儿自我控制能力结构研究. *心理发展与教育，21*(4)，7-12.
杨丽珠，姜月，陶沙.(2014). *早期儿童自我意识情绪发生发展研究*. 北京：北京师范大学出版社.
杨丽珠，姜月，张丽华.(2012). 幼儿自豪的非言语行为表达编码系统编制. *心理发展与教育，28*(3)，

231 - 238.
杨丽珠，金芳.(2005). 促进幼儿责任心发展的教育现场实验研究. *学前教育研究，5*，20 - 22.
杨丽珠，金芳，孙岩.(2014). 终身发展理念下幼儿健全人格培养目标建构及教育促进实验. *学前教育研究，8*，3 - 8.
杨丽珠，李淼，陈靖涵，沈悦.(2016). 教师期望对幼儿人格的影响：师幼关系的中介效应. *心理发展与教育，32*(6)，641 - 648.
杨丽珠，李晓溪，高雯.(2013). 应对计划对女大学生减肥效果的影响：情绪调节和理想体型有调节的中介作用. *心理发展与教育，29*(3)，319 - 326.
杨丽珠，刘凌.(2008). 婴儿视觉自我认知的微观发生研究. *心理科学，31*(1)，16 - 19.
杨丽珠，刘岩，周天游，李涵妮.(2013). 心理时间旅行的动力机制：自我的作用. *心理科学，36*(4)，971 - 977.
杨丽珠，马世超.(2014). 初中生人格类型划分及人格类型发展特点研究. *心理科学，37*(6)，1377 - 1384.
杨丽珠，马振，胡金生.(2017). *6～12岁小学生健全人格培养研究*. 大连：大连海事大学出版社.
杨丽珠，沈悦.(2013). *儿童自我控制的发展与促进*. 合肥：安徽教育出版社.
杨丽珠，沈悦.(2017). *儿童自我控制的发展与促进*. 修订版. 北京：北京师范大学出版社.
杨丽珠，宋辉.(2003). 幼儿自我控制能力发展的研究. *心理与行为研究，1*(1)，51 - 56.
杨丽珠，王江洋.(2007). 儿童4岁时自我延迟满足能力对其9岁时学校社会交往能力预期的追踪. *心理学报，39*(4)，668 - 678.
杨丽珠，王江洋，刘文，Cuskelly M，Zhang A.(2005). 3～5岁幼儿自我延迟满足的发展特点及其中澳跨文化比较. *心理学报，37*(2)，224 - 232.
杨丽珠，王素霞，陈靖涵，沈悦.(2016). 小学生努力控制对学业成绩的影响：同伴关系的中介作用. *中国特殊教育，7*，84 - 89.
杨丽珠，徐敏.(2015). 教师期望对幼儿自我认知积极偏向的影响：师生关系的中介效应. *心理与行为研究，13*(5)，621 - 626.
杨丽珠，徐敏，马世超.(2012). 小学生同伴接纳对其人格发展的影响：友谊质量的多层级中介效应. *心理科学，35*(1)，93 - 99.
杨丽珠，袁茵.(1992). 幼儿需要倾向性发展研究. *辽宁师范大学学报（社会科学版），6*，30 - 34.
杨丽珠，张华.(2012). 小学教师期望对学生人格的影响：学生知觉的中介作用. *心理与行为研究，10*(3)，161 - 166.
杨丽珠，张金荣，刘红云，孙岩.(2015). 3～6岁儿童人格发展的群组序列追踪研究. *心理科学，38*(3)，586 - 593.
杨丽珠，张丽华.(2005). 3～9岁儿童自尊结构研究. *心理科学，28*(1)，23 - 27.
杨丽珠，邹晓燕，伯根.(1995). 学前儿童在游戏中社交和认知类型发展的研究——中美跨文化比较. *心理学报，27*(1)，84 - 90.
杨治良.(1984). 仪器在心理学研究中的作用：兼评介美国心理学仪器. *心理科学，4*，60 - 62.
叶宝娟，温忠麟.(2013). 有中介的调节模型检验方法：甄别和整合. *心理学报，45*(9)，1050 - 1060.
于冬青.(2015 - 05 - 03). 轶事记录法：抓住幼儿有价值的行为. *中国教育报*，3版.
于增艳，赵阿勐，刘爱书.(2017). 儿童期受虐经历与抑郁的元分析. *心理学报，49*(1)，40 - 49.
袁方.(1997). *社会研究方法教程*. 北京：北京大学出版社.
袁茵，杨丽珠.(2005). 促进幼儿好奇心发展的教育现场实验研究. *教育科学，21*(6)，54 - 56.
乐国安，王恩界.(2005). 当前心理测验的应用问题与伦理规范. *心理科学，28*(6)，1294 - 1296.
张厚粲，徐建平.(2015). *现代心理与教育统计学*. 4版. 北京：北京师范大学出版社.

张厚粲，余嘉元.（2012）. 中国的心理测量发展史．*心理科学，35*（3），514－521.

张金荣，刘宁，冷珊.（2010）. 情绪特质、心境与小学生创造性思维发展的关系研究．*中小学心理健康教育，21*，15－18.

张丽华，方红，杨丽珠.（2006）. 游戏促进幼儿自尊的实验研究．*应用心理学，12*（1），67－72.

张力为.（2002）. *体育科学研究方法*. 北京：高等教育出版社．

张奇（主编）.（2009）. *SPSS for Windows：在心理学与教育学中的应用*. 北京：北京大学出版社．

张仁俊，朱曼殊.（1987）. 婴儿的语音发展：一例个案的分析．*心理科学，5*，9－13.

张文彤（主编）.（2004）. *SPSS统计分析高级教程*. 北京：高等教育出版社．

张野.（2004）. *3～12岁儿童个性结构、类型及发展特点的研究*（博士学位论文）. 辽宁师范大学，大连．

章鹏，张琪涵，彭国慧，宋星，白学军.（2016）. 汉语双字词在心理词典中的表征方式：来自 fNIRS 的证据．*心理科学，39*（4），849－855.

赵景欣，杨萍，马金玲，黄翠翠.（2016）. 歧视知觉与农村留守儿童积极/消极情绪的关系：亲子亲合的保护作用．*心理发展与教育，32*（3），369－376.

郑日昌，蔡永红，周益群.（1999）. *心理测量学*. 北京：人民教育出版社．

周达生，戴梅竞（主编）.（2004）. *心理统计学*. 合肥：安徽大学出版社．

周晖，张豹.（2008）. 幼儿早期阅读水平的发展：横断和追踪研究．*心理发展与教育，24*（4），13－18.

庄丽月，杨群，张积家.（2016）. 宗教对信徒颜色认知的影响及作用机制：以中国台湾宗教信徒为例．*心理科学，39*（2），399－405.

邹盛奇，伍新春，刘畅.（2016）. 父亲关于自身教养价值的态度对其教养投入行为的影响：一个有中介的调节模型．*心理发展与教育，32*（2），166－174.

邹晓燕，杨丽珠.（2005）. 3～5岁儿童独立性结构的验证性因素分析．*心理科学，28*（1），225－226.

邹雨晨，李燕芳，丁颖.（2015）. 早期高级认知发展与前额叶功能发育的 fNIRS 研究．*心理发展与教育，31*（6），761－768.

朱皕.（2005）. 近50年来发展心理学生态化研究的回顾与前瞻．*心理科学，28*（4），922－925.

Band，E. B.，& Weisz，J. R.（1988）. How to feel better when it feels bad：Children's perspectives on coping with everyday stress. *Developmental Psychology*，*24*（2），247－253.

Cao，F.，Tao，R.，Liu，L.，Perfetti，C. A.，& Booth，J. R.（2013）. High proficiency in a second language is characterized by greater involvement of the first language network：Evidence from Chinese learners of English. *Journal of Cognitive Neuroscience*，*25*（10），1649－1663.

Carothers，T.，& Gardner，H.（1979）. When children's drawings become art：The emergence of aesthetic production and perception. *Developmental Psychology*，*15*（5），570－580.

Colby，A.，Kohlberg，L.，Gibbs，J.，& Lieberman，M.（1983）. A longitudinal study of moral judgment. *Monographs of the Society for Research in Child Development*，*48*（1/2），1－124.

Cox，A. D.，Virues-Ortega，J.，Julio，F.，& Martin，T. L.（2017）. Establishing motion control in children with autism and intellectual disability：Applications for anatomical and functional MRI. *Journal of Applied Behavior Analysis*，*50*（1），8－26.

Diamond，A.，& Lee，K.（2011）. Interventions shown to aid executive function development in children 4 to 12 years old. *Science*，*333*（6045），959－964.

Ding，X. P.，Fu，G. Y.，& Lee，K.（2013）. Neural correlates of own-and other-race face recognition in children：A functional near-infrared spectroscopy study. *NeuroImage*，*85*（1），335－344.

Dong，G.，Yang，L.，Hu，Y.，& Jiang，Y.（2009）. Is N2 associated with successful suppression of behavior responses in impulse control processes?. *Neuroreport*，*20*（6），537－542.

Ferrari，M.，& Quaresima，V.（2012）. A brief review on the history of human functional near-infrared spectroscopy (fNIRS) development and fields of application. *NeuroImage*, *63* (2), 921 - 935.

Fetterman, D. M. (1989). *Ethnography: Step by step*. Thousand Oaks, CA: Sage.

Flanders, N. A. (1970). *Analyzing teaching behavior*. Reading, MA: Addison-Wesley.

Fujisawa, K. K., Kutsukake, N., & Hasegawa, T. (2008). Reciprocity of prosocial behavior in Japanese preschool children. *International Journal of Behavioral Development*, *32* (2), 89 - 97.

Gervain, J., Mehler, J., Werker, J. F., Nelson, C. A., Csibra, G., Lloyd-Fox, S., ...Aslin, R. N. (2011). Near-infrared spectroscopy: A report from the McDonnell infant methodology consortium. *Developmental Cognitive Neuroscience*, *1* (1), 22 - 46.

Güroglu, B., van den Bos, W., & Crone, E. A. (2009). Fairness considerations: Increasing understanding of intentionality during adolescence. *Journal of Experimental Child Psychology*, *104* (4), 398 - 409.

Hidaka, S., Shibata, H., Kurihara, M., Tanaka, A., Konno, A., Maruyama, S., ...Koizumi, M. (2012). Effect of second language exposure on brain activity for language processing among preschoolers. *Neuroscience Research*, *73* (1), 73 - 79.

Hill, C. A. (1991). Seeking emotional support: The influence of affiliative need and partner warmth. *Journal of Personality & Social Psychology*, *60* (1), 112 - 121.

Johnstone, S. J., Roodenrys, S., Phillips, E., Watt, A. J., & Mantz, S. (2010). A pilot study of combined working memory and inhibition training for children with AD/HD. *ADHD Attention Deficit and Hyperactivity Disorders*, *2* (1), 31 - 42.

Kita, Y., Gunji, A., Inoue, Y., Goto, T., Sakihara, K., Kaga, M., ...Hosokawa, T. (2011). Self-face recognition in children with autism spectrum disorders: A near-infrared spectroscopy study. *Brain and Development*, *33* (6), 494 - 503.

Levine, B., Svoboda, E., Hay, J. F., Winocur, G., & Moscovitch, M. (2002). Aging and autobiographical memory: Dissociating episodic from semantic retrieval. *Psychology and Aging*, *17* (4), 677 - 689.

Minagawa-Kawai, Y., Mori, K., Hebden, J. C., & Dupoux, E. (2008). Optical imaging of infants' neurocognitive development: Recent advances and perspectives. *Developmental Neurobiology*, *68* (6), 712 - 728.

Mitchell, M. L., & Jolley, J. M. (1992). *Research design explained* (2nd ed.). San Diego, CA: Harcourt Brace Jovanovich.

Moffitt, T. E., Arseneault, L., Belsky, D., Dickson, N., Hancox, R. J., Harrington, H., ...Sears, M. R. (2011). A gradient of childhood self-control predicts health, wealth, and public safety. *PNAS*, *108* (7), 2693 - 2698.

Moriguchi, Y., & Hiraki, K. (2011). Longitudinal development of prefrontal function during early childhood. *Developmental Cognitive Neuroscience*, *1* (2), 153 - 162.

Moriguchi, Y., & Hiraki, K. (2013). Prefrontal cortex and executive function in young children: A review of fNIRS studies. *Human Neuroscience*, *7*, 1 - 9.

Nagamitsu, S., Yamashita, Y., Tanaka, H., & Matsuishi, T. (2012). Functional near-infrared spectroscopy studies in Children. *BioPsychoSocial Medicine*, *6* (7), 1 - 7.

Negoro, H., Sawada, M., Iida, J., Ota, T., Tanaka, S., & Kishimoto, T. (2010). Prefrontal dysfunction in attention-deficit/hyperactivity disorder as measured by near-infrared spectroscopy. *Child Psychiatry & Human Development*, *41* (2), 193 - 203.

Paiz, J. M., Angeli, E., Wagner, J., Lawrick, E., Moore, K., Anderson M., ...Keck, R. (2018,

February 21). *General format*. Retrieved from http：//owl. english. purdue. edu/owl/resource/560/01/

Parten, M. B. (1932). Social participation among pre-school children. *Journal of Abnormal & Social Psychology*, *27* (3), 243 - 269.

Patton, M. Q. (1990). *Qualitative evaluation and research methods* (2nd ed.). Thousand Oaks, CA: Sage.

Semrud-Clikeman, M., Fine, J. G., Bledsoe, J., & Zhu, D. C. (2017). Regional volumetric differences based on structural MRI in children with two subtypes of ADHD and controls. *Journal of Attention Disorders*, *21* (12), 1040 - 1049.

Smith, J. L., & Douglas, K. M. (2011). On the use of event-related potentials to auditory stimuli in the Go/NoGo task. Psychiatry Research: *NeuroImaging*, *193* (3), 177 - 181.

Smith, J. L., Jamadar, S., Provost, A. L., & Michie, P. T. (2013). Motor and nonmotor inhibition in the Go/NoGo task: An ERP and fMRI study. *International Journal of Psychophysiology*, *87* (3), 244 - 253.

Tan, L. H., Laird, A. R., Li, K., & Fox, P. T. (2005). Neuroanatomical correlates of phonological processing of Chinese characters and alphabetic words: A meta-analysis. *Human Brain Mapping*, *25* (1), 83 - 91.

Tan, L. H., Spinks, J. A., Eden, G. F., Perfetti, C. A., & Siok, W. T. (2005). Reading depends on writing, in Chinese. *PNAS*, *102* (24), 8781 - 8785.

Tang, Y., Zhang, W., Chen, K., Feng, S., Ji, Y., Shen, J., ...Liu, Y. (2006). Arithmetic processing in the brain shaped by cultures. *PNAS*, *103* (28), 10775 - 10780.

Tsujimoto, S., Yamamoto, T., Kawaguchi, H., Koizumi, H., & Sawaguchi, T. (2004). Prefrontal cortical activation associated with working memory in adults and preschool children: An event-related optical topography study. *Cerebral Cortex*, *14* (7), 703 - 712.

Wen, Z., Marsh, H. W., & Hau, K. T. (2010). Structural equation models of latent interactions: An appropriate standardized solution and its scale-free properties. *Structural Equation Modeling: A Multidisciplinary Journal*, *17* (1), 1 - 22.

Xu, M., Baldauf, D., Chang, C. Q., Desimone, R., & Tan, L. H. (2017). Distinct distributed patterns of neural activity are associated with two languages in the bilingual brain. *Science Advances*, *3* (7), e1603309.

Zhu, H. L., Fan, Y. B., Guo, H., Huang, D., & He, S. L. (2013). Reduced interhemispheric functional connectivity of children with autism: Evidence from functional near infrared spectroscopy studies. *Biomedical Optics Express*, *5* (4), 1262 - 1274.

图书在版编目（CIP）数据

心理与教育科学研究方法 / 杨丽珠，孙岩主编 . —北京：中国人民大学出版社，2018.4
新编 21 世纪心理学系列教材
ISBN 978-7-300-25616-0

Ⅰ.①心…　Ⅱ.①杨…　②孙…　Ⅲ.①心理学研究方法-高等学校-教材　Ⅳ.①B841

中国版本图书馆 CIP 数据核字（2018）第 045598 号

新编 21 世纪心理学系列教材
心理与教育科学研究方法
主　编　杨丽珠　孙　岩
副主编　蒋重清
Xinli yu Jiaoyu Kexue Yanjiu Fangfa

出版发行	中国人民大学出版社		
社　　址	北京中关村大街 31 号	**邮政编码**	100080
电　　话	010－62511242（总编室）		010－62511770（质管部）
	010－82501766（邮购部）		010－62514148（门市部）
	010－62515195（发行公司）		010－62515275（盗版举报）
网　　址	http://www.crup.com.cn		
	http://www.ttrnet.com(人大教研网)		
经　　销	新华书店		
印　　刷	北京密兴印刷有限公司		
规　　格	185 mm×260 mm　16 开本	**版　　次**	2018 年 4 月第 1 版
印　　张	22.25	**印　　次**	2018 年 4 月第 1 次印刷
字　　数	520 000	**定　　价**	49.80 元